Bosch Fachinformation Automobil

Konrad Reif
Herausgeber

# Dieselmotor-Management im Überblick

## einschließlich Abgastechnik

2. Auflage

Mit 175 Abbildungen

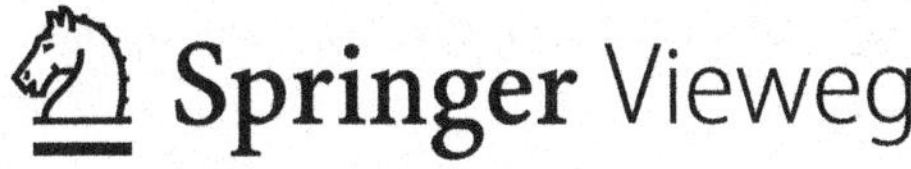

*Herausgeber*

Prof. Dr.-Ing. Konrad Reif
Duale Hochschule Baden-Württemberg
Ravensburg, Campus Friedrichhafen,
Friedrichshafen, Deutschland
reif@dhbw-ravensburg.de

ISBN 978-3-658-06554-6                    ISBN 978-3-658-06555-3 (eBook)
DOI 10.1007/978-3-658-06555-3

Die Deutsche Nationalbibliothek verzeichnet diese Publikation in der Deutschen Nationalbibliografie;
detaillierte bibliografische Daten sind im Internet über http://dnb.d-nb.de abrufbar.

Springer Vieweg


Springer Vieweg ist eine Marke von Springer DE. Springer DE ist Teil der Fachverlagsgruppe Springer
Science+Business Media
www.springer-vieweg.de

# Vorwort

Die Technik im Kraftfahrzeug hat sich in den letzten Jahrzehnten stetig weiterentwickelt. Der Einzelne, der beruflich mit dem Thema beschäftigt ist, muss immer mehr tun, um mit diesen Neuerungen Schritt zu halten. Mittlerweile spielen viele neue Themen der Wissenschaft und Technik in Kraftfahrzeugen eine große Rolle. Dies sind nicht nur neue Themen aus der klassischen Fahrzeug- und Motorentechnik, sondern auch aus der Elektronik und aus der Informationstechnik. Diese Themen sind zwar für sich in unterschiedlichen Publikationen gedruckt oder im Internet dokumentiert, also prinzipiell für jeden verfügbar; jedoch ist für jemanden, der sich neu in ein Thema einarbeiten will, die Fülle der Literatur häufig weder überblickbar noch in der dafür verfügbaren Zeit lesbar. Aufgrund der verschiedenen beruflichen Tätigkeiten in der Automobil- und Zulieferindustrie sind zudem unterschiedlich tiefe Ausführungen gefragt.

Gerade heute ist es so wichtig wie früher: Wer die Entwicklung mit gestalten will, muss sich mit den grundlegenden wichtigen Themen gut auskennen. Hierbei sind nicht nur die Hochschulen mit den Studienangeboten und die Arbeitgeber mit Weiterbildungsmaßnahmen in der Pflicht. Der rasche Technologiewechsel zwingt zum lebenslangen Lernen, auch in Form des Selbststudiums.

Hier setzt die Schriftenreihe „Bosch Fachinformation Automobil" an. Sie bietet eine umfassende und einheitliche Darstellung wichtiger Themen aus der Kraftfahrzeugtechnik in kompakter, verständlicher und praxisrelevanter Form. Dies ist dadurch möglich, dass die Inhalte von Fachleuten verfasst wurden, die in den Entwicklungsabteilungen von Bosch an genau den dargestellten Themen arbeiten. Die Schriftenreihe ist so gestaltet, dass sich auch ein Leser zurechtfindet, für den das Thema neu ist. Die Kapitel sind in einer Zeit lesbar, die auch ein sehr beschäftigter Arbeitnehmer dafür aufbringen kann.

Die Basis der Reihe sind die bewährten, gebundenen Fachbücher. Sie ermöglichen einen umfassenden Einblick in das jeweilige Themengebiet. Anwendungsbezogene Darstellungen, anschauliche und aufwendig gestaltete Bilder ermöglichen den leichten Einstieg. Für den Bedarf an inhaltlich enger zugeschnittenen Themenbereichen bietet die siebenbändige broschierte Reihe das richtige Angebot. Mit deutlich reduziertem Umfang, aber gleicher detaillierter Darstellung, ist das Hintergrundwissen zu konkreten Aufgabenstellungen professionell erklärt. Die schnelle Bereitstellung zielgerichteter Information zu thematisch abgegrenzten Wissensgebieten sind das Kennzeichen der 92 Einzelkapitel, die als pdf-Download zur sofortigen Nutzung bereitstehen. Eine individuelle Auswahl ermöglicht die Zusammenstellung nach eigenem Bedarf.

Der vorliegende Band „Dieselmotor-Management im Überblick" behandelt Einsatzgebiete und Grundlagen des Dieselmotors, Kraftstoffe, Füllungssteuerung, Einspritzsysteme einschließlich zugehörige Pumpen und Düsen, Regelung, Starthilfesysteme, innermotorische Emissionsminderung, Abgasnachbehandlung, Abgasgesetzgebung, Abgasmesstechnik und Diagnose. In der hier vorliegenden zweiten Auflage wurde das Kapitel „Elektronische Dieselregelung EDC" überarbeitet und erweitert.

Friedrichshafen, im September 2014                                 Konrad Reif

# Inhaltsverzeichnis

## Systemübersicht der Einzelzylinder-Systeme



## Systemübersicht Common Rail



## Elektronische Dieselregelung EDC



## Starthilfesysteme

# Autorenverzeichnis

## Dieselmotor-Management im Überblick

### Autoren und Mitwirkende

Dr.-Ing. Herbert Schumacher (Einsatzgebiete
der Dieselmotoren);
Dr.-Ing. Thorsten Raatz (Grundlagen des
Dieselmotors);
Dipl.-Ing. Hermann Grieshaber (Grundlagen
des Dieselmotors, Grundlagen der
Dieseleinspritzung);
Dr. rer. nat. Jörg Ullmann (Kraftstoffe);
Dr.-Ing. Thomas Wintrich (Systeme zur
Füllungssteuerung);
Dipl.-Betriebsw. Meike Keller
(Motoransaugfilter);
Dipl.-Ing. Jens Olaf Stein (Grundlagen der
Dieseleinspritzung);
Henri Bruognolo (Reiheneinspritzpumpen);
Dipl.-Ing. (FH) Helmut Simon (Verteiler-
einspritzpumpen);
Dr. tech. Theodor Stipek,
Dipl.-Ing. Joachim Lackner (Einzelzylinder-
systeme für Großmotoren);
Dipl.-Ing. (HU) Carlos Alvarez-Avila,
Dipl.-Ing. Roger Potschin (UIS/UPS);
Dipl.-Ing. Felix Landhäuser (Common Rail,
Elektronische Dieselregelung);
Dipl.-Ing. (FH) Mikel Lorente Susaeta,
Dipl.-Ing. Martin Grosser,
Dipl.-Ing. Andreas Michalske
(Elektronische Dieselregelung);
Dr. rer. nat. Wolfgang Dreßler
(Starthilfesysteme);
Dipl.-Ing. Thomas Kügler (Einspritzdüsen,
Düsenhalter);
Dr. rer. nat. Norbert Breuer,
Dr. rer. nat. Thomas Hauber,
Priv.-Doz. Dr.-Ing. Johannes Schaller,
Dr. Ralf Schernewski,
Dipl.-Ing. Stefan Stein,
Dr.-Ing. Ralf Wirth (Abgasnachbehandlung)

## Abgastechnik für Dieselmotoren

### Autoren

Dr.-Ing. Thorsten Raatz,
Dipl.-Ing. (FH) Hermann Grieshaber
(Grundlagen Dieselmotor),
Dr.-Ing. Thomas Wintrich,
Dr.-Ing. Michael Durst, Filterwerk Mann +
Hummel, Ludwigsburg,
Dipl.-Betriebsw. Meike Keller (Füllungs-
steuerung),
Dipl.-Ing. Jens Olaf Stein (innermotorische
Emissionsminderung),
Dr. rer. nat. Norbert Breuer,
Priv.-Doz. Dr.-Ing. Johannes K. Schaller,
Dr. rer. nat. Thomas Hauber,
Dr.-Ing. Ralf Wirth,
Dipl.-Ing. Stefan Stein (Abgasnachbehandlung),
Dr. rer. nat. Jörg Ullmann (Kraftstoffe),
Dr.-Ing. Stefan Becher,
Dr.-Ing. Torsten Eggert (Abgasgesetzgebung),
Dipl.-Ing. Andreas Kreh,
Dipl.-Ing. Bernd Hinner,
Dipl.-Ing. Rainer Pelka (Abgas-Messtechnik),
Dr.-Ing. Günter Driedger,
Dr. rer. nat. Walter Lehle,
Dipl.-Ing. Wolfgang Schauer (Diagnose)

Soweit nicht anders angegeben, handelt es sich um Mitarbeiter der Robert Bosch GmbH, Stuttgart.

# Einsatzgebiete der Dieselmotoren

**Kein anderer Verbrennungsmotor wird so vielfältig eingesetzt wie der Dieselmotor[1]). Dies ist vor allem auf seinen hohen Wirkungsgrad und der damit verbundenen Wirtschaftlichkeit zurückzuführen.**

Die wesentlichen Einsatzgebiete für Dieselmotoren sind:
- Stationärmotoren,
- Pkw und leichte Nkw,
- schwere Nkw,
- Bau- und Landmaschinen,
- Lokomotiven und
- Schiffe.

Dieselmotoren werden als Reihenmotoren und V-Motoren gebaut. Sie eignen sich grundsätzlich sehr gut für die Aufladung, da bei ihnen im Gegensatz zum Ottomotor kein Klopfen auftritt.

---

[1]) Benannt nach Rudolf Diesel (1858 bis 1913), der 1892 sein erstes Patent auf „Neue rationelle Wärmekraftmaschinen" anmeldete. Es erforderte jedoch noch viel Entwicklungsarbeit, bis 1897 der erste Dieselmotor bei MAN in Augsburg lief.

## Eigenschaftskriterien

Folgende Merkmale und Eigenschaften sind für den Einsatz eines Dieselmotors von Bedeutung (Beispiele):
- Motorleistung,
- spezifische Leistung,
- Betriebssicherheit,
- Herstellungskosten,
- Wirtschaftlichkeit im Betrieb,
- Zuverlässigkeit,
- Umweltverträglichkeit,
- Komfort und
- Gefälligkeit (z. B. Motorraumdesign).

Je nach Anwendungsbereich ergeben sich für die Auslegung des Dieselmotors unterschiedlich Schwerpunkte.

## Anwendungen

### Stationärmotoren

Stationärmotoren (z. B. für Stromerzeuger) werden oft mit einer festen Drehzahl betrieben. Motor und Einspritzsystem können somit optimal auf diese Drehzahl abgestimmt werden. Ein Drehzahlregler verändert die Einspritzmenge entsprechend der geforderten Last. Für diese An-

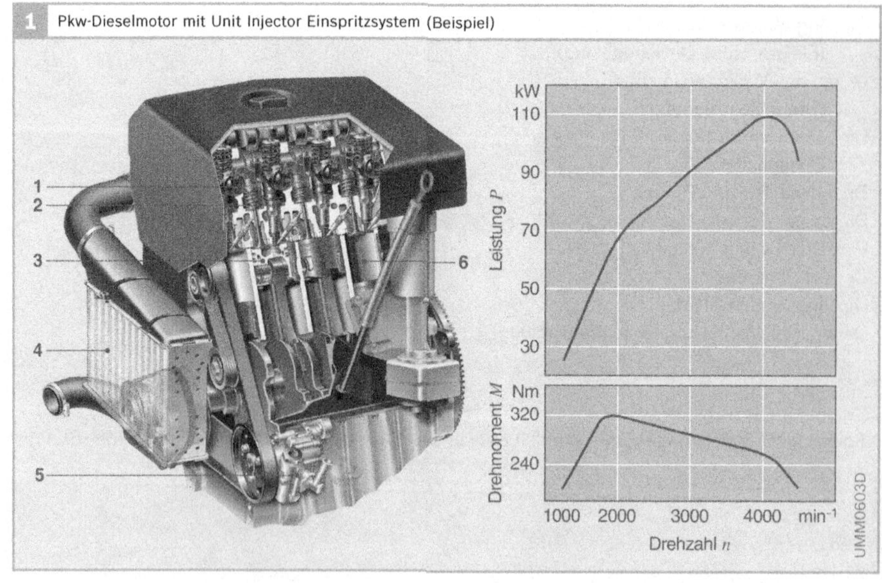

**1** Pkw-Dieselmotor mit Unit Injector Einspritzsystem (Beispiel)



**Bild 1**
1  Ventiltrieb
2  Injektor
3  Kolben mit Bolzen und Pleuel
4  Ladeluftkühler
5  Kühlmittelpumpe
6  Zylinder

wendungen werden weiterhin auch Einspritzanlagen mit mechanischer Regelung eingesetzt.

Auch Pkw- und Nkw-Motoren können als Stationärmotoren eingesetzt werden. Die Regelung des Motors muss jedoch ggf. den veränderten Bedingungen angepasst sein.

### Pkw und leichte Nkw

Besonders von Pkw-Motoren (Bild 1) wird ein hohes Maß an Durchzugskraft und Laufruhe erwartet. Auf diesem Gebiet wurden durch weiterentwickelte Motoren und neue Einspritzsysteme mit Elektronischer Dieselregelung (Electronic Diesel Control, EDC) große Fortschritte erzielt. Das Leistungs- und Drehmomentverhalten konnte auf diese Weise seit Beginn der 1990er- Jahre wesentlich verbessert werden. Deshalb hat der „Diesel" unter anderem auch den Einzug in die Pkw-Oberklasse geschafft.

In Pkw werden Schnellläufer mit Drehzahlen bis 5500 min$^{-1}$ eingesetzt. Das Spektrum reicht vom 10-Zylinder mit 5000 cm$^3$ in Limousinen bis zum 3-Zylinder 800 cm$^3$-Motor in Kleinwagen.

Neue Pkw-Dieselmotoren werden in Europa nur noch mit Direkteinspritzung (DI, Direct Injection engine) entwickelt, da der Kraftstoffverbrauch bei DI-Motoren ca. 15...20 % geringer ist als bei Kammermotoren. Diese heute fast ausschließlich mit einem Abgasturbolader ausgerüsteten Motoren bieten deutlich höhere Drehmomente als vergleichbare Ottomotoren. Das im Fahrzeug maximal mögliche Drehmoment wird meist von den zur Verfügung stehenden Getrieben und nicht vom Motor bestimmt.

Die immer schärfer werdenden Abgasgrenzwerte und die gestiegenen Leistungsanforderungen erfordern Einspritzsysteme mit sehr hohen Einspritzdrücken. Die steigenden Anforderungen an das Abgasverhalten bilden auch zukünftig eine Herausforderung für die Entwickler von Dieselmotoren. Deshalb wird es in Zukunft besonders auf dem Gebiet der Abgasnachbehandlung zu weiteren Veränderungen kommen.

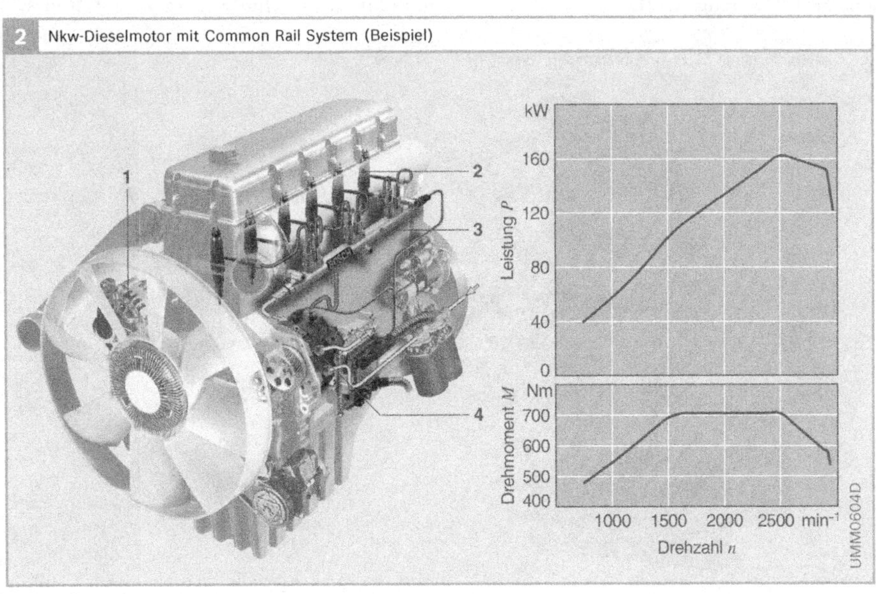


Bild 2
1 Generator
2 Injektor
3 Rail
4 Hochdruckpumpe

### Schwere Nkw

Motoren für schwere Nkw (Bild 2) müssen vor allem wirtschaftlich sein. Deshalb sind in diesem Anwendungsbereich nur Dieselmotoren mit Direkteinspritzung (DI) zu finden. Der Drehzahlbereich dieser Mittelschnellläufer reicht bis ca. 3500 min⁻¹.

Auch die Abgasgrenzwerte für Nkw werden immer weiter herabgesetzt. Dies bedeutet hohe Anforderungen auch an das jeweilige Einspritzsystem und die Entwicklung von neuen Systemen zur Abgasnachbehandlung.

### Bau- und Landmaschinen

Im Bereich der Bau- und Landmaschinen hat der Dieselmotor seinen klassischen Einsatzbereich. Bei der Auslegung dieser Motoren wird außer auf die Wirtschaftlichkeit besonders hoher Wert auf Robustheit, Zuverlässigkeit und Servicefreundlichkeit gelegt. Die maximale Leistungsausbeute und die Geräuschoptimierung haben einen geringeren Stellenwert als zum Beispiel bei Pkw-Motoren. Bei dieser Anwendung werden Motoren mit Leistungen ab ca. 3 kW bis hin zu Leistungen schwerer Nkw eingesetzt.

Bei Bau- und Landmaschinen kommen vielfach noch Einspritzsysteme mit mechanischer Regelung zum Einsatz. Im Gegensatz zu allen anderen Einsatzbereichen, in denen vorwiegend wassergekühlte Motoren verwendet werden, hat bei den Bau- und Landmaschinen die robuste und einfach realisierbare Luftkühlung noch große Bedeutung.

### Lokomotiven

Lokomotivmotoren sind, ähnlich wie größere Schiffsdieselmotoren, besonders auf Dauerbetrieb ausgelegt. Außerdem müssen sie gegebenenfalls auch mit schlechteren Dieselkraftstoff-Qualitäten zurechtkommen. Ihre Baugröße umfasst den Bereich großer Nkw-Motoren bis zu mittleren Schiffsmotoren.

### Schiffe

Die Anforderungen an Schiffsmotoren sind je nach Einsatzbereich sehr unterschiedlich. Es gibt ausgesprochene Hochleistungsmotoren für z. B. Marine- oder Sportboote. Für diese Anwendung werden 4-Takt-Mittelschnellläufer mit einem Drehzahlbereich zwischen 400…1500 min⁻¹ und bis zu 24 Zylindern eingesetzt (Bild 3).

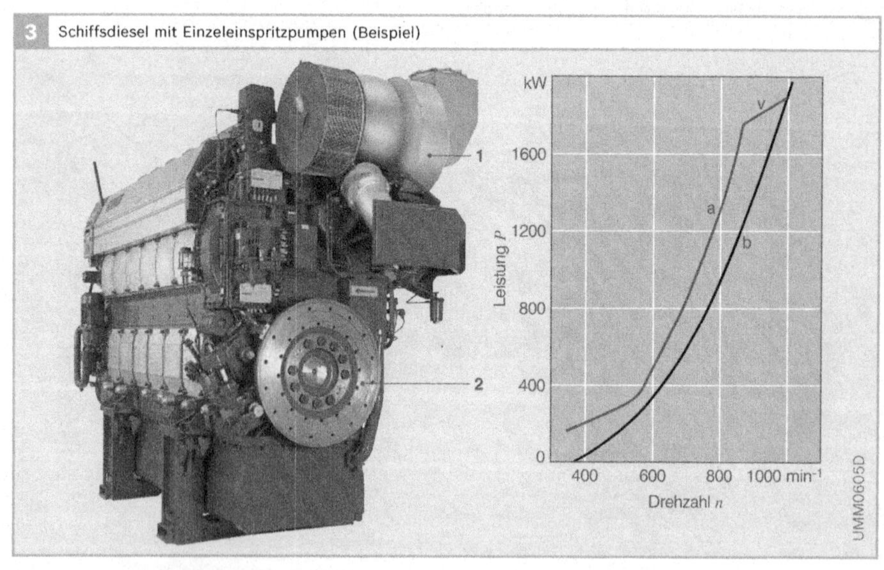



**Bild 3**

1   Lader
2   Schwungmasse

a   Motorleistung
b   Fahrwiderstandskurve
v   Bereich der Volllastbegrenzung

Andererseits finden auf äußerste Wirtschaftlichkeit im Dauerbetrieb ausgelegte 2-Takt-Großmotoren Verwendung. Mit diesen Langsamläufern (n < 300 min⁻¹) werden auch die höchsten mit Kolbenmotoren erreichbaren effektiven Wirkungsgrade von bis zu 55 % erreicht.

Großmotoren werden meist mit preiswertem Schweröl betrieben. Dazu ist eine aufwändige Kraftstoff-Aufbereitung an Bord erforderlich. Der Kraftstoff muss je nach Qualität auf bis zu 160 °C aufgeheizt werden. Erst dadurch wird seine Viskosität auf einen Wert gesenkt, der ein Filtern und Pumpen ermöglicht.

Für kleinere Schiffe werden oft Motoren eingesetzt, die eigentlich für schwere Nkw bestimmt sind. Damit steht ein wirtschaftlicher Antrieb mit niedrigen Entwicklungskosten zur Verfügung. Auch bei diesen Anwendungen muss die Regelung an das veränderte Einsatzprofil angepasst sein.

**Mehr- oder Vielstoffmotoren**
Für Sonderanwendungen (z. B. Einsatz in Gebieten mit sehr schlechter Infrastruktur und Militäranwendungen) wurden Dieselmotoren mit der Eignung für wechselweisen Betrieb mit Diesel-, Otto- und ähnlichen Kraftstoffen entwickelt. Sie haben zurzeit nahezu keine Bedeutung, da mit solchen Motoren die heutigen Anforderungen an das Emissions- und Leistungsverhalten nicht zu erfüllen sind.

## Motorkenndaten

Tabelle 1 zeigt die wichtigsten Vergleichsdaten verschiedener Diesel- und Ottomotoren.

Bei Ottomotoren mit Benzin-Direkteinspritzung (BDE) liegt der Mitteldruck um ca. 10 % höher als bei den in der Tabelle angegebenen Motoren mit Saugrohreinspritzung. Der spezifische Kraftstoffverbrauch ist dabei um bis zu 25 % geringer. Das Verdichtungsverhältnis bei diesen Motoren geht bis $\varepsilon = 13$.

**1    Vergleichsdaten für Diesel- und Ottomotoren**

| Einspritzsystem | Nenndrehzahl $n_{Nenn}$ [min⁻¹] | Verdichtungsverhältnis $\varepsilon$ | Mitteldruck [1] $p_e$ [bar] | spezifische Leistung $p_{e,\,spez.}$ [kW/l] | Leistungsgewicht $m_{spez.}$ [kg/kW] | spez. Kraftstoffverbrauch [2] $b_e$ [g/kWh] |
|---|---|---|---|---|---|---|
| **Dieselmotoren** | | | | | | |
| IDI[3] Pkw Saugmotoren | 3500…5000 | 20…24 | 7…9 | 20…35 | 5…3 | 320…240 |
| IDI[3] Pkw mit Aufladung | 3500…4500 | 20…24 | 9…12 | 30…45 | 4…2 | 290…240 |
| DI[4] Pkw Saugmotoren | 3500…4200 | 19…21 | 7…9 | 20…35 | 5…3 | 240…220 |
| DI[4] Pkw mit Aufladung u. LLK[5] | 3600…4400 | 16…20 | 8…22 | 30…60 | 4…2 | 210…195 |
| DI[4] Nkw Saugmotoren | 2000…3500 | 16…18 | 7…10 | 10…18 | 9…4 | 260…210 |
| DI[4] Nkw mit Aufladung | 2000…3200 | 15…18 | 15…20 | 15…25 | 8…3 | 230…205 |
| DI[4] Nkw mit Aufladung u. LLK[5] | 1800…2600 | 16…18 | 15…25 | 25…35 | 5…2 | 225…190 |
| Bau- und Landmaschinen | 1000…3600 | 16…20 | 7…23 | 6…28 | 10…1 | 280…190 |
| Lokomotiven | 750…1000 | 12…15 | 17…23 | 20…23 | 10…5 | 210…200 |
| Schiffe (4-Takt) | 400…1500 | 13…17 | 18…26 | 10…26 | 16…13 | 210…190 |
| Schiffe (2-Takt) | 50…250 | 6…8 | 14…18 | 3…8 | 32…16 | 180…160 |
| **Ottomotoren** | | | | | | |
| Pkw Saugmotoren | 4500…7500 | 10…11 | 12…15 | 50…75 | 2…1 | 350…250 |
| Pkw mit Aufladung | 5000…7000 | 7…9 | 11…15 | 85…105 | 2…1 | 380…250 |
| Nkw | 2500…5000 | 7…9 | 8…10 | 20…30 | 6…3 | 380…270 |

Tabelle 1

[1] Aus dem Mitteldruck $p_e$ kann das mit folgender Formel spezifische Drehmoment $M_{spez.}$ [Nm] ermittelt werden:

$$M_{spez.} = \frac{25}{\pi \cdot p_e}$$

[2] Bestverbrauch

[3] IDI Indirect Injection (Kammermotoren)

[4] DI Direct Injection (Direkteinspritzer)

[5] Ladeluftkühlung

# Grundlagen des Dieselmotors

**Der Dieselmotor ist ein Selbstzündungsmotor mit innerer Gemischbildung. Die für die Verbrennung benötigte Luft wird im Brennraum hoch verdichtet. Dabei entstehen hohe Temperaturen, bei denen sich der eingespritzte Dieselkraftstoff selbst entzündet. Die im Dieselkraftstoff enthaltene chemische Energie wird vom Dieselmotor über Wärme in mechanische Arbeit umgesetzt.**

Der Dieselmotor ist die Verbrennungskraftmaschine mit dem höchsten effektiven Wirkungsgrad (bei großen langsam laufenden Motoren mehr als 50 %). Der damit verbundene niedrige Kraftstoffverbrauch, die vergleichsweise schadstoffarmen Abgase und das vor allem durch Voreinspritzung verminderte Geräusch verhalfen dem Dieselmotor zu großer Verbreitung.

Der Dieselmotor eignet sich besonders für die Aufladung. Sie erhöht nicht nur die Leistungsausbeute und verbessert den Wirkungsgrad, sondern vermindert zudem die Schadstoffe im Abgas und das Verbrennungsgeräusch.

Zur Reduzierung der $NO_X$-Emission bei Pkw und Nkw wird ein Teil des Abgases in den Ansaugtrakt des Motors zurückgeleitet (Abgasrückführung). Um noch niedrigere $NO_X$-Emissionen zu erhalten, kann das zurückgeführte Abgas gekühlt werden.

Dieselmotoren können sowohl nach dem Zweitakt- als auch nach dem Viertakt-Prinzip arbeiten. Im Kraftfahrzeug kommen hauptsächlich Viertakt-Motoren zum Einsatz.

## Arbeitsweise

Ein Dieselmotor enthält einen oder mehrere Zylinder. Angetrieben durch die Verbrennung des Luft-Kraftstoff-Gemischs führt ein Kolben (Bild 1, Pos. 3) je Zylinder (5) eine periodische Auf- und Abwärtsbewegung aus. Dieses Funktionsprinzip gab dem Motor den Namen „Hubkolbenmotor".

Die Pleuelstange (11) setzt diese Hubbewegungen der Kolben in eine Rotationsbewegung der Kurbelwelle (14) um. Eine Schwungmasse (15) an der Kurbelwelle hält die Bewegung aufrecht und vermindert die Drehungleichförmigkeit, die durch die Verbrennungen in den einzelnen Kolben entsteht. Die Kurbelwellendrehzahl wird auch Motordrehzahl genannt.

**Bild 1**

1 Nockenwelle
2 Ventile
3 Kolben
4 Einspritzsystem
5 Zylinder
6 Abgasrückführung
7 Ansaugrohr
8 Lader (hier Abgasturbolader)
9 Abgasrohr
10 Kühlsystem
11 Pleuelstange
12 Schmiersystem
13 Motorblock
14 Kurbelwelle
15 Schwungmasse

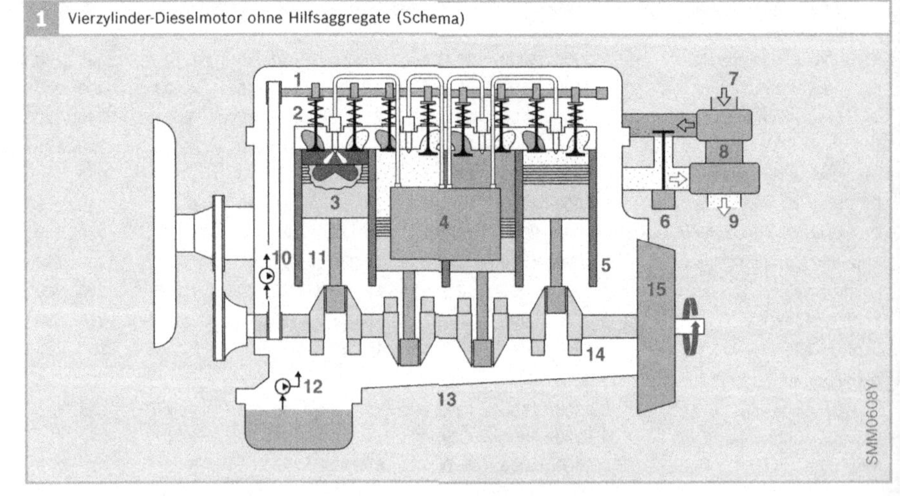

**1** Vierzylinder-Dieselmotor ohne Hilfsaggregate (Schema)

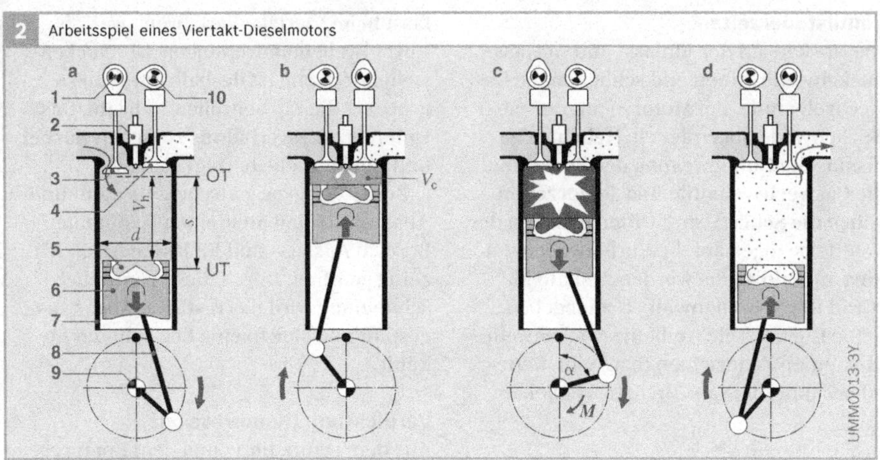



**Bild 2**
a  Ansaugtakt
b  Verdichtungstakt
c  Arbeitstakt
d  Ausstoßtakt

1  Einlassnockenwelle
2  Einspritzdüse
3  Einlassventil
4  Auslassventil
5  Brennraum
6  Kolben
7  Zylinderwand
8  Pleuelstange
9  Kurbelwelle
10  Auslassnockenwelle

$\alpha$  Kurbelwellenwinkel
$d$  Bohrung
$M$  Drehmoment
$s$  Kolbenhub
$V_c$  Kompressionsvolumen
$V_h$  Hubvolumen (Hubraum)
OT  oberer Totpunkt des Kolbens
UT  unterer Totpunkt des Kolbens

## Viertakt-Verfahren

Beim Viertakt-Dieselmotor (Bild 2) steuern Gaswechselventile den Gaswechsel von Frischluft und Abgas. Sie öffnen oder schließen die Ein- und Auslasskanäle zu den Zylindern. Je Ein- bzw. Auslasskanal können ein oder zwei Ventile eingebaut sein.

### 1. Takt: Ansaugtakt (a)

Ausgehend vom oberen Totpunkt (OT) bewegt sich der Kolben (6) abwärts und vergrößert das Volumen im Zylinder. Durch das geöffnete Einlassventil (3) strömt Luft ohne vorgeschaltete Drosselklappe in den Zylinder ein. Im unteren Totpunkt (UT) hat das Zylindervolumen seine maximale Größe erreicht ($V_h + V_c$).

### 2. Takt: Verdichtungstakt (b)

Die Gaswechselventile sind nun geschlossen. Der aufwärts gehende Kolben verdichtet (komprimiert) die im Zylinder eingeschlossene Luft entsprechend dem ausgeführten Verdichtungsverhältnis (von 6:1 bei Großmotoren bis 24:1 bei Pkw). Sie erwärmt sich dabei auf Temperaturen bis zu 900 °C. Gegen Ende des Verdichtungsvorgangs spritzt die Einspritzdüse (2) den Kraftstoff unter hohem Druck (derzeit bis zu 2200 bar) in die erhitzte Luft ein. Im oberen Totpunkt ist das minimale Volumen erreicht (Kompressionsvolumen $V_c$).

### 3. Takt: Arbeitstakt (c)

Nach Verstreichen des Zündverzugs (einige Grad Kurbelwellenwinkel) beginnt der Arbeitstakt. Der fein zerstäubte zündwillige Dieselkraftstoff entzündet sich selbst an der hoch verdichteten heißen Luft im Brennraum (5) und verbrennt. Dadurch erhitzt sich die Zylinderladung weiter und der Druck im Zylinder steigt nochmals an. Die durch die Verbrennung frei gewordene Energie ist im Wesentlichen durch die eingespritzte Kraftstoffmasse bestimmt (Qualitätsregelung). Der Druck treibt den Kolben nach unten, die chemische Energie wird in Bewegungsenergie umgewandelt. Ein Kurbeltrieb übersetzt die Bewegungsenergie des Kolbens in ein an der Kurbelwelle zur Verfügung stehendes Drehmoment.

### 4. Takt: Ausstoßtakt (d)

Bereits kurz vor dem unteren Totpunkt öffnet das Auslassventil (4). Die unter Druck stehenden heißen Gase strömen aus dem Zylinder. Der aufwärts gehende Kolben stößt die restlichen Abgase aus.

Nach jeweils zwei Kurbelwellenumdrehungen beginnt ein neues Arbeitsspiel mit dem Ansaugtakt.

### Ventilsteuerzeiten

Die Nocken auf der Einlass- und Auslassnockenwelle öffnen und schließen die Gaswechselventile. Bei Motoren mit nur einer
Nockenwelle überträgt ein Hebelmecha-
nismus die Hubbewegung der Nocken auf
die Gaswechselventile. Die Steuerzeiten
geben die Schließ- und Öffnungszeiten der
Ventile bezogen auf die Kurbelwellenstellung an (Bild 4). Sie werden deshalb in
„Grad Kurbelwellenwinkel" angegeben.

Die Kurbelwelle treibt die Nockenwelle
über einen Zahnriemen (bzw. eine Kette
oder Zahnräder) an. Ein Arbeitsspiel umfasst beim Viertakt-Verfahren zwei
Kurbelwellenumdrehungen. Die Nockenwellendrehzahl ist deshalb nur halb so
groß wie die Kurbelwellendrehzahl. Das
Untersetzungsverhältnis zwischen Kurbel-
und Nockenwelle beträgt somit 2:1.

Beim Übergang zwischen Ausstoß- und
Ansaugtakt sind über einen bestimmten
Bereich Auslass- und Einlassventil gleichzeitig geöffnet. Durch diese Ventilüber-
schneidung wird das restliche Abgas aus-
gespült und gleichzeitig der Zylinder gekühlt.

### Verdichtung (Kompression)

Aus dem Hubraum $V_h$ und dem Kompressionsvolumen $V_c$ eines Kolbens ergibt sich
das Verdichtungsverhältnis $\varepsilon$:

$$\varepsilon = \frac{V_h + V_c}{V_c}$$

Die Verdichtung des Motors hat
entscheidenden Einfluss auf
▸ das Kaltstartverhalten,
▸ das erzeugte Drehmoment,
▸ den Kraftstoffverbrauch,
▸ die Geräuschemissionen und
▸ die Schadstoffemissionen.

Das Verdichtungsverhältnis $\varepsilon$ beträgt
bei Dieselmotoren für Pkw und Nkw je
nach Motorbauweise und Einspritzart
$\varepsilon = 16{:}1\dots24{:}1$. Die Verdichtung liegt also
höher als beim Ottomotor ($\varepsilon = 7{:}1\dots13{:}1$).
Aufgrund der begrenzten Klopffestigkeit
des Benzins würde sich bei diesem das
Luft-Kraftstoff-Gemisch bei hohem Kompressionsdruck und der sich daraus erge-
benden hohen Brennraumtemperatur
selbstständig und unkontrolliert entzün-
den.

Die Luft wird im Dieselmotor auf 30…50
bar (Saugmotor) bzw. 70…150 bar (aufgeladener Motor) verdichtet. Dabei entstehen
Temperaturen im Bereich von 700…900 °C
(Bild 3). Die Zündtemperatur für die am
leichtesten entflammbaren Komponenten
im Dieselkraftstoff beträgt etwa 250 °C.

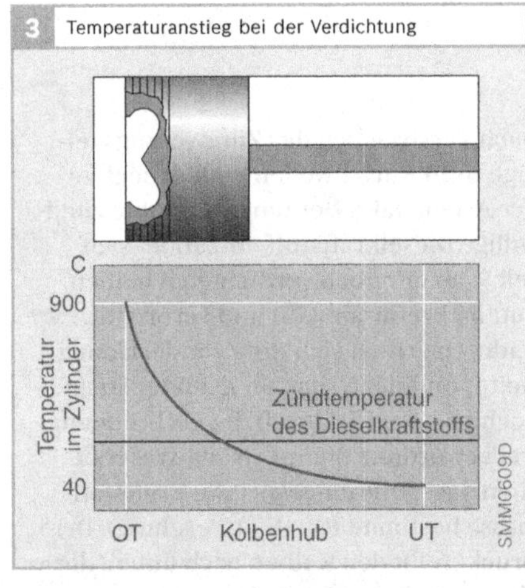




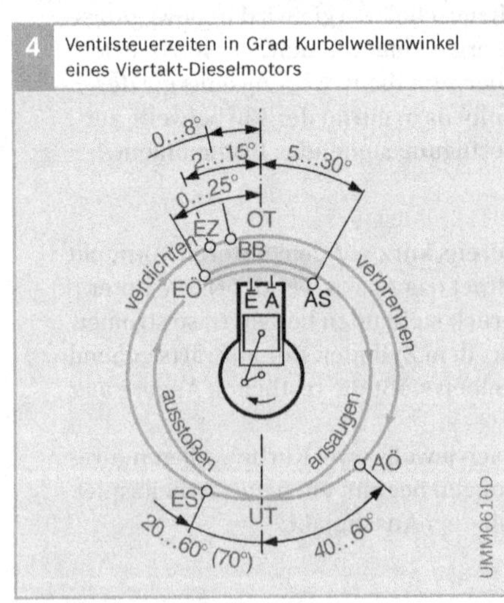

# Drehmoment und Leistung

## Drehmoment

Die Pleuelstange setzt die Hubbewegung des Kolbens in eine Rotationsbewegung der Kurbelwelle um. Die Kraft, mit der das expandierende Luft-Kraftstoff-Gemisch den Kolben nach unten treibt, wird so über den Hebelarm der Kurbelwelle in ein Drehmoment umgesetzt.

Das vom Motor abgegebene Drehmoment $M$ hängt vom Mitteldruck $p_e$ (mittlerer Kolben- bzw. Arbeitsdruck) ab. Es gilt:

$$M = p_e \cdot V_H / (4 \cdot \pi)$$

mit
$V_H$ Hubraum des Motors und $\pi \approx 3{,}14$.

Der Mitteldruck erreicht bei aufgeladenen kleinen Dieselmotoren für Pkw Werte von 8...22 bar. Zum Vergleich: Ottomotoren erreichen Werte von 7...11 bar.

Das maximal erreichbare Drehmoment $M_{max}$, das der Motor liefern kann, ist durch die Konstruktion des Motors bestimmt (Größe des Hubraums, Aufladung usw.). Die Anpassung des Drehmoments an die Erfordernisse des Fahrbetriebs erfolgt im Wesentlichen durch die Veränderung der Luft- und Kraftstoffmasse sowie durch die Gemischbildung.

Das Drehmoment nimmt mit steigender Drehzahl $n$ bis zum maximalen Drehmoment $M_{max}$ zu (Bild 1). Mit höheren Drehzahlen fällt das Drehmoment wieder ab (maximal zulässige Motorbeanspruchung, gewünschtes Fahrverhalten, Getriebeauslegung).

Die Entwicklung in der Motortechnik zielt darauf ab, das maximale Drehmoment schon bei niedrigen Drehzahlen im Bereich von weniger als 2000 min⁻¹ bereitzustellen, da in diesem Drehzahlbereich der Kraftstoffverbrauch am günstigsten ist und die Fahrbarkeit als angenehm empfunden wird (gutes Anfahrverhalten).

## Leistung

Die vom Motor abgegebene Leistung $P$ (erzeugte Arbeit pro Zeit) hängt vom Drehmoment $M$ und der Motordrehzahl $n$ ab. Die Motorleistung steigt mit der Drehzahl, bis sie bei der Nenndrehzahl $n_{nenn}$ mit der Nennleistung $P_{nenn}$ ihren Höchstwert erreicht. Es gilt der Zusammenhang:

$$P = 2 \cdot \pi \cdot n \cdot M$$

Bild 1a zeigt den Vergleich von Dieselmotoren der Baujahre 1968 und 1998 mit ihrem typischen Leistungsverlauf in Abhängigkeit von der Motordrehzahl.

Aufgrund der niedrigeren Maximaldrehzahlen haben Dieselmotoren eine geringere hubraumbezogenen Leistung als Ottomotoren. Moderne Dieselmotoren für Pkw erreichen Nenndrehzahlen von 3500...5000 min⁻¹.

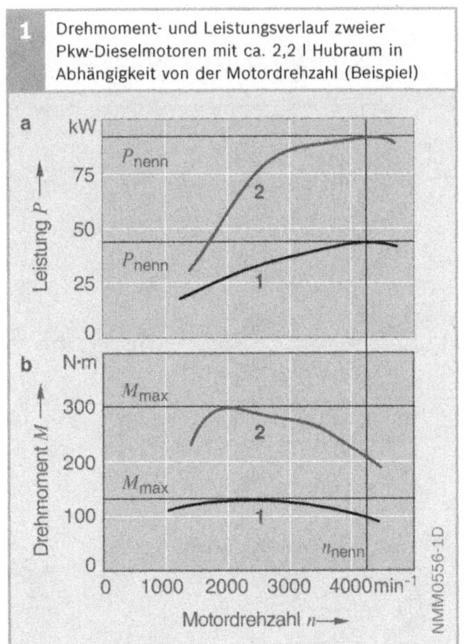



**1** Drehmoment- und Leistungsverlauf zweier Pkw-Dieselmotoren mit ca. 2,2 l Hubraum in Abhängigkeit von der Motordrehzahl (Beispiel)

Bild 1
a   Leistungsverlauf
b   Drehmomentverlauf

1   Baujahr 1968
2   Baujahr 1998

$M_{max}$ maximales Drehmoment
$P_{nenn}$ Nennleistung
$n_{nenn}$ Nenndrehzahl

# Motorwirkungsgrad

Der Verbrennungsmotor verrichtet Arbeit durch Druck-Volumen-Änderungen eines Arbeitsgases (Zylinderfüllung).

Der effektive Wirkungsgrad des Motors ist das Verhältnis aus eingesetzter Energie (Kraftstoff) und nutzbarer Arbeit. Er ergibt sich aus dem thermischen Wirkungsgrad eines idealen Arbeitsprozesses (Seiliger-Prozess) und den Verlustanteilen des realen Prozesses.

## Seiliger-Prozess

Der Seiliger-Prozess kann als thermodynamischer Vergleichsprozess für den Hubkolbenmotor herangezogen werden und beschreibt die unter Idealbedingungen theoretisch nutzbare Arbeit. Für diesen idealen Prozess werden folgende Vereinfachungen angenommen:
▶ ideales Gas als Arbeitsmedium
▶ Gas mit konstanter spezifischer Wärme,
▶ keine Strömungsverluste beim Gaswechsel.

Der Zustand des Arbeitsgases kann durch die Angabe von Druck ($p$) und Volumen ($V$) beschrieben werden. Die Zustandsänderungen werden im $p$-$V$-Diagramm (Bild 1) dargestellt, wobei die eingeschlossene Fläche der Arbeit entspricht, die in einem Arbeitsspiel verrichtet wird.

Im Seiliger-Prozess laufen folgende Prozess-Schritte ab:

Isentrope Kompression (1-2)
Bei der isentropen Kompression (Verdichtung bei konstanter Entropie, d. h. ohne Wärmeaustausch) nimmt der Druck im Zylinder zu, während das Volumen abnimmt.

Isochore Wärmezufuhr (2-3)
Das Gemisch beginnt zu verbrennen. Die Wärmezufuhr ($q_{BV}$) erfolgt bei konstantem Volumen (isochor). Der Druck nimmt dabei zu.

Isobare Wärmezufuhr (3-3′)
Die weitere Wärmezufuhr ($q_{Bp}$) erfolgt bei konstantem Druck (isobar), während sich der Kolben abwärts bewegt und das Volumen zunimmt.

Isentrope Expansion (3′-4)
Der Kolben geht weiter zum unteren Totpunkt. Es findet kein Wärmeaustausch mehr statt. Der Druck nimmt ab, während das Volumen zunimmt.

Isochore Wärmeabfuhr (4-1)
Beim Gaswechsel wird die Restwärme ausgestoßen ($q_A$). Dies geschieht bei konstantem Volumen (unendlich schnell und vollständig). Damit ist der Ausgangszustand wieder erreicht und ein neuer Arbeitszyklus beginnt.

## $p$-$V$-Diagramm des realen Prozesses

Um die beim realen Prozess geleistete Arbeit zu ermitteln, wird der Zylinderdruckverlauf gemessen und im $p$-$V$-Diagramm dargestellt (Bild 2). Die Fläche der oberen

**Bild 1**
1-2 Isentrope Kompression
2-3 isochore Wärmezufuhr
3-3′ isobare Wärmezufuhr
3′-4 isentrope Expansion
4-1 isochore Wärmeabfuhr

OT oberer Totpunkt des Kolbens
UT unterer Totpunkt des Kolbens

$q_A$ abfließende Wärmemenge beim Gaswechsel
$q_{Bp}$ Verbrennungswärme bei konstantem Druck
$q_{BV}$ Verbrennungswärme bei konstantem Volumen
$W$ theoretische Arbeit

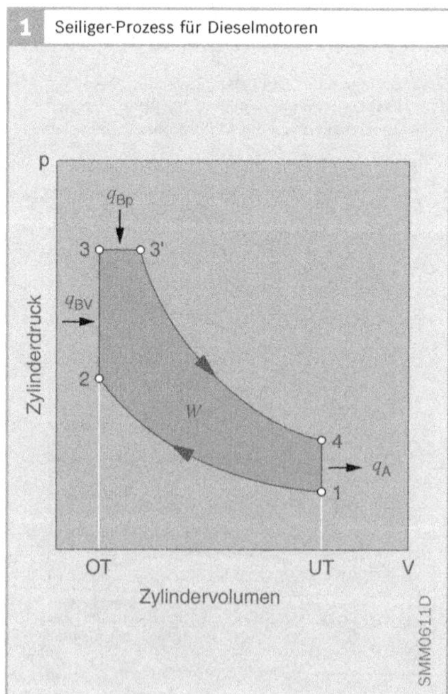

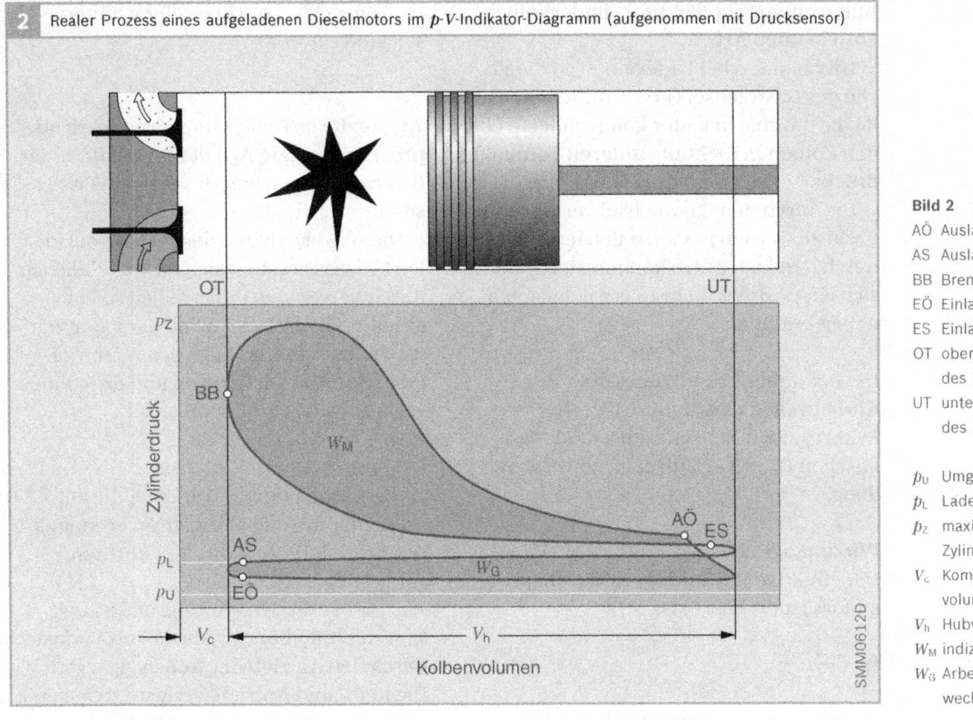


**2** Realer Prozess eines aufgeladenen Dieselmotors im $p$-$V$-Indikator-Diagramm (aufgenommen mit Drucksensor)

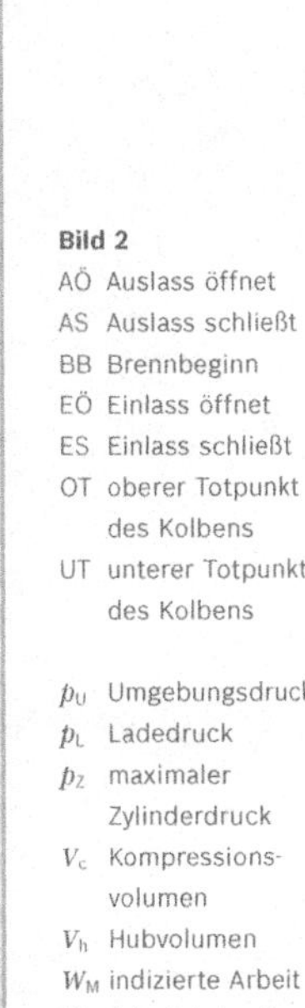

**Bild 2**
AÖ  Auslass öffnet
AS  Auslass schließt
BB  Brennbeginn
EÖ  Einlass öffnet
ES  Einlass schließt
OT  oberer Totpunkt
    des Kolbens
UT  unterer Totpunkt
    des Kolbens

$p_U$  Umgebungsdruck
$p_L$  Ladedruck
$p_Z$  maximaler
    Zylinderdruck
$V_c$  Kompressions-
    volumen
$V_h$  Hubvolumen
$W_M$  indizierte Arbeit
$W_G$  Arbeit beim Gas-
    wechsel (Lader)

**3** Druckverlauf eines aufgeladenen Dieselmotors im Druck-Kurbelwellen-Diagramm ($p$-$\alpha$-Diagramm)

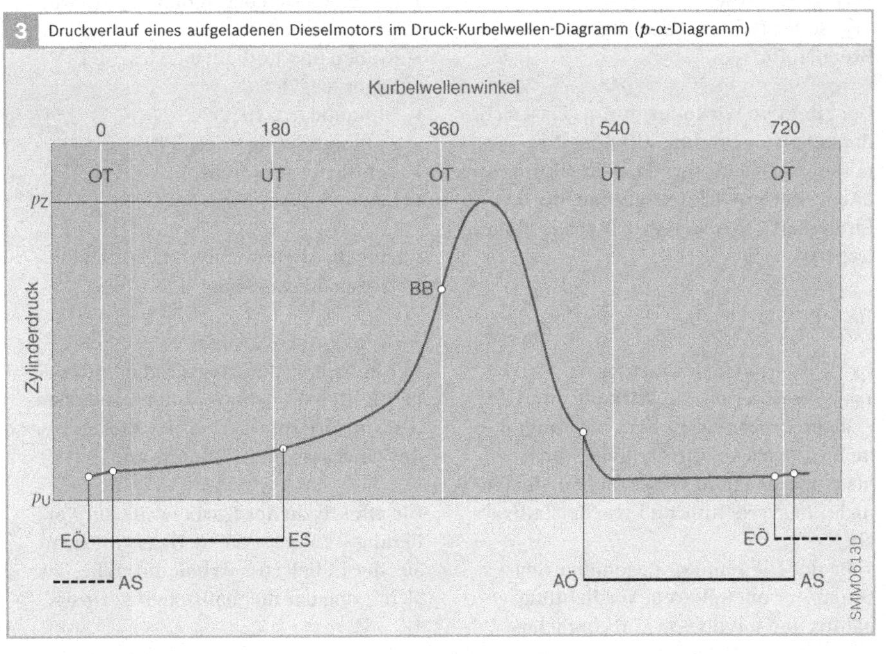


**Bild 3**
AÖ  Auslass öffnet
AS  Auslass schließt
BB  Brennbeginn
EÖ  Einlass öffnet
ES  Einlass schließt
OT  oberer Totpunkt
    des Kolbens
UT  unterer Totpunkt
    des Kolbens

$p_U$  Umgebungsdruck
$p_L$  Ladedruck
$p_Z$  maximaler
    Zylinderdruck

Kurve entspricht der am Zylinderkolben anstehenden Arbeit.

Hierzu muss bei Ladermotoren die Fläche des Gaswechsels ($W_G$) addiert werden, da die durch den Lader komprimierte Luft den Kolben in Richtung unteren Totpunkt drückt.

Die durch den Gaswechsel verursachten Verluste werden in vielen Betriebspunkten durch den Lader überkompensiert, sodass sich ein positiver Beitrag zur geleisteten Arbeit ergibt.

Die Darstellung des Drucks über dem Kurbelwellenwinkel (Bild 3, vorherige Seite) findet z. B. bei der thermodynamischen Druckverlaufsanalyse Verwendung.

## Wirkungsgrad

Der effektive Wirkungsgrad des Dieselmotors ist definiert als:

$$\eta_e = \frac{W_e}{W_B}$$

$W_e$ ist die an der Kurbelwelle effektiv verfügbare Arbeit.
$W_B$ ist der Heizwert des zugeführten Brennstoffs.

Der effektive Wirkungsgrad $\eta_e$ lässt sich darstellen als Produkt aus dem thermischen Wirkungsgrad des Idealprozesses und weiteren Wirkungsgraden, die den Einflüssen des realen Prozesses Rechnung tragen:

$$\eta_e = \eta_{th} \cdot \eta_g \cdot \eta_b \cdot \eta_m = \eta_i \cdot \eta_m$$

### $\eta_{th}$: Thermischer Wirkungsgrad

$\eta_{th}$ ist der thermische Wirkungsgrad des Seiliger-Prozesses. Er berücksichtigt die im Idealprozess auftretenden Wärmeverluste und hängt im Wesentlichen vom Verdichtungsverhältnis und von der Luftzahl ab.

Da der Dieselmotor gegenüber dem Ottomotor mit höherem Verdichtungsverhältnis und mit hohem Luftüberschuss betrieben wird, erreicht er einen höheren Wirkungsgrad.

### $\eta_g$: Gütegrad

$\eta_g$ gibt die im realen Hochdruck-Arbeitsprozess erzeugte Arbeit im Verhältnis zur theoretischen Arbeit des Seiliger-Prozesses an.

Die Abweichungen des realen vom idealen Prozess ergeben sich im Wesentlichen durch Verwenden eines realen Arbeitsgases, endliche Geschwindigkeit der Wärmezu- und -abfuhr, Lage der Wärmezufuhr, Wandwärmeverluste und Strömungsverluste beim Ladungswechsel.

### $\eta_b$: Brennstoffumsetzungsgrad

$\eta_b$ berücksichtigt die Verluste, die aufgrund der unvollständigen Verbrennung des Kraftstoffs im Zylinder auftreten.

### $\eta_m$: Mechanischer Wirkungsgrad

$\eta_m$ erfasst Reibungsverluste und Verluste durch den Antrieb der Nebenaggregate. Die Reib- und Antriebsverluste steigen mit der Motordrehzahl an. Die Reibungsverluste setzen sich bei Nenndrehzahl wie folgt zusammen:

- Kolben und Kolbenringe (ca. 50),
- Lager (ca. 20 %),
- Ölpumpe (ca. 10 %),
- Kühlmittelpumpe (ca. 5 %),
- Ventiltrieb (ca. 10 %),
- Einspritzpumpe (ca. 5 %).

Ein mechanischer Lader muss ebenfalls hinzugezählt werden.

### $\eta_i$: Indizierter Wirkungsgrad

Der indizierte Wirkungsgrad gibt das Verhältnis der am Zylinderkolben anstehenden, „indizierten" Arbeit $W_i$ zum Heizwert des eingesetzten Kraftstoffs an.

Die effektiv an der Kurbelwelle zur Verfügung stehende Arbeit $W_e$ ergibt sich aus der indizierten Arbeit durch Berücksichtigung der mechanischen Verluste:
$$W_e = W_i \cdot \eta_m.$$

# Betriebszustände

## Start

Das Starten eines Motors umfasst die Vorgänge: Anlassen, Zünden und Hochlaufen bis zum Selbstlauf.

Die im Verdichtungshub erhitzte Luft muss den eingespritzten Kraftstoff zünden (Brennbeginn). Die erforderliche Mindestzündtemperatur für Dieselkraftstoff beträgt ca. 250 °C.

Diese Temperatur muss auch unter ungünstigen Bedingungen erreicht werden. Niedrige Drehzahl, tiefe Außentemperaturen und ein kalter Motor führen zu verhältnismäßig niedriger Kompressions-Endtemperatur, denn:

▸ Je niedriger die Motordrehzahl, umso geringer ist der Enddruck der Kompression und dementsprechend auch die Endtemperatur (Bild 1). Die Ursache dafür sind Leckageverluste, die an den Kolbenringspalten zwischen Kolben und Zylinderwand auftreten, wegen anfänglich noch fehlender Wärmedehnung sowie des noch nicht ausgebildeten Ölfilms.

Das Maximum der Kompressionstemperatur liegt wegen der Wärmeverluste während der Verdichtung um einige Grad vor OT (thermodynamischer Verlustwinkel, Bild 2).

▸ Bei kaltem Motor ergeben sich während des Verdichtungstakts größere Wärmeverluste über die Brennraumoberfläche. Bei Kammermotoren (IDI) sind diese Verluste wegen der größeren Oberfläche besonders hoch.

▸ Die Triebwerkreibung ist bei niederen Temperaturen aufgrund der höheren Motorölviskosität höher als bei Betriebstemperatur. Dadurch und auch wegen niedriger Batteriespannung werden nur relativ kleine Starterdrehzahlen erreicht.

▸ Bei Kälte ist die Starterdrehzahl wegen der absinkenden Batteriespannung besonders niedrig.

Um während der Startphase die Temperatur im Zylinder zu erhöhen, werden folgende Maßnahmen ergriffen:

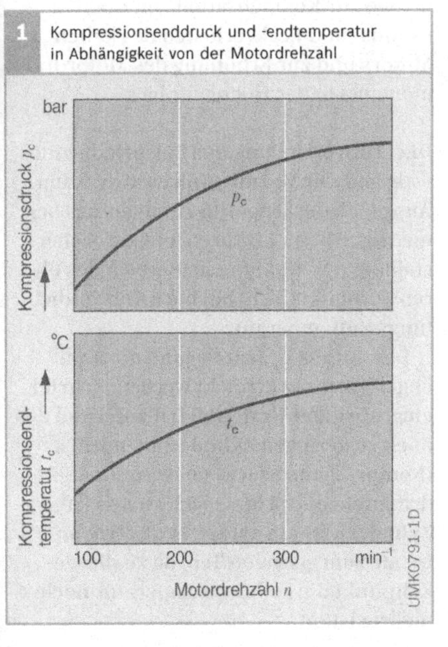

**1** Kompressionsenddruck und -endtemperatur in Abhängigkeit von der Motordrehzahl



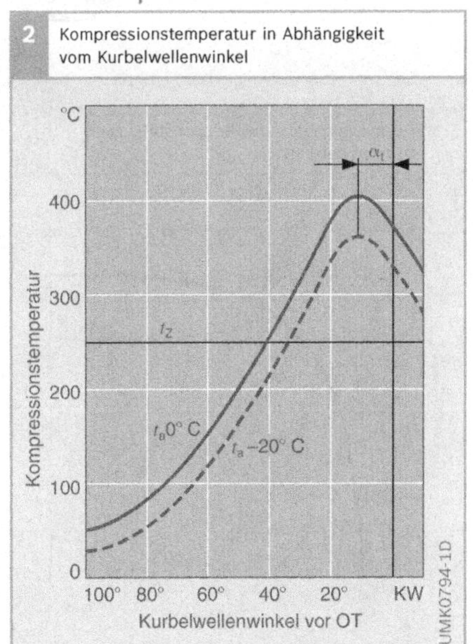

**2** Kompressionstemperatur in Abhängigkeit vom Kurbelwellenwinkel



Bild 2

$t_a$ Außentemperatur

$t_Z$ Zündtemperatur des Dieselkraftstoffs

$\alpha_T$ thermodynamischer Verlustwinkel

$n \approx 200$ min⁻¹

### Kraftstoffaufheizung

Mit einer Filter- oder direkten Kraftstoffaufheizung (Bild 3) kann das Ausscheiden von Paraffin-Kristallen bei niedrigen Temperaturen (in der Startphase und bei niedrigen Außentemperaturen) vermieden werden.

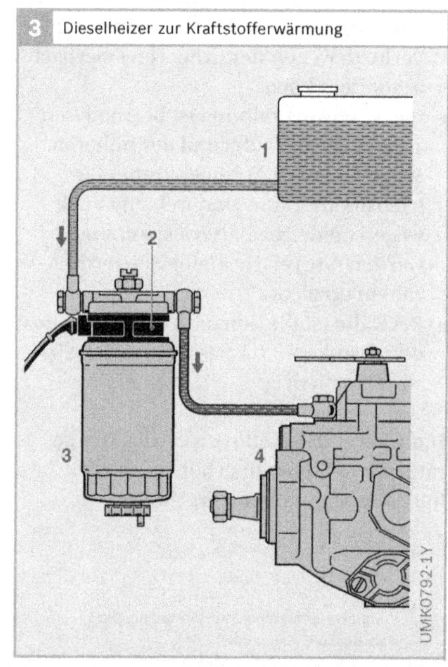


**Bild 3**

1 Kraftstoffbehälter
2 Dieselheizer
3 Kraftstofffilter
4 Einspritzpumpe

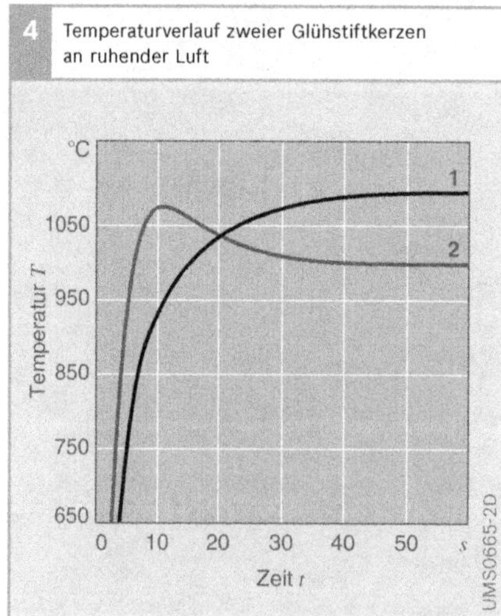


**Bild 4**

Regelwendelmaterial:

1 Nickel (herkömmliche Glühstiftkerze S-RSK)
2 CoFe-Legierung (Glühkerze der Generation GLP2)

### Starthilfesysteme

Bei Direkteinspritzmotoren (DI) für Pkw und bei Kammermotoren (IDI) generell wird in der Startphase das Luft-Kraftstoff-Gemisch im Brennraum (bzw. in der Vor- oder Wirbelkammer) durch Glühstiftkerzen erwärmt. Bei Direkteinspritzmotoren für Nkw wird die Ansaugluft vorgewärmt. Beide Starthilfesysteme dienen der Verbesserung der Kraftstoffverdampfung und Gemischaufbereitung und somit dem sicheren Entflammen des Luft-Kraftstoff-Gemischs.

Glühkerzen neuerer Generation benötigen nur eine Vorglühdauer von wenigen Sekunden (Bild 4) und ermöglichen so einen schnellen Start. Die niedrigere Nachglühtemperatur erlaubt zudem längere Nachglühzeiten. Dies reduziert sowohl die Schadstoff- als auch die Geräuschemissionen in der Warmlaufphase des Motors.

### Einspritzanpassung

Eine Maßnahme zur Startunterstützung ist die Zugabe einer Kraftstoff-Startmehrmenge zur Kompensation von Kondensations- und Leckverlusten des kalten Motors und zur Erhöhung des Motordrehmoments in der Hochlaufphase.

Die Frühverstellung des Einspritzbeginns während der Warmlaufphase dient zum Ausgleich des längeren Zündverzugs bei niedrigen Temperaturen und zur Sicherstellung der Zündung im Bereich des oberen Totpunkts, d. h. bei höchster Verdichtungsendtemperatur.

Der optimale Spritzbeginn muss mit enger Toleranz erreicht werden. Zu früh eingespritzter Kraftstoff hat aufgrund des noch zu geringen Zylinderinnendrucks (Kompressionsdruck) eine größere Eindringtiefe und schlägt sich an den kalten Zylinderwänden nieder. Dort verdampft er nur zum geringen Teil, da zu diesem Zeitpunkt die Ladungstemperatur noch niedrig ist.

Bei zu spät eingespritztem Kraftstoff erfolgt die Zündung erst im Expansionshub, und der Kolben wird nur noch wenig beschleunigt oder es kommt zu Verbrennungsaussetzern.

### Nulllast

Nulllast bezeichnet alle Betriebszustände des Motors, bei denen der Motor nur seine innere Reibung überwindet. Er gibt kein Drehmoment ab. Die Fahrpedalstellung kann beliebig sein. Alle Drehzahlbereiche bis hin zur Abregeldrehzahl sind möglich.

### Leerlauf

Leerlauf bezeichnet die unterste Nulllastdrehzahl. Das Fahrpedal ist dabei nicht betätigt. Der Motor gibt kein Drehmoment ab, er überwindet nur die innere Reibung. In einigen Quellen wird der gesamte Nulllastbereich als Leerlauf bezeichnet. Die obere Nulllastdrehzahl (Abregeldrehzahl) wird dann obere Leerlaufdrehzahl genannt.

### Volllast

Bei Volllast ist das Fahrpedal ganz durchgetreten oder die Volllastmengenbegrenzung wird betriebspunktabhängig von der Motorsteuerung geregelt. Die maximal mögliche Kraftstoffmenge wird eingespritzt und der Motor gibt stationär sein maximal mögliches Drehmoment ab. Instationär (ladedruckbegrenzt) gibt der Motor das mit der zur Verfügung stehenden Luft maximal mögliche (niedrigere) Volllast-Drehmoment ab. Alle Drehzahlbereiche von der Leerlaufdrehzahl bis zur Nenndrehzahl sind möglich.

### Teillast

Teillast umfasst alle Bereiche zwischen Nulllast und Volllast. Der Motor gibt ein Drehmoment zwischen Null und dem maximal möglichen Drehmoment ab.

#### Unterer Teillastbereich

In diesem Betriebsbereich sind die Verbrauchswerte im Vergleich zum Ottomotor besonders günstig. Das früher beanstandete „nageln" - besonders bei kaltem Motor - tritt bei Dieselmotoren mit Voreinspritzung praktisch nicht mehr auf.

Die Kompressions-Endtemperatur wird bei niedriger Drehzahl - wie im Abschnitt „Start" beschrieben - und kleiner Last geringer. Im Vergleich zur Volllast ist der Brennraum relativ kalt (auch bei betriebswarmem Motor), da die Energiezufuhr und damit die Temperaturen gering sind. Nach einem Kaltstart erfolgt die Aufheizung des Brennraums bei unterer Teillast nur langsam. Dies trifft insbesondere für Vor- und Wirbelkammermotoren zu, weil bei diesen die Wärmeverluste aufgrund der großen Oberfläche besonders hoch sind.

Bei kleiner Last und bei der Voreinspritzung werden nur wenige mm³ Kraftstoff pro Einspritzung zugemessen. In diesem Fall werden besonders hohe Anforderungen an die Genauigkeit von Einspritzbeginn und Einspritzmenge gestellt. Ähnlich wie beim Start entsteht die benötigte Verbrennungstemperatur auch bei Leerlaufdrehzahl nur in einem kleinen Kolbenhubbereich bei OT. Der Spritzbeginn ist hierauf sehr genau abgestimmt.

Während der Zündverzugsphase darf nur wenig Kraftstoff eingespritzt werden, da zum Zündzeitpunkt die im Brennraum vorhandene Kraftstoffmenge über den plötzlichen Druckanstieg im Zylinder entscheidet. Je höher dieser ist, umso lauter wird das Verbrennungsgeräusch. Eine Voreinspritzung von ca. 1 mm³ (für Pkw) macht den Zündverzug der Haupteinsprit-

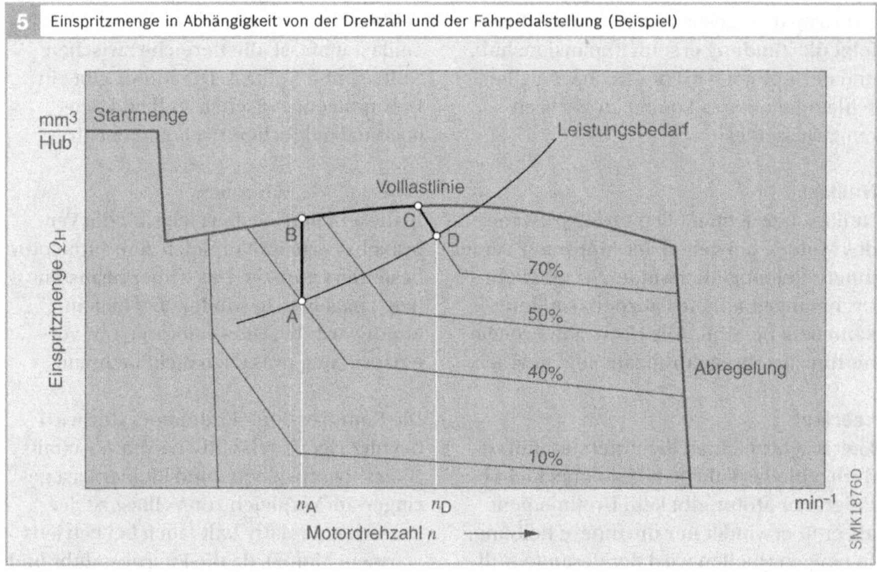


zung fast zu Null und verringert damit wesentlich das Verbrennungsgeräusch.

### Schubbetrieb
Im Schubbetrieb wir der Motor von außen über den Triebstrang angetrieben (z. B. bei Bergabfahrt). Es wird kein Kraftstoff eingespritzt (Schubabschaltung).

### Stationärer Betrieb
Das vom Motor abgegebene Drehmoment entspricht dem über die Fahrpedalstellung angeforderten Drehmoment. Die Drehzahl bleibt konstant.

### Instationärer Betrieb
Das vom Motor abgegebene Drehmoment entspricht nicht dem geforderten Drehmoment. Die Drehzahl verändert sich.

### Übergang zwischen den Betriebszuständen
Ändert sich die Last, die Motordrehzahl oder die Fahrpedalstellung, verändert der Motor seinen Betriebszustand (z. B. Motordrehzahl, Drehmoment).

Das Verhalten eines Motors kann mit Kennfeldern beschrieben werden. Das Kennfeld in Bild 5 zeigt an einem Beispiel, wie sich die Motordrehzahl ändert, wenn die Fahrpedalstellung von 40 % auf 70 % verändert wird. Ausgehend vom Betriebspunkt A wird über die Volllast (B–C) der neue Teillast-Betriebspunkt D erreicht. Dort sind der Leistungsbedarf und die vom Motor abgegebene Leistung gleich. Die Drehzahl erhöht sich dabei von $n_A$ auf $n_D$.

# Betriebsbedingungen

Der Kraftstoff wird beim Dieselmotor
direkt in die hochverdichtete, heiße Luft
eingespritzt, an der er sich selbst entzündet. Der Dieselmotor ist daher und wegen
des heterogenen Luft-Kraftstoff-Gemischs
– im Gegensatz zum Ottomotor – nicht an
Zündgrenzen (d. h. bestimmte Luftzahlen
λ) gebunden. Deshalb wird die Motorleistung bei konstanter Luftmenge im Motorzylinder nur über die Kraftstoffmenge geregelt.

Das Einspritzsystem muss die Dosierung
des Kraftstoffs und die gleichmäßige Verteilung in der ganzen Ladung übernehmen
– und dies bei allen Drehzahlen und Lasten
sowie abhängig von Druck und Temperatur der Ansaugluft.

Jeder Betriebspunkt benötigt somit
▸ die richtige Kraftstoffmenge,
▸ zur richtigen Zeit,
▸ mit dem richtigen Druck,
▸ im richtigen zeitlichen Verlauf und
▸ an der richtigen Stelle des Brennraums.

Bei der Kraftstoffdosierung müssen zu-
sätzlich zu den Forderungen für die opti-
male Gemischbildung auch Betriebsgren-
zen berücksichtigt werden wie z. B.:
▸ Schadstoffgrenzen (z. B. Rauchgrenze),
▸ Verbrennungsspitzendruckgrenze,
▸ Abgastemperaturgrenze,
▸ Drehzahl- und Volllastgrenze
▸ fahrzeug- und gehäusespezifische
  Belastungsgrenzen und
▸ Höhen-/Ladedruckgrenzen.

### Rauchgrenze

Der Gesetzgeber schreibt Grenzwerte u. a.
für die Partikelemissionen und die Abgastrübung vor. Da die Gemischbildung
zum großen Teil erst während der Verbrennung abläuft, kommt es zu örtlichen
Überfettungen und damit zum Teil auch
bei mittlerem Luftüberschuss zu einem
Anstieg der Emission von Rußpartikeln.
Das an der gesetzlich festgelegten Volllast-
Rauchgrenze fahrbare Luft-Kraftstoff-Verhältnis ist ein Maß für die Güte der Luftausnutzung.

### Verbrennungsdruckgrenze

Während des Zündvorgangs verbrennt
der teilweise verdampfte und mit der Luft
vermischte Kraftstoff bei hoher Verdichtung mit hoher Geschwindigkeit und einer
hohen ersten Wärmefreisetzungsspitze.

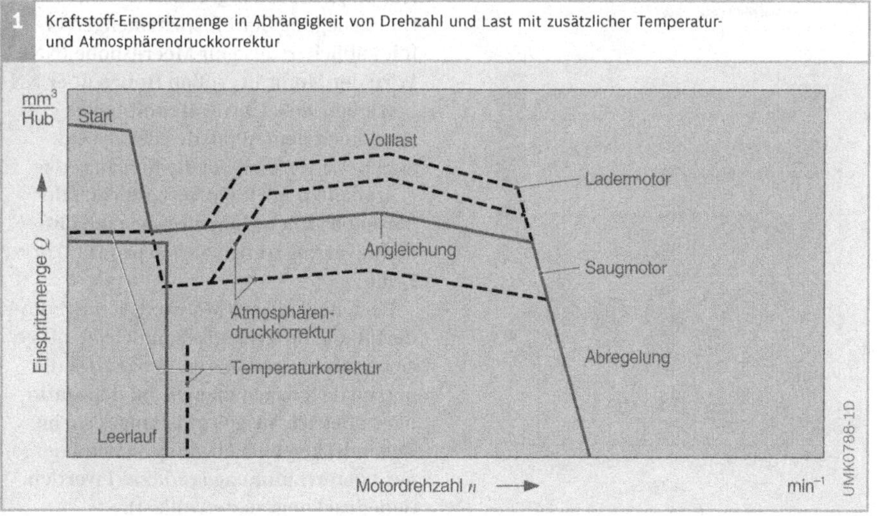

**1** Kraftstoff-Einspritzmenge in Abhängigkeit von Drehzahl und Last mit zusätzlicher Temperatur- und Atmosphärendruckkorrektur

Man spricht daher von einer „harten" Verbrennung. Dabei entstehen hohe Verbrennungsspitzendrücke, und die auftretenden Kräfte bewirken periodisch wechselnde Belastungen der Motorbauteile. Dimensionierung und Dauerhaltbarkeit der Motor- und Antriebsstrangkomponenten begrenzen somit den zulässigen Verbrennungsdruck und damit die Einspritzmenge. Dem schlagartigen Anstieg des Verbrennungsdrucks wird meist durch Voreinspritzung entgegengewirkt.

### Abgastemperaturgrenze

Eine hohe thermische Beanspruchung der den heißen Brennraum umgebenden Motorbauteile, die Wärmefestigkeit der Auslassventile sowie der Abgasanlage und des Zylinderkopfs bestimmen die Abgastemperaturgrenze eines Dieselmotors.

### Drehzahlgrenzen

Wegen des vorhandenen Luftüberschusses beim Dieselmotor hängt die Leistung bei konstanter Drehzahl im Wesentlichen von der Einspritzmenge ab. Wird dem Dieselmotor Kraftstoff zugeführt, ohne dass ein entsprechendes Drehmoment abgenommen wird, steigt die Motordrehzahl. Wird die Kraftstoffzufuhr vor dem Überschreiten einer kritischen Motordrehzahl nicht reduziert, „geht der Motor durch", d.h., er kann sich selbst zerstören. Eine Drehzahlbegrenzung bzw. -regelung ist deshalb beim Dieselmotor zwingend erforderlich.

Beim Dieselmotor als Antrieb von Straßenfahrzeugen muss die Drehzahl über das Fahrpedal vom Fahrer frei wählbar sein. Bei Belastung des Motors oder Loslassen des Fahrpedals darf die Motordrehzahl nicht unter die Leerlaufgrenze bis zum Stillstand abfallen. Dazu wird ein Leerlauf- und Enddrehzahlregler eingesetzt. Der dazwischen liegende Drehzahlbereich wird über die Fahrpedalstellung geregelt. Vom Dieselmotor als Maschinenantrieb erwartet man, dass auch unabhängig von der Last eine bestimmte Drehzahl konstant gehalten wird bzw. in zulässigen Grenzen bleibt. Dazu werden Alldrehzahlregler eingesetzt, die über den gesamten Drehzahlbereich regeln.

Für den Betriebsbereich eines Motors lässt sich ein Kennfeld festlegen. Dieses Kennfeld (Bild 1, vorherige Seite) zeigt die Kraftstoffmenge in Abhängigkeit von Drehzahl und Last sowie die erforderlichen Temperatur- und Luftdruckkorrekturen.

### Höhen-/Ladedruckgrenzen

Die Auslegung der Einspritzmengen erfolgt üblicherweise für Meereshöhe (NN). Wird der Motor in großen Höhen über NN betrieben, muss die Kraftstoffmenge entsprechend dem Abfall des Luftdrucks angepasst werden, um die Rauchgrenze einzuhalten. Als Richtwert gilt nach der barometrischen Höhenformel eine Luftdichteverringerung von 7 % pro 1000 m Höhe.

Bei aufgeladenen Motoren ist die Zylinderfüllung im dynamischen Betrieb oft geringer als im stationären Betrieb. Da die maximale Einspritzmenge auf den stationären Betrieb ausgelegt ist, muss sie im dynamischen Betrieb entsprechend der geringeren Luftmenge reduziert werden (ladedruckbegrenzte Volllast).

**2** Entwicklung von Dieselmotoren eines Mittelklasse-Pkw

# Einspritzsystem

Die Niederdruck-Kraftstoffversorgung fördert den Kraftstoff aus dem Tank und stellt ihn dem Einspritzsystem mit einem bestimmten Versorgungsdruck zur Verfügung. Die Einspritzpumpe erzeugt den für die Einspritzung erforderlichen Kraftstoffdruck. Der Kraftstoff gelangt bei den meisten Systemen über Hochdruckleitungen zur Einspritzdüse und wird mit einem düsenseitigen Druck von 200...2200 bar in den Brennraum eingespritzt.

Die vom Motor abgegebene Leistung, aber auch das Verbrennungsgeräusch und die Zusammensetzung des Abgases werden wesentlich beeinflusst durch die eingespritzte Kraftstoffmasse, den Einspritzzeitpunkt und den Einspritz- bzw. Verbrennungsverlauf.

Bis in die 1980er-Jahre wurde die Einspritzung, d. h. die Einspritzmenge und der Einspritzbeginn, bei Fahrzeugmotoren ausschließlich mechanisch geregelt. Dabei wird die Einspritzmenge über eine Steuerkante am Kolben oder über Schieber je nach Last und Drehzahl variiert. Der Spritzbeginn wird bei mechanischer Regelung über Fliehgewichtsregler oder hydraulisch über Drucksteuerung verstellt.

Heute hat sich – nicht nur im Fahrzeugbereich – die elektronische Regelung weitestgehend durchgesetzt. Die Elektronische Dieselregelung (EDC, Electronic Diesel Control) berücksichtigt bei der Berechnung der Einspritzung verschiedene Größen wie Motordrehzahl, Last, Temperatur, geografische Höhe usw. Die Regelung von Einspritzbeginn und -menge erfolgt über Magnetventile und ist wesentlich präziser als die mechanische Regelung.

---

▶ **Größenordnungen der Einspritzung**

Ein Motor mit 75 kW (102 PS) Leistung und einem spezifischen Kraftstoffverbrauch von 200 g/kWh (Volllast) verbraucht 15 kg Kraftstoff pro Stunde. Bei einem Viertakt-Vierzylindermotor verteilt sich die Menge bei 2400 Umdrehungen pro Minute auf 288 000 Einspritzungen. Daraus ergibt sich pro Einspritzung ein Kraftstoffvolumen von ca. 60 mm³. Im Vergleich dazu weist ein Regentropfen ein Volumen von ca. 30 mm³ auf.

Noch größere Genauigkeit der Dosierung erfordern der Leerlauf mit ca. 5 mm³ Kraftstoff pro Einspritzung und die Voreinspritzung mit nur 1 mm³. Bereits kleinste Abweichungen wirken sich negativ auf die Laufruhe und auf die Geräusch- und Schadstoffemissionen aus.

Die exakte Dosierung muss das Einspritzsystem sowohl für einen Zylinder als auch für die gleichmäßige Verteilung des Kraftstoffs auf die einzelnen Zylinder eines Motors vornehmen. Die Elektronische Dieselregelung (EDC) passt die Einspritzmenge für jeden Zylinder an, um so einen besonders gleichmäßigen Motorlauf zu erzielen.

## Brennräume

Die Form des Brennraums ist mit entscheidend für die Güte der Verbrennung und somit für die Leistung und das Abgasverhalten des Dieselmotors. Die Brennraumform kann bei geeigneter Gestaltung mithilfe der Kolbenbewegung Drall-, Quetsch- und Turbulenzströmungen erzeugen, die zur Verteilung des flüssigen Kraftstoffs oder des Luft-Kraftstoffdampf-Strahls im Brennraum genutzt werden.

Folgende Verfahren kommen zur Anwendung:
- ungeteilter Brennraum (Direct Injection Engine, DI, Direkteinspritzmotoren) und
- geteilter Brennraum (Indirect Injection Engine, IDI, Kammermotoren).

Der Anteil der DI-Motoren nimmt wegen ihres günstigeren Kraftstoffverbrauchs (bis zu 20 % Einsparung) immer mehr zu. Das härtere Verbrennungsgeräusch (vor allem bei der Beschleunigung) kann mit einer Voreinspritzung auf das niedrigere Geräuschniveau von Kammermotoren gebracht werden. Motoren mit geteilten Brennräumen kommen bei Neuentwicklungen kaum mehr in Betracht.

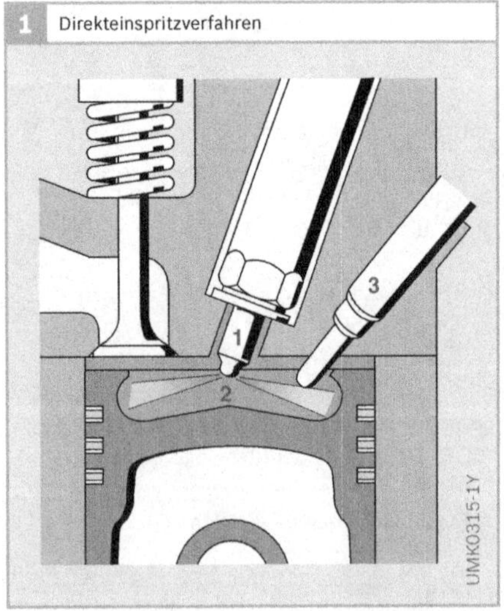


Bild 1
1   Mehrlochdüse
2   ω-Kolbenmulde
3   Glühstiftkerze

### Ungeteilter Brennraum (Direkteinspritzverfahren)

Direkteinspritzmotoren (Bild 1) haben einen höheren Wirkungsgrad und arbeiten wirtschaftlicher als Kammermotoren. Sie kommen daher bei allen Nkw und bei den meisten neueren Pkw zum Einsatz.

Beim Direkteinspritzverfahren wird der Kraftstoff direkt in den im Kolben eingearbeiteten Brennraum (Kolbenmulde, 2) eingespritzt. Die Kraftstoffzerstäubung, -erwärmung, -verdampfung und die Vermischung mit der Luft müssen daher in einer kurzen zeitlichen Abfolge stehen. Dabei werden an die Kraftstoff- und an die Luftzuführung hohe Anforderungen gestellt.

Während des Ansaug- und Verdichtungstakts wird durch die besondere Form des Ansaugkanals im Zylinderkopf ein Luftwirbel im Zylinder erzeugt. Auch die Gestaltung des Brennraums trägt zur Luftbewegung am Ende des Verdichtungshubs (d. h. zu Beginn der Einspritzung) bei. Von den im Lauf der Entwicklung des Dieselmotors angewandten Brennraumformen findet gegenwärtig die ω-Kolbenmulde die breiteste Verwendung.

Neben einer guten Luftverwirbelung muss auch der Kraftstoff räumlich gleichmäßig verteilt zugeführt werden, um eine schnelle Vermischung zu erzielen. Beim Direkteinspritzverfahren kommt eine Mehrlochdüse zur Anwendung, deren Strahllage in Abstimmung mit der Brennraumauslegung optimiert ist. Der Einspritzdruck beim Direkteinspritzverfahren ist sehr hoch (bis zu 2200 bar).

In der Praxis gibt es bei der Direkteinspritzung zwei Methoden:
- Unterstützung der Gemischaufbereitung durch gezielte Luftbewegung und
- Beeinflussung der Gemischaufbereitung nahezu ausschließlich durch die Kraftstoffeinspritzung unter weitgehendem Verzicht auf eine Luftbewegung.

Im zweiten Fall ist keine Arbeit für die Luftverwirbelung aufzuwenden, was sich in geringerem Gaswechselverlust und besserer Füllung bemerkbar macht. Gleichzeitig aber bestehen erheblich höhere Anforderungen an die Einspritzausrüstung bezüglich Lage der Einspritzdüse, Anzahl der Düsenlöcher, Feinheit der Zerstäubung (abhängig vom Spritzlochdurchmesser) und Höhe des Einspritzdrucks, um die erforderliche kurze Einspritzdauer und eine gute Gemischbildung zu erreichen.

## Geteilter Brennraum (indirekte Einspritzung)

Dieselmotoren mit geteiltem Brennraum (Kammermotoren) hatten lange Zeit Vorteile bei den Geräusch- und Schadstoffemissionen gegenüber den Motoren mit Direkteinspritzung. Sie wurden deshalb bei Pkw und leichten Nkw eingesetzt. Heute arbeiten Direkteinspritzmotoren jedoch durch den hohen Einspritzdruck, die elektronische Dieselregelung und die Voreinspritzung sparsamer als Kammermotoren und mit vergleichbaren Geräuschemissionen. Deshalb kommen Kammermotoren bei Fahrzeugneuentwicklungen nicht mehr zum Einsatz.

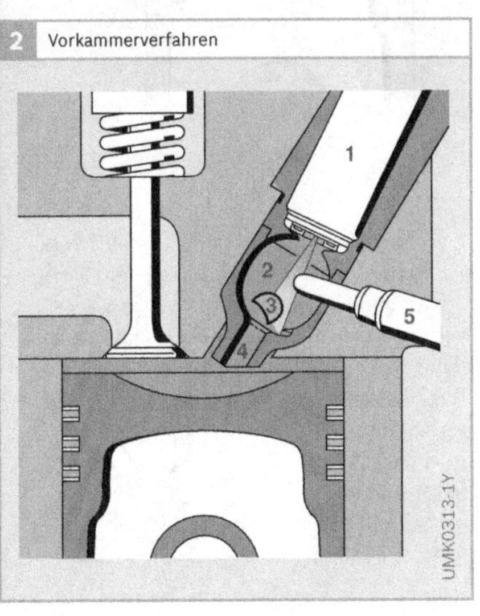



Man unterscheidet zwei Verfahren mit geteiltem Brennraum:
▶ Vorkammerverfahren und
▶ Wirbelkammerverfahren.

### Vorkammerverfahren

Beim Vorkammerverfahren wird der Kraftstoff in eine heiße, im Zylinderkopf angebrachte Vorkammer eingespritzt (Bild 2, Pos. 2). Die Einspritzung erfolgt dabei mit einer Zapfendüse (1) unter relativ niedrigem Druck (bis 450 bar). Eine speziell gestaltete Prallfläche (3) in der Kammermitte zerteilt den auftreffenden Strahl und vermischt ihn intensiv mit der Luft.

Die in der Vorkammer einsetzende Verbrennung treibt das teilverbrannte Luft-Kraftstoff-Gemisch durch den Strahlkanal (4) in den Hauptbrennraum. Hier findet während der weiteren Verbrennung eine intensive Vermischung mit der vorhandenen Luft statt. Das Volumenverhältnis zwischen Vorkammer und Hauptbrennraum beträgt etwa 1:2.

Der kurze Zündverzug[1] und die abgestufte Energiefreisetzung führen zu einer weichen Verbrennung mit niedriger Geräuschentwicklung und Motorbelastung.

[1] Zeit von Einspritzbeginn bis Zündbeginn

Eine geänderte Vorkammerform mit Verdampfungsmulde sowie eine geänderte Form und Lage der Prallfläche (Kugelstift) geben der Luft, die beim Komprimieren aus dem Zylinder in die Vorkammer strömt, einen vorgegebenen Drall. Der Kraftstoff wird unter einem Winkel von 5 Grad zur Vorkammerachse eingespritzt.

Um den Verbrennungsablauf nicht zu stören, sitzt die Glühstiftkerze (5) im „Abwind" des Luftstroms. Ein gesteuertes Nachglühen bis zu 1 Minute nach dem Kaltstart (abhängig von der Kühlwassertemperatur) trägt zur Abgasverbesserung und Geräuschminderung in der Warmlaufphase bei.

Bild 2
1 Einspritzdüse
2 Vorkammer
3 Prallfläche
4 Strahlkanal
5 Glühstiftkerze

### Wirbelkammerverfahren

Bei diesem Verfahren wird die Verbrennung ebenfalls in einem Nebenraum (Wirbelkammer) eingeleitet, der ca. 60 % des Kompressionsvolumens umfasst. Die kugel- oder scheibenförmige Wirbelkammer ist über einen tangential einmündenden Schusskanal mit dem Zylinderraum verbunden (Bild 3, Pos. 2).

Während des Verdichtungstakts wird die über den Schusskanal eintretende Luft in eine Wirbelbewegung versetzt. Der Kraftstoff wird so eingespritzt, dass er den Wirbel senkrecht zu seiner Achse durchdringt und auf der gegenüberliegenden Kammerseite in einer heißen Wandzone auftrifft.

Mit Beginn der Verbrennung wird das Luft-Kraftstoff-Gemisch durch den Schusskanal in den Zylinderraum gedrückt und mit der dort noch vorhandenen restlichen Verbrennungsluft stark verwirbelt. Beim Wirbelkammerverfahren sind die Strömungsverluste zwischen dem Hauptbrennraum und der Nebenkammer geringer als beim Vorkammerverfahren, da der Überströmquerschnitt größer ist. Dies führt zu geringeren Drosselverlusten mit entsprechendem Vorteil für den inneren Wirkungsgrad und den Kraftstoffverbrauch. Das Verbrennungsgeräusch ist jedoch lauter als beim Vorkammerverfahren.

Es ist wichtig, dass die Gemischbildung möglichst vollständig in der Wirbelkammer erfolgt. Die Gestaltung der Wirbelkammer, die Anordnung und Gestalt des Düsenstrahls und auch die Lage der Glühkerze müssen sorgfältig auf den Motor abgestimmt sein, um bei allen Drehzahlen und Lastzuständen eine gute Gemischaufbereitung zu erzielen.

Eine weitere Forderung ist das schnelle Aufheizen der Wirbelkammer nach dem Kaltstart. Damit reduziert sich der Zündverzug und es entstehen geringere Verbrennungsgeräusche und beim Warmlauf keine unverbrannten Kohlenwasserstoffe (Blaurauch) im Abgas.

**Bild 3**
1 Einspritzdüse
2 tangentialer Schusskanal
3 Glühstiftkerze

3 Wirbelkammerverfahren

Ende 1922 begann bei Bosch die Entwicklung eines Einspritzsystems für Dieselmotoren. Die technischen Voraussetzungen waren günstig: Bosch verfügte über Erfahrungen mit Verbrennungsmotoren, die Fertigungstechnik war hoch entwickelt und vor allem konnten Kenntnisse, die man bei der Fertigung von Schmierpumpen gesammelt hatte, eingesetzt werden. Dennoch war dies für Bosch ein großes Wagnis, da es viele Aufgaben zu lösen gab.

1927 wurden die ersten Einspritzpumpen in Serie hergestellt. Die Präzision dieser Pumpen war damals einmalig. Sie waren klein, leicht und ermöglichten höhere Drehzahlen des Dieselmotors. Diese Reiheneinspritzpumpen wurden ab 1932 in Nkw und ab 1936 auch in Pkw eingesetzt. Die Entwicklung des Dieselmotors und der Einspritzanlagen ging seither unaufhörlich weiter.

Im Jahr 1962 gab die von Bosch entwickelte Verteilereinspritzpumpe mit automatischem Spritzversteller dem Dieselmotor neuen Auftrieb. Mehr als zwei Jahrzehnte später folgte die von Bosch in langer Forschungsarbeit zur Serienreife gebrachte elektronische Regelung der Dieseleinspritzung.

Die immer genauere Dosierung kleinster Kraftstoffmengen zum exakt richtigen Zeitpunkt und die Steigerung des Einspritzdrucks ist eine ständige Herausforderung für die Entwickler. Dies führte zu vielen neuen Innovationen bei den Einspritzsystemen (siehe Bild).

In Verbrauch und Ausnutzung des Kraftstoffs ist der Selbstzünder nach wie vor benchmark (d.h., er setzt den Maßstab).

Neue Einspritzsysteme halfen weiteres Potenzial zu heben. Zusätzlich wurden die Motoren ständig leistungsfähiger, während die Geräusch- und Schadstoffemissionen weiter abnahmen!

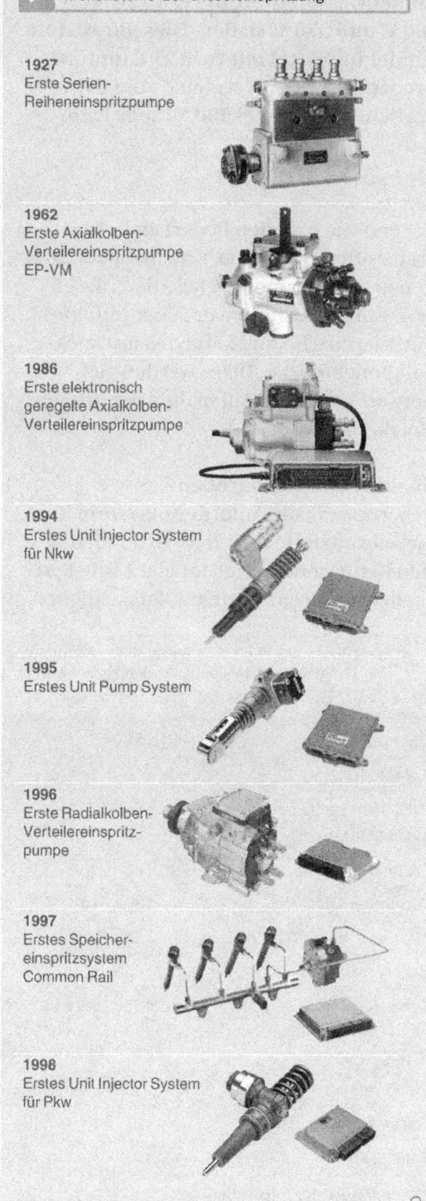



UMK1753D

# Kraftstoffe

**Dieselkraftstoffe werden durch stufenweise Destillation aus Rohöl gewonnen. Sie bestehen aus einer Vielzahl einzelner Kohlenwasserstoffe, die etwa zwischen 180 °C und 370 °C sieden. Dieselkraftstoff zündet im Mittel mit ca. 350 °C (untere Grenze 220 °C) im Vergleich zum Ottokraftstoff (im Mittel 500 °C) sehr früh.**

## Dieselkraftstoff

Um den wachsenden Bedarf an Dieselkraftstoffen zu decken, setzen die Raffinerien in zunehmendem Maße den Dieselkraftstoffen auch Konversionsprodukte, d. h. thermische und katalytische Crack-Komponenten, zu. Diese werden aus Schwerölen durch Aufspalten der großen Moleküle gewonnen.

### Qualität und Kenngrößen

In Europa gilt als Anforderungsnorm für Dieselkraftstoffe die EN 590. Die wichtigsten Kenngrößen zeigt Tabelle 1. Die Festlegung von Grenzwerten soll dazu dienen, einen reibungslosen Fahrbetrieb sicherzustellen und Schadstoffe zu limitieren.

Andere Staaten und Regionen haben weniger strenge Kraftstoffnormen. Zum Beispiel schreibt die US-Norm für Dieselkraftstoffe ASTM D975 weniger Qualitätskriterien vor und legt Grenzwerte weniger eng fest. Auch die Anforderungen an Kraftstoffe für Schiffs- und Stationärmotoren sind weit geringer.

Dieselkraftstoff mit hoher Qualität zeichnet sich durch folgende Merkmale aus:
▸ hohe Cetanzahl,
▸ relativ niedriges Siedeende,
▸ Dichte und Viskosität mit geringer Streuung,
▸ niedriger Aromaten- und insbesondere Polyaromatengehalt sowie
▸ niedriger Schwefelgehalt.

Für eine lange Lebensdauer und gleich bleibende Funktion der Einspritzsysteme sind außerdem besonders wichtig:

**1** Europäische Norm EN 590: Ausgewählte Anforderungen an Dieselkraftstoffe (bei klimatisch abhängigen Anforderungen Werte für gemäßigtes Klima)

| Kriterium | Kenngröße | Einheit |
| --- | --- | --- |
| Cetanzahl | ≥ 51 | – |
| Cetanindex | ≥ 46 | – |
| CFPP[1]) in sechs jahreszeitlichen Klassen, max. | +5...−20[2]) | °C |
| Flammpunkt | ≥ 55 | °C |
| Dichte bei 15 °C | 820...845 | kg/m³ |
| Viskosität bei 40 °C | 2,00...4,50 | mm²/s |
| Schmierfähigkeit | ≤ 460 | μm (wear scar diameter) |
| Schwefelgehalt[3]) | ≤ 350 (bis 31.12.2004); ≤ 50 (schwefelarm, ab 2005 – 2008); ≤ 10 (schwefelfrei, ab 2009)[4]) | mg/kg |
| Wassergehalt | ≤ 200 | mg/kg |
| Gesamtverschmutzung | ≤ 24 | mg/kg |
| FAME-Gehalt | ≤ 5 | Vol.-% |

[1]) Grenzwert der Filtrierbarkeit
[2]) wird national festgelegt, für Deutschland 0...−20 °C
[3]) In Deutschland wird schwefelfreier Kraftstoff seit 2003 und in der EU ab 2005 flächendeckend angeboten.
[4]) EU-Vorschlag

Tabelle 1

- gute Schmierfähigkeit,
- kein freies Wasser und
- eine Begrenzung der Verschmutzung
  mit Partikeln

Die wichtigsten Kenngrößen im Einzelnen
sind:

### Cetanzahl, Cetanindex

Die Cetanzahl (CZ) beschreibt die Zündwilligkeit des Dieselkraftstoffs. Sie liegt
umso höher, je leichter sich der Kraftstoff
entzündet. Da der Dieselmotor ohne
Fremdzündung arbeitet, muss der Kraftstoff nach dem Einspritzen in die heiße,
komprimierte Luft im Brennraum nach
einer möglichst kurzen Zeit (Zündverzug)
die Selbstzündung einleiten.

Dem sehr zündwilligen n-Hexadekan
(Cetan) wird die Cetanzahl 100, dem
zündträgen Methylnaphthalin die Cetanzahl 0 zugeordnet. Die Cetanzahl eines
Dieselkraftstoffs wird im genormten
CFR [1])-Einzylinder-Prüfmotor mit variablem Kompressionskolben bestimmt.
Bei konstantem Zündverzug wird das
Verdichtungsverhältnis ermittelt. Ver-
gleichskraftstoffe aus Cetan und $\alpha$-Methyl-
naphthalin (Bild 1) werden mit dem ermittelten Verdichtungsverhältnis betrieben. Das Mischungsverhältnis wird so
lange verändert, bis sich der gleiche Zündverzug ergibt. Definitionsgemäß gibt der
Cetananteil die Cetanzahl an. Beispiel:
Eine Mischung aus 52 % Cetan und 48 %
$\alpha$-Methylnaphthalin hat die Cetanzahl 52.

Für den optimalen Betrieb moderner
Motoren (Laufruhe, Schadstoffemission)
sind Cetanzahlen größer als 50 wünschens-
wert. Hochwertige Dieselkraftstoffe enthalten einen hohen Anteil an Paraffinen
mit hohen CZ-Werten. Aromaten hingegen
reduzieren die Zündwilligkeit.

Eine weitere Kenngröße für die Zündwilligkeit ist der Cetanindex, der sich aus
der Dichte des Kraftstoffs und aus Punkten
der Siedekennlinie errechnen lässt. Diese
rein rechnerische Größe berücksichtigt

nicht den Einfluss von Zündverbesserern
auf die Zündwilligkeit. Um das Einstellen
der Cetanzahl über Zündverbesserer zu
begrenzen, wurden in der EN 590 sowohl
die Cetanzahl als auch der Cetanindex in
die Anforderungsliste aufgenommen.
Kraftstoffe, deren Cetanzahl mit Zündverbesserern erhöht wurde, verhalten sich bei
der motorischen Verbrennung anders als
Kraftstoffe mit gleich hoher natürlicher
Cetanzahl.

### Siedebereich

Der Siedebereich des Kraftstoffs, d. h. der
Temperaturbereich, in dem der Kraftstoff
verdampft, hängt von seiner Zusammensetzung ab.

Ein niedriger Siedebeginn führt zu einem kältegeeigneten Kraftstoff, aber auch
zu niedrigen Cetanzahlen und schlechten
Schmiereigenschaften. Dadurch erhöht
sich die Verschleißgefahr für die Einspritz-
aggregate.

Liegt hingegen das Siedeende bei hohen
Temperaturen, kann dies zu erhöhter Rußbildung und Düsenverkokung führen (Ab-
lagerungsbildung durch chemische Zer-
setzung schwerflüchtiger Kraftstoffkomponenten an der Düsenkuppe und An-
lagerung von Verbrennungsrückständen).
Deshalb sollte das Siedeende nicht zu hoch

[1]) Cooperative Fuel Research

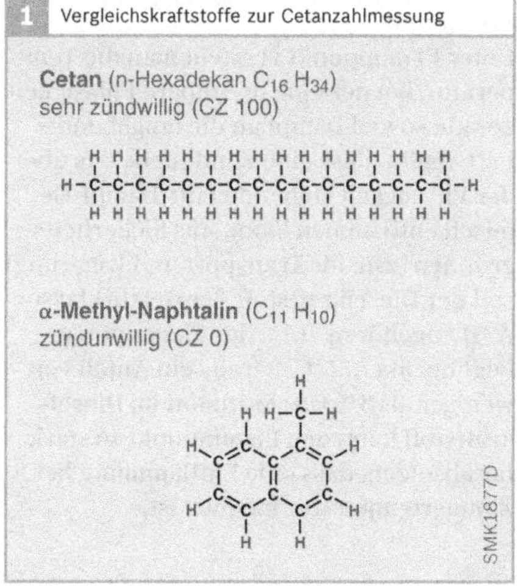



**Bild 1**
C   Kohlenstoff
H   Wasserstoff
—   chemische Bindung

liegen. Die Forderung des Verbands der europäischen Kraftfahrzeughersteller (ACEA) liegt bei 350 °C.

### Grenzwert der Filtrierbarkeit (Kälteverhalten)

Durch Ausscheidung von Paraffinkristallen kann es bei tiefen Temperaturen zur Verstopfung des Kraftstofffilters und dadurch zu einer Unterbrechung der Kraftstoffzufuhr kommen. Der Beginn der Paraffinausscheidung kann in ungünstigen Fällen schon bei ca. 0 °C oder darüber einsetzen. Die Kältefestigkeit eines Kraftstoffs wird anhand des „Grenzwertes der Filtrierbarkeit" (CFPP: Cold Filter Plugging Point, d. h. Filterverstopfungspunkt bei Kälte) beurteilt.

In der EN 590 ist der CFPP in verschiedenen Klassen definiert, die die einzelnen Staaten abhängig von den geografischen und klimatischen Bedingungen festlegen können.

Früher wurde dem Dieselkraftstoff zur Verbesserung der Kältefestigkeit im Fahrzeugtank gelegentlich etwas Ottokraftstoff zugemischt. Dies ist bei Vorliegen normgerechter Kraftstoffe nicht mehr notwendig und würde darüber hinaus beim Auftreten von Schäden zum Verlust sämtlicher Garantieansprüche führen.

### Flammpunkt

Unter Flammpunkt versteht man die Temperatur, bei der eine brennbare Flüssigkeit gerade so viel Dampf an die umgebende Luft abgibt, dass eine Zündquelle das über der Flüssigkeit stehende Luft-Dampf-Gemisch entflammen kann. Aus Sicherheitsgründen (z. B. für Transport und Lagerung) soll der Dieselkraftstoff der Gefahrklasse A III angehören, d. h., der Flammpunkt liegt bei über 55 °C. Bereits ein Anteil von weniger als 3 % Ottokraftstoff im Dieselkraftstoff kann den Flammpunkt so stark herabsetzen, dass eine Entflammung bei Zimmertemperatur möglich ist.

### Dichte

Der Energieinhalt des Dieselkraftstoffs pro Volumeneinheit nimmt mit steigender Dichte zu. Wenn bei gleich bleibender Einstellung der Einspritzpumpe (d. h. bei konstanter Volumenzumessung) Kraftstoffe mit stark verschiedenen Dichten eingesetzt werden, führt dies wegen der Heizwertschwankung zur Gemischverschiebung.

Beim Betrieb mit sortenabhängig höherer Kraftstoffdichte nehmen Motorleistung und Rußemission zu; bei abnehmender Dichte nehmen sie ab. Daher wird eine geringe sortenabhängige Dichte-Streuung für Dieselkraftstoff gefordert.

### Viskosität

Die Viskosität ist ein Maß für die Zähflüssigkeit des Kraftstoffs, d. h. für den Widerstand, der beim Fließen aufgrund von innerer Reibung auftritt. Eine zu niedrige Viskosität des Dieselkraftstoffs führt zu erhöhten Leckverlusten in der Einspritzpumpe und damit zu Leistungsmangel.

Eine deutlich höhere Viskosität – etwa bei Einsatz von FAME (Bio-Diesel) – führt in nicht druckgeregelten Systemen (z. B. Pumpe-Düse-Einheit) bei hohen Temperaturen zur Erhöhung des Spitzendrucks. Mineralöl-Diesel darf deshalb in diesen Systemen nicht auf den maximal zulässigen Systemdruck appliziert werden. Eine hohe Viskosität führt außerdem zur Veränderung des Spraybilds wegen Bildung größerer Tröpfchen.

### Schmierfähigkeit („lubricity")

Um den Dieselkraftstoff zu entschwefeln, wird er hydriert. Dieser Hydrierungsprozess entfernt neben dem Schwefel auch polare Kraftstoffkomponenten, die gut schmieren. Nach der Einführung entschwefelter Dieselkraftstoffe kam es in der Praxis aufgrund mangelhafter Schmierfähigkeit zu Verschleißproblemen an Verteilereinspritzpumpen. Deshalb werden Dieselkraftstoffe mit Schmierfähigkeitsverbesserern versetzt.

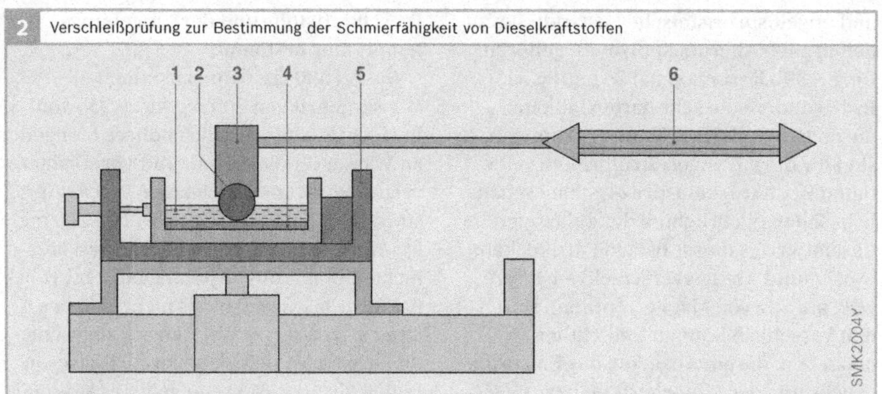



**Bild 2**
1 Kraftstoff-Bad
2 Prüfkugel
3 eingeleitete
Belastung
4 Prüfscheibe
5 Vorrichtung
zur Erwärmung
6 Schwingbewegung

Die Schmierfähigkeit wird in einem
Schwingverschleiß-Test (HFRR-Methode:
High Frequency Reciprocating Rig) gemessen. Eine fest eingespannte Stahlkugel
wird dazu unter Kraftstoff mit hoher
Frequenz auf einer Platte geschliffen.
Die Größe der entstehenden Abplattung,
d.h. der „Verschleißkalotten"-Durchmes-
ser der Stahlkugel (WSD: Wear Scar Diameter, gemessen in µm), dient zur Angabe
des Verschleißes und damit als Maß für
die Schmierfähigkeit des Kraftstoffs.

Dieselkraftstoffe nach EN 590 müssen
einen WSD ≤ 460 µm aufweisen.

### Schwefelgehalt

Abhängig von der Rohölqualität und den
zu ihrer Aufmischung eingesetzten Komponenten enthalten Dieselkraftstoffe
Schwefel in chemisch gebundener Form.
Besonders Crack-Komponenten haben
meist hohe Schwefelgehalte. Zur Entschwe-
felung des Kraftstoffs wird der Schwefel
aus dem Mitteldestillat in Anwesenheit
eines Katalysators bei hohem Druck und
hoher Temperatur durch Wasserstoff-
behandlung entzogen (Hydrierung). Bei
diesem Verfahren bildet sich zunächst
Schwefelwasserstoff ($H_2S$), der danach in
elementaren Schwefel umgewandelt wird.

Seit Anfang 2000 erlaubt die EN 590
maximal 350 mg/kg Schwefel im Dieselkraftstoff. Seit 2005 müssen europaweit
alle Otto- und Dieselkraftstoffe mindestens
schwefelarm (Schwefelgehalt < 50 mg/kg)
sein. Ab 2009 sollen nur noch schwefelfreie
Kraftstoffe (Schwefelgehalt < 10 mg/kg)
verwendet werden.

Seit 2003 wird in Deutschland eine
Strafsteuer auf schwefelhaltige Kraftstoffe
erhoben. Daher gibt es auf dem deutschen
Markt nur noch schwefelfreien Dieselkraftstoff, wodurch sowohl die direkten
$SO_2$-Emissionen (Schwefeldioxid) als auch
die emittierte Partikelmasse (am Ruß
angelagertes Sulfat) gesenkt werden.

Systeme zur Abgasnachbehandlung wie
$NO_X$- und Partikelfilter verwenden Katalysatoren. Sie müssen mit schwefelfreiem
Kraftstoff betrieben werden, da Schwefel
zur Vergiftung der aktiven Katalysatoroberfläche führt.

### Verkokungsneigung

Die Verkokungsneigung ist ein Maß für
die Tendenz der Kraftstoffe Ablagerungen
an den Einspritzdüsen zu bilden. Die Vorgänge bei der Verkokung sind sehr komplex. Vor allem Komponenten, die der
Dieselkraftstoff im Siedeende (besonders
aus Crack-Anteilen) enthält, tragen zur
Verkokung bei.

### Gesamtverschmutzung

Als Gesamtverschmutzung bezeichnet
man die Summe der ungelösten Fremd-
stoffe im Kraftstoff, wie z.B. Sand, Rost

und ungelöste organische Bestandteile, zu denen auch Alterungspolymere gehören. Die EN 590 lässt maximal 24 mg/kg zu. Insbesondere die sehr harten Silikate, die im mineralischen Staub vorkommen, sind für die mit engen Spaltbreiten gefertigten Hochdruckeinspritzsysteme schädlich. Schon ein Bruchteil des zulässigen Gesamtwertes dieser harten Partikel kann Erosiv- und Abrasivverschleiß auslösen (z. B. am Sitz von Magnetventilen). Durch den Verschleiß können Undichtheiten entstehen, die ein Absinken des Einspritzdrucks und der Motorleistung bzw. eine Zunahme der Motor-Partikelemissionen zur Folge haben.

Typische europäische Dieselkraftstoffe enthalten um die 100 000 Partikel pro 100 ml. Partikelgrößen von 6 bis 7 $\mu$m sind besonders kritisch. Leistungsfähige Kraftstofffilter mit sehr gutem Abscheidegrad können dazu beitragen, Schäden durch Partikel zu vermeiden.

### Wasser im Dieselkraftstoff

Dieselkraftstoff kann ca. 100 mg/kg Wasser aufnehmen. Die Löslichkeitsgrenze wird von der Zusammensetzung des Dieselkraftstoffs und der Umgebungstemperatur bestimmt.

Die EN 590 lässt einen maximalen Wassergehalt von 200 mg/kg zu. Obwohl in vielen Staaten deutlich höhere Mengen an Wasser im Dieselkraftstoff vorkommen, zeigen Marktuntersuchungen von Kraftstoffen selten Wassergehalte über 200 mg/kg. Meist wird das vorhandene Wasser nicht oder nur unvollständig bei der Probenahme erfasst, weil es als nicht gelöstes, „freies" Wasser an Wandungen abgeschieden wird oder sich als separate Phase am Boden absetzt. Während gelöstes Wasser dem Einspritzsystem nicht schadet, kann freies Wasser schon in sehr geringer Menge bereits nach kurzer Zeit Schäden an Einspritzpumpen hervorrufen.

Wassereintrag in den Kraftstoffbehälter infolge von Kondensation aus der Luft kann nicht verhindert werden. Daher werden Wasserabscheider in bestimmten Regionen vorgeschrieben. Ferner muss der Fahrzeughersteller die Tankentlüftung und den Tankstutzen konstruktiv so gestalten, dass ein zusätzlicher Wassereintrag ausgeschlossen wird.

> ▶ Kenngrößen von Kraftstoffen

**Heizwert, Brennwert**

Für den Energieinhalt von Kraftstoffen wird üblicherweise der spezifische Heizwert $H_U$ (früher: *unterer Heizwert*) angegeben. Der spezifische Brennwert $H_O$ (früher: *oberer Heizwert* oder *Verbrennungswärme*) liegt für Kraftstoffe, in deren Verbrennungsprodukten Wasserdampf auftritt, höher als der Heizwert, da der Brennwert auch die im Wasserdampf gebundene Wärme (latente Wärme) berücksichtigt. Dieser Anteil wird im Fahrzeug jedoch nicht genutzt. Der spezifische Heizwert von Dieselkraftstoff beträgt 42,5 MJ/kg.

Sauerstoffhaltige Kraftstoffe (Oxigenates) wie Alkohole, Ether oder Fettsäuremethylester haben einen geringeren Heizwert als reine Kohlenwasserstoffe, weil der in ihnen gebundene Sauerstoff nicht an der Verbrennung teilnimmt. Um eine den Oxigenate-freien Kraftstoffen vergleichbare Leistung zu erzielen, wird mehr Kraftstoff benötigt.

**Gemischheizwert**

Der Heizwert des brennbaren Luft-Kraftstoff-Gemischs bestimmt die Leistung des Motors. Er ist bei gleichem stöchiometrischem Verhältnis für alle flüssigen Kraftstoffe und Flüssiggase nahezu gleich groß (ca. 3,5...3,7 MJ/m³).

## Additive

Die Zugabe von Additiven zur Qualitätsverbesserung hat sich auch bei Dieselkraftstoffen weitgehend durchgesetzt.
Dabei kommen meist Additivpakete zur
Anwendung, die eine vielfältige Wirkung
haben. Die Gesamtkonzentration der
Additive liegt i. Allg. < 0,1 %, sodass die
physikalischen Kenngrößen der Kraftstoffe wie Dichte, Viskosität und Siede-
verlauf nicht verändert werden.

### Schmierfähigkeitsverbesserer

Eine Verbesserung der Schmierfähigkeit
von Dieselkraftstoffen mit schlechten
Schmiereigenschaften kann durch Zugabe
von Fettsäuren, Fettsäureestern oder
Glycerinen erreicht werden. Auch Bio-
Diesel ist ein Fettsäureester. Deshalb wird
Dieselkraftstoff, wenn er bereits einen
Anteil an Bio-Diesel enthält, nicht noch
zusätzlich mit Schmierfähigkeitsverbes-
serern additiviert.

### Zündverbesserer (Cetane improver)

Bei Zündverbesserern handelt es sich um
Salpetersäureester von Alkoholen, die den
Zündverzug verkürzen. Dadurch werden
die Emissionen reduziert und die Verbrennungsgeräusche vermindert.

### Fließverbesserer

Fließverbesserer bestehen aus polymeren
Stoffen, die den Grenzwert der Filtrierbarkeit herabsetzen. Sie werden i. Allg. nur im
Winter zugesetzt (störungsfreier Betrieb
bei Kälte). Der Zusatz von Fließverbes-
serern kann zwar die Ausscheidung von
Paraffinkristallen aus dem Dieselkraftstoff
nicht verhindern, aber deren Wachstum
sehr stark einschränken. Die entstehenden
Kriställchen sind dann so klein, dass sie
die Filterporen noch passieren können.

### Detergenzien

Detergenzien sind Reinigungsadditive,
die zur Reinhaltung des Einlasssystems
zugesetzt werden. Detergenzien können
die Bildung von Ablagerungen verhindern
und den Aufbau von Verkokungen an der
Einspritzdüse reduzieren.

### Korrosionsinhibitoren

Korrosionsinhibitoren lagern sich an die
Oberflächen metallischer Teile an und
schützen so beim Eintrag von Wasser vor
Korrosion.

### Antischaummittel (Defoamant)

Übermäßiges Schäumen beim schnellen
Betanken lässt sich durch Zusatz von Ent-
schäumern verhindern.

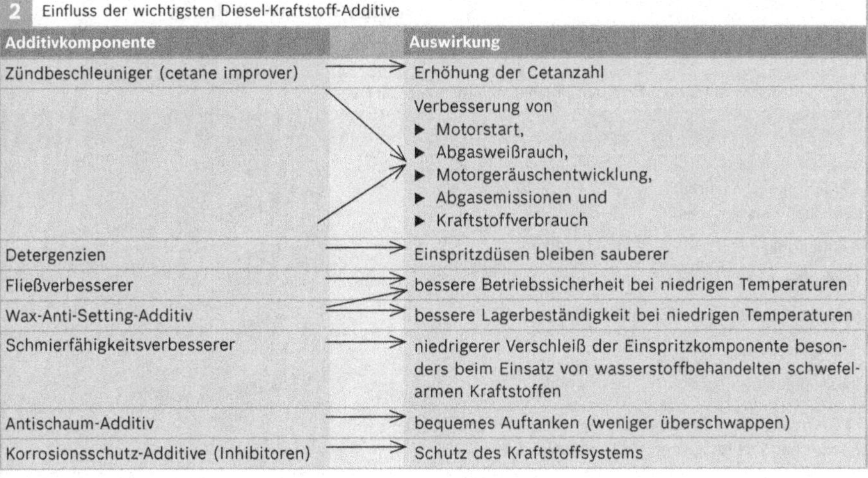

| 2   Einfluss der wichtigsten Diesel-Kraftstoff-Additive | |
|---|---|
| **Additivkomponente** | **Auswirkung** |
| Zündbeschleuniger (cetane improver) | Erhöhung der Cetanzahl |
| | Verbesserung von<br>▸ Motorstart,<br>▸ Abgasweißrauch,<br>▸ Motorgeräuschentwicklung,<br>▸ Abgasemissionen und<br>▸ Kraftstoffverbrauch |
| Detergenzien | Einspritzdüsen bleiben sauberer |
| Fließverbesserer | bessere Betriebssicherheit bei niedrigen Temperaturen |
| Wax-Anti-Setting-Additiv | bessere Lagerbeständigkeit bei niedrigen Temperaturen |
| Schmierfähigkeitsverbesserer | niedrigerer Verschleiß der Einspritzkomponente beson-<br>ders beim Einsatz von wasserstoffbehandelten schwefel-<br>armen Kraftstoffen |
| Antischaum-Additiv | bequemes Auftanken (weniger überschwappen) |
| Korrosionsschutz-Additive (Inhibitoren) | Schutz des Kraftstoffsystems |

Tabelle 2

# Alternative Kraftstoffe

Zu den alternativen Kraftstoffen für Dieselmotoren gehören biogene Kraftstoffe und im weiteren Sinne auch fossile Kraftstoffe, die nicht auf Basis von Erdöl erzeugt werden. Derzeit sind vor allem Ester von Pflanzenölen von Bedeutung.

Alkohole (Methanol und Ethanol) werden in Dieselmotoren nur in geringem Umfang und lediglich als Emulsion mit Dieselkraftstoff eingesetzt.

## Fettsäuremethylester (FAME)

Fettsäuremethylester (FAME: Fatty Acid Methyl Ester) – umgangssprachlich Bio-Diesel – sind mit Methanol umgeesterte pflanzliche oder tierische Öle oder Fette. FAME werden aus verschiedenen Rohstoffen erzeugt, überwiegend aus Raps (Rapsmethylester, RME, Europa) und Soja (Sojamethylester, SME, USA). Aber auch Sonnenblumen- und Palmester, Altspeisefettester (UFOME: Used Frying Oil Methyl Ester) und Rindertalgester (TME: Tallow Methyl Ester) werden – allerdings meist mit anderen FAME gemischt – eingesetzt. Statt Methanol kann auch Ethanol zur Umesterung verwendet werden, wie z.B. in Brasilien zur Herstellung von Sojaethylester.

FAME wird entweder in reiner Form (B 100, d.h. 100 % Bio-Diesel) verwendet oder bis zu einem maximalen FAME-Anteil von 5 % mit Dieselkraftstoff gemischt als Blend B 5 angeboten. B 5 ist nach der EN 590 als Dieselkraftstoff zugelassen.

Da der Einsatz von FAME minderer Qualität zu Betriebsstörungen und Schäden an Motor und Einspritzsystem führen kann, sind die Anforderungen an FAME auf europäischer Ebene geregelt (EN 14214). Insbesondere eine gute Alterungsstabilität (Oxidationsstabilität) und der Ausschluss prozessbedingter Verunreinigungen müssen sichergestellt sein. Die Norm EN 14214 gilt unabhängig davon, ob FAME direkt als B 100 oder als Beimengung zum Dieselkraftstoff eingesetzt wird. Das durch FAME-Beimengungen entstehende Blend B 5 muss zudem den Anforderungen des reinen Dieselkraftstoffs (EN 590) entsprechen.

Die Erzeugung von FAME ist im Vergleich zu mineralölbasierten Dieselkraftstoffen nicht wirtschaftlich und wird in Deutschland steuerlich begünstigt.

Reine, unveresterte Pflanzenöle werden in direkteinspritzenden Dieselmotoren fast nicht mehr eingesetzt, da erhebliche Probleme entstehen, vorwiegend wegen der hohen Viskosität der Pflanzenöle und sehr starker Düsenverkokung.



**1**    Europäische Norm EN 14214: Ausgewählte Anforderungen an FAME

| Kriterium | Kenngröße | Einheit |
|---|---|---|
| CFPP[1]) in sechs jahreszeitlichen Klassen, max. | +5...−20[2]) | °C |
| Flammpunkt | ≥120 | °C |
| Dichte bei 15 °C | 860...900 | kg/m³ |
| Viskosität bei 40 °C | 3,5...5,0 | mm²/s |
| Schwefelgehalt | 10 | mg/kg |
| Wassergehalt | ≤500 | mg/kg |

[1]) Grenzwert der Filtrierbarkeit, hier für gemäßigtes Klima
[2]) wird national festgelegt, für Deutschland 0...−20 °C

### Synfuels® und Sunfuels®

Die Begriffe Syn- und Sunfuel stehen für Kraftstoffe, die aus Synthesegas ($H_2$ und CO) im Fischer-Tropsch-Verfahren hergestellt werden.

Beim Einsatz von Kohle, Koks oder Erdgas zur Erzeugung des Synthesegases spricht man von Synfuel, bei der Verwendung von Biomasse von Sunfuel.

Im Fischer-Tropsch-Verfahren wird das Synthesegas katalytisch zu Kohlenwasserstoffen umgesetzt. Dabei entstehen hochwertige, schwefelfreie und aromatenfreie Dieselkraftstoffe, die überwiegend zur Qualitätsverbesserung konventioneller Dieselkraftstoffe eingesetzt werden. Abhängig von den verwendeten Katalysatoren können auch Ottokraftstoffe erzeugt werden. Nebenprodukte sind Flüssiggas und Paraffine.

Wegen der hohen Kosten war und ist die Erzeugung von synthetischen Kraftstoffen auf Sondermärkte begrenzt (Ölembargo für Südafrika während der 1970er-Jahre, Verwendung von überschüssigem Erdgas in Malaysia, Forschungsanlagen).

### Dimethylether (DME)

Dimethylether (DME) ist ein synthetisch hergestelltes Produkt, das derzeit in kleinen Mengen aus Methanol erzeugt wird. DME hat eine Cetanzahl von $CZ \cong 55$ und kann im Dieselmotor rußarm und mit reduzierter Stickoxidbildung verbrannt werden. Aufgrund seiner geringen Dichte und des hohen Sauerstoffanteils hat es einen geringen Heizwert. Außerdem erfordert es wegen seines gasförmigen Zustands eine Anpassung der Einspritzausrüstung.

Auch andere Ether (z. B. Dimethoxymethan, di-n-Pentylether) werden hinsichtlich ihrer Eignung als Kraftstoffe untersucht.

### Emulsionen

Emulsionen von Wasser oder Ethanol in Dieselkraftstoffen werden an verschiedenen Stellen getestet. Wasser und Alkohole sind in Diesel nur schlecht löslich. Zur Stabilisierung dieser Mischungen werden Emulgatoren benötigt, die eine Demulgierung bleibend verhindern. Außerdem sind Maßnahmen zum Verschleiß- und Korrosionsschutz notwendig. Durch den Einsatz von Emulsionen können Ruß- und Stickoxidemissionen herabgesetzt werden, da durch den Wasseranteil das Verbrennungsgemisch kälter ist.

Eine Anwendung erfolgt bisher aber nur in begrenzten Fahrzeugflotten, die meist mit Reiheneinspritzpumpen ausgerüstet sind. Andere Einspritzsysteme sind für den Betrieb mit Emulsionen entweder nicht geeignet oder nicht erprobt.

Bild 1
a Ablagerungen im Stellwerk, hervorgerufen durch verschmutztes FAME
b Lagerschaden, hervorgerufen durch freies Wasser (Fahrzeuglaufzeit ca. 5600 km)

# Systeme zur Füllungssteuerung

[1] Die Zylinderfüllung ist das Gemisch, das nach Schließen der Einlassventile im Zylinder ist. Es besteht aus der zugeführten Frischluft und dem Restgas der vorherigen Verbrennung.

**Beim Dieselmotor ist neben der eingespritzten Kraftstoffmasse die zugeführte Luftmasse eine entscheidende Größe für das abgegebene Drehmoment und damit für die Leistung sowie für die Abgaszusammensetzung. Deshalb kommt neben dem Einspritzsystem auch den Systemen, die die Zylinderfüllung [1] beeinflussen, eine besondere Bedeutung zu. Diese Systeme zur Füllungssteuerung reinigen die Ansaugluft und beeinflussen die Bewegung, die Dichte und die Zusammensetzung (z. B. den Sauerstoffanteil) der Zylinderfüllung.**

## Übersicht

Für die Verbrennung des Kraftstoffs ist Sauerstoff nötig, den der Motor der angesaugten Luft entzieht. Grundsätzlich gilt: je mehr Sauerstoff im Brennraum für die Verbrennung zur Verfügung steht, desto mehr Kraftstoff-Volllastmenge kann eingespritzt werden. Damit besteht ein direkter Zusammenhang zwischen Luftfüllung des Zylinders und der maximal möglichen Motorleistung.

Die Luftsysteme haben die Aufgabe, die angesaugte Luft aufzubereiten und für eine gute Zylinderfüllung zu sorgen. Die Füllungssteuerung (Bild 1) besteht aus den Bereichen:
▶ Luftfilter (1),
▶ Aufladung (2),
▶ Abgasrückführung (4) und
▶ Drallklappen (5).

Systeme zur Aufladung (d. h. zum Vorverdichten der Luft vor Eintritt in den Zylinder) sind in den meisten Dieselmotoren zur Leistungssteigerung vorhanden.

Die Abgasrückführung wird zum Zweck der Schadstoffminderung bei allen gängigen Pkw-Dieselmotoren und einigen Nkw eingesetzt. Durch die Abgasrückführung verringert sich der Sauerstoffanteil im Zylinder; aufgrund der dadurch sinkenden Verbrennungstemperatur werden bei der Verbrennung weniger Stickoxide ($NO_X$) gebildet.

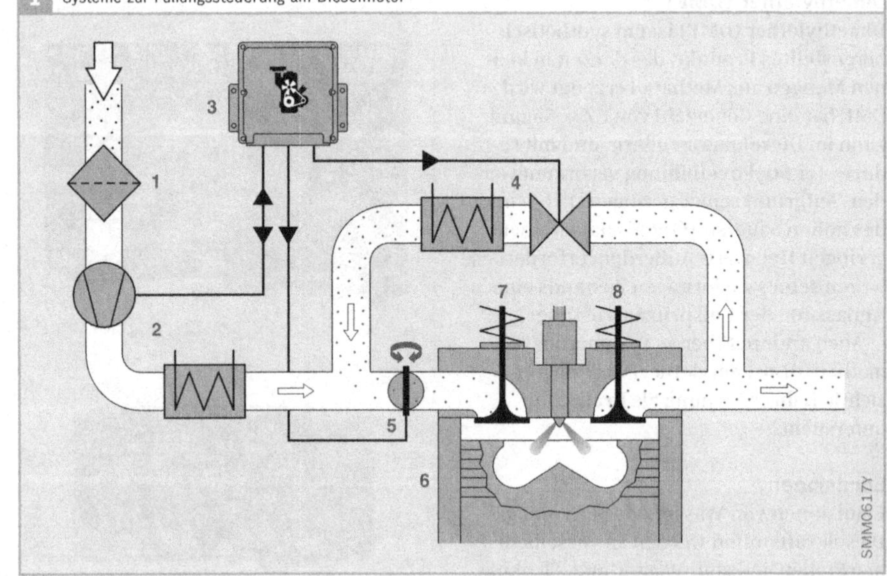



**Bild 1**
1 Luftfilter
2 Aufladung mit Ladeluftkühlung
3 Motorsteuergerät
4 Abgasrückführung mit Kühler
5 Drallklappe
6 Motorzylinder
7 Einlassventil
8 Auslassventil

# Aufladung

Die Aufladung als Mittel zur Leistungssteigerung ist bei großen Dieselmotoren für Stationär- und Schiffsantriebe sowie bei Nkw-Dieselmotoren seit langem bekannt[1]. Inzwischen hat sie sich auch bei schnell laufenden Fahrzeug-Dieselmotoren für Pkw durchgesetzt[2]. Im Gegensatz zum Saugmotor wird beim aufgeladenen Motor die Luft mit Überdruck dem Motor zugeführt. Damit erhöht sich die Luftmasse im Motorzylinder, die mit einer entsprechend höheren Kraftstoffmasse zu einer höheren Leistung bei gleichem Hubraum bzw. zu gleicher Leistung bei kleinerem Hubraum führt. Durch die Reduzierung des Hubraums („Downsizing") ist eine Absenkung des Kraftstoffverbrauchs möglich. Zugleich wird auch eine Verbesserung der Abgasemissionswerte erreicht.

Der Dieselmotor eignet sich besonders zur Aufladung, da bei ihm nur Luft und kein Luft-Kraftstoff-Gemisch verdichtet wird und er aufgrund seiner Qualitätsregelung günstig mit einem Lader kombiniert werden kann. Bei größeren Nutzfahrzeugmotoren erzielt man eine weitere Steigerung des Mitteldrucks (und somit des Drehmoments) durch höhere Aufladung und Absenkung der Verdichtung, muss dafür aber Einschränkungen bei der Kaltstartfähigkeit hinnehmen.

Der Liefergrad beschreibt die im Zylinder eingeschlossene Luftfüllung bezogen auf die durch das Hubvolumen vorgegebene theoretische Ladung bei Normbedingung (Luftdruck $p_0$ = 1013 hPa, Temperatur $T_0$ = 273 K) ohne Aufladung. Der Liefergrad liegt bei aufgeladenen Dieselmotoren zwischen 0,85 und 3,0.

Während des Verdichtens wird die Luft im Lader erwärmt (bis zu 180 °C). Da warme Luft eine geringere Dichte hat als kalte Luft, wirkt sich die Erwärmung nachteilig auf die Zylinderfüllung aus. Ein dem Lader nachgeschalteter Ladeluftkühler (mit Außenluftkühlung oder mit einem separaten Kühlmittelkreislauf) kühlt die verdichtete Luft wieder ab und bewirkt so eine weitere Erhöhung der Zylinderfüllung. Damit steht mehr Sauerstoff für die Verbrennung zur Verfügung, sodass ein höheres maximales Drehmoment und damit eine höhere Leistung bei gegebener Drehzahl zur Verfügung steht.

Die niedrigere Temperatur der in den Zylinder einströmenden Luft führt auch zu niedrigeren Temperaturen im Verdichtungstakt. Daraus ergeben sich weitere Vorteile:
▶ besserer thermischer Wirkungsgrad und damit geringerer Kraftstoffverbrauch und weniger Rußausstoß bei Dieselmotoren,
▶ geringere thermische Belastung des Zylinderraums sowie
▶ etwas geringere $NO_X$-Emissionen durch eine geringere Verbrennungstemperatur.

Man unterscheidet zwei Arten von Ladern:
▶ Beim *Abgasturbolader* wird die Verdichtungsleistung aus dem Abgas gewonnen (strömungstechnische Kopplung zwischen Motor und Lader).
▶ Beim *mechanischen Lader* wird die Verdichtungsleistung von der Motorkurbelwelle abgezweigt (mechanische Kopplung zwischen Motor und Lader).

## Abgasturboaufladung

Die Aufladung mit einem Abgasturbolader (ATL) findet die breiteste Anwendung. Sie wird bei Pkw-, Nkw- und Großmotoren für Schiffe und Lokomotiven eingesetzt.

Die Abgasturboaufladung wird zur Reduzierung des Leistungsgewichts eingesetzt und zur Anhebung des maximalen Drehmoments bei niedrigeren und mittleren Drehzahlen, insbesondere in Verbindung mit der elektronischen Ladedruckregelung. Zudem gewinnen auch die Aspekte der Schadstoffminderung eine wachsende Bedeutung.

[1] Bereits Gottlieb Daimler (1885) und Rudolf Diesel (1896) befassten sich mit der Vorkompression der Ansaugluft zur Leistungssteigerung. Dem Schweizer Alfred Büchi gelang 1925 die erste erfolgreiche Abgasturboaufladung mit einer Leistungssteigerung von 40% (die Patentanmeldung erfolgte 1905). Die ersten aufgeladenen Nkw-Motoren wurden 1938 gebaut. Sie setzten sich in den frühen 1950er-Jahren durch.

[2] In größerem Maße erfolgte der Einsatz ab den 1970er-Jahren.

### Aufbau und Arbeitsweise

Mit dem heißen und unter Druck stehenden Abgas des Verbrennungsmotors geht ein großer Anteil an Energie verloren. Es liegt daher nahe, einen Teil dieser Energie für die Druckerzeugung im Ansaugrohr nutzbar zu machen.

Der Abgasturbolader (Bild 1) besteht aus zwei Strömungsmaschinen:
- eine Abgasturbine (7), die die Energie des Abgasstroms aufnimmt und
- ein Strömungsverdichter (2), der über eine Welle (11) mit der Turbine gekoppelt ist und die Ansaugluft verdichtet.

Das heiße Abgas strömt die Turbine an und versetzt sie in eine schnelle Drehbewegung (bei Dieselmotoren bis ca. 200 000 $min^{-1}$). Die nach innen gerichteten Schaufeln des Turbinenrades leiten das Abgas zur Mitte hin, wo es dann seitlich austritt (8, Radialturbine). Die Welle treibt den Radialverdichter an. Hier sind die Verhältnisse genau umgekehrt: Die Ansaugluft (3) tritt in der Mitte des Verdichters ein und wird von den Schaufeln nach außen beschleunigt und dabei verdichtet (4).

Aufgrund des Abgasdrucks, der sich vor der Turbine aufbaut, erhöht sich die vom Motor aufzubringende Ausschiebearbeit im Ausstoßtakt. Gleichzeitig kann die Turbine aber neben der Strömungsenergie des Abgases z. T. auch dessen thermische Energie in Verdichtungsleistung umsetzen, sodass die Erhöhung des Ladedrucks größer ist als der Anstieg des Abgasdrucks vor der Turbine (positives Spülgefälle). Der Gesamtwirkungsgrad des Motors kann so in weiten Teilbereichen des Motorkennfelds verbessert werden.

Für Stationärbetrieb mit konstanter Drehzahl lässt sich das Turbinen- und Laderkennfeld auf einen günstigen Wirkungsgrad und damit hohe Aufladung abstimmen. Schwieriger ist jedoch die Auslegung für einen instationär betriebenen Fahrzeugmotor, von dem man insbesondere bei Beschleunigung aus kleiner Drehzahl ein hohes Drehmoment erwartet. Niedrige Abgastemperatur, geringe Abgasmenge und die Massenträgheit des Turboladers selbst verzögern bei Beschleunigungsbeginn den Druckaufbau im Verdichter. Dies wird bei turboaufgeladenen Pkw-Motoren als „Turboloch" bezeichnet. Besonders für die Aufladung in Pkw und Nkw wurden Turbolader entwickelt, die wegen ihrer geringen Eigenmassen schon bei kleinen Abgasströmen ansprechen und so

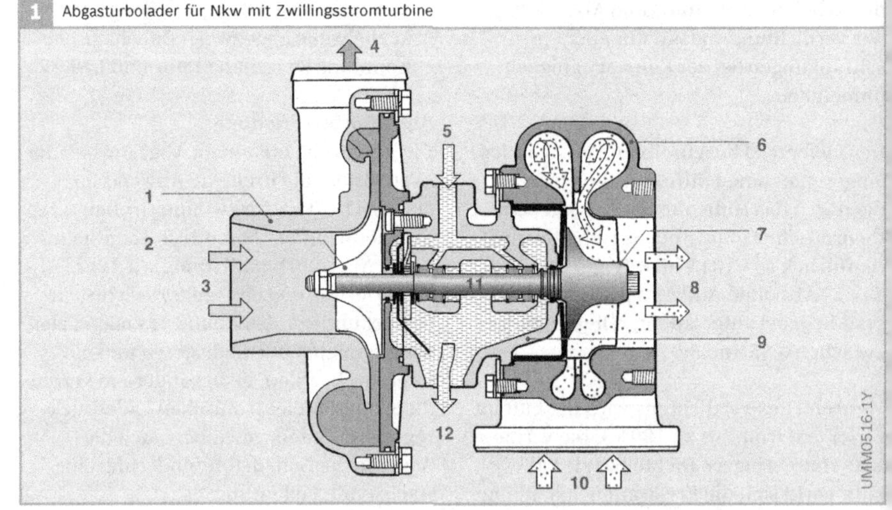

**1** Abgasturbolader für Nkw mit Zwillingsstromturbine



**Bild 1**
1 Verdichtergehäuse
2 Strömungsverdichter
3 Ansaugluft
4 verdichtete Frischluft
5 Schmierölzulauf
6 Turbinengehäuse
7 Abgasturbine
8 abströmendes Abgas
9 Lagergehäuse
10 zuströmendes Abgas
11 Welle
12 Schmierölrücklauf

das Fahrverhalten im unteren Drehzahlbereich deutlich verbessern.

Man unterscheidet zwei Aufladeprinzipien:
Bei der Stauaufladung glättet ein Abgas-
sammelbehälter vor der Turbine die Druckpulsationen im Abgasstrang. Die Turbine
kann dadurch im Bereich hoher Motordrehzahlen bei einem geringeren Druck
mehr Abgas durchsetzen. Da sich der Ab-
gagegendruck in diesen Betriebspunkten
für den Motor verringert, reduziert sich
auch der Kraftstoffverbrauch. Die Stauaufladung wird für große Schiffs-, Generator-
und Stationärmotoren eingesetzt.

Bei der Stoßaufladung wird die kinetische
Energie der Druckpulsationen beim Aus-
strömen der Abgase aus dem Zylinder genutzt. Die Stoßaufladung ermöglicht ein
höheres Drehmoment bei niedrigeren
Motordrehzahlen. Dieses Prinzip wird bei
Pkw- und Nkw-Motoren angewandt. Damit
sich die einzelnen Zylinder beim Ladungswechsel nicht gegenseitig beeinflussen,
werden z. B. bei einem 6-Zylinder-Motor
je drei Zylinder in einer Abgassammel-
leitung zusammengefasst. Mit Zwillings-
stromturbinen (Bild 1) – die zwei äußere
Kanäle haben – werden die Abgasströme
auch innerhalb der Turbine getrennt geführt.

Um ein gutes Ansprechverhalten zu erreichen, sitzt der Abgasturbolader möglichst nahe an den Auslassventilen im
heißen Abgasstrang. Er muss deshalb aus
hochfesten Werkstoffen gefertigt sein.
Für Schiffe – bei denen im Maschinenraum
wegen der Brandgefahr heiße Oberflächen
vermieden werden sollen – ist der Turbolader wassergekühlt oder wärmeisoliert.
Turbolader für Ottomotoren, bei denen die
Abgastemperatur ca. 200...300 °C höher
liegt als beim Dieselmotor, können ebenfalls wassergekühlt ausgeführt sein.

Bauarten
Motoren sollen bereits bei niedrigen Drehzahlen ein hohes Drehmoment erzeugen.
Deshalb wird der Turbolader für einen
kleinen Abgasmassenstrom ausgelegt (z. B.
Volllast bei einer Motordrehzahl von
$n \leq 1800$ min$^{-1}$). Damit bei größeren Abgas-
massenströmen der Abgasturbolader den
Motor nicht überlädt, bzw. der Lader nicht
zerstört wird, muss der Ladedruck geregelt werden. Hierzu gibt es drei Bauart-
prinzipien:
▶ Wastegate-Lader,
▶ VTG-Lader und
▶ VST-Lader.

*Wastegate-Lader (Bild 2)*
Bei höheren Motordrehzahlen oder -lasten
wird ein Teilstrom des Abgases über ein
Bypassventil – das „Wastegate" (5, „Tor für
das Überflüssige") – an der Turbine vorbei
in die Abgasanlage geleitet. Dadurch
nimmt der Abgasstrom durch die Turbine
und der Abgasgegendruck ab und eine zu
hohe Turboladerdrehzahl wird vermieden.
  Bei niedrigen Motordrehzahlen oder
-lasten schließt das Wastegate, und der gesamte Abgasstrom treibt die Turbine an.

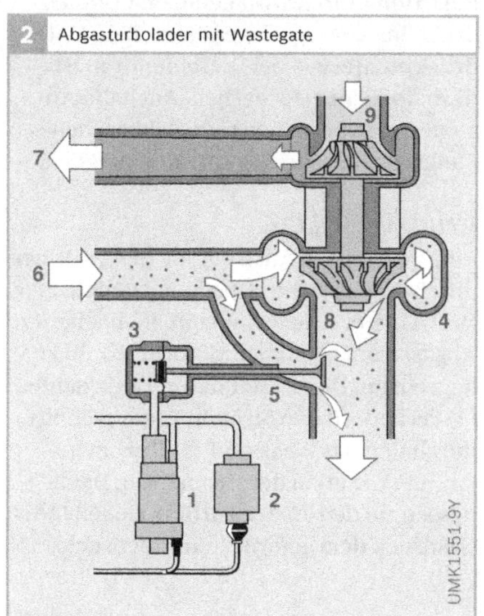



Bild 2
1  Ladedrucksteller
2  Unterdruckpumpe
3  Drucksteller
4  Turbolader
5  Bypassventil
   (Wastegate)
6  Abgasstrom
7  Ansaugluftstrom
8  Abgasturbine
9  Strömungs-
   verdichter

Üblicherweise ist das Wastegate in Klappenausführung im Turbinengehäuse integriert. In der Anfangszeit des Turboladers wurde ein Tellerventil in einem separaten Gehäuse parallel zur Turbine eingesetzt.

Ein Ladedrucksteller (1) (elektropneumatischer Wandler) betätigt das Wastegate. Dieser Steller ist ein elektrisch angesteuertes 3/2-Wegeventil, das an eine Unterdruckpumpe (2) angeschlossen ist. In seiner Ruhestellung (stromlos) lässt es den Umgebungsdruck auf den Drucksteller (3) wirken. Die Feder im Drucksteller öffnet das Wastegate.

Wird der Ladedrucksteller vom Motorsteuergerät bestromt, verbindet er den Drucksteller und die Unterdruckpumpe, sodass die Membran gegen die Federkraft zurückgezogen wird. Das Wastegate schließt und die Turboladerdrehzahl erhöht sich.

Der Turbolader ist so konstruiert, dass das Wastegate bei Ausfall der Ansteuerung offen ist. Dadurch kann bei hohen Drehzahlen kein zu hoher Ladedruck aufgebaut werden, der den Turbolader oder den Motor schädigen würde.

Bei Ottomotoren wird genügend Unterdruck im Ansaugrohr erzeugt. Eine Unterdruckpumpe wie bei Dieselmotoren ist deshalb nicht erforderlich. Auch die Ansteuerung über einen rein elektrischen Steller ist für beide Motorarten möglich.

*VTG-Lader (Bild 3)*
Eine veränderte Anströmung der Turbinen durch eine variable Turbinengeometrie (VTG) bietet eine weitere Möglichkeit, den Abgasstrom bei hoher Motordrehzahl zu begrenzen. Die verstellbaren Leitschaufeln (3) verändern den Strömungsquerschnitt, durch den das Abgas auf die Turbine strömt (Variation der Geometrie). Damit passen sie den an der Turbine anstehenden Gasdruck dem geforderten Ladedruck an.

Bei niedrigen Motordrehzahlen oder -lasten geben sie einen kleinen Strömungsquerschnitt frei, sodass der Abgasgegendruck ansteigt. Der Abgasstrom in der Turbine erreicht eine hohe Geschwindigkeit und bringt die Turbine auf eine hohe Drehzahl (a). Der Abgasstrom wirkt dabei auf den Außenbereich der Schaufeln des Turbinenrads. So entsteht ein großer Hebelarm, der zusätzlich ein hohes Drehmoment bewirkt.

Bei hohen Motordrehzahlen oder -lasten geben die Leitschaufeln einen größeren Strömungsquerschnitt frei, der eine niedrigere Strömungsgeschwindigkeit des Abgasstroms zur Folge hat (b). Dadurch wird der Turbolader bei gleicher Abgasmenge weniger beschleunigt, bzw. er dreht bei höherer Abgasmenge nicht so hoch. Der Ladedruck wird so begrenzt.

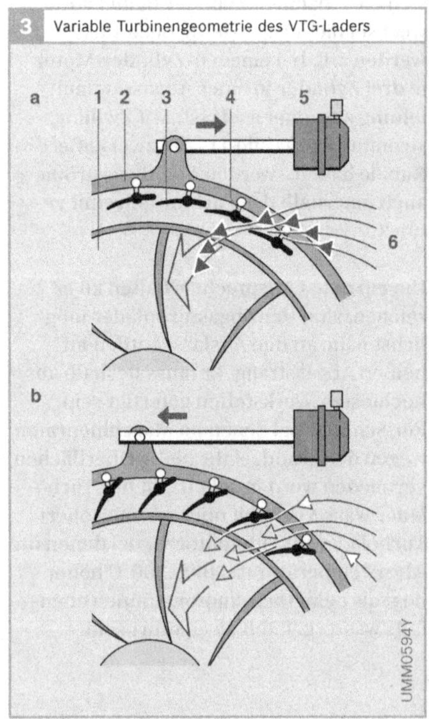


Bild 3
a Leitschaufelstellung
  für hohen Ladedruck
b Leitschaufelstellung
  für niedrigen
  Ladedruck

1 Abgasturbine
2 Verstellring
3 Leitschaufel
4 Verstellhebel
5 Verstelldose
6 Abgasstrom

← hohe Strömungs-
  geschwindigkeit
◁ niedrige Strömungs-
  geschwindigkeit

Durch die Drehbewegung eines Verstellrings (2) ergibt sich eine einfache Verstellung des Leitschaufelwinkels. Dabei werden die Leitschaufeln entweder direkt
über einzelne an den Leitschaufeln befes-
tigte Verstellhebel (4) oder über Verstell-
nocken auf den gewünschten Winkel eingestellt. Das Verdrehen des Verstellrings
geschieht pneumatisch über eine Verstelldose (5) mit Unter- oder Überdruck oder
über einen Elektromotor mit Lagerück-
meldung (Positionssensor). Die Motorsteuerung steuert das Stellglied an. Damit
kann der Ladedruck in Abhängigkeit verschiedener Eingangsgrößen bestmöglich
eingestellt werden.

Der VTG-Lader ist in seiner Ruhestellung
geöffnet und damit eigensicher. Versagt die
Ansteuerung, wird der Turbolader oder
der Motor nicht geschädigt. Es kommt nur
zu Leistungsverlust bei niedrigen Drehzahlen.

Bei Dieselmotoren wird heute überwiegend
diese Laderbauart eingesetzt. Bei Ottomotoren konnte er sich u. a. wegen der
hohen thermischen Belastung und aufgrund der heißeren Abgase noch nicht
durchsetzen.

*VST-Lader (Bild 4)*
Der VST-Lader (variable Schieberturbine)
wird für kleine Pkw-Motoren eingesetzt.
Ein Regelschieber (4) verändert bei dieser
Bauart den Einströmquerschnitt zur
Turbine durch sukzessives Öffnen zweier
Strömungskanäle (2, 3).

Bei geringen Motordrehzahlen oder
-lasten ist nur ein Strömungskanal (2)
offen. Der kleinere Öffnungsquerschnitt
führt zu einem hohen Abgasgegendruck
und zu einer hohen Strömungsgeschwindigkeit des Abgases und somit zu einer
hohen Drehzahl der Turbine (1).

Bei Erreichen des gewünschten Ladedrucks öffnet der Regelschieber kontinuierlich den zweiten Strömungskanal (3).
Die Strömungsgeschwindigkeit des Abgases – und damit die Turboladerdrehzahl
und der Ladedruck – nehmen ab. Das
Motorsteuergerät nimmt die Einstellung
des Regelschiebers über eine pneumatische Druckdose vor.

Mit dem im Turbinengehäuse integrierten Bypasskanal (5) ist es auch möglich,
nahezu den gesamten Abgasstrom an der
Turbine vorbeizuleiten und so einen sehr
geringen Ladedruck zu erreichen.

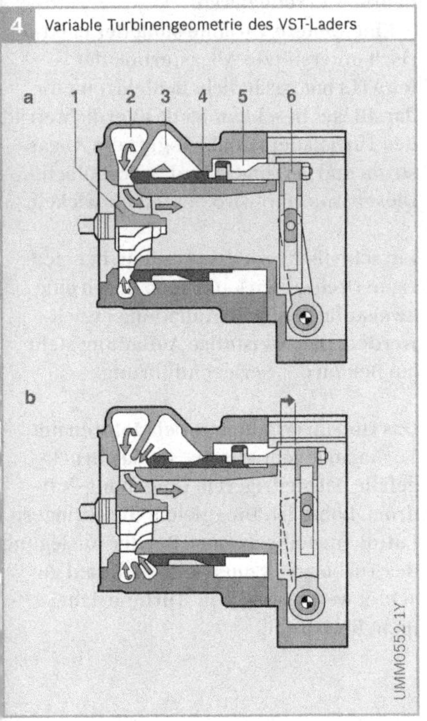

## Vor- und Nachteile der Abgasturboaufladung

### *Downsizing*

Gegenüber einem Saugmotor mit gleicher Leistung sprechen vor allem das geringere Gewicht und der reduzierte Bauraum für den Motor mit Abgasturbolader („Downsizing", d. h. Verringerung der Größe). Über den nutzbaren Drehzahlbereich ergibt sich ein besserer Drehmomentverlauf (Bild 5). Daraus ergibt sich bei einer bestimmten Drehzahl eine höhere Leistung (A–B) bei gleichem spezifischen Kraftstoffverbrauch.

Die gleiche Leistung steht wegen des günstigeren Drehmomentverlaufs schon bei einer niedrigeren Drehzahl bereit (B–C). Der Arbeitspunkt bei einer geforderten Leistung wird so durch die Aufladung in einen Bereich mit geringeren Reibungsverlusten verlagert. Daraus ergibt sich ein geringerer Kraftstoffverbrauch (E–D).

### *Drehmomentverlauf*

Bei sehr niedrigen Drehzahlen ist das Grunddrehmoment bei Motoren mit Abgasturbolader auf dem Niveau der Saugmotoren. In diesem Bereich reicht die im Abgas vorhandene Energie nicht aus, um die Turbine anzutreiben. Somit entsteht kein Ladedruck.

Im instationären Betrieb liegt der Drehmomentverlauf auch bei mittleren Drehzahlen auf dem Niveau der Saugmotoren (c). Das liegt daran, dass der Abgasstrom verzögert aufgebaut wird. Beim Beschleunigen aus niedrigen Drehzahlen heraus ergibt sich somit das „Turboloch".

Das Turboloch kann, vor allem bei Ottomotoren, durch Ausnutzung der dynamischen Aufladung gemindert werden. Sie unterstützt das Hochlaufverhalten des Laders.

Bei Dieselmotoren bietet der Einsatz von Turboladern mit variabler Turbinengeometrie eine Möglichkeit, das Turboloch deutlich zu reduzieren.

Eine weitere Variante stellt der elektrisch unterstützte Abgasturbolader (euATL) mit zusätzlichem Elektromotor dar. Dieser beschleunigt das Verdichterrad des Turboladers unabhängig vom Abgasstrom und verringert so das Turboloch. Dieser Ladertyp wird derzeit entwickelt.

Ein schneller Ladedruckaufbau bei niedrigen Drehzahlen kann auch durch eine zweistufig geregelte Aufladung erzielt werden. Die zweistufige Aufladung steht am Beginn der Serieneinführung.

Das Höhenverhalten ist bei Motoren mit Turbolader sehr günstig, da das Druckgefälle bei niedrigerem Umgebungsluftdruck höher ist. Dies gleicht die geringere Luftdichte teilweise aus. Bei der Auslegung des Turboladers muss jedoch darauf geachtet werden, dass die Turbine dabei nicht überdreht.

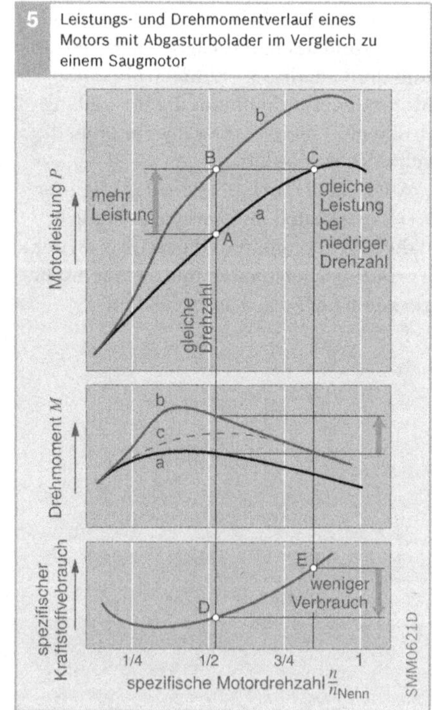

**5** Leistungs- und Drehmomentverlauf eines Motors mit Abgasturbolader im Vergleich zu einem Saugmotor



**Bild 5**

a    Saugmotor im stationären Betrieb

b    aufgeladener Motor im stationären Betrieb

c    aufgeladener Motor im instationären (dynamischen) Betrieb

## Mehrstufige Aufladung

Mit einer mehrstufigen Aufladung können die Leistungsgrenzen gegenüber der einstufigen Aufladung deutlich erweitert werden. Ziel dabei ist es, sowohl stationär als auch instationär die Luftversorgung und gleichzeitig den spezifischen Verbrauch des Motors zu verbessern. Dabei haben sich zwei Aufladeverfahren durchgesetzt:

### Registeraufladung

Bei der Registeraufladung werden zur Basisaufladung mit zunehmender Motorlast und -drehzahl ein oder mehrere parallel geschaltete Turbolader zugeschaltet. Damit können im Vergleich zu einem größeren Lader, der auf die Nennleistung ausgelegt ist, zwei oder mehrere optimale Betriebspunkte erreicht werden. Wegen der aufwändigen Laderschalteinrichtung wird die Registeraufladung überwiegend bei Schiffs- oder Generatorantrieben eingesetzt.

### Zweistufig geregelte Aufladung

Die zweistufige geregelte Aufladung ist eine Reihenschaltung zweier unterschiedlich großer Turbolader mit einer Bypassregelung und idealerweise zwei Ladeluftkühlern (Bild 6, Pos. 1 und 2). Der erste Lader ist als Niederdrucklader (1), der zweite Lader als Hochdrucklader ausgeführt (2).

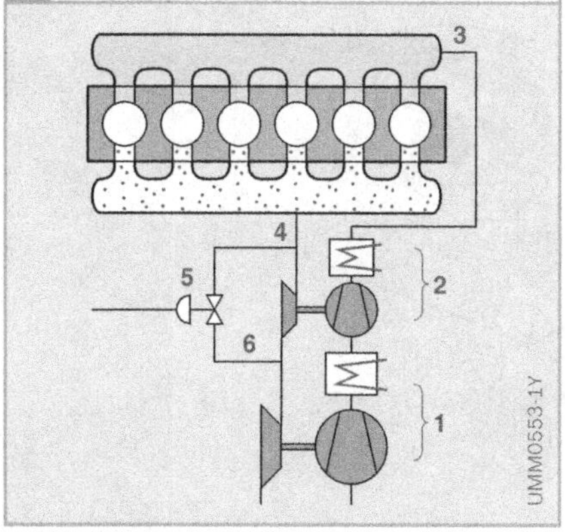

Die Frischluft wird zunächst in der Niederdruckstufe vorverdichtet. Dadurch arbeitet der relativ kleine Hochdruckverdichter auf einem höheren Druckniveau mit kleinem Volumenstrom, sodass er den erforderlichen Luftmassenstrom durchsetzen kann. Mit der zweistufigen Aufladung kann ein besonders guter Verdichterwirkungsgrad erzielt werden.

Bei niedrigeren Motordrehzahlen ist das Bypassventil (5) geschlossen, sodass beide Turbolader wirken. Dadurch ergibt sich ein sehr schneller und hoher Ladedruckaufbau. Steigt die Motordrehzahl, öffnet das Bypassventil, bis nur noch der Niederdruckverdichter arbeitet. Dadurch passt sich die Aufladung stufenlos an die Erfordernisse des Motors an.

Dieses Aufladeverfahren wird wegen seines einfachen Regelverhaltens für Fahrzeuganwendungen eingesetzt.

### eBooster

Vor den Abgasturbolader ist ein zusätzlicher Verdichter geschaltet. Dieser ist ähnlich wie der Verdichter des Turboladers aufgebaut und wird von einem Elektromotor angetrieben (eBooster). Bei Beschleunigung versorgt der eBooster den Motor mit Luft und verbessert dadurch besonders bei niedrigen Drehzahlen das Hochlaufen des Motors.

## Mechanische Aufladung

Bei der mechanischen Aufladung wird ein Verdichter direkt vom Verbrennungsmotor angetrieben. In der Regel sind Motor und Verdichter z. B. über einen Riemenantrieb fest miteinander gekoppelt. Mechanische Lader werden im Vergleich zum Abgasturbolader für Dieselmotoren selten eingesetzt.

### Mechanische Verdrängerlader

Die häufigste Bauform ist der mechanische Verdrängerlader MVL (Kompressor). Er kommt hauptsächlich bei kleinen und mittelgroßen Pkw-Motoren zum Einsatz.

**6 Zweistufige Aufladung (Prinzip)**



Bild 6
1 Niederdruckstufe ND (Turbolader mit Ladeluftkühlung)
2 Hochdruckstufe HD (Turbolader mit Ladeluftkühlung)
3 Saugrohr
4 Abgassammelrohr
5 Bypassventil
6 Bypassleitung

Folgende Bauformen finden bei Dieselmotoren Verwendung:

*Verdrängerlader mit innerer Verdichtung*
Bei Ladern mit innerer Verdichtung wird die Luft im Verdichter komprimiert. Bei Dieselmotoren kommen der Hubkolbenlader und der Schraubenlader zum Einsatz.

*Hubkolbenlader:* Diese Lader sind entweder mit einem starren Kolben (Bild 7) oder einer Membran (Bild 8) aufgebaut. Ein Kolben (ähnlich dem Motorkolben) verdichtet die Luft, die dann über ein Auslassventil zum Motorzylinder strömt.

*Schraubenlader* (Bild 9): Zwei sich ineinander kämmende Flügel in Schraubenform (4) verdichten die Luft.

*Verdrängerlader ohne innere Verdichtung*
Bei Ladern ohne innere Verdichtung wird die Luft durch die erzeugte Strömung außerhalb des Laders komprimiert. Bei Dieselmotoren kam nur der Roots-Lader (Bild 10) in Zweitakt-Fahrzeugmotoren zum Einsatz.

*Roots-Lader:* Zwei über Zahnräder gekoppelte zweiflüglige Drehkolben (2) laufen ähnlich wie bei einer Zahnradpumpe gegeneinander und fördern so die Ansaugluft.

**Bild 7**

1 Einlassventil
2 Auslassventil
3 Kolben
4 Antriebswelle
5 Gehäuse

**Bild 8**

1 Einlassventil
2 Auslassventil
3 Membran
4 Antriebswelle

**Bild 9**

1 Antrieb
2 Angesaugte Luft
3 komprimierte Luft
4 Schraubenflügel

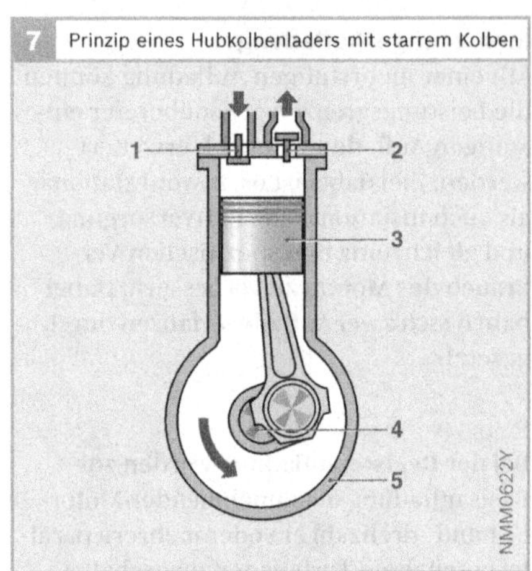

**7** Prinzip eines Hubkolbenladers mit starrem Kolben

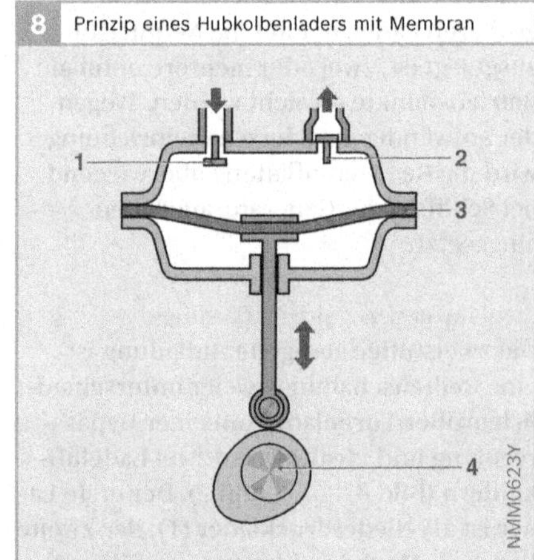

**8** Prinzip eines Hubkolbenladers mit Membran

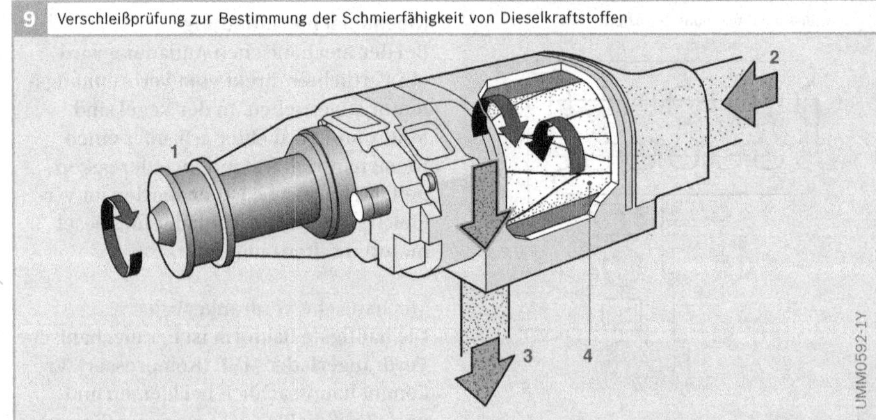

**9** Verschleißprüfung zur Bestimmung der Schmierfähigkeit von Dieselkraftstoffen

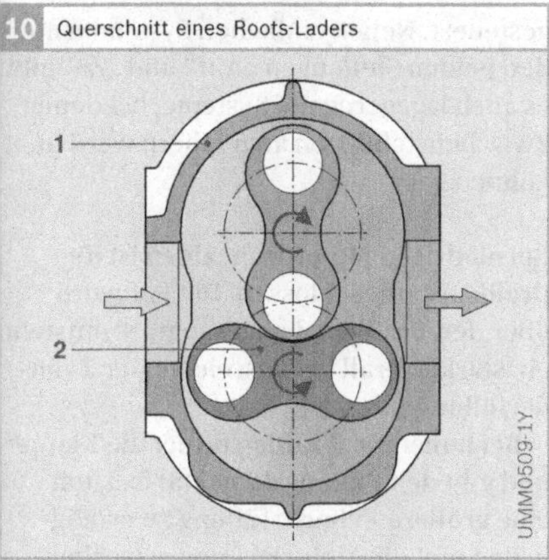



## Mechanische Strömungslader

Neben den mechanischen Verdrängerladern gibt es noch Strömungslader (Radialverdichter), deren Verdichter ähnlich wie beim Abgasturbolader aufgebaut ist. Um die erforderliche hohe Umfangsgeschwindigkeit zu erreichen, werden sie über ein Getriebe angetrieben. Diese Lader bieten über einen breiten Drehzahlbereich günstige Liefergrade und können besonders bei kleinen Motoren als Alternative zur Abgasturboladung angesehen werden. Mechanische Strömungslader werden auch mechanische Kreisellader (MKL) genannt. Sie werden selten bei mittelgroßen bis großen Pkw-Motoren eingesetzt.

## Ladedrucksteuerung

Ein Bypass kann beim mechanischen Lader den Ladedruck steuern. Ein Teil des verdichteten Luftstroms gelangt in die Zylinder und bestimmt die Füllung. Der andere Teil strömt über den Bypass zurück zur Ansaugseite. Die Ansteuerung des Bypassventils übernimmt das Motorsteuergerät.

## Vor- und Nachteile der mechanischen Aufladung

Wegen der direkten Kopplung von Verdichter und Kurbelwelle wird beim mechanischen Lader bei einer Drehzahlerhöhung der Verdichter unverzögert beschleunigt. Dadurch ergibt sich im dynamischen Betrieb ein höheres Motordrehmoment und ein besseres Ansprechverhalten als beim Abgasturbolader. Mit einem variablen Getriebe kann auch das Motorverhalten bei Lastwechseln verbessert werden.

Da die zum Antrieb des Verdichters notwendige Leistung (ca. 10...15 kW bei Pkw) jedoch nicht als effektive Motorleistung zur Verfügung stehen kann, steht diesen Vorteilen ein etwas höherer Kraftstoffverbrauch als bei der Aufladung mit einem Abgasturbolader entgegen. Dieser Nachteil wird gemindert, wenn der Verdichter über eine von der Motorsteuerung geschaltete Kupplung bei niedrigen Motorlasten und Motordrehzahlen abgeschaltet werden kann. Dies erhöht jedoch die Herstellkosten. Ein weiterer Nachteil der mechanischen Aufladung ist der größere erforderliche Bauraum.

## Dynamische Aufladung

Eine Aufladung kann schon alleine durch Nutzung dynamischer Effekte im Saugrohr erzielt werden. Diese dynamische Aufladung spielt beim Dieselmotor keine so große Rolle wie beim Ottomotor. Beim Dieselmotor liegt das Hauptaugenmerk bei der Gestaltung des Saugrohrs auf einer gleichmäßigen Verteilung der Luft auf alle Zylinder und der Verteilung des rückgeführten Abgases. Außerdem spielt der Drall im Motorzylinder eine wichtige Rolle. Bei den relativ niedrigen Drehzahlen des Dieselmotors würde eine gezielte Auslegung des Saugrohrs für eine dynamische Aufladung extrem lange Saugrohre erfordern. Da gegenwärtig fast alle Dieselmotoren mit einem Lader ausgerüstet sind, wäre nur ein Vorteil zu erwarten, wenn bei instationären Vorgängen der Lader noch nicht genügend Druck liefert.

Generell wird das Ansaugrohr beim Dieselmotor möglichst kurz gehalten. Die Vorteile hiervon sind:
▶ verbessertes dynamisches Verhalten und
▶ ein besseres Regelverhalten der Abgasrückführung.

# Drallklappen

Für die Gemischbildung spielen die Strömungsverhältnisse im Motorzylinder eine bedeutende Rolle. Diese werden wesentlich beeinflusst durch

- die durch die Einspritzstrahlen erzeugte Luftbewegung,
- die Bewegung der in den Zylinder einströmenden Luft und
- die Kolbenbewegung.

Beim drallunterstützen Brennverfahren wird die Luft während des Ansaug- und Verdichtungstaktes in eine Drehbewegung (Drall) versetzt, um eine gute und schnelle Gemischbildung zu erreichen. Mit geeigneten Klappen und Kanälen kann der Drall entsprechend der Motordrehzahl und Last verändert werden.

Die Einlasskanäle sind als Füllungskanal (Bild 1, Pos. 5) und Drallkanal (2) ausgelegt, wobei der Füllungskanal durch eine Klappe (Drallklappe, Pos. 6) verschlossen werden kann. Die Klappe wird vom Motorsteuergerät Kennfeldabhängig

gesteuert. Neben einfachen Systemen mit den beiden Stellungen „Auf" und „Zu" gibt es auch lagegeregelte Systeme, bei denen Zwischenstellungen angefahren werden können.

Bei niedrigen Motordrehzahlen ist die Drallklappe geschlossen. Die Luft wird über den Drallkanal angesaugt, es entsteht ein starker Drall bei ausreichender Zylinderfüllung.

Bei hohen Drehzahlen öffnet die Klappe und gibt den Füllungskanal (5) frei, um eine größere Zylinderfüllung zu ermöglichen und die Motorleistung zu verbessern. Dabei verringert sich gleichzeitig der Drall.

Durch die Kennfeld-abhängige Steuerung des Dralls können im unteren Drehzahlbereich die $NO_X$- und Partikel-Emissionen erheblich gesenkt werden. Die durch die Kanalabschaltung bedingten Strömungsverluste führen zu einer erhöhten Ladungswechselarbeit. Durch die erzielbare bessere Gemischbildung und Verbrennung kann der dadurch entstehende Kraftstoff-Mehrverbrauch jedoch weitestgehend kompensiert werden. Abhängig von Motorlast und Drehzahl wird ein Kompromiss zwischen Emissions-, Verbrauchs- und Leistungsoptimierung angestrebt.

Die Einlasskanalabschaltung wird zurzeit bei einigen Pkw-Motoren eingesetzt und spielt eine zunehmend wichtige Rolle im Emissionsminderungs-Konzept.

Moderne Lkw-Dieselmotoren hingegen können generell mit sehr niedrigen Drallwerten arbeiten, da aufgrund der kleineren Drehzahlspanne und größerer Brennräume die Energie der Einspritzstrahlen für die Gemischbildung ausreicht.

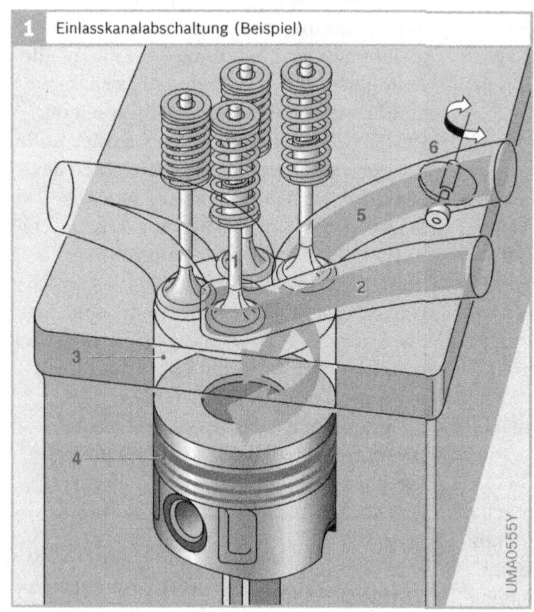


**Bild 1**

1 Einlassventil
2 Drallkanal
3 Motorzylinder
4 Kolben
5 Füllungskanal
6 Klappe

# Motoransaugluftfilter

Der Luftfilter filtert die Motoransaugluft und verhindert damit das Eindringen von mineralischen Stäuben und Partikeln in den Motor und in das Motoröl. Dadurch reduziert er den Verschleiß z. B. in den Lagern, an den Kolbenringen und an den Zylinderwänden. Außerdem schützt er den empfindlichen Luftmassenmesser (HFM) und verhindert dort Staubablagerungen, die zu falschen Signalen, einem erhöhten Kraftstoffverbrauch und erhöhten Schadstoffemissionen führen könnten.

Typische Luftverunreinigungen sind z. B. Ölnebel, Aerosole, Dieselruß, Industrieabgase, Pollen und Staub. Die vom Motor mit der Luft angesaugten Staubteilchen besitzen einen Durchmesser von ca. 0,01 µm (Rußpartikel) bis ca. 2 mm (Sandkörner).

### Filtermedium und Aufbau

Bei den Luftfiltern handelt es sich meist um Tiefenfilter, die die Partikel – im Gegensatz zu den Oberflächenfiltern – in der Struktur des Filtermediums zurückhalten. Tiefenfilter mit hoher Staubspeicherfähigkeit sind immer dann vorteilhaft, wenn große Volumenströme mit geringen Partikelkonzentrationen wirtschaftlich gefiltert werden müssen.

Luftfilter erreichen massebezogene Gesamtabscheidegrade von bis zu 99,8 % (Pkw) bzw. 99,95 % (Nkw). Diese Werte sollten unter allen herrschenden Bedingungen eingehalten werden können, auch unter den dynamischen Bedingungen, wie sie im Ansaugtrakt des Motors herrschen (Pulsation). Filter mit unzureichender Qualität zeigen dann einen erhöhten Staubdurchbruch.

Die Auslegung der Filterelemente erfolgt individuell für jeden Motor. Damit bleiben die Druckverluste minimal und auch die hohen Abscheidegrade sind unabhängig vom Luftdurchsatz. Bei den Filterelementen, die es als Flachfilter oder in zylindrischen Ausführungen gibt, ist das Filtermedium in gefalteter Form eingebaut, um auf kleinstem Raum ein Maximum an Filterfläche unterbringen zu können. Durch entsprechende Prägung und Imprägnierungen erhalten diese bisher zumeist auf Zellulosefasern basierenden Medien die erforderliche mechanische Festigkeit und eine ausreichende Wassersteifigkeit und Beständigkeit gegen Chemikalien.

Die Elemente werden nach den vom Fahrzeughersteller festgelegten Intervallen gewechselt.

Die Forderungen nach kleinen, leistungsstarken Filterelementen (weniger Bauraum) bei gleichzeitig verlängerten Serviceintervallen treibt die Entwicklung neuer, innovativer Luftfiltermedien voran. Neue Luftfiltermedien aus synthetischen Fasern (Bild 1) mit teilweise stark verbesserten Leistungsdaten sind bereits in Serie eingeführt.

Bessere Werte als mit reinen Zellulosemedien werden auch mit „Composite-Qualitäten" (z. B. Papier mit Meltblown-Auflage) und speziellen Nanofaser-Filtermedien erreicht, bei denen auf einer relativ groben Stützschicht aus Zellulose ultradünne Fasern mit Durchmessern von nur 30...40 nm aufgebracht sind. Neue Faltstrukturen mit wechselseitig verschlossenen Kanälen, ähnlich wie bei den Dieselrußfiltern, stehen kurz vor der Markteinführung.

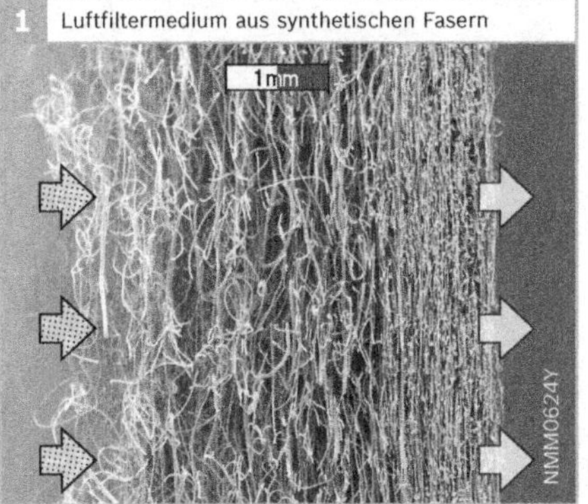


Bild 1
Synthetisches Hochleistungs-Filtervlies mit kontinuierlich zunehmender Dichte und abnehmendem Faserdurchmesser über den Querschnitt von der Ansaug- zur Reinluftseite.
Quelle: Freudenberg Vliesstoffe KG

Konische, ovale und stufige sowie trapezförmige Geometrien ergänzen die Standardbauformen, um den immer knapper werdenden Bauraum im Motorraum optimal ausnutzen zu können.

### Schalldämpfer

Früher wurden die Luftfiltergehäuse fast ausschließlich als „Dämpferfilter" ausgeführt. Das große Volumen ist bei diesen Gehäusen für akustische Zwecke ausgelegt. Mittlerweile werden zunehmend die beiden Funktionen „Filtration" und „Akustik/Motorgeräuschreduzierung" getrennt und die einzelnen Resonatoren separat optimiert. So lässt sich auch das Filtergehäuse in seinen Ausmaßen minimieren. Dadurch entstehen sehr flache Filter, die z. B. in die Designabdeckungen der Motoren integriert werden können, während die Resonatoren an weniger zugänglichen Stellen im Motorraum Platz finden.

### Luftfilter für Pkw

Das Pkw-Luftansaugmodul (Bild 2) umfasst neben dem Gehäuse (1 und 3) mit dem zylindrischen Luftfilterelement (2) die gesamten Zuführleitungen (5 und 6) und das Saugmodul (4). Dazwischen verteilt sind Helmholtz-Resonatoren und Lambda-Viertelrohre für die Akustik. Mithilfe dieser kompletten Systemoptimierung lassen sich die Einzelkomponenten besser aufeinander abstimmen und die immer schärfer werdenden Anforderungen an die Akustik (Lärmpegel) einhalten.

Zunehmend nachgefragt werden Bauteile zur Wasserabscheidung, die in das Luftansaugsystem integriert werden. Sie dienen vor allem dem Schutz des Luftmassenmessers (HFM), der den Luftmassenstrom misst. Wassertröpfchen, die bei ungünstiger Anordnung des Ansaugstutzens, bei starkem Regen, schwallartigem Spritzwasser (z. B. bei Geländefahrzeugen) oder Schneefall mit angesaugt werden und zum Sensor gelangen, können zu einer fehlerhaften Erfassung der Zylinderfüllung führen.

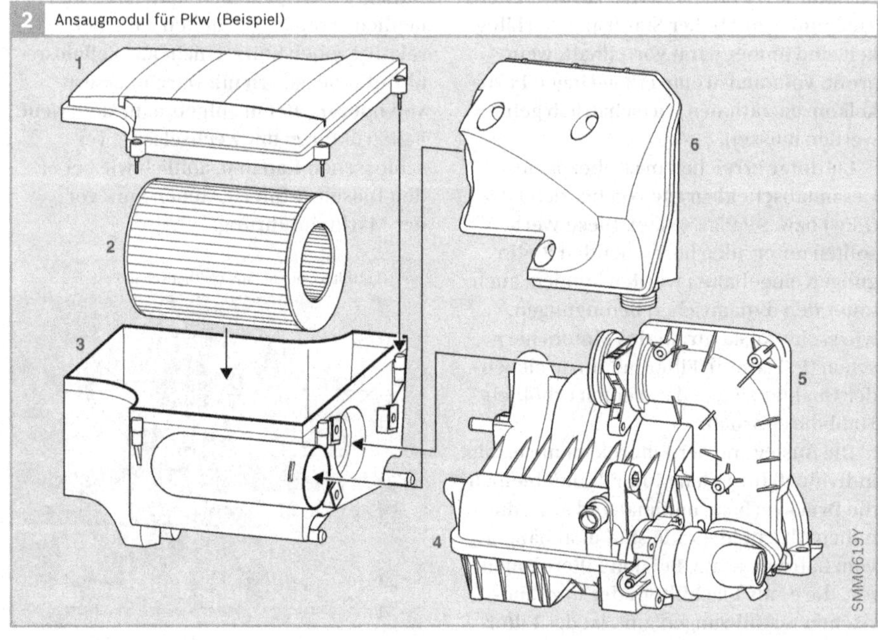


**Bild 2**
1 Gehäusedeckel
2 Filterelement
3 Filtergehäuse
4 Saugmodul
5 Zuführleitung
6 Zuführleitung

Zur Abscheidung der Wassertropfen kommen in die Ansaugleitung eingebaute Prallbleche oder zyklon-ähnliche Konstruktionen („Schälkragen") zum Einsatz. Je kürzer der Weg vom Lufteinlass bis zum Filterelement ist, um so schwieriger wird eine Lösung, da nur sehr geringe Strömungsdruckverluste erlaubt sind. Man kann aber auch entsprechend aufgebaute Filterelemente einsetzen, welche die Wassertropfen sammeln (koaleszieren) und den Wasserfilm noch vor dem eigentlichen Partikelfilterelement nach außen ableiten. Ein speziell dazu konstruiertes Gehäuse unterstützt diesen Vorgang. Diese Anordnung kann auch bei sehr kurzen Rohluftleitungen erfolgreich zur Wasserabscheidung eingesetzt werden.

## Luftfilter für Nkw

Bild 3 zeigt einen wartungsfreundlichen und gewichtsoptimierten Luftfilter aus Kunststoff für Nutzfahrzeuge. Neben einer höheren Abscheideleistung sind die dazu passenden Filterelemente so dimensioniert, dass Serviceintervalle von über 100 000 km möglich sind. Sie liegen damit deutlich über denen von Pkw.

In Ländern mit hohen Staubbelastungen, aber auch bei Baumaschinen und in der Landwirtschaft, ist dem Filterelement ein Vorabscheider vorgeschaltet. Dieser Abscheider trennt die grobe, massereiche

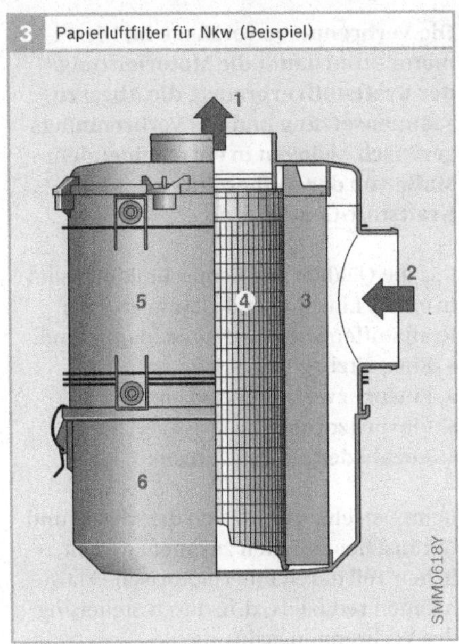



**Bild 3**
1 Luftaustritt
2 Lufteintritt
3 Filtereinsatz
4 Stützrohr
5 Gehäuse
6 Staubtopf

Staubfraktion ab und erhöht somit die Standzeit des Feinfilterelements erheblich. Im einfachsten Fall handelt es sich um einen Leitschaufelkranz, der die einströmende Luft in Rotation versetzt. Durch die Fliehkraft werden die groben Staubpartikel abgeschieden. Aber erst vorgeschaltete, auf das nachfolgende Filterelement optimierte Minizyklonbatterien schöpfen das Potenzial von Fliehkraftabscheidern in Nkw-Luftfiltern richtig aus.

# Grundlagen der Dieseleinspritzung

**Die Verbrennungsvorgänge im Dieselmotor – und damit die Motorleistung, der Kraftstoffverbrauch, die Abgaszusammensetzung und das Verbrennungsgeräusch – hängen in entscheidendem Maße von der Aufbereitung des Luft-Kraftstoff-Gemischs ab.**

Für die Qualität der Gemischbildung sind in erster Linie folgende Parameter der Kraftstoffeinspritzung ausschlaggebend:
▶ Einspritzbeginn,
▶ Einspritzverlauf und -dauer,
▶ Einspritzdruck,
▶ Anzahl der Einspritzungen.

Beim Dieselmotor werden die Abgas- und Geräuschemissionen zu einem wesentlichen Teil durch innermotorische Maßnahmen reduziert, d. h. durch Steuerung des Verbrennungsablaufs.

Bis in die 1980er-Jahre wurde bei Fahrzeugmotoren die Einspritzmenge und der Einspritzbeginn ausschließlich mechanisch geregelt. Die Einhaltung der aktuellen Abgasgrenzwerte erfordert jedoch eine sehr präzise und an den Betriebszustand des Motors angepasste Festlegung der Einspritzparameter für die Vor- und Haupteinspritzung wie Einspritzmenge, -druck und -beginn. Das ist nur mit einer elektronischen Regelung realisierbar, welche die Einspritzgrößen abhängig von Temperatur, Drehzahl, Last, geografischer Höhe usw. berechnet. Die Elektronische Dieselregelung (EDC) hat sich heute für Dieselfahrzeuge allgemein durchgesetzt.

Zukünftig strenger werdende Abgasnormen erfordern darüber hinaus beim Dieselmotor weitere Maßnahmen zur Schadstoffminderung. Durch sehr hohe Einspritzdrücke, wie sie derzeit beim Unit Injector System erreicht werden, und durch einen unabhängig vom Druckaufbau einstellbaren Einspritzverlauf, der beim Common Rail System realisiert ist, können die Emissionen unter Berücksichtigung des Verbrennungsgeräuschs weiter gesenkt werden.

## Gemischverteilung

### Luftzahl λ
Zur Kennzeichnung dafür, wie weit das tatsächlich vorhandene Luft-Kraftstoff-Gemisch vom stöchiometrischen [1] Massenverhältnis abweicht, wurde die Luftzahl λ (Lambda) eingeführt. Die Luftzahl gibt das Verhältnis von zugeführter Luftmasse zum Luftbedarf bei stöchiometrischer Verbrennung an:

$$\lambda = \frac{\textit{Masse Luft}}{\textit{Masse Kraftstoff} \cdot \textit{stöchiometrisches Verhältnis}}$$

$\lambda = 1$: Die zugeführte Luftmasse entspricht der theoretisch erforderlichen Luftmasse, die notwendig ist, um den gesamten Kraftstoff zu verbrennen.

$\lambda < 1$: Es herrscht Luftmangel und damit fettes Gemisch.

$\lambda > 1$: Es herrscht Luftüberschuss und damit mageres Gemisch.

### Lambda-Werte beim Dieselmotor
Fette Gemischzonen sind für eine rußende Verbrennung verantwortlich. Damit nicht zu viele fette Gemischzonen entstehen, muss – im Gegensatz zum Ottomotor – insgesamt mit Luftüberschuss gefahren wer-

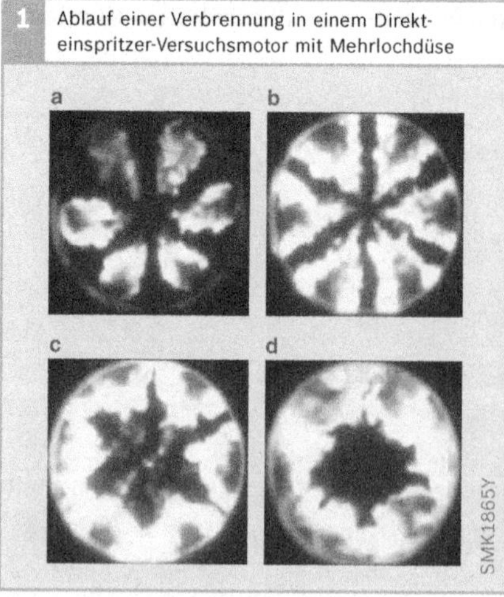

**1** Ablauf einer Verbrennung in einem Direkteinspritzer-Versuchsmotor mit Mehrlochdüse



[1] Das stöchiometrische Verhältnis beschreibt, wie viel kg Luft benötigt werden, um 1 kg Kraftstoff vollständig zu verbrennen $(m_L / m_K)$. Es beträgt beim Dieselkraftstoff ca. 14,5.

**Bild 1**
Bei „Glasmotoren" können die Einspritz- und Verbrennungsvorgänge durch Glaseinsätze und Spiegel beobachtet werden.

Die Zeiten sind nach Beginn des Verbrennungseigenleuchtens angegebenen
a 200 μs
b 400 μs
c 522 μs
d 1200 μs

den. Die Lambda-Werte von aufgeladenen Dieselmotoren liegen bei Volllast zwischen $\lambda = 1,15$ und $\lambda = 2,0$. Bei Leerlauf und Nulllast steigen die Werte auf $\lambda >10$. Diese Luftzahlen stellen das Verhältnis der gesamten Luft- und Kraftstoffmasse im Zylinder dar. Für die Selbstzündung und die Schadstoffbildung sind jedoch ganz wesentlich die lokalen Lambda-Werte verantwortlich, die räumlich stark schwanken.

Der Dieselmotor arbeitet mit heterogener innerer Gemischbildung und Selbstzündung. Eine vollständig homogene Vermischung des eingespritzten Kraftstoffs mit der Luft ist vor oder während der Verbrennung nicht möglich. Beim heterogenen Gemisch des Dieselmotors überdecken die lokalen Luftzahlen alle Werte von $\lambda = 0$ (reiner Kraftstoff) im Strahlkern nahe der Düsenmündung bis zu $\lambda = \infty$ (reine Luft) in der Strahlaußenzone. In der Tropfenrandzone (Dampfhülle) eines einzelnen flüssigen Tropfens treten lokal zündfähige Lambda-Werte von 0,3...1,5 auf (Bilder 2 und 3). Daraus lässt sich ableiten, dass durch gute Zerstäubung (viele kleine Tröpfchen), hohen Gesamtluftüberschuss und „dosierte" Ladungsbewegung viele lokale Zonen mit mageren, zündfähigen Lambda-Werten entstehen. Dies bewirkt, dass bei der Verbrennung weniger Ruß

entsteht, sodass die AGR-Verträglichkeit zunimmt, wodurch sich die $NO_X$-Emissionen reduzieren lassen.

Die gute Zerstäubung wird durch hohe Einspritzdrücke erreicht: Sie liegen derzeit bei maximal 2200 bar beim UIS, Common Rail Systeme arbeiten mit maximal 1800 bar Einspritzdruck. Dadurch entsteht eine hohe Relativgeschwindigkeit zwischen dem Kraftstoffstrahl und der Luft im Zylinder, die so den Kraftstoffstrahl „zerreißt".

Mit Rücksicht auf ein geringes Motorgewicht und die Kosten des Motors soll möglichst viel Leistung aus einem vorgegebenen Hubraum gewonnen werden. Bei hoher Last muss der Motor dafür mit möglichst geringem Luftüberschuss laufen. Mangelnder Luftüberschuss erhöht allerdings insbesondere die Ruß-Emissionen. Um sie zu begrenzen, muss die Kraftstoffmenge bei der verfügbaren Luftmenge und abhängig von der Drehzahl des Motors genau dosiert werden.

Niederer Luftdruck (z. B. in großer Höhe) erfordert ebenfalls ein Anpassen der Kraftstoffmenge an das geringere Luftangebot.

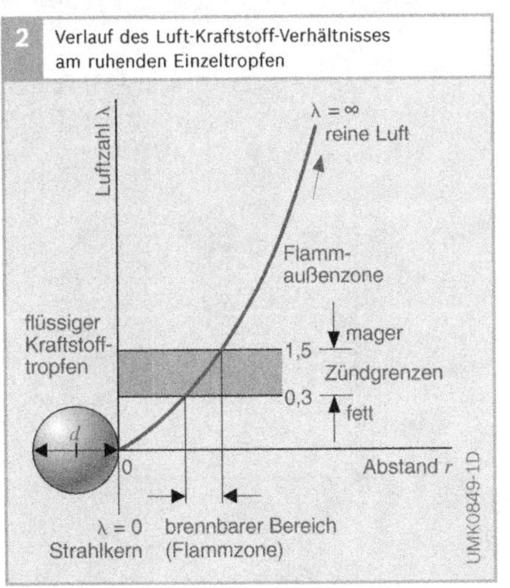



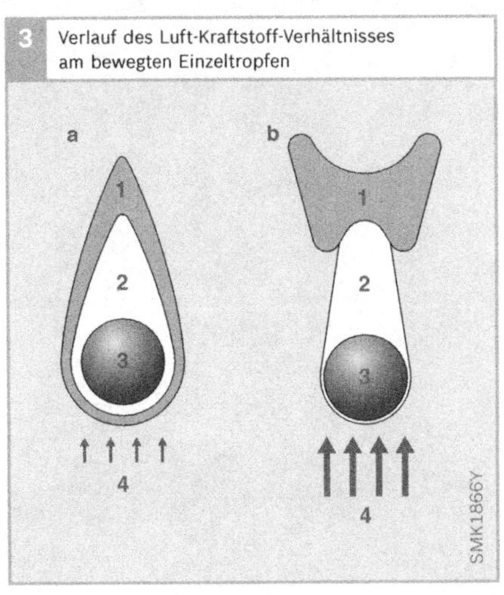



**Bild 2**

$d$   Tröpfchendurchmesser (ca. 2...20 µm)

**Bild 3**

a   Niedrige Anströmgeschwindigkeit
b   hohe Anströmgeschwindigkeit

1   Flammzone
2   Dampfzone
3   Kraftstofftropfen
4   Luftstrom

# Parameter der Einspritzung

### Einspritz- und Förderbeginn

*Einspritzbeginn*

Der Beginn der Kraftstoffeinspritzung in den Brennraum beeinflusst wesentlich den Beginn der Verbrennung des Luft-Kraftstoff-Gemischs und damit die Emissionen, den Kraftstoffverbrauch und das Verbrennungsgeräusch. Deshalb kommt dem Einspritzbeginn, auch Spritzbeginn genannt, für das optimale Motorverhalten große Bedeutung zu.

Der Einspritzbeginn gibt den Kurbelwellenwinkel in Bezug auf den oberen Totpunkt (OT) des Motorkolbens an, bei dem die Einspritzdüse öffnet und den Kraftstoff in den Brennraum des Motors einspritzt. Die momentane Lage des Kolbens zum oberen Totpunkt des Kolbens beeinflusst die Bewegung der Luft im Brennraum sowie deren Dichte und Temperatur. Demnach hängt die Mischungsqualität des Gemischs aus Luft und Kraftstoff auch vom Einspritzbeginn ab. Der Einspritzbeginn nimmt somit Einfluss auf Emissionen wie Ruß, Stickoxide ($NO_X$), unverbrannte Kohlenwasserstoffe (HC) und Kohlenmonoxid (CO).

Die Sollwerte für den Einspritzbeginn sind je nach Motorlast, Drehzahl und Motortemperatur verschieden. Die optimalen Werte werden für jeden Motor ermittelt, wobei die Auswirkungen auf Kraftstoffverbrauch, Schadstoff- und Geräuschemissionen berücksichtigt werden. Die so ermittelten Werte werden in einem Spritzbeginnkennfeld gespeichert (Bild 4). Über das Kennfeld wird die lastabhängige Spritzbeginnverstellung geregelt.

Common Rail Systeme bieten gegenüber nockengesteuerten Systemen zusätzliche Freiheitsgrade bei der Wahl der Anzahl und des Zeitpunkts der Einspritzungen und des Einspritzdrucks. Dies ergibt sich daraus, dass der Kraftstoffdruck von einer separaten Hochdruckpumpe aufgebaut



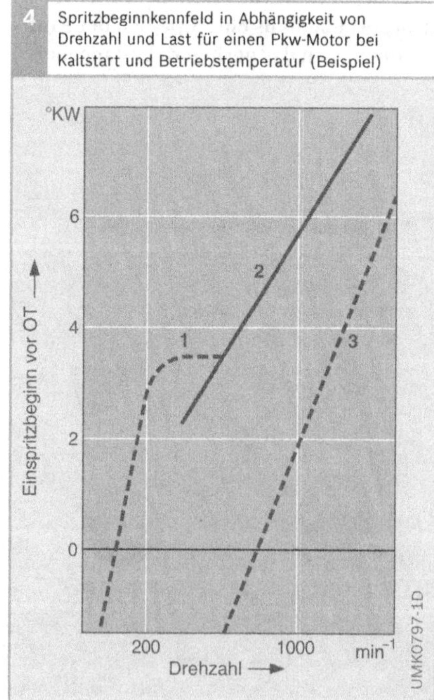


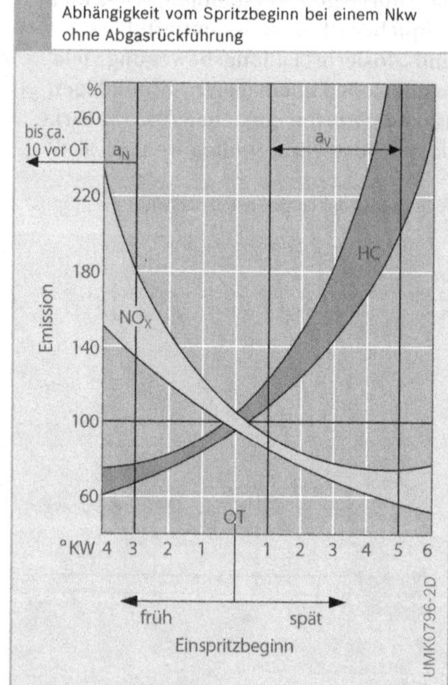

und mittels Motorsteuerung optimal an jeden Betriebspunkt angepasst wird und die Einspritzung über ein Magnetventil oder Piezoelement gesteuert wird.

*Richtwerte für den Spritzbeginn*
Im Kennfeld des Dieselmotors liegen die für einen niedrigen Kraftstoffverbrauch optimalen Brennbeginne zwischen ca. 0...8°KW (Grad Kurbelwellenwinkel) vor OT. Daraus und aus den Grenzwerten für die Abgasemissionen ergeben sich folgende Spritzbeginne:

Pkw-Direkteinspritzmotoren:
- Nulllast: 2°KW vor OT bis 4°KW nach OT
- Teillast: 6°KW vor OT bis 4°KW nach OT
- Volllast: 6...15°KW vor OT

Nkw-Direkteinspritzmotoren
(ohne Abgasrückführung):
- Nulllast: 4...12°KW vor OT
- Volllast: 3...6°KW vor OT bis
  2°KW nach OT

Bei kaltem Motor liegt der Einspritzbeginn für Pkw- und Nkw-Motoren 3...10°KW früher. Die Brenndauer bei Volllast beträgt 40...60°KW.

*Früher Einspritzbeginn*
Die höchste Kompressionstemperatur (Kompressions-Endtemperatur) stellt sich kurz vor dem oberen Totpunkt des Kolbens (OT) ein. Wird die Verbrennung weit vor OT eingeleitet, steigt der Verbrennungsdruck steil an und wirkt als bremsende Kraft gegen die Kolbenbewegung. Die dabei abgegebene Wärmemenge verschlechtert den Wirkungsgrad des Motors und erhöht somit den Kraftstoffverbrauch. Der steile Anstieg des Verbrennungsdrucks hat außerdem ein lautes Verbrennungsgeräusch zur Folge.

Ein zeitlich vorverlegter Verbrennungsbeginn erhöht die Temperatur im Brennraum. Deshalb steigen die $NO_X$-Emissionen und verringert sich der HC-Ausstoß (Bild 5).

Die Minimierung von Blau- und Weißrauch erfordert bei kaltem Motor frühe Spritzbeginne und/oder eine Voreinspritzung.

*Später Einspritzbeginn*
Ein später Spritzbeginn bei geringer Last kann zu einer unvollständigen Verbrennung und so zur Emission unvollständig verbrannter Kohlenwasserstoffe (HC) und Kohlenmonoxid (CO) führen, da die Temperatur im Brennraum bereits wieder sinkt (Bild 5).

Die zum Teil gegenläufigen Abhängigkeiten („Trade-offs") von spezifischem Kraftstoffverbrauch und HC-Emission auf der einen sowie Ruß- (Schwarzrauch) und $NO_X$-Emission auf der anderen Seite verlangen bei der Anpassung der Spritzbeginne an den jeweiligen Motor Kompromisse und enge Toleranzen.

Förderbeginn
Neben dem Spritzbeginn wird oft auch der Förderbeginn betrachtet. Er bezieht sich auf den Beginn der Kraftstoffmengenförderung durch die Einspritzpumpe.

Der Förderbeginn spielt bei älteren Einspritzsystemen eine Rolle, da hier die Reihen- oder Verteilereinspritzpumpe dem Motor zugeordnet werden muss. Die zeitliche Abstimmung zwischen Pumpe und Motor erfolgt bei Förderbeginn, da dieser einfacher zu bestimmen ist als der tatsächliche Spritzbeginn. Dieses Vorgehen ist möglich, weil zwischen Förderbeginn und Spritzbeginn eine definierte Beziehung besteht (Spritzverzug[1])).

Der Spritzverzug ergibt sich aus der Laufzeit der Druckwelle von der Hochdruckpumpe bis zur Einspritzdüse und hängt somit von der Leitungslänge ab. Bei verschiedenen Drehzahlen resultiert ein unterschiedlicher Spritzverzug in °KW. Der Motor hat bei höheren Drehzahlen auch einen auf die Kurbelwellenstellung bezogenen (°KW) größeren Zündverzug[2]. Beides muss kompensiert werden, weshalb bei einem Einspritzsystem eine von der Drehzahl, der Last und der Motortemperatur abhän-

[1] Zeit oder überstrichener Kurbelwellenwinkel (°KW) von Förderbeginn bis Einspritzbeginn

[2] Zeit oder überstrichener Kurbelwellenwinkel (°KW) von Einspritzbeginn bis Zündbeginn

gige mechanische oder elektronische Verstellung des Förder- bzw. Spritzbeginns vorhanden sein muss.

### Einspritzmenge

Die benötigte Kraftstoffmasse $m_e$ für einen Motorzylinder pro Arbeitstakt berechnet sich nach folgender Formel:

$$m_e = \frac{P \cdot b_e \cdot 33{,}33}{n \cdot z} \ [mg/Hub]$$

$P$  Motorleistung in kW
$b_e$  spezifischer Kraftstoffverbrauch
   des Motors in g/kWh
$n$  Motordrehzahl in min⁻¹
$z$  Anzahl der Motorzylinder

Das entsprechende Kraftstoffvolumen (Einspritzmenge) $Q_H$ in mm³/Hub bzw. mm³/Einspritzzyklus ist dann:

$$Q_H = \frac{P \cdot b_e \cdot 1000}{30 \cdot n \cdot z \cdot \rho} \ [mm^3/Hub]$$

Die Kraftstoffdichte $\rho$ in g/cm³ ist temperaturabhängig.

Die vom Motor abgegebene Leistung ist bei angenommenem konstantem Wirkungsgrad ($\eta \sim 1/b_e$) direkt proportional zur Einspritzmenge.

Die vom Einspritzsystem eingespritzte Kraftstoffmasse hängt von folgenden Größen ab:
▶ Zumessquerschnitt der Einspritzdüse,
▶ Dauer der Einspritzung,
▶ Differenzdruckverlauf zwischen dem Einspritzdruck und dem Druck im Brennraum des Motors sowie
▶ Dichte des Kraftstoffs.

Dieselkraftstoff ist kompressibel, d. h., er wird bei hohen Drücken verdichtet. Dies erhöht die Einspritzmenge; durch die Abweichung der Sollmenge im Kennfeld zur Istmenge werden die Leistung und der Schadstoffausstoß beeinflusst. Durch präzise arbeitende Einspritzsysteme mit elektronischer Dieselregelung kann dieser Einfluss kompensiert und die erforderliche

Einspritzmenge sehr genau zugemessen werden.

### Einspritzdauer

Eine Hauptgröße des Einspritzverlaufs ist die Einspritzdauer, während der die Einspritzdüse geöffnet ist und Kraftstoff in den Brennraum eingespritzt wird. Sie wird in Grad Kurbelwellen- bzw. Nockenwellenwinkel (°KW bzw. °NW) oder in Millisekunden angegeben. Die verschiedenen Diesel-Verbrennungsverfahren erfordern jeweils eine unterschiedliche Einspritzdauer (ungefähre Angaben bei Nennleistung):
▶ Pkw-Direkteinspritzmotoren
   ca. 32...38°KW,
▶ Pkw-Kammermotoren 35...40°KW und
▶ Nkw-Direkteinspritzmotoren
   25...36°KW.

Ein während der Einspritzdauer überstrichener Kurbelwellenwinkel von 30°KW entspricht 15°NW. Dies ergibt bei einer Einspritzpumpendrehzahl[3] von 2000 min⁻¹ eine Einspritzdauer von 1,25 ms.

Um den Kraftstoffverbrauch und die Emission gering zu halten, muss die Einspritzdauer abhängig vom Betriebspunkt festgelegt und auf den Einspritzbeginn abgestimmt sein (Bilder 6 und 9).

### Einspritzverlauf

Der Einspritzverlauf beschreibt den zeitlichen Verlauf des Kraftstoffmassenstroms, der während der Einspritzdauer in den Brennraum eingespritzt wird.

#### Einspritzverlauf bei nockengesteuerten Einspritzsystemen

Bei nockengesteuerten Einspritzsystemen wird der Druck während des Einspritzvorgangs durch einen Pumpenkolben kontinuierlich aufgebaut. Dabei hat die Kolbengeschwindigkeit direkten Einfluss auf die Fördergeschwindigkeit und somit auf den Einspritzdruck.

Bei kantengesteuerten Verteiler- und Reiheneinspritzpumpen lässt sich keine

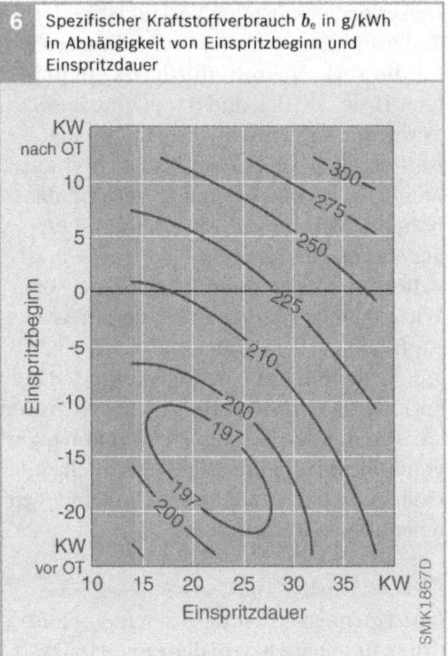

6 Spezifischer Kraftstoffverbrauch $b_e$ in g/kWh in Abhängigkeit von Einspritzbeginn und Einspritzdauer



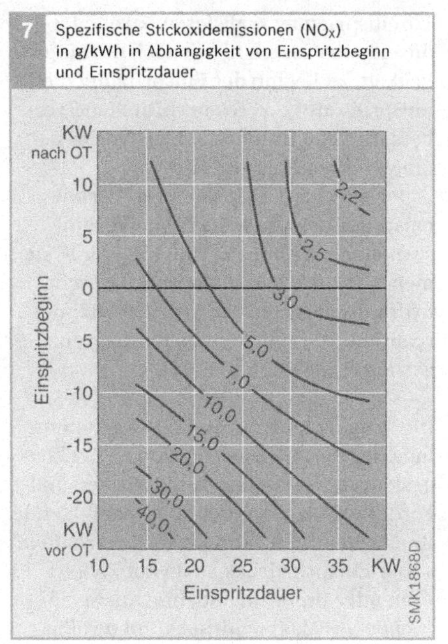

7 Spezifische Stickoxidemissionen ($NO_x$) in g/kWh in Abhängigkeit von Einspritzbeginn und Einspritzdauer



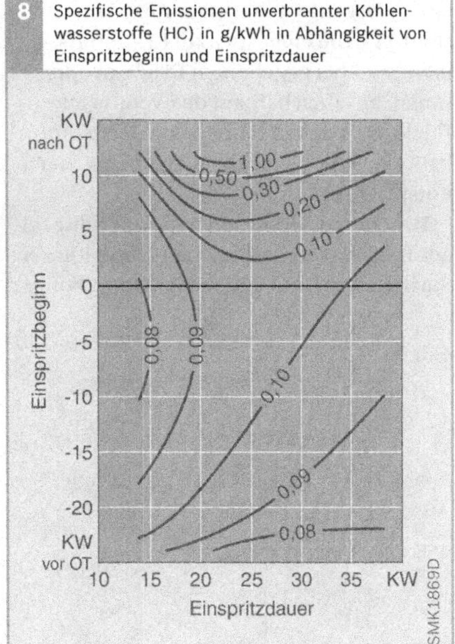

8 Spezifische Emissionen unverbrannter Kohlenwasserstoffe (HC) in g/kWh in Abhängigkeit von Einspritzbeginn und Einspritzdauer



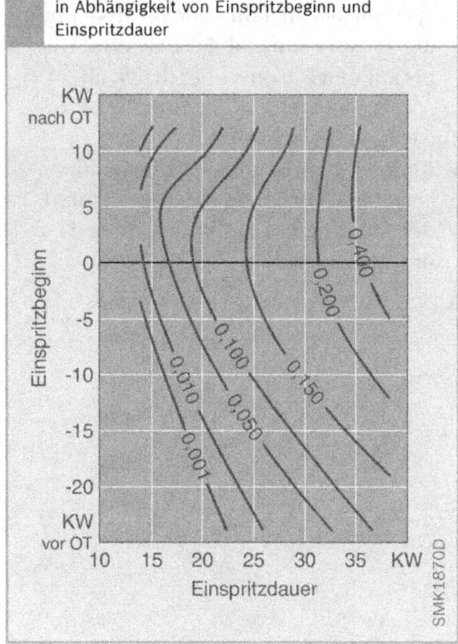

9 Spezifische Rußemissionen in g/kWh in Abhängigkeit von Einspritzbeginn und Einspritzdauer



**Bilder 6 bis 9**

Motor:
Sechszylinder-Nkw-Dieselmotor mit Common Rail Einspritzsystem.
Betriebspunkt:
$n$ = 1400 min⁻¹,
50 % Volllast.

Die Variation der Einspritzdauer erfolgt in diesem Beispiel durch Veränderung des Einspritzdrucks derart, dass sich je Einspritzvorgang eine konstante Einspritzmenge ergibt.

Voreinspritzung realisieren. Zweifeder-
düsenhalter bieten hier jedoch die Möglichkeit, zu Beginn der Einspritzung die
Einspritzrate zu verringern, um eine Verbesserung im Hinblick auf das Verbrennungsgeräusch zu erzielen.

Bei magnetventilgesteuerten Verteilereinspritzpumpen ist auch eine Voreinspritzung möglich. Bei Unit Injector Systemen (UIS) für Pkw ist eine mechanisch-
hydraulisch gesteuerte Voreinspritzung
realisiert, die aber zeitlich nur begrenzt
gesteuert werden kann.

Die Druckerzeugung und die Bereitstellung der Einspritzmenge sind bei nockengesteuerten Systemen durch Nocken und
Förderkolben gekoppelt. Dies hat folgende
Konsequenzen für das Einspritzverhalten:
▶ Der Einspritzdruck steigt mit zunehmender Drehzahl und, bis zum Erreichen des Maximaldrucks, mit der Einspritzmenge (Bild 10),
▶ zu Beginn der Einspritzung steigt der Einspritzdruck an, fällt aber vor dem Ende
  der Einspritzung (ab Förderende) wieder
  bis auf den Düsenschließdruck ab.

Die Folgen hiervon sind:
▶ Kleine Einspritzmengen werden mit
  geringeren Drücken eingespritzt und
▶ der Einspritzverlauf ist annähernd
  dreieckförmig.

Dieser dreieckförmige Verlauf ist in der
Teillast und im unteren Drehzahlbereich
für die Verbrennung günstig, da ein wei-
cher Druckanstieg und damit eine leise
Verbrennung erreicht wird; ungünstig
ist dieser Verlauf bei Volllast, da hier ein
möglichst rechteckförmiger Verlauf mit
hohen Einspritzraten eine bessere Luftausnutzung erzielt.

Bei Kammermotoren (Vorkammer- oder
Wirbelkammermotoren) werden Drossel-
zapfendüsen verwendet, die einen einzi-
gen Kraftstoffstrahl erzeugen und den Einspritzverlauf formen. Diese Einspritzdüsen
steuern den Ausflussquerschnitt abhängig
vom Düsennadelhub. Dies führt auch zu
einem weichen Druckanstieg und somit zu
einer „leisen Verbrennung".

Einspritzverlauf bei Common Rail
Eine Hochdruckpumpe erzeugt den Raildruck unabhängig von der Einspritzung.
Der Einspritzdruck ist während des Einspritzvorgangs näherungsweise konstant
(Bild 11). Die eingespritzte Kraftstoffmenge ist bei gegebenem Druck proportional zur Einschaltzeit des Ventils im
Injektor und unabhängig von der Motor-
bzw. der Pumpendrehzahl (zeitgesteuerte
Einspritzung).

Hieraus resultiert ein nahezu rechtecki-
ger Einspritzverlauf, der aufgrund kurzer
Spritzdauern und nahezu konstant hoher



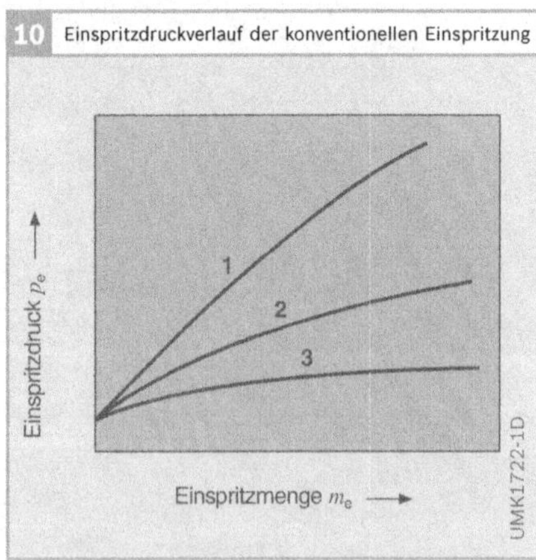

10 Einspritzdruckverlauf der konventionellen Einspritzung



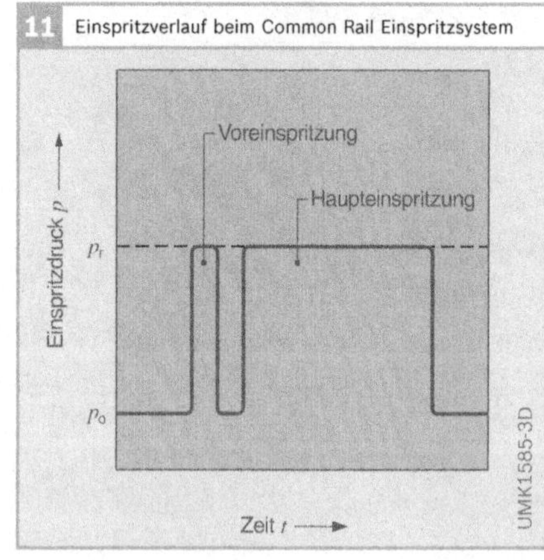

11 Einspritzverlauf beim Common Rail Einspritzsystem

Strahlgeschwindigkeiten die Luftausnutzung bei Volllast intensiviert und somit höhere spezifische Leistungen zulässt.

Hinsichtlich des Verbrennungsgeräusches ist dies eher ungünstig, da durch die hohe Einspritzrate zu Beginn der Einspritzung eine große Menge Kraftstoff während des Zündverzugs eingespritzt wird und zu einem hohen Druckanstieg während der vorgemischten Verbrennung führt. Aufgrund der Möglichkeit, bis zu zwei Voreinspritzungen abzusetzen, kann der Brennraum jedoch vorkonditioniert werden, wodurch der Zündverzug verkürzt wird und so niedrigste Geräuschwerte realisiert werden können.

Da das Steuergerät die Injektoren ansteuert, können Einspritzbeginn, Einspritzdauer und Einspritzdruck für die verschiedenen Betriebspunkte des Motors bei der Motorapplikation frei festgelegt werden. Sie werden mittels der Elektronischen Dieselregelung (EDC) gesteuert. Über einen Injektormengenabgleich (IMA) gleicht die EDC dabei Mengenstreuungen der einzelnen Injektoren aus.

Moderne Piezo Common Rail Einspritzsysteme erlauben mehrere Vor- und Nacheinspritzungen, wobei bis zu fünf Einspritzvorgänge während eines Arbeitstaktes möglich sind.

## Einspritzfunktionen

Je nach Motorapplikation werden folgende Einspritzfunktionen gefordert (Bild 12):
▶ *Voreinspritzung* (1) zur Verminderung des Verbrennungsgeräusches und der $NO_X$-Emissionen, besonders bei DI-Motoren,
▶ *ansteigender Druckverlauf* während der Haupteinspritzung (3) zur Verminderung der $NO_X$-Emissionen beim Betrieb ohne Abgasrückführung,
▶ *„bootförmiger" Druckverlauf* (4) während der Haupteinspritzung zur Verminderung der $NO_X$- und Rußemissionen beim Betrieb ohne Abgasrückführung,
▶ *konstant hoher Druck* während der Haupteinspritzung (3, 7) zur Verminderung der Rußemissionen beim Betrieb mit Abgasrückführung,
▶ *frühe Nacheinspritzung* (8) zur Verminderung der Rußemissionen,



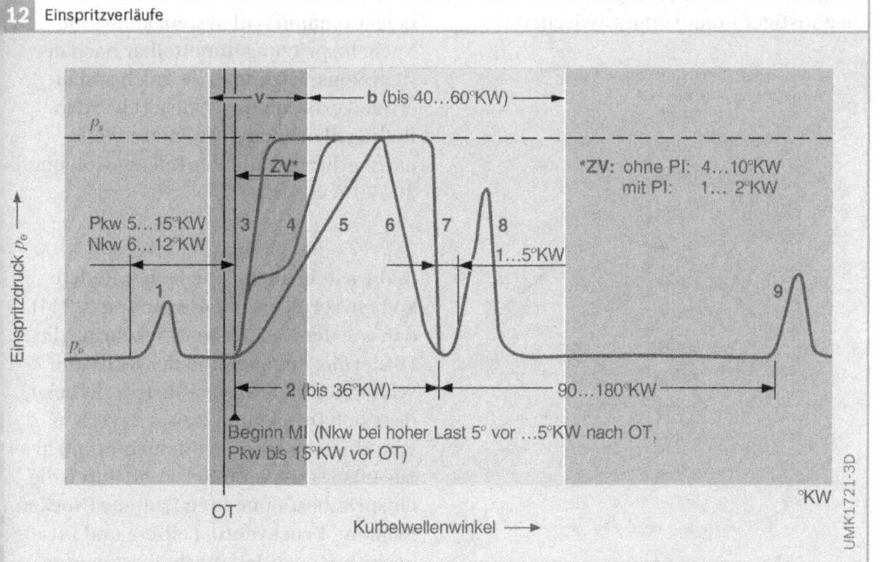

**12** Einspritzverläufe

▶ *späte Nacheinspritzung* (9) zur Regeneration nachgeschalteter Abgasnachbehandlungssysteme.

Voreinspritzung

Durch die Verbrennung einer geringen Kraftstoffmenge (ca. 1 mg) während der Kompressionsphase wird das Druck- und Temperaturniveau im Zylinder zum Zeitpunkt der Haupteinspritzung erhöht (Bild 13). Hierdurch verkürzt sich der Zündverzug der Haupteinspritzung. Dies wirkt sich günstig auf das Verbrennungsgeräusch aus, da der Kraftstoffanteil der vorgemischten Verbrennung abnimmt. Gleichzeitig nimmt die diffusiv verbrannte Kraftstoffmenge zu. Dadurch und wegen des angehobenen Temperaturniveaus im Zylinder nehmen die Ruß- und $NO_X$-Emissionen zu.

Andererseits sind die höheren Brennraumtemperaturen vor allem beim Kaltstart und im unteren Lastbereich günstig, um die Verbrennung zu stabilisieren und damit die HC- und CO-Emissionen zu senken.

Durch eine Anpassung des zeitlichen Abstandes zwischen Vor- und Haupteinspritzung und Dosierung der Voreinspritzmenge lässt sich betriebspunktabhängig ein günstiger Kompromiss zwischen Ver-

brennungsgeräusch und $NO_X$-Emissionen einstellen.

Späte Nacheinspritzung

Bei der späten Nacheinspritzung wird der Kraftstoff nicht verbrannt, sondern durch die Restwärme im Abgas verdampft. Die Nacheinspritzung folgt der Haupteinspritzung während des Expansions- oder Ausstoßtaktes bis 200 °KW nach OT. Sie bringt eine genau dosierte Menge Kraftstoff in das Abgas ein. Dieses Abgas-Kraftstoff-Gemisch wird im Ausstoßtakt über die Auslassventile zur Abgasanlage geführt.

Die späte Nacheinspritzung dient im Wesentlichen zur Bereitstellung von Kohlenwasserstoffen, die durch Oxidation an einem Oxidationskatalysator ebenfalls eine Erhöhung der Abgastemperatur bewirken. Diese Maßnahme wird zur Regeneration nachgeschalteter Abgasnachbehandlungssysteme wie Partikelfilter oder $NO_X$-Speicherkatalysatoren eingesetzt.

Da die späte Nacheinspritzung zu einer Verdünnung des Motoröls durch den Dieselkraftstoff führen kann, muss sie mit dem Motorhersteller abgestimmt sein.

Frühe Nacheinspritzung

Beim Common Rail System kann eine Nacheinspritzung unmittelbar nach der Haupteinspritzung in die noch andauernde Verbrennung realisiert werden. Rußpartikel werden auf diese Weise nachverbrannt und der Rußausstoß um 20...70 % verringert.

Zeitverhalten im Einspritzsystem

Bild 14 stellt am Beispiel einer Radialkolben-Verteilereinspritzpumpe (VP44) dar, wie der Nocken am Nockenring die Förderung einleitet und der Kraftstoff schließlich an der Düse austritt. Es zeigt, dass sich Druck- und Einspritzverlauf vom Hochdruckraum (Elementraum) bis zur Düse stark verändern und durch die einspritzbestimmenden Bauteile (Nocken, Element, Druckventil, Leitung und Düse) beeinflusst werden. Deshalb ist eine ge-

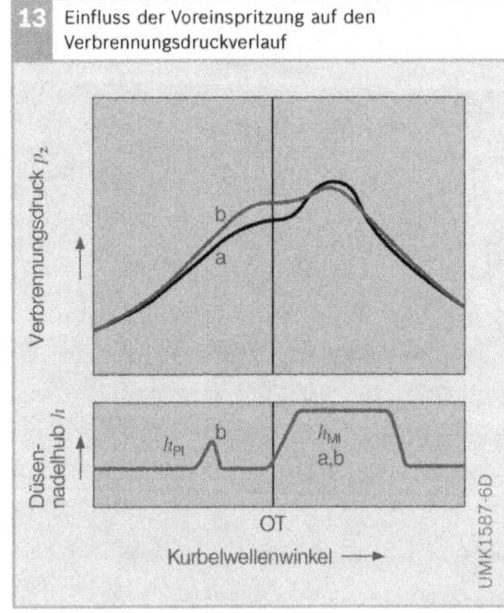



**Bild 13**

a  Ohne Voreinspritzung
b  mit Voreinspritzung

$h_{PI}$  Nadelhub bei der Voreinspritzung
$h_{MI}$  Nadelhub bei der Haupteinspritzung

naue Abstimmung des Einspritzsystems auf den Motor notwendig.

Bei allen Einspritzsystemen, bei denen der Druck durch einen Pumpenkolben aufgebaut wird (Reiheneinspritzpumpen, Unit Injector und Unit Pump) ist das Verhalten ähnlich.

## Schadvolumen bei konventionellen Einspritzsystemen

Der Begriff Schadvolumen bezeichnet das hochdruckseitige Volumen des Einspritzsystems. Dies setzt sich aus dem Hochdruckbereich der Einspritzpumpe, den Kraftstoffleitungen und dem Volumen der Düsenhalterkombination zusammen. Das Schadvolumen wird bei jeder Einspritzung „aufgepumpt" und am Ende wieder entspannt. Dadurch entstehen Kompressionsverluste und der Einspritzverlauf wird verschleppt. Im „fadenförmigen" Volumen der Leitung wird der Kraftstoff dabei durch die dynamischen Vorgänge der Druckwelle komprimiert.

Je größer das Schadvolumen ist, desto schlechter ist der hydraulische Wirkungsgrad des Einspritzsystems. Ziel bei der Entwicklung eines Einspritzsystems ist es daher, das Schadvolumen so klein wie möglich zu halten. Beim Unit Injector System ist das Schadvolumen am kleinsten.

Um eine einheitliche Regelung für den Motor zu gewährleisten, müssen die Schadvolumina für alle Zylinder gleich groß sein.

## Einspritzdruck

Beim Einspritzen wird die Druckenergie im Kraftstoff in Strömungsenergie umgesetzt. Ein hoher Kraftstoffdruck führt zu einer hohen Austrittgeschwindigkeit des Kraftstoffs am Ausgang der Einspritzdüse. Die Zerstäubung erfolgt über den Impulsaustausch des turbulenten Einspritzstrahls mit der Luft im Brennraum. Der Dieselkraftstoff wird deshalb umso feiner zerstäubt, je höher die Relativgeschwindigkeit zwischen Kraftstoff und Luft und je höher die Dichte der Luft im Brennraum ist. Durch

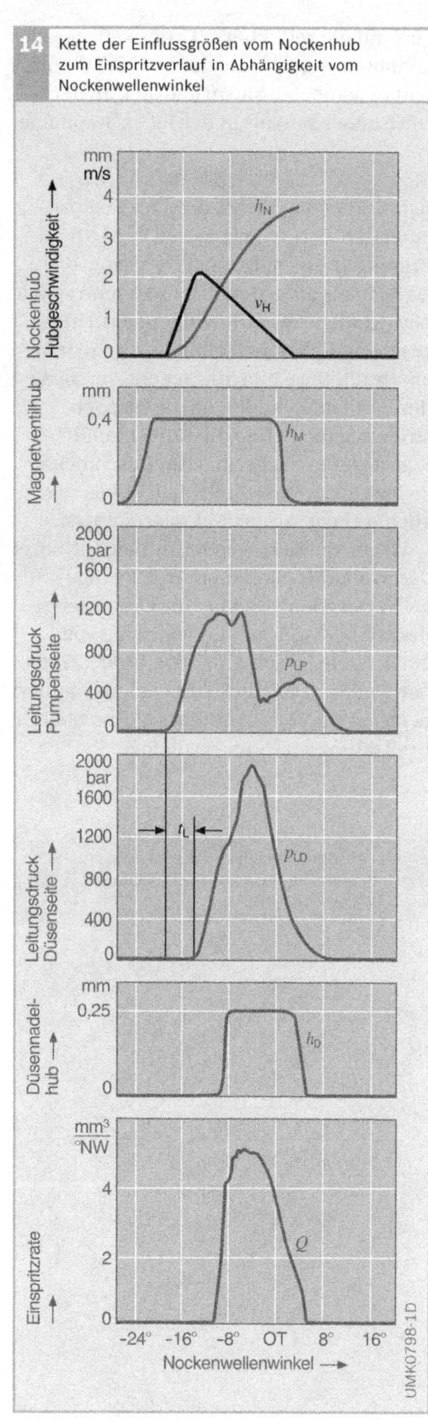



**Bild 14**
Beispiel einer Radialkolben-Verteilereinspritzpumpe (VP-44) bei Volllast ohne Voreinspritzung

$t_L$  Laufzeit des Kraftstoffs in der Leitung

eine auf die reflektierte Druckwelle abgestimmte Länge der Hochdruck-Kraftstoffleitung kann der Einspritzdruck an der Düse höher sein als in der Einspritzpumpe.

Motoren mit Direkteinspritzung (DI)
Bei Dieselmotoren mit direkter Einspritzung ist die Geschwindigkeit der Luft im Brennraum verhältnismäßig gering, da sie sich nur aufgrund ihrer Massenträgheit bewegt (d.h., die Luft will ihre Eintrittsgeschwindigkeit beibehalten, es entsteht ein Drall). Die Kolbenbewegung verstärkt den Drall im Zylinder, da die Quetschströmung die Luft in die Kolbenmulde und so auf einen geringeren Durchmesser zwingt. Insgesamt ist die Luftbewegung aber geringer als bei Kammermotoren.

Wegen der geringen Luftbewegung muss der Kraftstoff mit hohem Druck eingespritzt werden. Systeme für Pkw erzeugen derzeit bei Volllast Spitzendrücke von 1000...2050 bar und für Nkw 1000...2200 bar. Der Spitzendruck steht jedoch – außer beim Common Rail System – nur im oberen Drehzahlbereich zur Verfügung.

Für einen günstigen Drehmomentverlauf bei gleichzeitig raucharmem Betrieb (d.h. bei geringen Partikelemissionen) ist ein verhältnismäßig hoher, an das Brennverfahren angepasster Einspritzdruck bei niedrigen Volllastdrehzahlen entscheidend. Da bei niedrigen Drehzahlen die Luftdichte im Zylinder verhältnismäßig gering ist, muss der Einspritzdruck so weit begrenzt werden, dass ein Kraftstoffwandauftrag vermieden wird. Ab etwa 2000 $min^{-1}$ ist der maximale Ladedruck verfügbar, sodass der Einspritzdruck auf den maximalen Wert angehoben werden kann.

Um einen günstigen Motorwirkungsgrad zu erzielen, muss die Einspritzung innerhalb eines bestimmten, drehzahlabhängigen Winkelfensters um OT herum erfolgen. Bei hohen Drehzahlen (Nennleistung) sind daher hohe Einspritzdrücke erforderlich, um die Einspritzdauer zu verkürzen.

Motoren mit indirekter Einspritzung (IDI)
Bei Dieselmotoren mit geteiltem Brennraum treibt der ansteigende Verbrennungsdruck die Ladung aus der Vor- oder Wirbelkammer (Nebenbrennraum) in den Hauptbrennraum. Dieses Verfahren arbeitet mit hohen Luftgeschwindigkeiten im Nebenbrennraum und im Verbindungskanal zwischen Neben- und Hauptbrennraum.

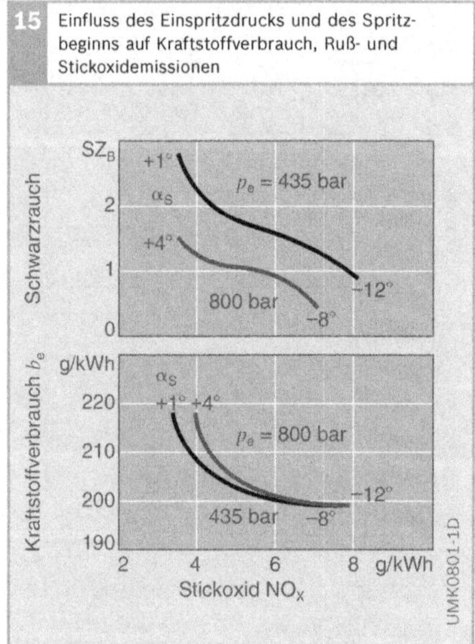



**15** Einfluss des Einspritzdrucks und des Spritzbeginns auf Kraftstoffverbrauch, Ruß- und Stickoxidemissionen

**Bild 15**
Direkteinspritzmotor,
Motordrehzahl
1200 $min^{-1}$,
Mitteldruck 16,2 bar

$p_e$   Einspritzdruck
$α_S$   Spritzbeginn nach
   OT
$SZ_B$ Schwärzungszahl

# Düsen- und Düsenhalter-Ausführung

## Nachspritzer

Besonders ungünstig auf die Abgasqualität wirken sich ungewollte „Nachspritzer" aus. Beim Nachspritzen öffnet die Einspritzdüse nach dem Schließen noch einmal kurz und spritzt zu einem späten Zeitpunkt der Verbrennung schlecht aufbereiteten Kraftstoff ab. Dieser Kraftstoff verbrennt unvollständig oder gar nicht und strömt als unverbrannter Kohlenwasserstoff in den Auspuff. Schnell schließende Düsenhalterkombinationen mit ausreichend hohem Schließdruck und niedrigem Standdruck in der Leitung verhindern diesen Effekt.

## Restvolumen

Ähnlich wie das Nachspritzen wirkt sich das Restvolumen in der Einspritzdüse stromabwärts des Dichtsitzes aus. Der in einem solchen Volumen gespeicherte Kraftstoff tritt nach dem Abschluss der Verbrennung in den Brennraum aus und strömt ebenfalls teilweise in den Auspuff. Auch dieser Kraftstoff erhöht die Emission der unverbrannten Kohlenwasserstoffe (Bild 16). Sitzlochdüsen, bei denen die Spritzlöcher in den Dichtsitz gebohrt sind, weisen das kleinste Restvolumen auf.

## Einspritzrichtung

*Motoren mit Direkteinspritzung (DI)*
Dieselmotoren mit direkter Einspritzung arbeiten im Allgemeinen mit möglichst zentral angeordneten Lochdüsen mit 4 bis 10 Spritzlöchern (meist 6 bis 8 Löcher). Die Einspritzrichtung ist sehr genau an den Brennraum angepasst. Abweichungen in der Größenordnung von 2 Grad von der optimalen Einspritzrichtung führen zu einer messbaren Erhöhung der Rußemissionen und des Kraftstoffverbrauchs.

*Motoren mit indirekter Einspritzung (IDI)*
Kammermotoren arbeiten mit Zapfendüsen mit nur einem Einspritzstrahl. Die Düse spritzt in die Vor- bzw. Wirbelkammer so ein, dass die Glühstiftkerze vom Einspritzstrahl tangiert wird. Die Strahlrichtung ist genau auf den Brennraum abgestimmt. Abweichungen davon führen zu einer schlechteren Ausnutzung der Verbrennungsluft und damit zu einem Anstieg von Ruß- und Kohlenwasserstoffemission.

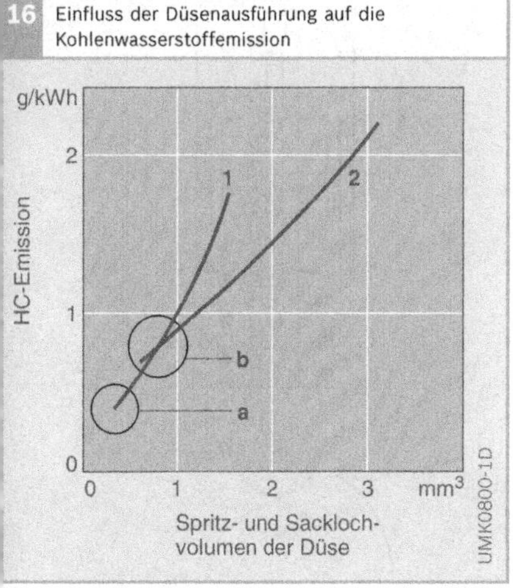

**16** Einfluss der Düsenausführung auf die Kohlenwasserstoffemission



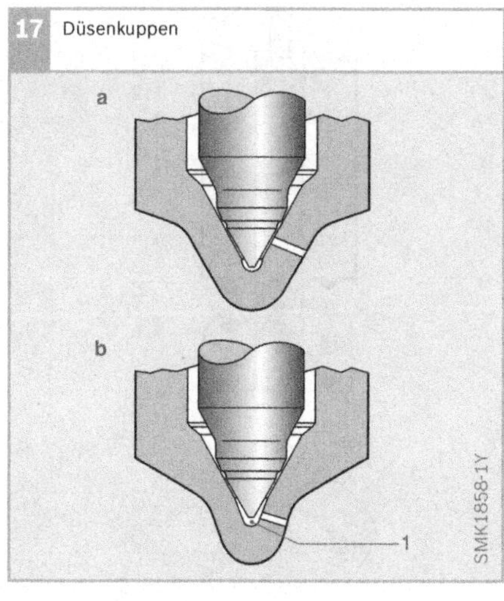

**17** Düsenkuppen



**Bild 16**
a Sitzlochdüse
b Düse mit Mikrosackloch

1 Motor mit 1 l/Zylinder
2 Motor mit 2 l/Zylinder

**Bild 17**
a Sitzlochdüse
b Düse mit Mikrosackloch
1 Restvolumen

# Diesel-Einspritzsysteme im Überblick

Das Einspritzsystem spritzt den Kraftstoff unter hohem Druck, zum richtigen Zeitpunkt und in der richtigen Menge in den Brennraum ein. Wesentliche Komponenten des Einspritzsystems sind die Einspritzpumpe, die den Hochdruck erzeugt, sowie die Einspritzdüsen, die – außer beim Unit Injector System – über Hochdruckleitungen mit der Einspritzpumpe verbunden sind. Die Einspritzdüsen ragen in den Brennraum der einzelnen Zylinder.

Bei den meisten Systemen öffnet die Düse, wenn der Kraftstoffdruck einen bestimmten Öffnungsdruck erreicht und schließt, wenn er unter dieses Niveau abfällt. Nur beim Common Rail System wird die Düse durch eine elektronische Regelung fremdgesteuert.

## Bauarten

Die Einspritzsysteme unterscheiden sich i. W. in der Hochdruckerzeugung und in der Steuerung von Einspritzbeginn und -dauer. Während ältere Systeme z. T. noch rein mechanisch gesteuert werden, hat sich heute die elektronische Regelung durchgesetzt.

## Reiheneinspritzpumpen

Standard-Reiheneinspritzpumpen
Reiheneinspritzpumpen (Bild 1) haben je Motorzylinder ein Pumpenelement, das aus Pumpenzylinder (1) und Pumpenkolben (4) besteht. Der Pumpenkolben wird durch die in der Einspritzpumpe integrierte und vom Motor angetriebene Nockenwelle (7) in Förderrichtung (hier nach oben) bewegt und durch die Kolbenfeder (5) zurückgedrückt. Die einzelnen Pumpenelemente sind in Reihe angeordnet (daher der Name Reiheneinspritzpumpe).

Der Hub des Kolbens ist unveränderlich. Verschließt die Oberkante des Kolbens bei der Aufwärtsbewegung die Ansaugöffnung (2), beginnt der Hochdruckaufbau. Dieser Zeitpunkt wird Förderbeginn genannt. Der Kolben bewegt sich weiter aufwärts. Dadurch steigt der Kraftstoffdruck, die Düse öffnet und Kraftstoff wird eingespritzt.

Gibt die im Kolben schräg eingearbeitete Steuerkante (3) die Ansaugöffnung frei, kann Kraftstoff abfließen und der Druck bricht zusammen. Die Düsennadel schließt und die Einspritzung ist beendet.

Der Kolbenweg zwischen Verschließen und Öffnen der Ansaugöffnung ist der Nutzhub.

**Bild 1**
a   Standard-Reiheneinspritzpumpe
b   Hubschieber-Reiheneinspritzpumpe

1   Pumpenzylinder
2   Ansaugöffnung
3   Steuerkante
4   Pumpenkolben
5   Kolbenfeder
6   Verdrehweg durch Regelstange (Einspritzmenge)
7   Antriebsnocken
8   Hubschieber
9   Verstellweg durch Stellwelle (Förderbeginn)
10  Kraftstofffluss zur Einspritzdüse
X   Nutzhub

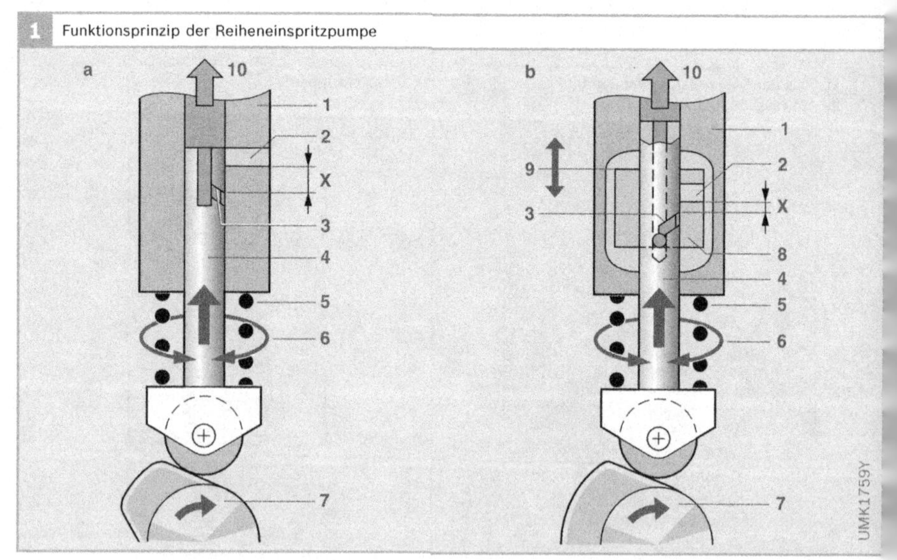

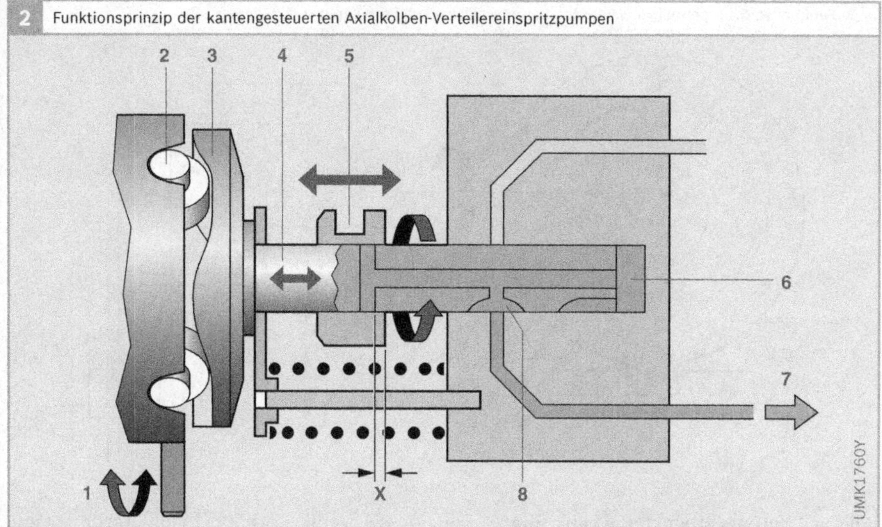



**Bild 2**
1  Spritzverstellerweg am Rollenring
2  Rolle
3  Hubscheibe
4  Axialkolben
5  Regelschieber
6  Hochdruckraum
7  Kraftstofffluss zur Einspritzdüse
8  Steuerschlitz
X  Nutzhub

Je größer der Nutzhub ist, desto größer ist auch die Förder- bzw. Einspritzmenge.

Zur drehzahl- und lastabhängigen Steuerung der Einspritzmenge wird über eine Regelstange der Pumpenkolben verdreht. Dadurch verändert sich die Lage der Steuerkante relativ zur Ansaugöffnung und damit der Nutzhub. Die Regelstange wird durch einen mechanischen Fliehkraftregler oder ein elektrisches Stellwerk gesteuert.

Einspritzpumpen, die nach diesem Prinzip arbeiten, heißen „kantengesteuert".

## Hubschieber-Reiheneinspritzpumpen

Die Hubschieber-Reiheneinspritzpumpe hat einen auf dem Pumpenkolben gleitenden Hubschieber (Bild 1, Pos. 8), mit dem der Vorhub – d.h. der Kolbenweg bis zum Verschließen der Ansaugöffnung – über eine Stellwelle verändert werden kann. Dadurch wird der Förderbeginn verschoben.

Hubschieber-Reiheneinspritzpumpen werden immer elektronisch geregelt. Einspritzmenge und Spritzbeginn werden nach berechneten Sollwerten eingestellt.

Bei der Standard-Reiheneinspritzpumpe hingegen ist der Spritzbeginn abhängig von der Motordrehzahl.

## Verteilereinspritzpumpen

Verteilereinspritzpumpen haben nur ein Hochdruckpumpenelement für alle Zylinder (Bilder 2 und 3). Eine Flügelzellenpumpe fördert den Kraftstoff in den Hochdruckraum (6). Die Hochdruckerzeugung erfolgt durch einen Axialkolben (Bild 2, Pos. 4) oder mehrere Radialkolben (Bild 3, Pos. 4). Ein rotierender zentraler Verteilerkolben öffnet und schließt Steuerschlitze (8) und Steuerbohrungen und verteilt so den Kraftstoff auf die einzelnen Motorzylinder. Die Einspritzdauer wird über einen Regelschieber (Bild 2, Pos. 5) oder über ein Hochdruckmagnetventil (Bild 3, Pos. 5) geregelt.

## Axialkolben-Verteilereinspritzpumpen

Eine rotierende Hubscheibe (Bild 2, Pos. 3) wird vom Motor angetrieben. Die Anzahl der Nockenerhebungen auf der Hubscheibenunterseite entspricht der Anzahl der Motorzylinder. Sie wälzen sich auf den Rollen (2) des Rollenrings ab und bewirken dadurch beim Verteilerkolben zusätzlich zur Drehbewegung eine Hubbewegung. Während einer Umdrehung der Antriebswelle macht der Kolben so viele Hübe, wie Motorzylinder zu versorgen sind.

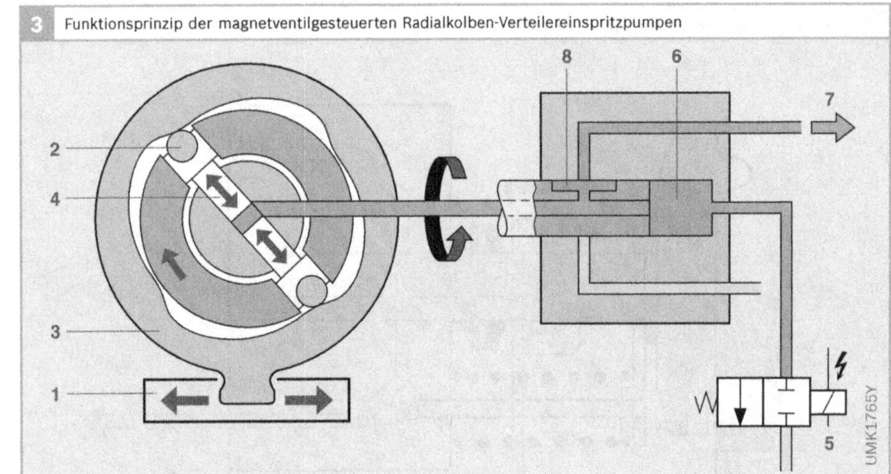



**Bild 3**

1  Spritzverstellerweg
   am Nockenring
2  Rolle
3  Nockenring
4  Radialkolben
5  Hochdruck-
   magnetventil
6  Hochdruckraum
7  Kraftstofffluss zur
   Einspritzdüse
8  Steuerschlitz

Bei der kantengesteuerten Axialkolben-Verteilereinspritzpumpe mit mechanischem Fliehkraft-Drehzahlregler oder elektronisch geregeltem Stellwerk bestimmt ein Regelschieber (5) den Nutzhub und dosiert dadurch die Einspritzmenge.

Ein Spritzversteller verstellt den Förderbeginn der Pumpe durch Verdrehen des Rollenrings.

Radialkolben-Verteilereinspritzpumpen
Die Hochdruckerzeugung erfolgt durch eine Radialkolbenpumpe mit Nockenring (Bild 3, Pos. 3) und zwei bis vier Radialkolben (4). Mit Radialkolbenpumpen können höhere Einspritzdrücke erzielt werden als mit Axialkolbenpumpen. Sie müssen jedoch eine höhere mechanische Festigkeit aufweisen.

Der Nockenring kann durch den Spritzversteller (1) verdreht werden, wodurch der Förderbeginn verschoben wird. Einspritzbeginn und Einspritzdauer sind bei der Radialkolben-Verteilereinspritzpumpe ausschließlich magnetventilgesteuert.

Magnetventilgesteuerte Verteilereinspritzpumpen
Bei magnetventilgesteuerten Verteilereinspritzpumpen dosiert ein elektronisch gesteuertes Hochdruckmagnetventil (5) die Einspritzmenge und verändert den Einspritzbeginn. Ist das Magnetventil geschlossen, kann sich im Hochdruckraum (6) Druck aufbauen. Ist es geöffnet, entweicht der Kraftstoff, sodass kein Druck aufgebaut und dadurch nicht eingespritzt werden kann. Ein oder zwei elektronische Steuergeräte (Pumpen- und ggf. Motorsteuergerät) erzeugen die Steuer- und Regelsignale.

**Einzeleinspritzpumpen PF**
Die vor allem für Schiffsmotoren, Diesellokomotiven, Baumaschinen und Kleinmotoren eingesetzten Einzeleinspritzpumpen PF (Pumpe mit Fremdantrieb) werden direkt von der Motornockenwelle angetrieben. Die Motornockenwelle hat – neben den Nocken für die Ventilsteuerung des Motors – Antriebsnocken für die einzelnen Einspritzpumpen.

Die Arbeitsweise der Einzeleinspritzpumpe PF entspricht ansonsten im Wesentlichen der Reiheneinspritzpumpe.

## Unit Injector System UIS

Beim Unit Injector System, UIS (auch Pumpe-Düse-Einheit, PDE, genannt), bilden die Einspritzpumpe und die Einspritzdüse eine Einheit (Bild 4). Pro Motorzylinder ist ein Unit Injector in den Zylinderkopf eingebaut. Er wird von der Motornockenwelle entweder direkt über einen Stößel oder indirekt über Kipphebel angetrieben.

Durch die integrierte Bauweise des Unit Injectors entfällt die bei anderen Einspritzsystemen erforderlich Hochdruckleitung zwischen Einspritzpumpe und Einspritzdüse. Dadurch kann das Unit Injector System auf einen wesentlich höheren Einspritzdruck ausgelegt werden. Der maximale Einspritzdruck liegt derzeit bei 2200 bar (für Nkw).

Das Unit Injector System wird elektronisch gesteuert. Einspritzbeginn und -dauer werden von einem Steuergerät berechnet und über ein Hochdruckmagnetventil gesteuert.

## Unit Pump System UPS

Das modulare Unit Pump System, UPS (auch Pumpe-Leitung-Düse, PLD, genannt), arbeitet nach dem gleichen Verfahren wie das Unit Injector System (Bild 5). Im Gegensatz zum Unit Injector System sind die Düsenhalterkombination (2) und die Einspritzpumpe über eine kurze, genau auf die Komponenten abgestimmte Hochdruckleitung (3) verbunden. Diese Trennung von Hochdruckerzeugung und Düsenhalterkombination erlaubt einen einfacheren Anbau am Motor. Je Motorzylinder ist eine Einspritzeinheit (Einspritzpumpe, Leitung und Düsenhalterkombination) eingebaut. Sie wird von der Nockenwelle des Motors (6) angetrieben.

Auch beim Unit Pump System werden Einspritzdauer und Einspritzbeginn mit einem schnell schaltenden Hochdruckmagnetventil (4) elektronisch geregelt.

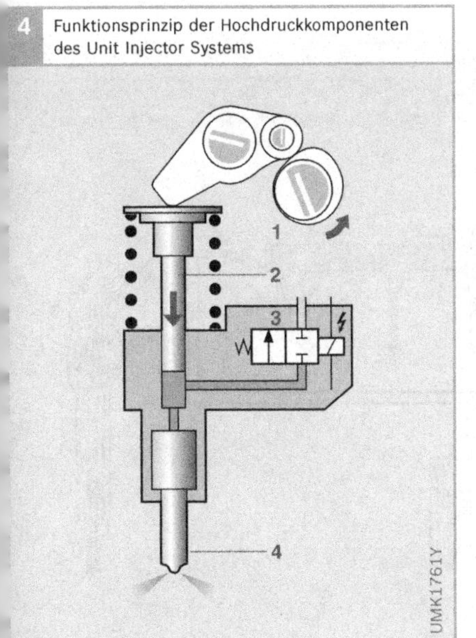

**4** Funktionsprinzip der Hochdruckkomponenten des Unit Injector Systems



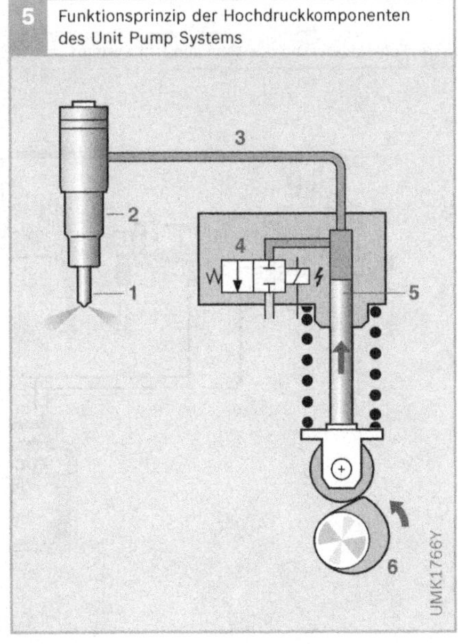

**5** Funktionsprinzip der Hochdruckkomponenten des Unit Pump Systems



**Bild 4**

1 Antriebsnocken
2 Pumpenkolben
3 Hochdruck-
  magnetventil
4 Einspritzdüse

**Bild 5**

1 Einspritzdüse
2 Düsenhalter-
  kombination
3 Hochdruckleitung
4 Hochdruck-
  magnetventil
5 Pumpenkolben
6 Antriebsnocken

## Common Rail System CR

Beim Hochdruckspeicher-Einspritzsystem Common Rail sind Druckerzeugung und Einspritzung entkoppelt.Dies geschieht mithilfe eines Speichervolumens, das sich aus der gemeinsamen Verteilerleiste (Common Rail) und den Injektoren zusammensetzt (Bild 6). Der Einspritzdruck wird weitgehend unabhängig von Motordrehzahl und Einspritzmenge von einer Hochdruckpumpe erzeugt. Das System bietet damit eine hohe Flexibilität bei der Gestaltung der Einspritzung.

Das Druckniveau liegt derzeit bei bis zu 1800 bar.

### Funktionsweise

Eine Vorförderpumpe fördert Kraftstoff über ein Filter mit Wasserabscheider zur Hochdruckpumpe. Die Hochdruckpumpe sorgt für den permanent erforderlichen hohen Kraftstoffdruck im Rail.

Einspritzzeitpunkt und Einspritzmenge sowie Raildruck werden in der elektronischen Dieselregelung (EDC, Electronic Diesel Control) abhängig vom Betriebszustand des Motors und den Umgebungsbedingungen berechnet.

Die Dosierung des Kraftstoffs erfolgt über die Regelung von Einspritzdauer und Einspritzdruck. Über das Druckregelventil, das überschüssigen Kraftstoff zum Kraftstoffbehälter zurückleitet, wird der Druck geregelt. In einer neueren CR-Generation wird die Dosierung mit einer Zumesseinheit im Niederdruckteil vorgenommen, welche die Förderleistung der Pumpe regelt.

Der Injektor ist über kurze Zuleitungen ans Rail angeschlossen. Bei früheren CR-Generationen kommen Magnetventil-Injektoren zum Einsatz, während beim neuesten System Piezo-Inline-Injektoren verwendet werden. Bei ihnen sind die bewegten Massen und die innere Reibung reduziert, wodurch sich sehr kurze Abstände zwischen den Einspritzungen realisieren lassen. Dies wirkt sich positiv auf die Emissionen aus.

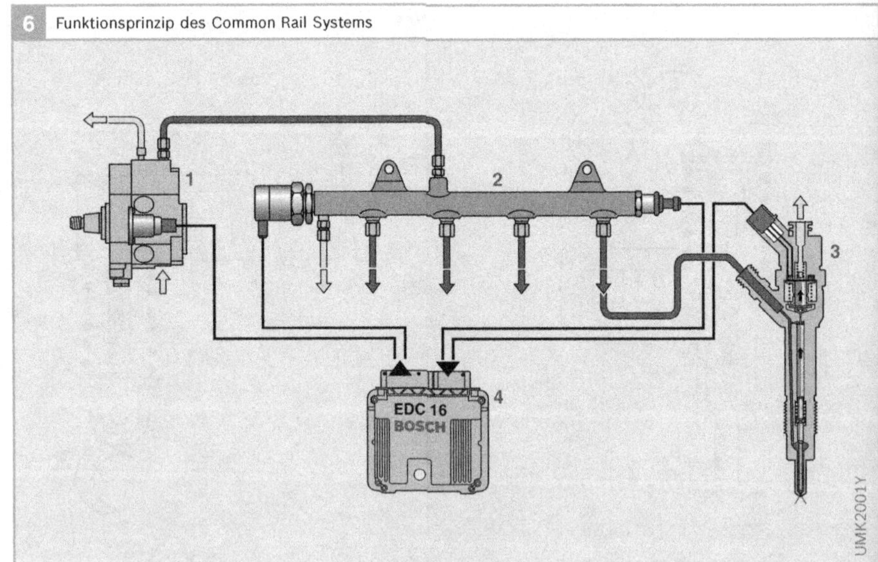

**6** Funktionsprinzip des Common Rail Systems



**Bild 6**

1 Hochdruckpumpe
2 Rail
3 Injektor
4 EDC-Steuergerät

Diesel-Einspritzsysteme im Überblick

## Einsatzgebiete

Dieselmotoren zeichnen sich durch ihre hohe Wirtschaftlichkeit aus. Seit dem Produktionsbeginn der ersten Serien-Einspritzpumpe von Bosch im Jahre 1927 werden die Einspritzsysteme ständig weiterentwickelt.

Dieselmotoren werden in vielfältigen Ausführungen eingesetzt (Bild 1), z.B. als

▶ Antrieb für mobile Stromerzeuger (bis ca. 10 kW/Zylinder),
▶ schnell laufende Motoren für Pkw und leichte Nkw (bis ca. 50 kW/Zylinder),
▶ Motoren für Bau-, Land- und Forstwirtschaft (bis ca. 50 kW/Zylinder),
▶ Motoren für schwere Nkw, Busse und Schlepper (bis ca. 80 kW/Zylinder),
▶ Stationärmotoren, z. B. für Notstromaggregate (bis ca. 160 kW/Zylinder),
▶ Motoren für Lokomotiven und Schiffe (bis zu 1000 kW/Zylinder).

## Anforderungen

Schärfer werdende Vorschriften für Abgas- und Geräuschemissionen und der Wunsch nach niedrigerem Kraftstoffverbrauch stellen immer neue Anforderungen an die Einspritzanlage eines Dieselmotors.

Grundsätzlich muss die Einspritzanlage den Kraftstoff für eine gute Gemischaufbereitung je nach Diesel-Verbrennungsverfahren (Direkt- oder Indirekteinspritzung) und Betriebs-zustand mit hohem Druck (heute zwischen 350 und 2050 bar) in den Brennraum des Dieselmotors einspritzen und dabei die Einspritzmenge mit der größtmöglichen Genauigkeit dosieren. Die Last- und Drehzahlregelung des Dieselmotors wird über die Kraftstoffmenge ohne Drosselung der Ansaugluft vorgenommen.

Die mechanische Regelung für Diesel-Einspritzsysteme wird zunehmend durch die Elektronische Dieselregelung (EDC) verdrängt. Im Pkw und Nkw werden die neuen Dieseleinspritzsysteme ausschließlich durch EDC geregelt.

Anwendungsgebiete der Bosch-Diesel-Einspritzsysteme

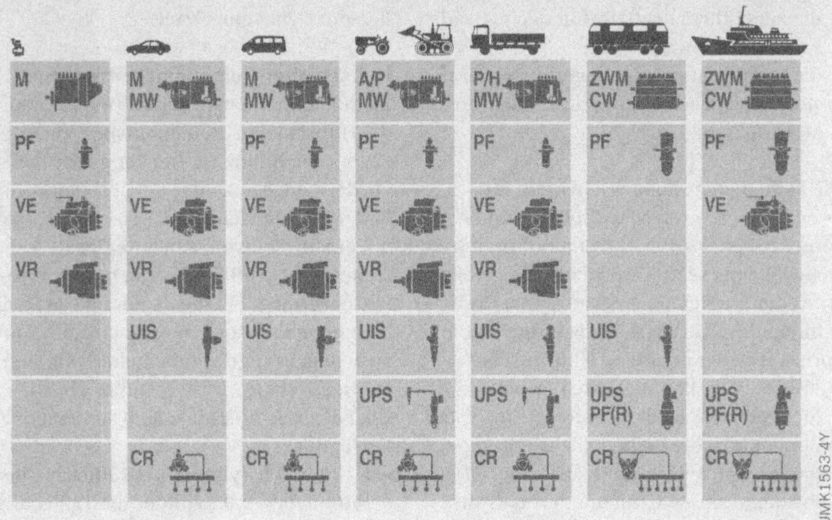



**Bild 1**

M, MW, A, P, H, ZWM, CW  Reiheneinspritzpumpen mit ansteigender Baugröße

PF  Einzeleinspritzpumpen

VE  Axialkolben-Verteilereinspritzpumpen

VR  Radialkolben-Verteilereinspritzpumpen

UIS  Unit Injector System

UPS  Unit Pump System

CR  Common Rail System

# Systemübersicht der Reiheneinspritzpumpen

**Kein anderes Einspritzsystem wird so vielseitig verwendet wie die Reiheneinspritzpumpen – der „Klassiker der Dieseleinspritztechnik". Dieses System wurde ständig weiterentwickelt und an das entsprechende Einsatzgebiet angepasst. Deshalb werden auch heute noch zahlreiche Varianten eingesetzt. Die besondere Stärke dieser Pumpen ist ihre Robustheit und Wartungsfreundlichkeit.**

## Anwendungsgebiete

Die Einspritzanlage versorgt den Dieselmotor mit Kraftstoff. Dazu erzeugt die Einspritzpumpe den zum Einspritzen benötigten Druck und stellt die gewünschte Kraftstoffmenge zur Verfügung. Der Kraftstoff wird über die Hochdruckleitung zur Einspritzdüse gefördert und in den Brennraum des Motors eingespritzt. Die Verbrennungsvorgänge im Dieselmotor hängen in entscheidendem Maße davon ab, in welcher Menge und auf welche Weise der Kraftstoff dem Brennraum zugeführt wird. Die wichtigsten Kriterien sind hierbei:
- der Zeitpunkt und die Zeitdauer der Kraftstoffeinspritzung,
- die Kraftstoffverteilung im Brennraum,
- der Zeitpunkt des Verbrennungsbeginns,
- die zugeführte Kraftstoffmenge je Grad Kurbelwellenwinkel und
- die Gesamtmenge des zugeführten Kraftstoffs entsprechend der gewünschten Motorleistung.

Die Reiheneinspritzpumpe wird in mittleren und schweren Nkw-Motoren und entsprechenden Schiffs- und Stationärmotoren weltweit eingesetzt. Ihre Steuerung erfolgt entweder über einen mechanischen Drehzahlregler und einen fallweise angebauten Spritzversteller oder ein elektronisches Stellwerk (Tabelle 1, nächste Doppelseite).

Im Gegensatz zu allen anderen Einspritzsystemen wird die Reiheneinspritzpumpe über den Motorölkreislauf geschmiert. Deshalb kommt sie auch mit minderen Kraftstoffqualitäten zurecht.

## Ausführungen

### Standard-Reiheneinspritzpumpe

Das derzeitig produzierte Spektrum der Standard-Reiheneinspritzpumpen umfasst zahlreiche Pumpentypen (siehe Tabelle 1). Sie werden für Dieselmotoren mit 2 … 12 Zylindern eingesetzt und decken damit einen Motorleistungsbereich von 10 bis 200 kW pro Zylinder ab. Diese Reiheneinspritzpumpen finden sowohl für direkteinspritzende Motoren (DI) als auch für Kammermotoren (IDI) Verwendung.

Je nach Einspritzdruck, Einspritzmenge und Einspritzdauer stehen folgende Ausführungen zur Verfügung:
- M für 4 … 6 Zylinder bis 550 bar,
- A für 2 … 12 Zylinder bis 750 bar,
- P3000 für 4 … 12 Zylinder bis 950 bar,
- P7100 für 4 … 12 Zylinder bis 1200 bar,
- P8000 für 6 … 12 Zylinder bis 1300 bar,
- P8500 für 4 … 12 Zylinder bis 1300 bar,
- R für 4 … 12 Zylinder bis 1150 bar,
- P10 für 6 … 12 Zylinder bis 1200 bar,
- ZW(M) für 4 … 12 Zylinder bis 950 bar,
- P9 für 6 … 12 Zylinder bis 1200 bar und
- CW für 6 … 10 Zylinder bis 1000 bar.

Im Nutzfahrzeugbereich wird hauptsächlich der Typ P eingebaut.

### Hubschieber-Reiheneinspritzpumpe

Zu den Reiheneinspritzpumpen zählt auch die Hubschieber-Reiheneinspritzpumpe (Typbezeichnung H), bei der außer der Fördermenge auch der Förderbeginn verändert werden kann. Die „H-Pumpe" wird mit einem elektronischen Regler RE gesteuert, der zwei Stellwerke besitzt. Dieses System ermöglicht die Regelung von Spritzbeginn und Einspritzmenge mithilfe von zwei Regelstangen und macht damit den automatischen Spritzversteller überflüssig. Folgende Ausführungen stehen zur Verfügung:
- H1 für 6 … 8 Zylinder bis 1300 bar und
- H1000 für 5 … 8 Zylinder bis 1350 bar.

## Aufbau

Zur kompletten Diesel-Einspritzanlage (Bilder 1 und 2) gehören neben der Reiheneinspritzpumpe:

- eine Kraftstoffvorförderpumpe zum Ansaugen und Fördern des Kraftstoffs vom Kraftstoffbehälter über das Kraftstofffilter und die Kraftstoffleitung zur Einspritzpumpe,
- eine mechanische oder elektronische Regelung für die Motordrehzahl und die einzuspritzende Kraftstoffmenge,
- ein Spritzversteller (bei Bedarf) zur drehzahlabhängigen Verstellung des Förderbeginns,
- eine der Zylinderzahl entsprechenden Anzahl von Hochdruck-Kraftstoffleitungen und
- Düsenhalterkombinationen.

Für die einwandfreie Funktion des Dieselmotors müssen alle Komponenten der Anlage aufeinander abgestimmt sein.

## Regelung

Für die Einhaltung der Betriebsbedingungen sorgen Einspritzpumpe und Regler, der auf die Regelstange der Einspritzpumpe einwirkt. Das Drehmoment des Motors ist näherungsweise proportional der Menge des pro Kolbenhub eingespritzten Kraftstoffs.

### Mechanische Regler

Der mechanische Regler für Reiheneinspritzpumpen wird auch Fliehkraftregler genannt. Er ist über ein Gestänge und den Verstellhebel mit dem Fahrpedal verbunden. Ausgangsseitig betätigt er die Regelstange der Pumpe. Vom Regler werden je nach Einsatzbereich verschiedene Regelkennfelder gefordert:

- Der Enddrehzahlregler RQ begrenzt die Höchstdrehzahl.
- Die Leerlauf-Enddrehzahlregler RQ und RQU regeln außer der Enddrehzahl auch die Leerlaufdrehzahl.

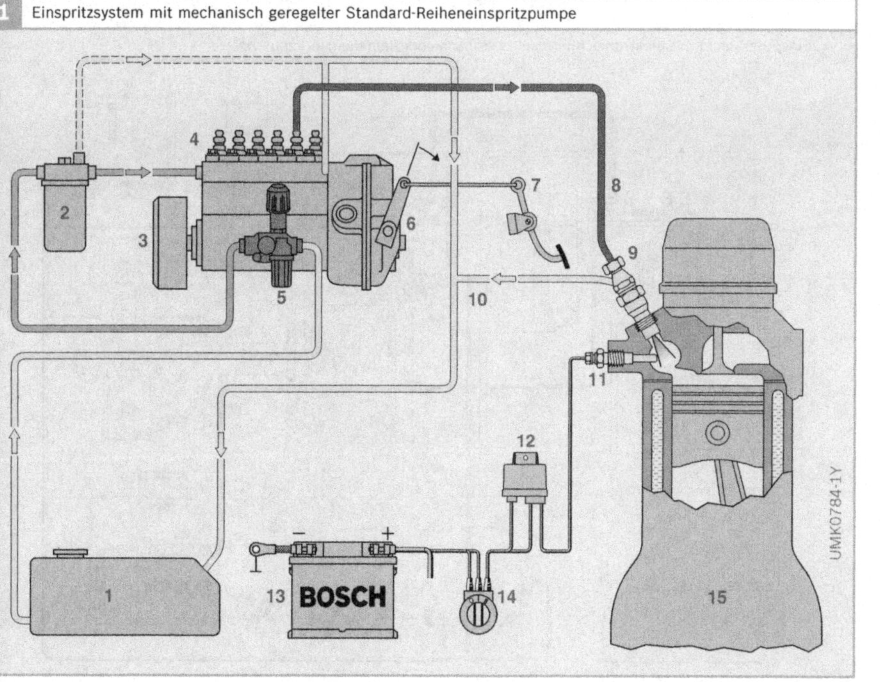

**1** Einspritzsystem mit mechanisch geregelter Standard-Reiheneinspritzpumpe



Bild 1

1 Kraftstoffbehälter
2 Kraftstofffilter mit Überströmventil (Option)
3 Spritzversteller
4 Reiheneinspritzpumpe
5 Kraftstoffvorförderpumpe (an die Einspritzpumpe angebaut)
6 Drehzahlregler
7 Fahrpedal
8 Hochdruck-Kraftstoffleitung
9 Düsenhalterkombination
10 Kraftstoffrückleitung
11 Glühstiftkerze GLP
12 Glühzeitsteuergerät GZS
13 Batterie
14 Glüh-Start-Schalter („Zündschloss")
15 Dieselmotor mit indirekter Einspritzung (Indirect Injection Engine, IDI)

▶ Die Alldrehzahlregler RQV, RQUV, RQV..K, RSV und RSUV regeln zusätzlich auch die dazwischen liegenden Drehzahlbereiche.

## Spritzversteller

Zur Steuerung des Spritzbeginns und zur Kompensation der Druckwellenlaufzeit in der Einspritzleitung dient bei der Standard-Reiheneinspritzpumpe ein Spritzversteller, der den Förderbeginn der Einspritzpumpe mit steigender Drehzahl in Richtung „Früh" verstellt. In Sonderfällen ist eine lastabhängige Steuerung vorgesehen. Die Laststeuerung und Drehzahlsteuerung des Dieselmotors wird von der Einspritzmenge ohne Drosselung der Ansaugluft bestimmt.

## Elektronische Regler

Bei Verwendung eines elektronischen Reglers befindet sich am Fahrpedal ein Sensor, der mit dem elektronischen Steuergerät verbunden ist. Es setzt die Fahrpedalstellung unter Berücksichtigung der jeweiligen Drehzahl in einen entsprechenden Soll-Regelstangenweg um.

Der elektronische Regler erfüllt wesentlich umfangreichere Anforderungen als der mechanische Regler. Er ermöglicht durch elektrisches Messen, flexible elektronische Datenverarbeitung und durch Regelkreise mit elektrischen Stellern eine erweiterte Verarbeitung von Einflussgrößen, die bisher vom mechanischen Regler nicht berücksichtigt werden konnten.

Die elektronische Dieselregelung gestattet auch einen Datenaustausch mit anderen elektronischen Fahrzeugregelungen (z.B. Antriebsschlupfregelung ASR, elektronische Getriebesteuerung) und damit eine Integration in das Fahrzeug-Gesamtsystem.

Die elektronische Dieselregelung verbessert durch die genaue Dosierung das Emissionsverhalten des Dieselmotors.

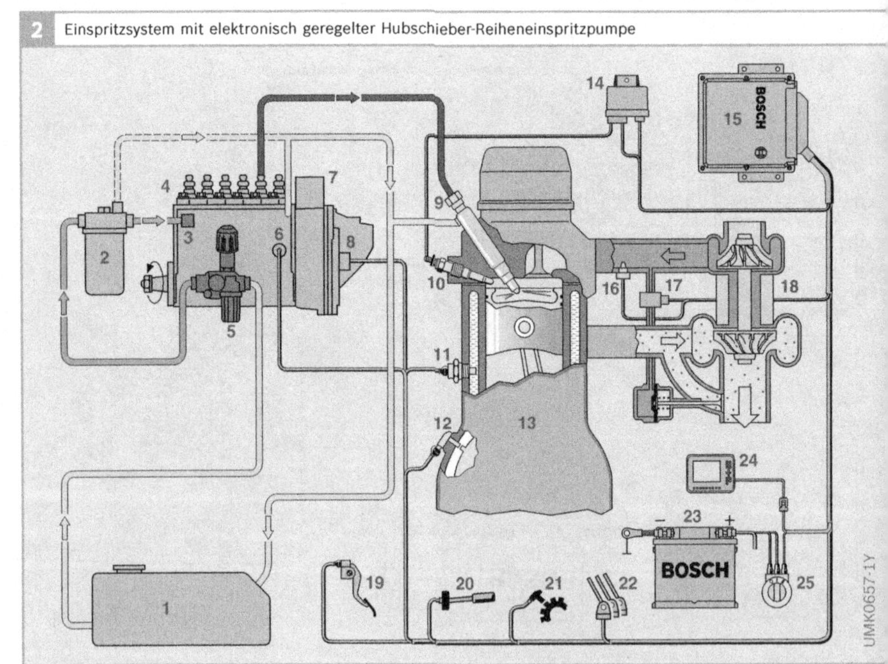

**2** Einspritzsystem mit elektronisch geregelter Hubschieber-Reiheneinspritzpumpe

**1** Einsatzgebiete der wichtigsten Reiheneinspritzpumpen und ihrer Regler

| Einsatzgebiet | Pkw | Stationär-motoren | Nkw | Bau- und Land-maschinen | Lokomotiven | Schiffe |
|---|---|---|---|---|---|---|
| **Pumpentyp** | | | | | | |
| Standard-Reiheneinspritzpumpe M | ● | – | – | ● | – | – |
| Standard-Reiheneinspritzpumpe A | – | ● | – | ● | – | – |
| Standard-Reiheneinspritzpumpe MW[1] | – | – | ● | ● | – | – |
| Standard-Reiheneinspritzpumpe P | – | ● | ● | ● | ● | ● |
| Standard-Reiheneinspritzpumpe R[2] | – | – | ● | ● | ● | ● |
| Standard-Reiheneinspritzpumpe P10 | – | ● | – | ● | ● | ● |
| Standard-Reiheneinspritzpumpe ZW(M) | – | – | – | – | ● | ● |
| Standard-Reiheneinspritzpumpe P9 | – | ● | – | ● | ● | ● |
| Standard-Reiheneinspritzpumpe CW | – | – | – | – | ● | ● |
| Hubschieber-Reiheneinspritzpumpe H | – | – | ● | – | – | – |
| **Reglerbauart** | | | | | | |
| Leerlauf-Enddrehzahlregler RSF | ● | – | – | ● | – | – |
| Leerlauf-Enddrehzahlregler RQ | – | – | ● | ● | – | – |
| Leerlauf-Enddrehzahlregler RQU | – | – | – | – | – | ● |
| Alldrehzahlregler RQV | – | ● | ● | ● | – | – |
| Alldrehzahlregler RQUV | – | – | – | – | ● | ● |
| Alldrehzahlregler RQV..K | – | – | ● | – | – | – |
| Alldrehzahlregler RSV | – | ● | – | ● | – | – |
| Alldrehzahlregler RSUV | – | – | – | – | – | ● |
| RE (Elektrisches Stellwerk) | ● | – | ● | – | – | – |

Tabelle 1
[1] Dieser Pumpentyp wird nicht mehr für Neuentwicklungen eingesetzt.
[2] Gleicher Aufbau wie der Pumpentyp P, jedoch verstärkt.

**3** Beispiele für Reiheneinspritzpumpen

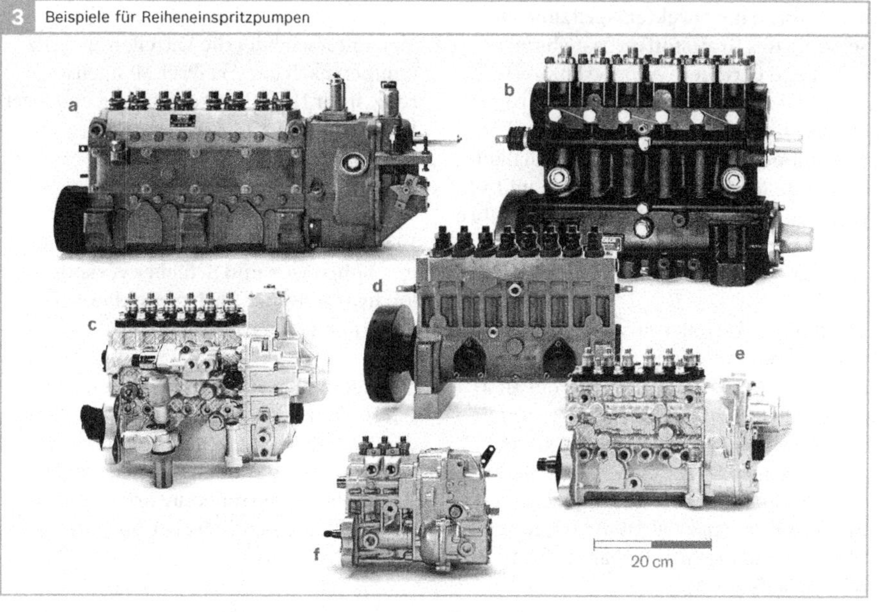


Bild 3
Pumpenausführungen:
a    ZWM (8 Zylinder)
b    CW (6 Zylinder)
c    H (Hubschieber-Reiheneinspritz-pumpe) (6 Zylinder)
d    P9/P10 (8 Zylinder)
e    P7100 (6 Zylinder)
f    A (3 Zylinder)

# Systemübersicht der Verteilereinspritzpumpen

**Die Verbrennungsvorgänge im Dieselmotor hängen in entscheidendem Maße davon ab, wie der Kraftstoff von der Einspritzanlage aufbereitet wird. Die Einspritzpumpe spielt hierbei eine wesentliche Rolle. Sie erzeugt den zum Einspritzen benötigten Druck. Der Kraftstoff wird über Hochdruckleitungen zu den Einspritzdüsen gefördert und in den Brennraum eingespritzt. Kleine, schnell laufende Dieselmotoren erfordern eine Einspritzanlage mit hoher Leistungsfähigkeit, schnellen Einspritzfolgen, geringem Gewicht und kleinem Einbauvolumen. Die Verteilereinspritzpumpen erfüllen diese Forderungen. Sie bestehen aus einem kleinen, kompakten Aggregat, das Förderpumpe, Hochdruckpumpe und Regelung umfasst.**

## Anwendungsgebiete

Seit der Einführung im Jahr 1962 wurde die Axialkolben-Verteilereinspritzpumpe zur meistverwendeten Einspritzpumpe in Pkw. Einspritzpumpe und Regler wurden ständig weiterentwickelt. Die Erhöhung des Einspritzdrucks war notwendig, um bei Motoren mit Direkteinspritzung eine Senkung des Kraftstoffverbrauchs zu erzielen und geringere Abgasgrenzwerte einhalten zu können. Insgesamt wurden bei Bosch zwischen 1962 und 2001 über 45 Millionen Axialkolben- und Radialkolben-Verteilereinspritzpumpen VE und VR gefertigt. Entsprechend vielfältig sind Ihre Bauformen und der Aufbau des Gesamtsystems.

Axialkolben-Verteilereinspritzpumpen für Motoren mit indirekter Einspritzung (IDI) erzeugen Drücke bis zu 350 bar (35 MPa) an der Einspritzdüse. Für Motoren mit direkter Einspritzung (DI) werden sowohl Axial- als auch Radialkolben-Verteilereinspritzpumpen eingesetzt. Sie erzeugen Drücke bis 900 bar (90 MPa) für langsam laufende und bis zu 1900 bar (190 MPa) für schnell laufende Motoren.

Der mechanischen Regelung der Verteilereinspritzpumpen folgte die elektronische Regelung mit elektrischem Stellwerk. Später kamen dann Pumpen mit Hochdruckmagnetventil auf den Markt.

Verteilereinspritzpumpen zeichnen sich neben ihrer kompakten Bauform auch durch ihre vielseitigen Einsatzbereiche bei Pkw, leichten Nkw, Stationärmotoren, Bau- und Landmaschinen (Off Highway) aus.

Nenndrehzahl, Leistung und Bauform des Dieselmotors geben den Anwendungsbereich und die Auslegung der Verteilereinspritzpumpe vor. Sie finden Anwendung für Motoren mit 3…6 Zylindern.

Axialkolben-Verteilereinspritzpumpen werden für Motoren mit einer Leistung bis zu 30 kW pro Zylinder eingesetzt, Radialkolben-Verteilereinspritzpumpen bis zu 45 kW pro Zylinder.

Verteilereinspritzpumpen werden mit Kraftstoff geschmiert und sind daher wartungsfrei.

## Ausführungen

Man unterscheidet die Verteilereinspritzpumpen nach der Art ihrer Mengensteuerung, ihrer Hochdruckerzeugung und ihrer Regelung (Bild 1).

### Art der Mengensteuerung

Kantengesteuerte Einspritzpumpen
Die Einspritzdauer wird über Steuerkanten, Bohrungen und Schieber verändert. Ein hydraulischer Spritzversteller verändert den Einspritzbeginn.

Magnetventilgesteuerte Einspritzpumpen
Ein Hochdruck-Magnetventil verschließt den Hochdruckraum und bestimmt so Einspritzbeginn und Einspritzdauer. Radialkolben-Verteilereinspritzpumpen werden ausschließlich über Magnetventile gesteuert.

## Art der Hochdruckerzeugung

Axialkolben-Verteilereinspritzpumpen VE
Sie komprimieren den Kraftstoff mit
einem Kolben, der sich axial zur Antriebswelle der Pumpe bewegt.

Radialkolben-Verteilereinspritzpumpen VR
Sie komprimieren den Kraftstoff mit
mehreren Kolben, die radial zur Antriebswelle der Pumpe angeordnet sind. Mit
Radialkolben können höhere Drücke als
mit Axialkolben erzeugt werden.

## Art der Regelung

Mechanische Regelung
Die Einspritzpumpe wird durch einen
Regler mit Aufschaltgruppen aus Hebeln,
Federn, Unterdruckdosen usw. geregelt.

Elektronische Regelung
Der Fahrer gibt den Drehmoment- bzw.
Drehzahlwunsch über das Fahrpedal
(Sensor) vor. Im Steuergerät sind Kenn-
felder für Startmenge, Leerlauf, Volllast,
Fahrpedalcharakteristik, Rauchbegren-
zung und Pumpencharakteristik einpro-
grammiert.

Mit diesen gespeicherten Kennfeldwer-
ten und den Istwerten der Sensoren wird
ein Vorgabewert für die Stellglieder der
Einspritzpumpe ermittelt. Dabei werden
der aktuelle Motorbetriebszustand und
die Umgebungsdaten berücksichtigt (z. B.
Kurbelwellenwinkel und -drehzahl, Ladedruck, Ansaugluft-, Kühlmittel- und Kraftstofftemperatur, Fahrgeschwindigkeit
usw.). Das Steuergerät steuert dann das
Stellwerk bzw. die Magnetventile in der
Einspritzpumpe entsprechend den Vor-
gabewerten an.

Mit der Elektronischen Dieselregelung
EDC (Electronic Diesel Control) ergeben
sich gegenüber der mechanischen Regelung viele Vorteile:

▸ Geringerer Kraftstoffverbrauch, weniger
  Emissionen, höhere Leistung und Drehmoment durch verbesserte Mengenregelung und genaueren Spritzbeginn.
▸ Niedere Leerlaufdrehzahl und Anpassung zusätzlicher Komponenten (z. B.
  Klimaanlage) durch verbesserte Drehzahlregelung.
▸ Verbesserte Komfortfunktionen (z. B.
  Aktive Ruckeldämpfung, Laufruheregelung, Fahrgeschwindigkeitsregelung).
▸ Verbesserte Diagnosemöglichkeiten.
▸ Zusätzliche Steuer- und Regelfunktionen
  (z. B. Glühzeitsteuerung, Abgasrückführung ARF, Ladedruckregelung, elektronische Wegfahrsperre).
▸ Datenaustausch mit anderen elektronischen Systemen (z. B. Antriebsschlupfregelung ASR, elektronische Getriebesteuerung EGS) und damit eine Integration in das Fahrzeug-Gesamtsystem.

Bild 1
1   Kraftstoffzuleitung
2   Gestänge
3   Fahrpedal
4   Verteilereinspritz-
    pumpe
5   Elektrisches Ab-
    stellventil ELAB
6   Hochdruck-Kraft-
    stoffleitung
7   Kraftstoffrück-
    leitung
8   Düsenhalter-
    kombination
9   Glühstiftkerze GSK
10  Kraftstofffilter
11  Kraftstoffbehälter
12  Kraftstoff-Vorför-
    derpumpe (nur bei
    langen Leitungen
    oder großem
    Höhenunterschied
    zwischen Kraft-
    stoffbehälter und
    Einspritzpumpe)
13  Batterie
14  Glüh-Start-Schalter
    („Zündschloss")
15  Glühzeitsteuergerät
    GZS
16  Dieselmotor mit
    indirekter Einsprit-
    zung (Indirect-
    Injection Engine,
    IDI)

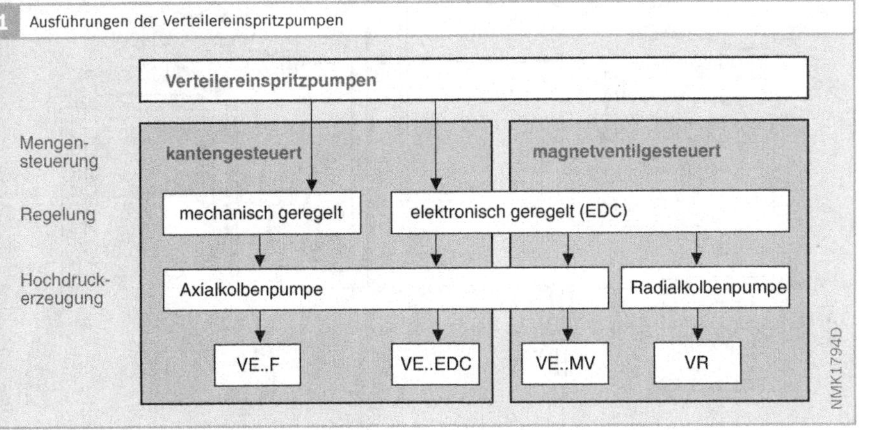

**1   Ausführungen der Verteilereinspritzpumpen**

# Kantengesteuerte Systeme

## Mechanisch geregelte Verteilereinspritzpumpen

Die mechanische Regelung wird ausschließlich bei Axialkolben-Verteilereinspritzpumpen angewendet. Ihr Vorteil liegt in der kostengünstigen Herstellung und der relativ einfachen Wartung.

Die mechanische Drehzahlregelung erfasst die verschiedenen Betriebszustände und gewährleistet eine hohe Qualität der Gemischaufbereitung. Zusätzliche Aufschaltgruppen passen Einspritzzeitpunkt und -menge an die verschiedenen Betriebszustände des Motors an:

- ▶ Motordrehzahl,
- ▶ Motorlast,
- ▶ Motortemperatur,
- ▶ Ladedruck und
- ▶ Atmosphärendruck.

Zur Diesel-Einspritzanlage (Bild 1) gehören neben der Einspritzpumpe (4) der Kraftstoffbehälter (11), das Kraftstofffilter (10), die Kraftstoff-Vorförderpumpe (12), die Düsenhalterkombination (8) und die Kraftstoffleitungen (1, 6 und 7).Wichtige Komponenten des Einspritzsystems sind die Einspritzdüsen in der Düsenhalterkombination. Ihre Bauart beeinflusst den Einspritzverlauf und das Strahlbild wesentlich. Das Elektrische Abstellventil ELAB (5) unterbricht bei ausgeschalteter „Zündung" die Kraftstoffzufuhr zum Pumpenhochdruckraum[1]).

Über das Fahrpedal (3) und einen Bowdenzug bzw. ein Gestänge (2) wird die Fahrervorgabe an den Regler der Einspritzpumpe übertragen. Außerdem können auch die Leerlauf-, Zwischen-, und Enddrehzahlen mit entsprechenden Aufschaltgruppen geregelt werden.

Die Bezeichnung VE..F steht für Verteilereinspritzpumpe, fliehkraftgeregelt.

[1]) Bei Bootsmotoren ist es genau umgekehrt. Hier ist das ELAB stromlos geöffnet.

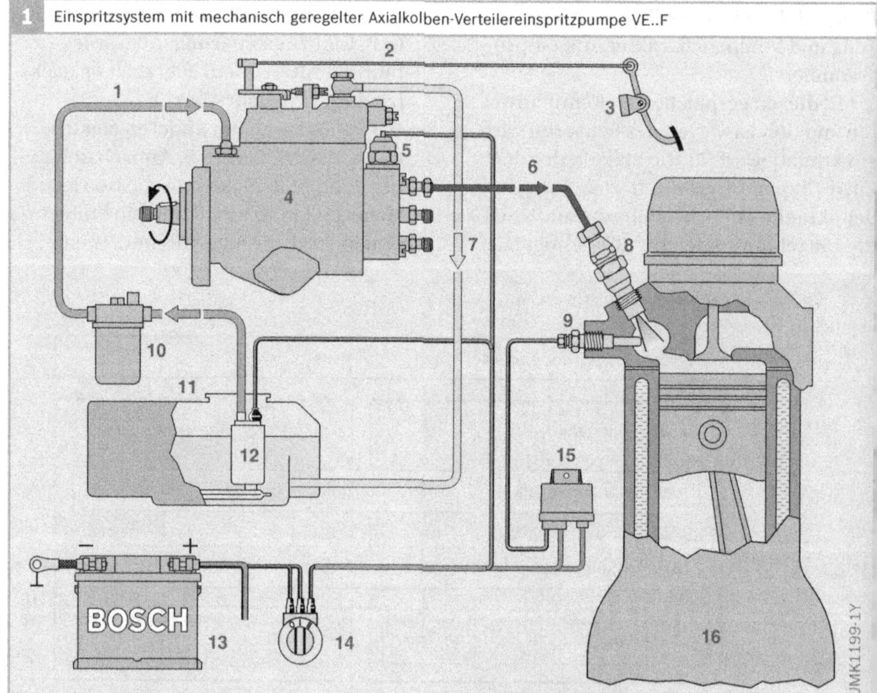

**1** Einspritzsystem mit mechanisch geregelter Axialkolben-Verteilereinspritzpumpe VE..F

## Elektronisch geregelte Verteilereinspritzpumpen

Die Elektronische Dieselregelung (EDC) berücksichtigt gegenüber der mechanischen Regelung zusätzliche Anforderungen. Sie ermöglicht durch elektrisches Messen, flexible elektronische Datenverarbeitung und Regelkreise mit elektrischen Stellern eine erweiterte Verarbeitung von Einflussgrößen, die mit der mechanischen Regelung nicht berücksichtigt werden können.

Bild 2 zeigt die Komponenten einer voll ausgestatteten Einspritzanlage mit elektronisch geregelter Axialkolben-Verteilereinspritzpumpe. Je nach Einsatzart und Fahrzeugtyp entfallen einzelne Komponenten. Das System besteht aus vier Bereichen:

▸ Kraftstoffversorgung (Niederdruckteil),
▸ Einspritzpumpe,
▸ Elektronische Dieselregelung (EDC) mit den Systemblöcken Sensoren, Steuergerät und Stellglieder (Aktoren) sowie
▸ Peripherie (z. B. Turbolader, Abgasrückführung und Glühzeitsteuerung).

Das Magnetstellwerk in der Verteilereinspritzpumpe (Drehstellwerk) tritt an die Stelle des mechanischen Reglers und der Aufschaltgruppen. Es greift über eine Welle am Regelschieber für die Einspritzmenge ein. Die Absteuerquerschnitte werden wie bei der mechanisch geregelten Einspritzpumpe je nach Position des Regelschiebers früher oder später freigegeben. Im Steuergerät wird unter Berücksichtigung der gespeicherten Kennfeldwerte und der Istwerte der Sensoren ein Vorgabewert für die Position des Magnetstellwerks in der Einspritzpumpe ermittelt.

Ein Winkelsensor (z. B. ein Halbdifferenzial-Kurzschlussringsensor) meldet den Drehwinkel des Stellwerks und damit die Lage des Regelschiebers an das Steuergerät zurück.

Der von der Drehzahl abhängige Pumpeninnenraumdruck wirkt über ein getaktetes Magnetventil auf den Spritzversteller, worauf dieser den Spritzbeginn verändert.



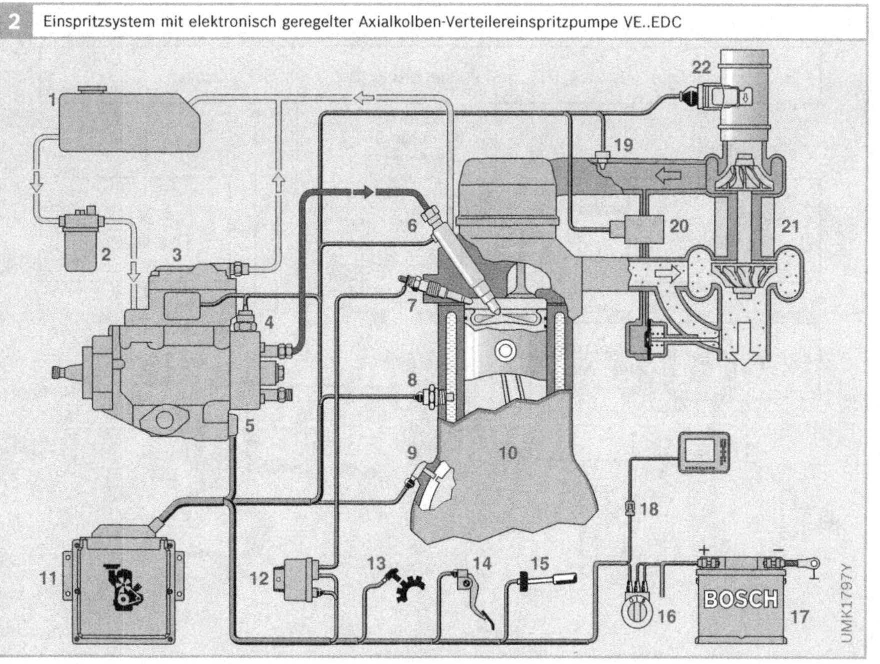

**2**   Einspritzsystem mit elektronisch geregelter Axialkolben-Verteilereinspritzpumpe VE..EDC

# Magnetventilgesteuerte Systeme

Magnetventilgesteuerte Einspritzsysteme erlauben eine größere Flexibilität bei der Kraftstoffzumessung und der Variation des Einspritzbeginns als die kantengesteuerten Systeme. Sie ermöglichen auch die Voreinspritzung zur Geräuschreduzierung sowie die zylinderindividuelle Mengenkorrektur.

Die Motorsteuerung mit magnetventilgesteuerten Verteilereinspritzpumpen besteht aus vier Bereichen (Bild 1):
- Kraftstoffversorgung (Niederdruckteil),
- Hochdruckteil mit allen Einspritzkomponenten,
- Elektronische Dieselregelung (EDC) mit den Systemblöcken Sensoren, Steuergerät(en) und Stellglieder (Aktoren) sowie
- den Luft- und Abgassystemen (Luftversorgung, Abgasnachbehandlung und Abgasrückführung).

## Steuergerätekonfiguration

### Getrennte Steuergeräte

Dieseleinspritzanlagen mit magnetventilgesteuerten Verteilereinspritzpumpen (VE..MV [VP30], VR [VP44] für DI-Motoren und VE..MV [VP29] für IDI-Motoren) der ersten Generation benötigten zwei Steuergeräte für die Elektronische Dieselregelung: ein Motorsteuergerät (MSG) und ein Pumpensteuergerät (PSG). Diese Aufteilung hatte zwei Gründe: Einerseits wird eine Überhitzung bestimmter elektronischer Bauelemente in direkter Pumpen- und Motornähe vermieden. Andererseits wird durch kurze Ansteuerleitungen für das Magnetventil der Einfluss von Störsignalen ausgeschlossen, die aufgrund der teilweise sehr hohen Ströme (bis zu 20 A) entstehen können.

Während das Pumpensteuergerät die pumpeninternen Sensorsignale für Drehwinkel und Kraftstofftemperatur erfasst und für die Anpassung des Einspritzzeit-

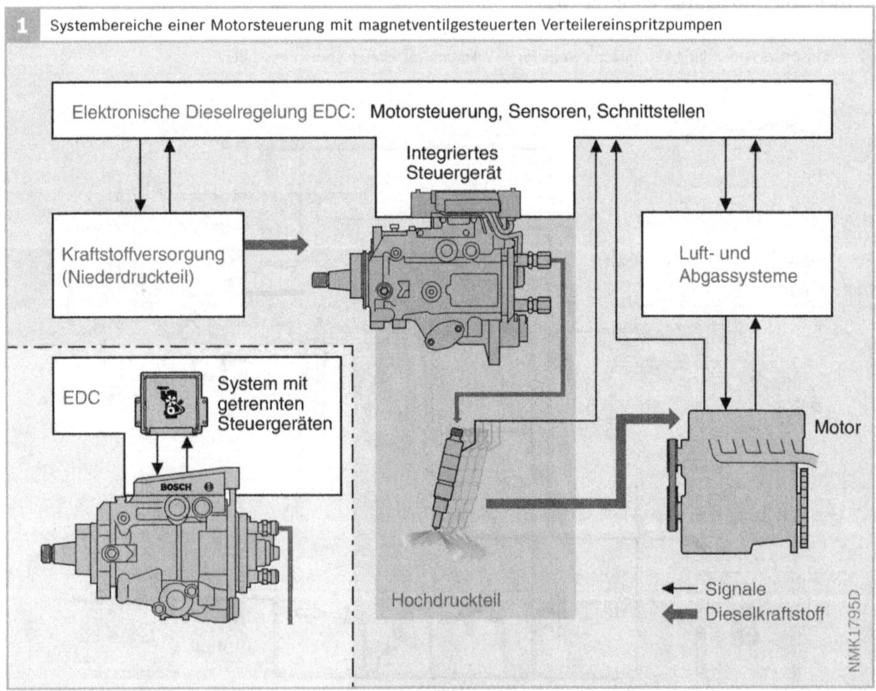

punkts verwertet, verarbeitet das Motorsteuergerät alle von externen Sensoren aufgenommenen Motor- und Umgebungsdaten und errechnet daraus die an der Einspritzpumpe vorzunehmenden Stelleingriffe.

Motor- und Pumpensteuergerät kommunizieren über eine CAN-Schnittstelle.

### Integriertes Steuergerät

Hitzebeständige Leiterplatten in Hybridtechnik haben es möglich gemacht, bei magnetventilgesteuerten Verteilereinspritzpumpen der zweiten Generation das Motorsteuergerät im Pumpensteuergerät zu integrieren. Diese Steuergeräteintegration erlaubt eine Platz sparende Bauweise.

### Abgasnachbehandlung

Verschiedene Maßnahmen verbessern die Emissionen bzw. den Komfort. Dies sind zum Beispiel die Abgasrückführung, die Formung des Einspritzverlaufs (z. B. Voreinspritzung) und die Erhöhung des Einspritzdrucks. Um die immer strenger werdenden Abgasvorschriften einhalten zu können, wird jedoch bei manchen Fahrzeugen eine Abgasnachbehandlung erforderlich sein.

---

**2** Beispiel einer Diesel-Einspritzanlage mit magnetventilgesteuerter Radialkolben-Verteilereinspritzpumpe und getrenntem Motor- und Pumpensteuergerät

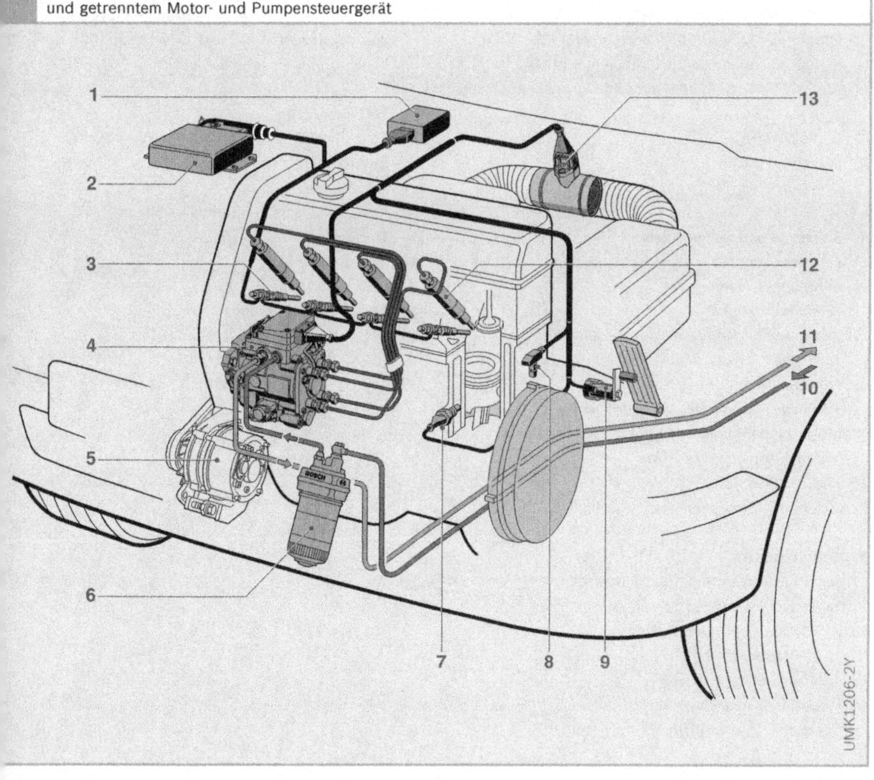



**Bild 2**

1 Glühzeitsteuergerät
2 Motorsteuergerät MSG
3 Glühstiftkerze
4 Radialkolben-Verteilereinspritzpumpe VP44 mit Pumpensteuergerät PSG5
5 Generator
6 Kraftstofffilter
7 Motortemperatursensor (im Kühlmittelkreislauf)
8 Kurbelwellendrehzahlsensor
9 Fahrpedalsensor
10 Kraftstoffzulauf
11 Kraftstoffrücklauf
12 Düsenhalterkombination
13 Luftmassenmesser

## Systembild

Bild 3 zeigt als Beispiel eine Diesel-Einspritzanlage mit der Radialkolben-Verteilereinspritzpumpe VR an einem Vierzylinder-Dieselmotor (DI) mit ihren verschiedenen Komponenten. Diese Pumpe ist mit einem integriertem Motor- und Pumpensteuergerät ausgerüstet. Das Bild zeigt die Vollausstattung. Je nach Einsatzart und Fahrzeugtyp kommen einzelne Komponenten nicht zur Anwendung.

Um eine übersichtlichere Darstellung zu erhalten, sind die Sensoren und Sollwertgeber (A) nicht in ihrer Einbauposition dargestellt. Ausnahme bildet der Nadelbewegungssensor (21).

Über den CAN-Bus im Bereich „Schnittstellen" (B) ist der Datenaustausch zu den verschiedensten Bereichen möglich:
► Starter,
► Generator,
► elektronische Wegfahrsperre,
► Getriebesteuerung,
► Antriebsschlupfregelung (ASR) und
► Elektronisches Stabilitätsprogramm (ESP).

Auch das Kombiinstrument (12) und die Klimaanlage (13) können über den CAN-Bus angeschlossen sein.

**Bild 3**
**Motor, Motorsteuerung und Hochdruck-**
**Einspritzkomponenten**
16 Antrieb der Einspritzpumpe
17 Integriertes Motor-/Pumpensteuergerät PSG16
18 Radialkolben-Verteilereinspritzpumpe (VP44)
21 Düsenhalterkombination mit Nadelbewegungssensor (Zylinder 1)
22 Glühstiftkerze
23 Dieselmotor (DI)
M Drehmoment

**A   Sensoren und Sollwertgeber**
1 Fahrpedalsensor
2 Kupplungsschalter
3 Bremskontakte (2)
4 Bedienteil für Fahrgeschwindigkeitsregler
5 Glüh-Start-Schalter („Zündschloss")
6 Fahrgeschwindigkeitssensor
7 Kurbelwellendrehzahlsensor (induktiv)
8 Motortemperatursensor (im Kühlmittelkreislauf)
9 Ansauglufttemperatursensor
10 Ladedrucksensor
11 Heißfilm-Luftmassenmesser (Ansaugluft)

**B   Schnittstellen**
12 Kombiinstrument mit Signalausgabe für Kraftstoffverbrauch, Drehzahl usw.
13 Klimakompressor mit Bedienteil
14 Diagnoseschnittstelle
15 Glühzeitsteuergerät
CAN Controller Area Network (serieller Datenbus im Kraftfahrzeug)

**C   Kraftstoffversorgung (Niederdruckteil)**
19 Kraftstofffilter mit Überströmventil
20 Kraftstoffbehälter mit Vorfilter und Vorförderpumpe (Vorförderpumpe nur bei langen Leitungen oder großem Höhenunterschied zwischen Kraftstoffbehälter und Einspritzpumpe)

**D   Luftversorgung**
24 Abgasrückführsteller mit Abgasrückführventil
25 Unterdruckpumpe
26 Regelklappe
27 Abgasturbolader (hier mit variabler Turbinengeometrie VTG)
28 Ladedrucksteller

**E   Abgasnachbehandlung**
29 Diesel-Oxidationskatalysator DOC (Diesel Oxygen Catalyst)

**3** Diesel-Einspritzanlage mit magnetventilgesteuerter Radialkolben-Verteilereinspritzpumpe VP44 und integriertem Motor- und Pumpensteuergerät PSG16

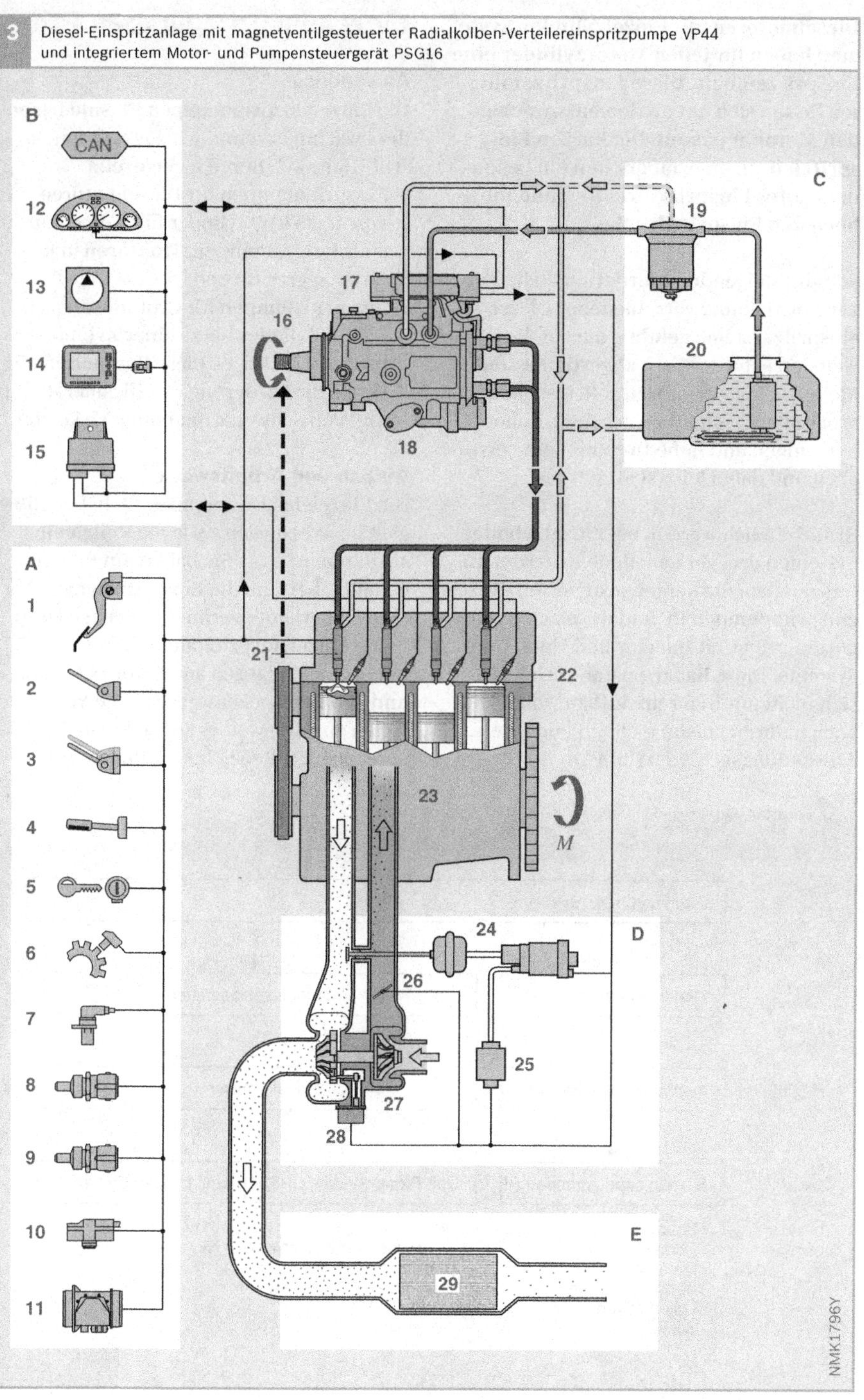

# Systemübersicht der Einzelzylinder-Systeme

**Dieselmotoren mit Einzelzylinder-Systemen haben für jeden Motorzylinder eine Einspritzeinheit. Diese Einspritzeinheiten lassen sich gut an den entsprechenden Motor anpassen. Die kurzen Einspritzleitungen ermöglichen ein besonders gutes Einspritzverhalten und die höchsten Einspritzdrücke.**

Ständig steigende Anforderungen haben zur Entwicklung verschiedener Dieseleinspritzsysteme geführt, die auf die jeweiligen Erfordernisse abgestimmt sind. Moderne Dieselmotoren sollen schadstoffarm und wirtschaftlich arbeiten, hohe Leistungen und hohe Drehmomente erreichen und dabei leise sein.

Grundsätzlich werden bei Einzelzylinder-Systemen drei verschiedene Bauarten unterschieden: die kantengesteuerten Einzeleinspritzpumpen PF und die magnetventilgesteuerten Unit Injector und Unit Pump Systeme. Diese Bauarten unterscheiden sich nicht nur in ihrem Aufbau, sondern auch in ihren Leistungsdaten und ihren Anwendungsgebieten (Bild 1).

## Einzeleinspritzpumpen PF

### Anwendung
Die Einzeleinspritzpumpen PF sind besonders wartungsfreundlich. Sie werden im „Off Highway"-Bereich eingesetzt:
▶ Einspritzpumpen für Dieselmotoren von 4…75 kW/Zylinder für kleine Baumaschinen, Pumpen, Traktoren und Stromaggregate und
▶ Einspritzpumpen für Großmotoren ab 75 kW/Zylinder bis zu einer Zylinderleistung von 1000 kW. Diese Pumpen ermöglichen die Förderung von Dieselkraftstoff und von Schweröl mit hoher Viskosität.

### Aufbau und Arbeitsweise
Die Einzeleinspritzpumpen PF haben die gleiche Arbeitsweise wie die Reiheneinspritzpumpen PE. Sie haben ein Pumpenelement, bei dem die Einspritzmenge über eine Steuerkante verändert werden kann.

Die Einzeleinspritzpumpen werden mit je einem Flansch am Motor befestigt und von der Nockenwelle für die Ventilsteuerung des Motors angetrieben. Daher leitet sich die Bezeichnung Pumpe mit

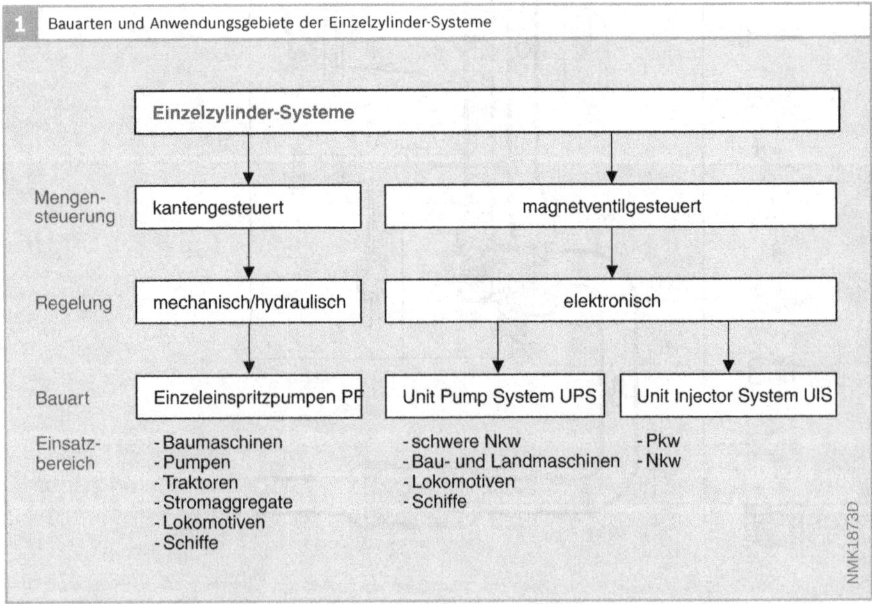

**1** Bauarten und Anwendungsgebiete der Einzelzylinder-Systeme

Fremdantrieb PF ab. Sie werden auch Steckpumpen genannt.

Kleine PF-Einspritzpumpen gibt es auch in 2-, 3- und 4-Zylinder-Versionen. Die übliche Bauweise ist jedoch die Einzylinder-Version, die als Einzeleinspritzpumpe bezeichnet wird.

### Regelung

Wie bei den Reiheneinspritzpumpen greift eine im Motor integrierte Regelstange in das Pumpenelement der Einspritzpumpen ein. Ein Regler verschiebt die Regelstange und verändert so die Förder- bzw. Einspritzmenge.

Bei Großmotoren ist der Regler unmittelbar am Motorgehäuse befestigt. Dabei finden mechanisch-hydraulische, elektronische oder seltener rein mechanische Regler Verwendung.

Zwischen die Regelstange der Einzeleinspritzpumpen und das Übertragungsgestänge zum Regler ist bei großen PF-Pumpen ein federndes Zwischenglied geschaltet, sodass die Regelung der übrigen Pumpen bei einem eventuellen Blockieren des Verstellmechanismus einer einzelnen Pumpe gewährleistet bleibt.

### Kraftstoffversorgung

Der Kraftstoff wird durch eine Zahnrad-Vorförderpumpe den Einzeleinspritzpumpen zugeführt. Diese fördert eine etwa 3...5-mal so große Menge Kraftstoff wie die maximale Volllastfördermenge aller Einspritzpumpen. Der Kraftstoffdruck beträgt etwa 3...10 bar.

Eine Filterung des Kraftstoffs durch Feinfilter mit Porengrößen von 5...30 µm hält Partikel vom Einspritzsystem fern. Diese könnten sonst zu einem vorzeitigen Verschleiß der hochpräzisen Bauteile des Einspritzsystems führen.

### Einsatz im Common Rail System

Einzeleinspritzpumpen werden auch als Hochdruckpumpen für Common Rail Systeme der 2. und 3. Generation für Truck- und Off-Highway-Applikationen verwendet und weiterentwickelt. Bild 2 zeigt den Einsatz der PF 45 in einem Common Rail System für einen Sechzylinder-Motor.

**2**   PF 45 in Common Rail System

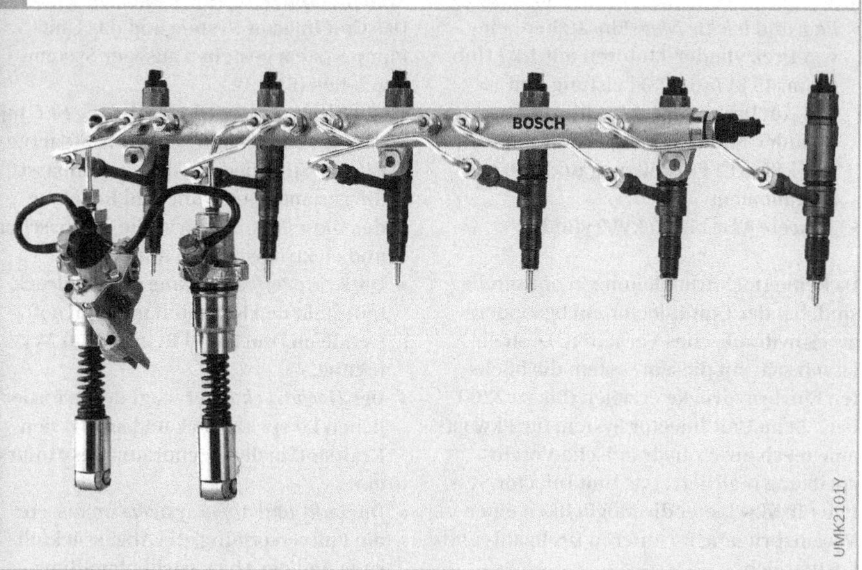

# Unit Injector System UIS und Unit Pump System UPS

Die Einspritzsysteme Unit Injector System UIS und Unit Pump System UPS erreichen im Vergleich zu den anderen Dieseleinspritzsystemen derzeit die höchsten Einspritzdrücke. Sie ermöglichen eine präzise Einspritzung, die optimal an den jeweiligen Betriebszustand des Motors angepasst werden kann. Damit ausgerüstete Dieselmotoren arbeiten schadstoffarm, wirtschaftlich und leise und erreichen dabei eine hohe Leistung und ein hohes Drehmoment.

### Anwendungsgebiete

Unit Injector System UIS

Das Unit Injector System (auch Pumpe-Düse-Einheit PDE genannt) ging 1994 für Nkw und 1998 für Pkw in Serie. Es ist ein Einspritzsystem mit zeitgesteuerten Einzeleinspritzpumpen für Motoren mit Diesel-Direkteinspritzung (DI). Dieses System bietet eine deutlich höhere Flexibilität zur Anpassung des Einspritzsystems an den Motor als konventionelle kantengesteuerte Systeme. Es deckt ein weites Spektrum moderner Dieselmotoren für Pkw und Nkw ab:

- *Pkw* und *leichte Nkw:* Einsatzbereiche von Dreizylinder-Motoren mit 1,2 *l* Hubraum, 45 kW (61 PS) Leistung und 195 Nm Drehmoment bis hin zu 10-Zylinder-Motoren mit 5 *l* Hubraum, 230 kW (312 PS) Leistung und 750 Nm Drehmoment.
- *Schwere Nkw* bis 80 kW/Zylinder.

Da keine Hochdruckleitungen notwendig sind, hat der Unit Injector ein besonders gutes hydraulisches Verhalten. Deshalb lassen sich mit diesem System die höchsten Einspritzdrücke erzielen (bis zu 2200 bar). Beim Unit Injector System für Pkw ist eine mechanisch-hydraulische Voreinspritzung realisiert. Das Unit Injector System für Nkw bietet die Möglichkeit einer Voreinspritzung im unteren Drehzahl- und Lastbereich.

Unit Pump System UPS

Das Unit Pump System wird auch Pumpe-Leitung-Düse PLD genannt. Auch die Bezeichnung PF..MV wurde bei Großmotoren verwendet.

Das Unit Pump System ist wie das Unit Injector System ein Einspritzsystem mit zeitgesteuerten Einzeleinspritzpumpen für Motoren mit Diesel-Direkteinspritzung (DI). Es wird in folgenden Bauformen eingesetzt:

- UPS 12 für Nkw-Motoren mit bis zu 6 Zylindern und 37 kW/Zylinder,
- UPS 20 für schwere Nkw-Motoren mit bis zu 8 Zylindern und 65 kW/Zylinder,
- SP (Steckpumpe) für schwere Nkw-Motoren mit bis zu 18 Zylindern und 92 kW/Zylinder,
- SPS (Steckpumpe small) für Nkw-Motoren mit bis zu 6 Zylindern und 40 kW/Zylinder,
- UPS für Motoren in Bau- und Landmaschinen, Lokomotiven und Schiffen im Leistungsbereich bis 500 kW/Zylinder und bis zu 20 Zylindern.

### Aufbau

Systembereiche

Das Unit Injector System und das Unit Pump System bestehen aus vier Systembereichen (Bild 3):

- Die *Elektronische Dieselregelung EDC* mit den Systemblöcken Sensoren, Steuergerät und Stellglieder (Aktoren) umfasst die gesamte Steuerung und Regelung des Dieselmotors sowie alle elektrischen und elektronischen Schnittstellen.
- Die *Kraftstoffversorgung* (Niederdruckteil) stellt den Kraftstoff mit dem notwendigen Druck und Reinheit zur Verfügung.
- Der *Hochdruckteil* erzeugt den erforderlichen Einspritzdruck und spritzt den Kraftstoff in den Brennraum des Motors ein.
- Die *Luft- und Abgassysteme* umfassen die Luftversorgung, die Abgasrückführung und die Abgasnachbehandlung.

## Unterschiede

Der wesentliche Unterschied zwischen dem Unit Injector System und dem Unit Pump System besteht im motorischen Aufbau (Bild 4).

Beim *Unit Injector System* bilden Hochdruckpumpe und Einspritzdüse eine Einheit – den „Unit Injector". Für jeden Motorzylinder ist ein Injektor in den Zylinder eingebaut. Da keine Einspritzleitungen vorhanden sind, können sehr hohe Einspritzdrücke und ein sehr guter Einspritzverlauf erreicht werden.

Beim *Unit Pump System* sind die Hochdruckpumpe – die „Unit Pump" – und die Düsenhalterkombination getrennte Baugruppen, die durch eine kurze Hochdruckleitung miteinander verbunden sind. Dadurch ergeben sich Vorteile bei der Anordnung im Motorraum, beim Pumpenantrieb und beim Kundendienst.

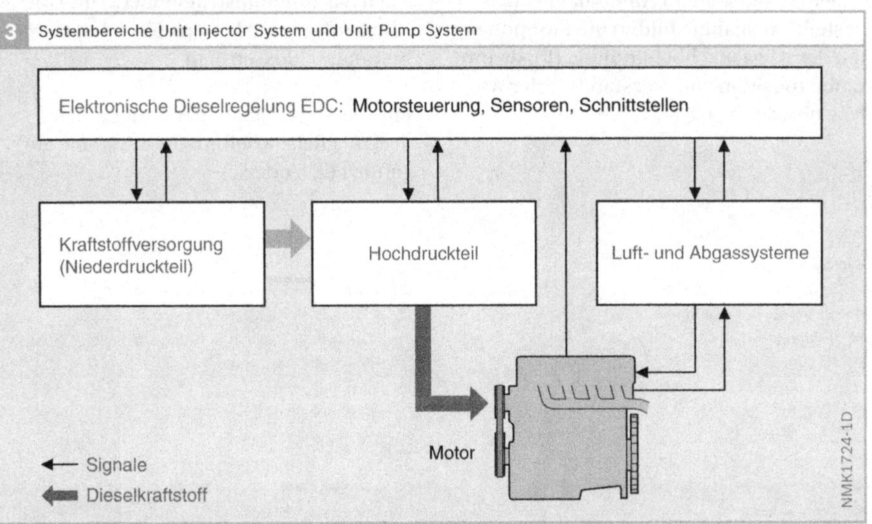


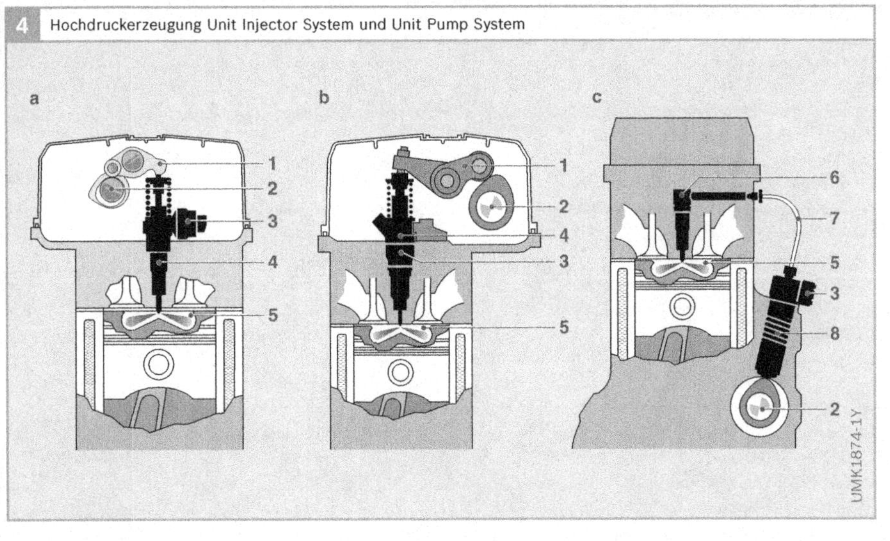


**Bild 4**

a Unit Injector System für Pkw
b Unit Injector System für Nkw
c Unit Pump System für Nkw

1 Kipphebel
2 Nockenwelle
3 Hochdruck-magnetventil
4 Unit Injector
5 Brennraum des Motors
6 Düsenhalter-kombination
7 kurze Hochdruck-leitung
8 Unit Pump

# Systembild UIS für Pkw

Bild 5 zeigt alle Komponenten eines Unit Injector Systems für einen Zehnzylinder-Pkw-Dieselmotor mit Vollausstattung. Je nach Fahrzeugtyp und Einsatzart kommen einzelne Komponenten nicht zur Anwendung.

Um eine übersichtlichere Darstellung zu erhalten, sind die Sensoren und Sollwertgeber (A) nicht an ihrem Einbauort dargestellt. Ausnahme bilden die Komponenten der Abgasnachbehandlung (F), da ihre Einbauposition zum Verständnis der Anlage notwendig ist.

Über den CAN-Bus im Bereich „Schnittstellen" (B) ist der Datenaustausch zu den verschiedensten Bereichen möglich:
▶ Starter,
▶ Generator,
▶ elektronische Wegfahrsperre,
▶ Getriebesteuerung,
▶ Antriebsschlupfregelung (ASR) und
▶ Elektronisches Stabilitätsprogramm (ESP).

Auch das Kombiinstrument (12) und die Klimaanlage (13) können über den CAN-Bus angeschlossen sein.

Für die Abgasnachbehandlung werden drei mögliche Kombinationssysteme aufgeführt (a, b oder c).

**Bild 5**

**Motor, Motorsteuerung und Hochdruck-Einspritzkomponenten**

24 Verteilerrohr
25 Nockenwelle
26 Unit Injector
27 Glühstiftkerze
28 Dieselmotor (DI)
29 Motorsteuergerät (Master)
30 Motorsteuergerät (Slave)
*M* Drehmoment

**A Sensoren und Sollwertgeber**

1 Fahrpedalsensor
2 Kupplungsschalter
3 Bremskontakte (2)
4 Bedienteil für Fahrgeschwindigkeitsregler
5 Glüh-Start-Schalter („Zündschloss")
6 Fahrgeschwindigkeitssensor
7 Kurbelwellendrehzahlsensor (induktiv)
8 Motortemperatursensor (im Kühlmittelkreislauf)
9 Ansauglufttemperatursensor
10 Ladedrucksensor
11 Heißfilm-Luftmassenmesser (Ansaugluft)

**B Schnittstellen**

12 Kombiinstrument mit Signalausgabe für Kraftstoffverbrauch, Drehzahl usw.
13 Klimakompressor mit Bedienteil
14 Diagnoseschnittstelle
15 Glühzeitsteuergerät
CAN Controller Area Network
     (serieller Datenbus im Kraftfahrzeug)

**C Kraftstoffversorgung (Niederdruckteil)**

16 Kraftstofffilter mit Überströmventil
17 Kraftstoffbehälter mit Vorfilter und Elektrokraftstoffpumpe EKP (Vorförderpumpe)
18 Füllstandsensor
19 Kraftstoffkühler
20 Druckbegrenzungsventil

**D Additivsystem**

21 Additivdosiereinheit
22 Additivtank

**E Luftversorgung**

31 Abgasrückführkühler
32 Ladedrucksteller
33 Abgasturbolader (hier mit variabler Turbinengeometrie VTG)
34 Saugrohrklappe
35 Abgasrückführsteller
36 Unterdruckpumpe

**F Abgasnachbehandlung**

38 Breitband-Lambda-Sonde LSU
39 Abgastemperatursensor
40 Oxidationskatalysator
41 Partikelfilter
42 Differenzdrucksensor
43 $NO_X$-Speicherkatalysator
44 Breitband-Lambda-Sonde, optional $NO_X$-Sensor

**5** Diesel-Einspritzanlage für Pkw mit Unit Injector System

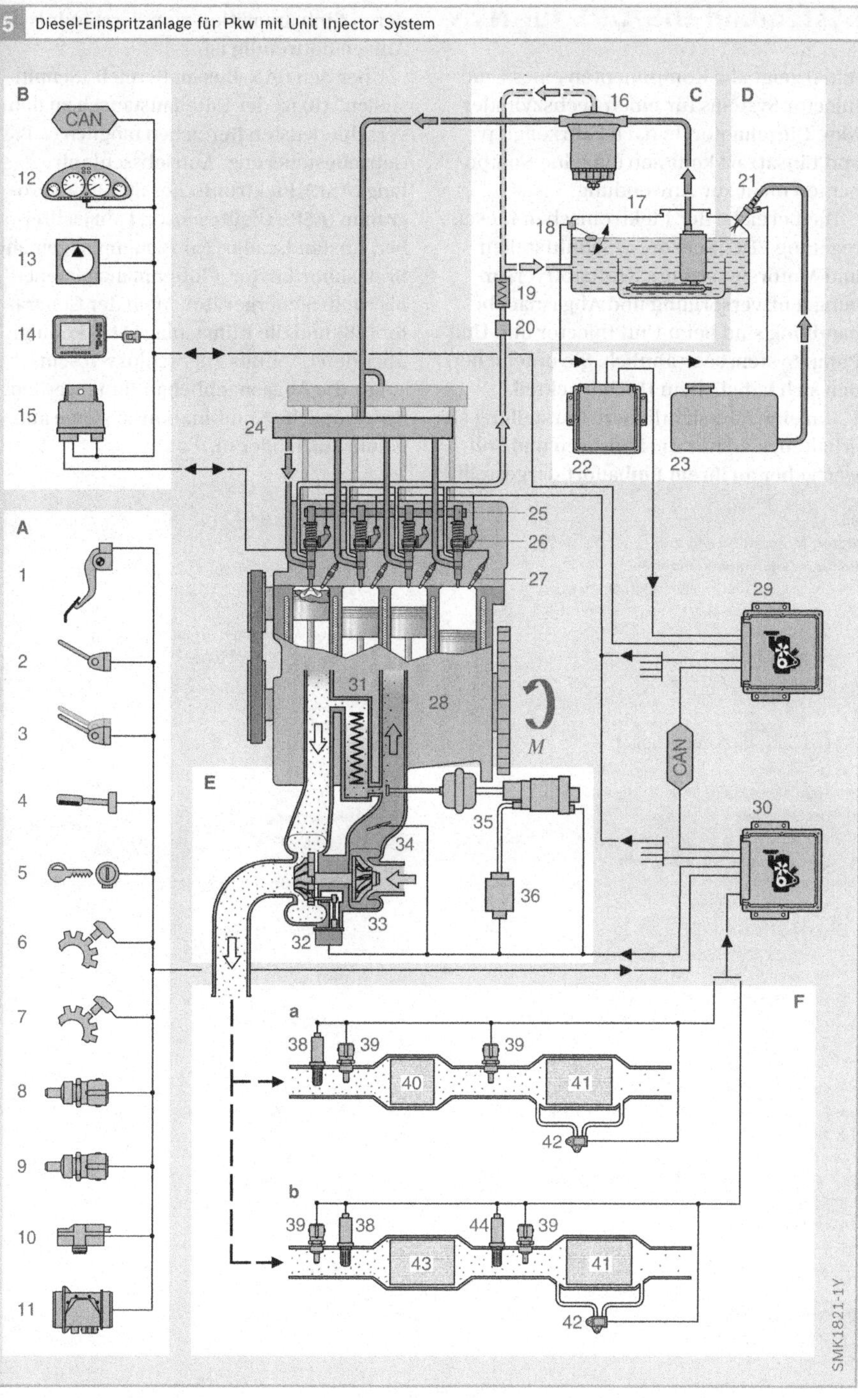

# Systembild UIS/UPS für Nkw

Bild 6 zeigt alle Komponenten eines Unit Injector Systems für einen Sechszylinder-Nkw-Dieselmotor. Je nach Fahrzeugtyp und Einsatzart kommen einzelne Komponenten nicht zur Anwendung.

Die Bereiche der Elektronischen Dieselregelung EDC (Sensoren, Schnittstellen und Motorsteuerung), Kraftstoffversorgung, Luftversorgung und Abgasnachbehandlung sind beim Unit Injector und Unit Pump System sehr ähnlich. Sie unterscheiden sich lediglich im Hochdruckteil.

Um eine übersichtlichere Darstellung zu erhalten, sind nur die Sensoren und Sollwertgeber an ihrem Einbauort dargestellt, deren Einbauposition zum Verständnis der Anlage notwendig ist.

Über den CAN-Bus im Bereich „Schnittstellen" (B) ist der Datenaustausch zu den verschiedensten Bereichen möglich (z. B. Getriebesteuerung, Antriebsschlupfregelung (ASR), Elektronisches Stabilitätsprogramm (ESP), Ölgütesensor, Fahrtschreiber, Abstandsradar, Fahrzeugmanagement, Bremskoordinator, Flottenmanagement – bis zu 30 Steuergeräte). Auch der Generator (18) und die Klimaanlage (17) können über den CAN-Bus angeschlossen sein.

Für die Abgasnachbehandlung werden drei mögliche Kombinationssysteme aufgeführt (a, b oder c).

**Bild 6**
**Motor, Motorsteuerung und**
**Hochdruck-Einspritzkomponenten**
22  Unit Pump und Düsenhalterkombination
23  Unit Injector
24  Nockenwelle
25  Kipphebel
26  Motorsteuergerät
27  Relais
28  Zusatzaggregate (z. B. Retarder, Auspuffklappe für
    Motorbremse, Starter, Lüfter)
29  Dieselmotor (DI)
30  Flammkerze (alternativ Grid-Heater)
$M$  Drehmoment

**A  Sensoren und Sollwertgeber**
1  Fahrpedalsensor
2  Kupplungsschalter
3  Bremskontakte (2)
4  Motorbremskontakt
5  Feststellbremskontakt
6  Bedienschalter (z. B. Fahrgeschwindigkeitsregler,
    Zwischendrehzahlregelung, Drehzahl- und
    Drehmomentreduktion)
7  Schlüssel-Start-Stopp („Zündschloss")
8  Turboladerdrehzahlsensor
9  Kurbelwellendrehzahlsensor (induktiv)
10  Nockenwellendrehzahlsensor
11  Kraftstofftemperatursensor
12  Motortemperatursensor (im Kühlmittelkreislauf)
13  Ladelufttemperatursensor
14  Ladedrucksensor
15  Lüfterdrehzahlsensor
16  Luftfilter-Differenzdrucksensor

**B  Schnittstellen**
17  Klimakompressor mit Bedienteil
18  Generator
19  Diagnoseschnittstelle

20  SCR-Steuergerät
21  Luftkompressor
CAN Controller Area Network (serieller Datenbus im
    Kraftfahrzeug) (bis zu 3 Busse)

**C  Kraftstoffversorgung (Niederdruckteil)**
31  Kraftstoffvorförderpumpe
32  Kraftstofffilter mit Wasserstands- und Drucksensoren
33  Steuergerätekühler
34  Kraftstoffbehälter mit Vorfilter
35  Füllstandsensor
36  Druckbegrenzungsventil

**D  Luftversorgung**
37  Abgasrückführkühler
38  Regelklappe
39  Abgasrückführsteller mit Abgasrückführventil und
    Positionssensor
40  Ladeluftkühler mit Bypass für Kaltstart
41  Abgasturbolader (hier VTG) mit Positionssensor
42  Ladedrucksteller

**E  Abgasnachbehandlung**
43  Abgastemperatursensor
44  Oxidationskatalysator
45  Differenzdrucksensor
46  katalytisch beschichteter Partikelfilter (CSF)
47  Rußsensor
48  Füllstandsensor
49  Reduktionsmitteltank
50  Reduktionsmittelförderpumpe
51  Reduktionsmitteldüse
52  $NO_x$-Sensor
53  SCR-Katalysator
54  $NH_3$-Sensor

**6** Diesel-Einspritzanlage für Nkw mit Unit Injector System bzw. Unit Pump System

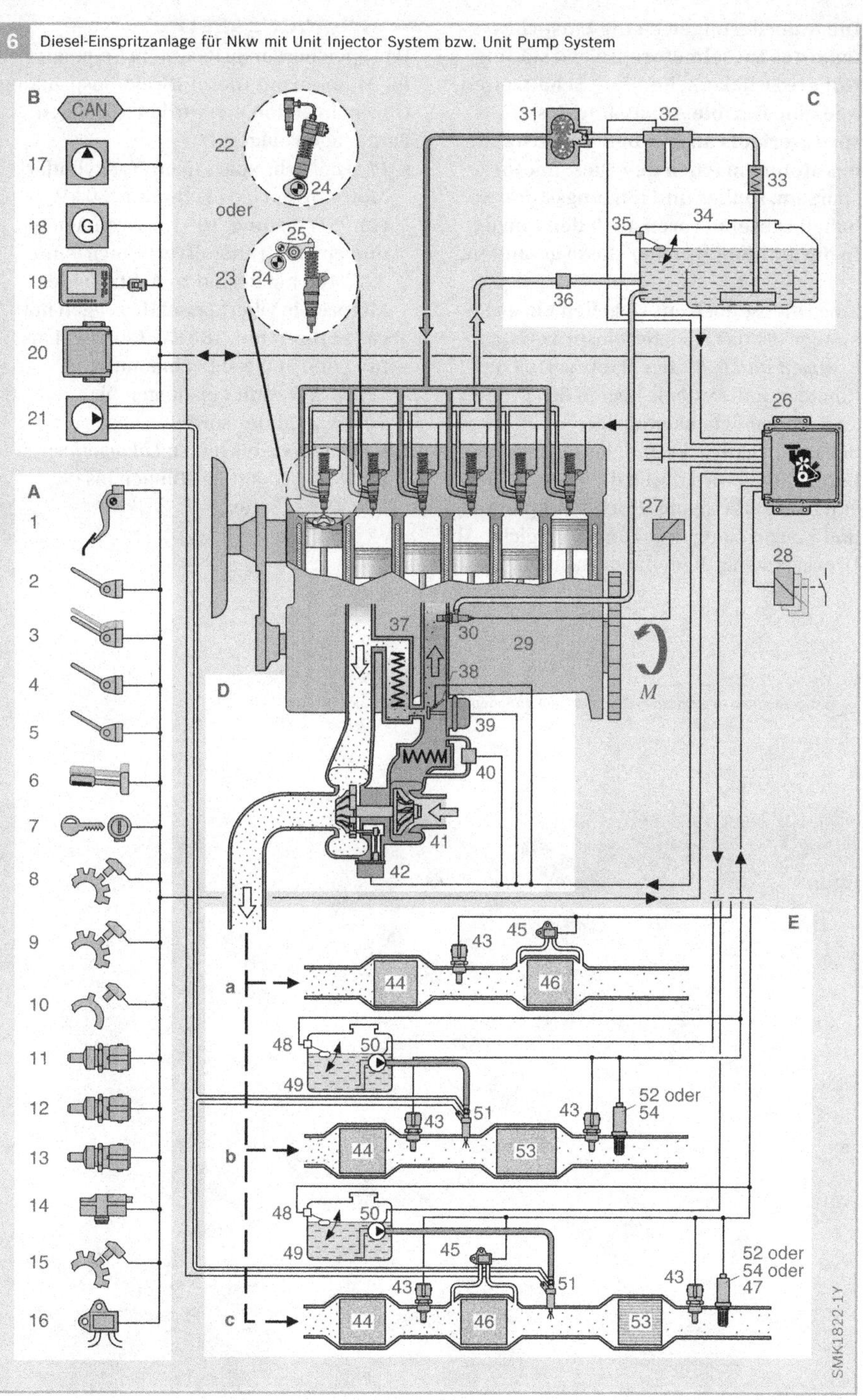

# Systemübersicht Common Rail

**Die Anforderungen an die Einspritzsysteme des Dieselmotors steigen ständig. Höhere Drücke, schnellere Schaltzeiten und eine flexible Anpassung des Einspritzverlaufs an den Betriebszustand des Motors machen den Dieselmotor sparsam, sauber und leistungsstark. So haben Dieselmotoren auch den Einzug in die automobile Oberklasse gefunden.**

Eines dieser hoch entwickelten Einspritzsysteme ist das Speichereinspritzsystem *Common Rail (CR)*. Der Hauptvorteil des Common Rail Systems liegt in den großen Variationsmöglichkeiten bei der Gestaltung des Einspritzdrucks und der Einspritzzeitpunkte. Dies wird durch die Entkopplung von Druckerzeugung (Hochdruckpumpe) und Einspritzung (Injektoren) erreicht. Als Druckspeicher dient dabei das Rail.

## Anwendungsgebiete

Das Speichereinspritzsystem Common Rail für Motoren mit Diesel-Direkteinspritzung (Direct Injection, DI) wird in folgenden Fahrzeugen eingesetzt:

- *Pkw* mit sehr sparsamen Dreizylinder-Motoren von 0,8 *l* Hubraum, 30 kW (41 PS) Leistung, 100 Nm Drehmoment und einem Kraftstoffverbrauch von 3,5 *l*/100 km bis hin zu Achtzylinder-Motoren in Oberklassefahrzeugen mit ca. 4 *l* Hubraum, 180 kW (245 PS) Leistung und 560 Nm Drehmoment.
- *Leichte Nkw* mit Leistungen bis 30 kW/Zylinder sowie
- schwere *Nkw* bis hin zu *Lokomotiven* und *Schiffen* mit Leistungen bis ca. 200 kW/Zylinder.

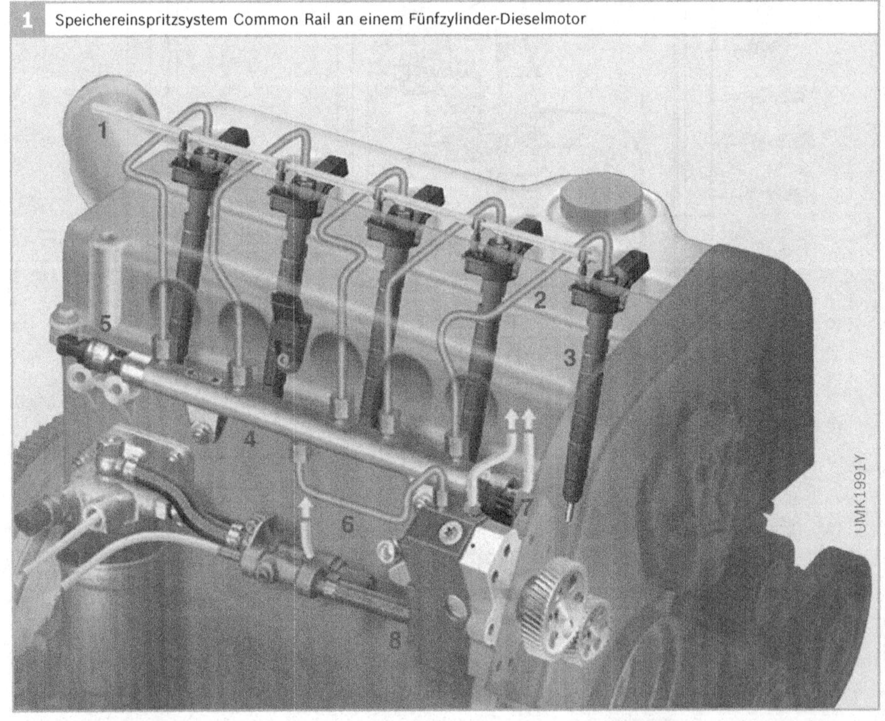

**1** Speichereinspritzsystem Common Rail an einem Fünfzylinder-Dieselmotor



**Bild 1**

1 Kraftstoff-Rückleitung
2 Hochdruck-Kraftstoffleitung zum Injektor
3 Injektor
4 Rail
5 Raildrucksensor
6 Hochdruck-Kraftstoffleitung zum Rail
7 Kraftstoff-Rücklauf
8 Hochdruckpumpe

Das Common Rail System bietet eine hohe Flexibilität zur Anpassung der Einspritzung an den Motor. Das wird erreicht durch:

- Hohen Einspritzdruck bis ca. 1600 bar (Magnetventil-Injektoren) bzw. 1800 bar (Piezo-Inline-Injektoren).
- An den Betriebszustand angepassten Einspritzdruck (200...1800 bar).
- Variablen Einspritzbeginn.
- Möglichkeit mehrerer Vor- und Nacheinspritzungen (selbst sehr späte Nacheinspritzungen sind möglich).

Damit leistet das Common Rail System einen Beitrag zur Erhöhung der spezifischen Leistung, zur Senkung des Kraftstoffverbrauchs sowie zur Verringerung der Geräuschemission und des Schadstoffausstoßes von Dieselmotoren.

Common Rail ist heute für moderne schnell laufende Pkw-DI-Motoren das am häufigsten eingesetzte Einspritzsystem.

## Aufbau

Das Common Rail System besteht aus folgenden Hauptgruppen (Bilder 1 und 2):

- *Niederdruckteil* mit den Komponenten der Kraftstoffversorgung,
- *Hochdruckteil* mit den Komponenten Hochdruckpumpe, Rail, Injektoren und Hochdruck-Kraftstoffleitungen,
- *Elektronische Dieselregelung (EDC)* mit den Systemblöcken Sensoren, Steuergerät und Stellglieder (Aktoren).

Kernbestandteile des Common Rail Systems sind die Injektoren. Sie enthalten ein schnell schaltendes Ventil (Magnetventil oder Piezosteller), über das die Einspritzdüse geöffnet und geschlossen wird. So kann der Einspritzvorgang für jeden Zylinder einzeln gesteuert werden.

**2** Systembereiche einer Motorsteuerung mit Common Rail Einspritzsystem

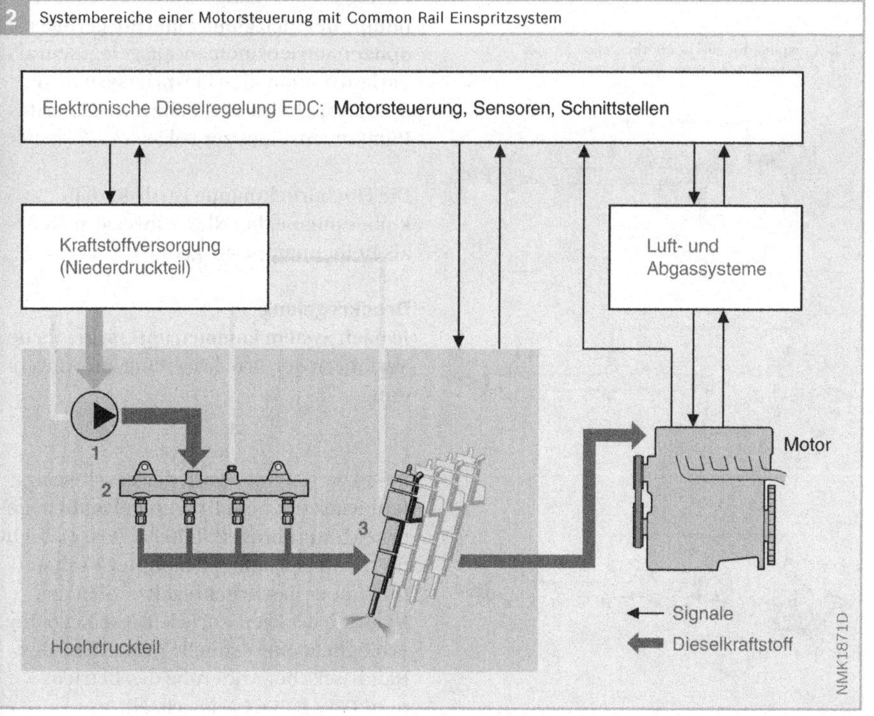


**Bild 2**

1 Hochdruckpumpe
2 Rail
3 Injektoren

Die Injektoren sind gemeinsam am Rail angeschlossen. Daher leitet sich der Name „Common Rail" (englisch für „gemeinsame Schiene/Rohr") ab.

Kennzeichnend für das Common Rail System ist, dass der Systemdruck abhängig vom Betriebspunkt des Motors eingestellt werden kann. Die Einstellung des Drucks erfolgt über das Druckregelventil oder über die Zumesseinheit (Bild 3).

Der modulare Aufbau des Common Rail Systems erleichtert die Anpassung an die verschiedenen Motoren.

## Arbeitsweise

Beim Speichereinspritzsystem Common Rail sind Druckerzeugung und Einspritzung entkoppelt. Der Einspritzdruck wird unabhängig von der Motordrehzahl und der Einspritzmenge erzeugt. Die Elektronische Dieselregelung (EDC) steuert die einzelnen Komponenten an.

### Druckerzeugung
Die Entkopplung von Druckerzeugung und Einspritzung geschieht mithilfe eines Speichervolumens. Der unter Druck stehende Kraftstoff steht im Speichervolumen des „Common Rail" für die Einspritzung bereit.

Eine vom Motor angetriebene, kontinuierlich arbeitende Hochdruckpumpe baut den gewünschten Einspritzdruck auf. Sie erhält den Druck im Rail weitgehend unabhängig von der Motordrehzahl und der Einspritzmenge aufrecht. Wegen der nahezu gleichförmigen Förderung kann die Hochdruckpumpe deutlich kleiner und mit geringerem Spitzenantriebsmoment ausgelegt sein als bei konventionellen Einspritzsystemen. Das hat auch eine deutliche Entlastung des Pumpenantriebes zur Folge.

Die Hochdruckpumpe ist als Radialkolbenpumpe, bei Nkw teilweise auch als Reihenpumpe ausgeführt.

### Druckregelung
Je nach System kommen unterschiedliche Verfahren der Druckregelung zur Anwendung.

#### Hochdruckseitige Regelung
Bei Pkw-Systemen wird der gewünschte Raildruck über ein Druckregelventil hochdruckseitig geregelt (Bild 3a, Pos. 4). Nicht für die Einspritzung benötigter Kraftstoff fließt über das Druckregelventil in den Niederdruckkreis zurück. Diese Regelung ermöglicht eine schnelle Anpassung des Raildrucks bei Änderung des Betriebspunkts (z. B. bei Lastwechsel).

**Bild 3**
a Hochdruckseitige Druckregelung mit Druckregelventil für Pkw-Anwendung
b Saugseitige Druckregelung mit an der Hochdruckpumpe angeflanschter Zumesseinheit (für Pkw und Nkw)
c Saugseitige Druckregelung mit Zumesseinheit und zusätzliche Regelung mit Druckregelventil (für Pkw)

1 Hochdruckpumpe
2 Kraftstoffzulauf
3 Kraftstoffrücklauf
4 Druckregelventil
5 Rail
6 Raildrucksensor
7 Anschluss Injektor
8 Anschluss Kraftstoffrücklauf
9 Druckbegrenzungsventil
10 Zumesseinheit
11 Druckregelventil

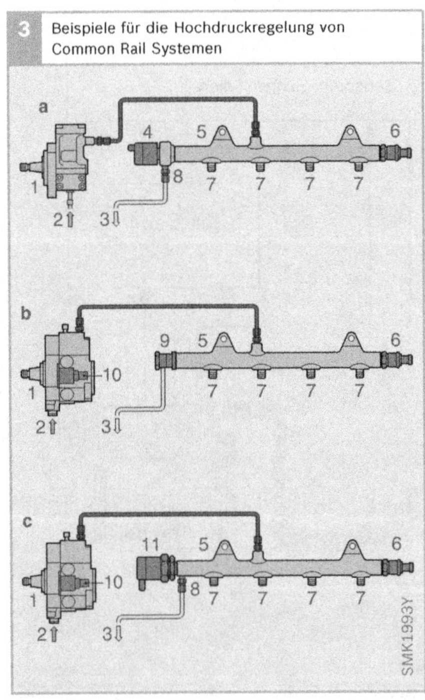

Die hochdruckseitige Regelung wurde bei den ersten Common Rail Systemen angewandt. Das Druckregelventil ist vorzugsweise am Rail, bei einzelnen Anwendungen direkt an der Hochdruckpumpe angebaut.

### Saugseitige Mengenregelung

Eine weitere Möglichkeit, den Raildruck zu regeln, besteht in der saugseitigen Mengenregelung (Bild 3b). Die an der Hochdruckpumpe angeflanschte Zumesseinheit (10) sorgt dafür, dass die Pumpe exakt die Kraftstoffmenge in das Rail fördert, mit welcher der vom System geforderte Einspritzdruck aufrechterhalten wird. Ein Druckbegrenzungsventil (9) verhindert im Fehlerfall einen unzulässig hohen Anstieg des Raildrucks.

Mit der saugseitigen Mengenregelung ist die auf Hochdruck verdichtete Kraftstoffmenge und somit auch die Leistungsaufnahme der Pumpe geringer. Das wirkt sich positiv auf den Kraftstoffverbrauch aus. Außerdem wird die Temperatur des in den Kraftstoffbehälter rücklaufenden Kraftstoffs gegenüber der hochdruckseitigen Regelung reduziert.

### Zweistellersystem

Das Zweistellersystem (Bild 3c) mit der saugseitigen Druckregelung über die Zumesseinheit und der hochdruckseitigen Regelung über das Druckregelventil kombiniert die Vorteile von hochdruckseitiger Regelung und saugseitiger Mengenregelung (s. Abschnitt „Common Rail System für Pkw").

### Einspritzung

Die Injektoren spritzen den Kraftstoff direkt in den Brennraum des Motors ein. Sie werden über kurze Hochdruck-Kraftstoffleitungen aus dem Rail versorgt. Das Motorsteuergerät steuert das im Injektor integrierte Schaltventil an, das die Einspritzdüse öffnet und wieder schließt.

Öffnungsdauer des Injektors und Systemdruck bestimmen die eingebrachte Kraftstoffmenge. Sie ist bei konstantem Druck proportional zur Einschaltzeit des Schaltventils und damit unabhängig von der Motor- bzw. Pumpendrehzahl (zeitgesteuerte Einspritzung).

### Hydraulisches Leistungspotenzial

Die Trennung der Funktionen *Druckerzeugung* und *Einspritzung* eröffnet gegenüber konventionellen Einspritzsystemen einen weiteren Freiheitsgrad bei der Verbrennungsentwicklung: der Einspritzdruck kann im Kennfeld weitgehend frei gewählt werden. Der maximale Einspritzdruck beträgt derzeit 1800 bar.

Das Common Rail System ermöglicht mit Voreinspritzungen bzw. Mehrfacheinspritzungen eine weitere Absenkung von Abgasemissionen und reduziert deutlich das Verbrennungsgeräusch. Mit mehrmaligem Ansteuern des äußerst schnellen Schaltventils lassen sich Mehrfacheinspritzungen mit bis zu fünf Einspritzungen pro Einspritzzyklus erzeugen. Die Düsennadel schließt mit hydraulischer Unterstützung und sichert so ein rasches Spritzende.

### Steuerung und Regelung



Das Motorsteuergerät erfasst mithilfe der Sensoren die Fahrpedalstellung und den aktuellen Betriebszustand von Motor und Fahrzeug (siehe auch Kapitel „Elektronische Dieselregelung"). Dazu gehören unter anderem:

▶ Kurbelwellendrehzahl und -winkel,
▶ Raildruck,
▶ Ladedruck,
▶ Ansaugluft-, Kühlmittel- und Kraftstofftemperatur,
▶ angesaugte Luftmasse,
▶ Fahrgeschwindigkeit usw.

Das Steuergerät wertet die Eingangssignale aus und berechnet verbrennungssynchron die Ansteuersignale für das Druckregelventil oder die Zumesseinheit, die Injektoren und die übrigen Stellglieder (z. B. Abgasrückführventil, Steller des Turboladers).

Die erforderlichen kurzen Schaltzeiten für die Injektoren lassen sich mit den optimierten Hochdruckschaltventilen und einer speziellen Ansteuerung erreichen.
 Das Winkel-Zeit-System gleicht den Einspritzzeitpunkt mit den Daten des Kurbel- und Nockenwellensensors an den Motorzustand an (Zeitsteuerung). Die Elektronische Dieselregelung (EDC) erlaubt es, die Einspritzmenge exakt zu dosieren. Außerdem bietet die EDC das Potenzial für weitere Zusatzfunktionen, die das Fahrverhalten verbessern und den Komfort erhöhen.



Die Grundfunktionen steuern die Einspritzung von Dieselkraftstoff zum richtigen Zeitpunkt, in der richtigen Menge und mit dem vorgegebenen Druck. Sie sichern damit einen verbrauchsgünstigen und ruhigen Lauf des Dieselmotors.



Um Toleranzen von Einspritzsystem und Motor auszugleichen, stehen eine Reihe von Korrekturfunktionen zur Verfügung:

▶ Injektormengenabgleich,
▶ Nullmengenkalibrierung,
▶ Mengenausgleichsregelung,
▶ Mengenmittelwertadaption.



Zusätzliche Steuer- und Regelfunktionen dienen einer Reduzierung der Abgasemissionen und des Kraftstoffverbrauchs oder erhöhen die Sicherheit und den Komfort. Beispiele dafür sind:

▶ Regelung der Abgasrückführung,
▶ Ladedruckregelung,
▶ Fahrgeschwindigkeitsregelung,
▶ elektronische Wegfahrsperre usw.

Die Integration der EDC in ein Fahrzeug-Gesamtsystem eröffnet ebenfalls eine Reihe neuer Möglichkeiten, z. B. Datenaustausch mit der Getriebesteuerung oder der Klimaregelung.

Eine Diagnoseschnittstelle erlaubt die Auswertung der gespeicherten Systemdaten bei der Fahrzeuginspektion.

### Steuergerätekonfiguration

Da das Motorsteuergerät in der Regel nur bis zu acht Endstufen für die Injektoren besitzt, werden für Motoren mit mehr als acht Zylindern zwei Motorsteuergeräte eingesetzt. Sie sind über eine sehr schnelle interne CAN-Schnittstelle im „Master Slave"-Verbund gekoppelt. Dadurch steht auch mehr Mikrocontrollerkapazität zur Verfügung. Einige Funktionen sind jeweils fest einem Steuergerät zugeordnet (z. B. Mengenausgleichsregelung). Andere können bei der Konfiguration flexibel einem Steuergerät zugeordnet werden (z. B. die Erfassung von Sensoren).

## Funktionsbeschreibung

Der Injektormengenabgleich (IMA) ist eine Softwarefunktion zur Steigerung der Mengenzumessgenauigkeit und gleichzeitig der Injektor-Gutausbringung am Motor. Die Funktion hat die Aufgabe, die Einspritzmenge für jeden Injektor eines CR-Systems im gesamten Kennfeldbereich individuell auf den Sollwert zu korrigieren. Dadurch ergibt sich eine Reduktion der Systemtoleranzen und des Emissionsstreubandes. Die für die IMA benötigten Abgleichwerte stellen die Differenz zum Sollwert des jeweiligen Werksprüfpunktes dar und werden in verschlüsselter Form auf jeden Injektor beschriftet.

Mithilfe eines Korrekturkennfeldes, das mit den Abgleichwerten eine Korrekturmenge errechnet, wird der gesamte motorisch relevante Bereich korrigiert. Am Bandende des Automobilherstellers werden die EDC-Abgleichwerte der verbauten Injektoren und die Zuordnung zu den Zylindern über EOL-Programmierung in das Steuergerät programmiert. Auch bei einem Injektoraustausch in der Kundendienstwerkstatt werden die Abgleichwerte neu programmiert.

## Notwendigkeit dieser Funktion

Die technischen Aufwendungen für eine weitere Einengung der Fertigungstoleranzen von Injektoren steigen exponentiell und erscheinen finanziell unwirtschaftlich. Der IMA stellt die zielführende Lösung dar, die Gutausbringung zu erhöhen und gleichzeitig die motorische Mengenzumessgenauigkeit und damit die Emissionen zu verbessern.

## Messwerte bei der Prüfung

Bei der Bandendeprüfung wird jeder Injektor an mehreren Punkten, die repräsentativ für das Streuverhalten dieses Injektortyps sind, gemessen. An diesen Punkten werden die Abweichungen zum Sollwert (Abgleichwerte) berechnet und anschließend auf dem Injektorkopf beschriftet.

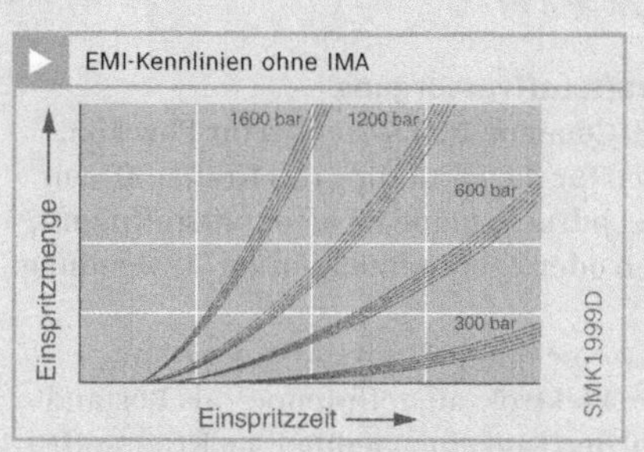


**Bild 1**
Kennlinien verschiedener Injektoren in Abhängigkeit des Raildrucks.
Der IMA reduziert die Streubreite der Kennlinien.
EMI Einspritzmengenindikator

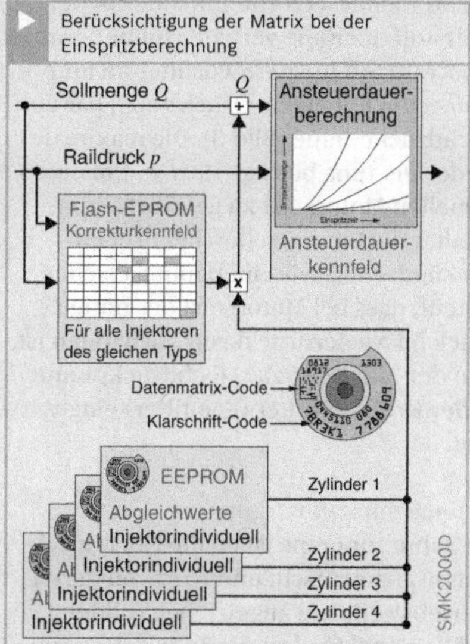


**Bild 2**
Berechnung der Injektor-Ansteuerdauer aus Sollmenge, Raildruck und Korrekturwerten

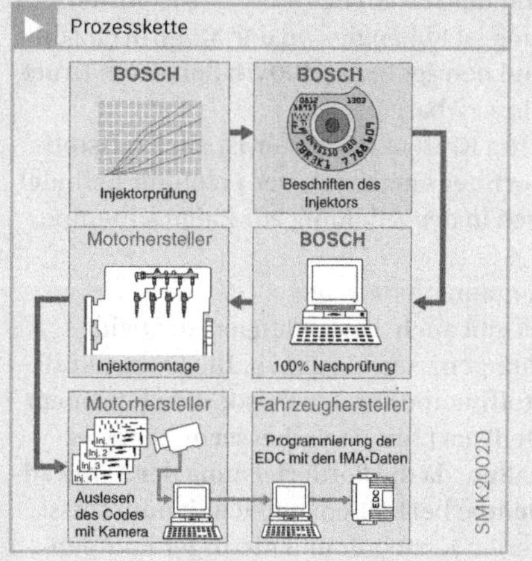


**Bild 3**
Darstellung der Prozesskette vom Injektorabgleich bei Bosch bis zur Bandende-Programmierung beim Fahrzeughersteller

# Common Rail System für Pkw

### Kraftstoffversorgung

Bei Common Rail Systemen für Pkw kommen für die Förderung des Kraftstoffs zur Hochdruckpumpe Elektrokraftstoffpumpen oder Zahnradpumpen zur Anwendung.

Systeme mit Elektrokraftstoffpumpe

Die Elektrokraftstoffpumpe – als Bestandteil der Tankeinbaueinheit im Kraftstoffbehälter eingesetzt (Intank) oder in der Kraftstoffzuleitung verbaut (Inline) – saugt den Kraftstoff über ein Vorfilter an und fördert ihn mit einem Druck von 6 bar zur Hochdruckpumpe (Bild 3). Die maximale Förderleis-tung beträgt 190 *l*/h. Um einen schnellen Motorstart zu gewährleisten, schaltet die Pumpe schon bei Drehen des Zündschlüssels ein. Damit ist sichergestellt, dass bei Motorstart der nötige Druck im Niederdruckkreis vorhanden ist.

In der Zuleitung zur Hochdruckpumpe ist der Kraftstofffilter (Feinfilter) eingebaut.

Systeme mit Zahnradpumpe

Die Zahnradpumpe ist an die Hochdruckpumpe angeflanscht und wird von deren Antriebswelle mit angetrieben (Bilder 1 und 2). Somit fördert die Zahnradpumpe erst bei Starten des Motors. Die Förderleistung ist abhängig von der Motordrehzahl und beträgt bis zu 400 *l*/h bei einem Druck bis zu 7 bar.

Im Kraftstoffbehälter ist ein Kraftstoff-Vorfilter eingebaut. Der Feinfilter befindet sich in der Zuleitung zur Zahnradpumpe.

Kombinationssysteme

Es gibt auch Anwendungen, die beide Pumpenarten einsetzen. Die Elektrokraftstoffpumpe sorgt insbesondere bei einem Heißstart für ein verbessertes Startverhalten, da die Förderleistung der Zahnradpumpe bei heißem und damit dünnflüssigerem Kraftstoff und niedriger Pumpendrehzahl verringert ist.

### Hochdruckregelung

Beim Common Rail System der ersten Generation erfolgt die Regelung des Raildrucks über das Druckregelventil. Die Hochdruckpumpe (Ausführung CP1) fördert unabhängig vom Kraftstoffbedarf die maximale Fördermenge, das Druckregelventil führt überschüssig geförderten Kraftstoff in den Kraftstoffbehälter zurück.

Das Common Rail System der zweiten Generation regelt den Raildruck niederdruckseitig über die Zumesseinheit (Bilder 1 und 2). Die Hochdruckpumpe (Ausführung CP3 und CP1H) muss nur die Kraftstoffmenge fördern, die der Motor tatsächlich benötigt. Der Energiebedarf der Hochdruckpumpe und damit der Kraftstoffverbrauch sind dadurch geringer.

Das Common Rail System der dritten Generation ist durch die Piezo-Inline-Injektoren gekennzeichnet (Bild 3).

Wenn der Druck nur auf der Niederdruckseite eingestellt werden kann, dauert bei schnellen negativen Lastwechseln der Druckabbau im Rail zu lange. Die Dynamik für die Druckanpassung an die veränderten Lastbedingungen ist zu träge. Dies ist insbesondere bei Piezo-Inline-Injektoren aufgrund der nur geringen inneren Leckagen der Fall. Einige Common Rail Systeme enthalten deshalb neben der Hochdruckpumpe mit Zumesseinheit zusätzlich ein Druckregelventil (Bild 3). Mit diesem Zweistellersystem werden die Vorteile der niederdruckseitigen Regelung mit dem günstigen dynamischen Verhalten der hochdruckseitigen Regelung kombiniert.

Ein weiterer Vorteil gegenüber der ausschließlich niederdruckseitigen Regelmöglichkeit ergibt sich dadurch, dass bei kaltem Motor eine hochdruckseitige Regelung vorgenommen werden kann. Die Hochdruckpumpe fördert somit mehr Kraftstoff als eingespritzt wird, die Druckregelung erfolgt über das Druckregelventil. Der Kraftstoff wird durch die Komprimierung erwärmt, wodurch auf eine zusätzliche Kraftstoffheizung verzichtet werden kann.

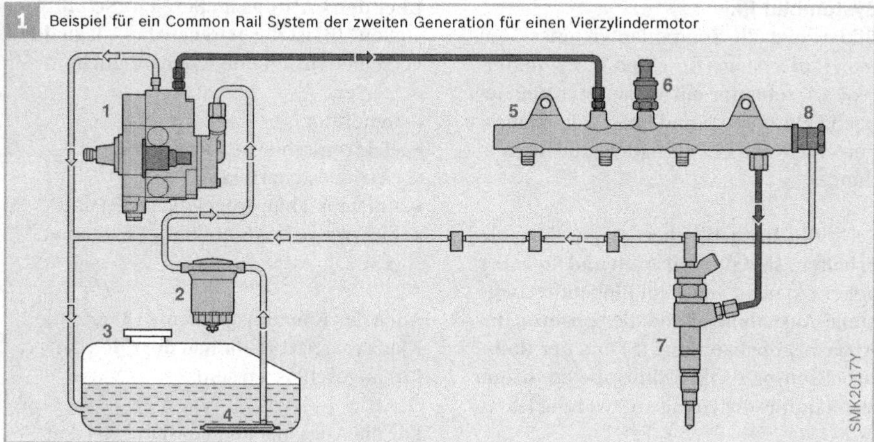



**Bild 1**

1 Hochdruckpumpe CP3 mit angebauter Zahnrad-Vorförderpumpe und Zumesseinheit
2 Kraftstofffilter mit Wasserabscheider und Heizung (optional)
3 Kraftstoffbehälter
4 Vorfilter
5 Rail
6 Raildrucksensor
7 Magnetventil-Injektor
8 Druckbegrenzungsventil

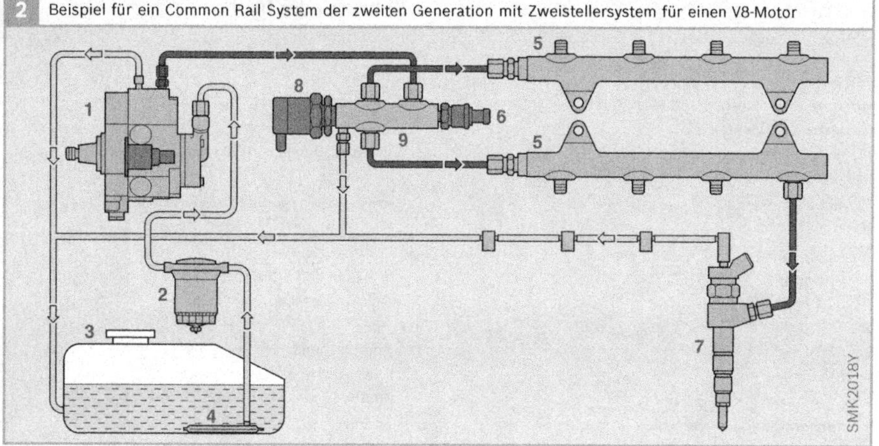



**Bild 2**

1 Hochdruckpumpe CP3 mit angebauter Zahnrad-Vorförderpumpe und Zumesseinheit
2 Kraftstofffilter mit Wasserabscheider und Heizung (optional)
3 Kraftstoffbehälter
4 Vorfilter
5 Rail
6 Raildrucksensor
7 Magnetventil-Injektor
8 Druckregelventil
9 Funktionsblock (Verteiler)

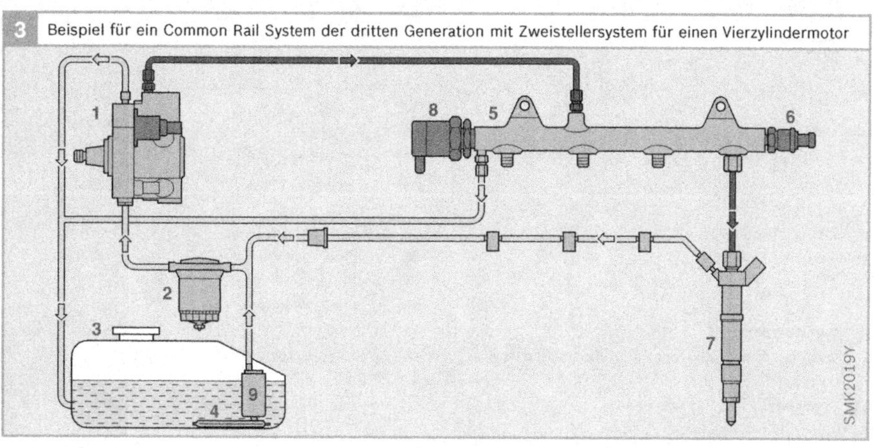



**Bild 3**

1 Hochdruckpumpe CP1H mit Zumesseinheit
2 Kraftstofffilter mit Wasserabscheider und Heizung (optional)
3 Kraftstoffbehälter
4 Vorfilter
5 Rail
6 Raildrucksensor
7 Piezo-Inline-Injektor
8 Druckregelventil
9 Elektrokraftstoffpumpe

### Systembild Pkw

Bild 4 zeigt alle Komponenten eines Common Rail Systems für einen Vierzylinder-Pkw-Dieselmotor mit Vollausstattung. Je nach Fahrzeugtyp und Einsatzart kommen einzelne Komponenten nicht zur Anwendung.

Um eine übersichtlichere Darstellung zu erhalten, sind die Sensoren und Sollwertgeber (A) nicht an ihrem Einbauort dargestellt. Ausnahme bilden die Sensoren der Abgasnachbehandlung (F) und der Raildrucksensor, da ihre Einbauposition zum Verständnis der Anlage notwendig ist.

Über den CAN-Bus im Bereich „Schnittstellen" (B) ist der Datenaustausch zu den verschiedensten Bereichen möglich:

- Starter,
- Generator,
- elektronische Wegfahrsperre,
- Getriebesteuerung,
- Antriebsschlupfregelung (ASR) und
- Elektronisches Stabilitäts-Programm (ESP).

Auch das Kombiinstrument (13) und die Klimaanlage (14) können über den CAN-Bus angeschlossen sein.

Für die Abgasnachbehandlung werden zwei mögliche Kombinationssysteme aufgeführt (a oder b).

**Bild 4**

**Motor, Motorsteuerung und Hochdruck-Einspritzkomponenten**

17 Hochdruckpumpe
18 Zumesseinheit
25 Motorsteuergerät
26 Rail
27 Raildrucksensor
28 Druckregelventil (DRV-2)
29 Injektor
30 Glühstiftkerze
31 Dieselmotor (DI)
$M$ Drehmoment

**A  Sensoren und Sollwertgeber**

1 Fahrpedalsensor
2 Kupplungsschalter
3 Bremskontakte (2)
4 Bedienteil für Fahrgeschwindigkeitsregler
5 Glüh-Start-Schalter („Zündschloss")
6 Fahrgeschwindigkeitssensor
7 Kurbelwellendrehzahlsensor (induktiv)
8 Nockenwellendrehzahlsensor (Induktiv- oder Hall-Sensor)
9 Motortemperatursensor (im Kühlmittelkreislauf)
10 Ansauglufttemperatursensor
11 Ladedrucksensor
12 Heißfilm-Luftmassenmesser (Ansaugluft)

**B  Schnittstellen**

13 Kombiinstrument mit Signalausgabe für Kraftstoffverbrauch, Drehzahl usw.
14 Klimakompressor mit Bedienteil
15 Diagnoseschnittstelle

16 Glühzeitsteuergerät
CAN Controller Area Network
   (serieller Datenbus im Kraftfahrzeug)

**C  Kraftstoffversorgung (Niederdruckteil)**

19 Kraftstofffilter mit Überströmventil
20 Kraftstoffbehälter mit Vorfilter und Elektrokraftstoffpumpe, EKP (Vorförderpumpe)
21 Füllstandsensor

**D  Additivsystem**

22 Additivdosiereinheit
23 Additiv-Control-Steuergerät
24 Additivtank

**E  Luftversorgung**

32 Abgasrückführkühler
33 Ladedrucksteller
34 Abgasturbolader (hier mit variabler Turbinengeometrie, VTG)
35 Regelklappe
36 Abgasrückführsteller
37 Unterdruckpumpe

**F  Abgasnachbehandlung**

38 Breitband-Lambda-Sonde LSU
39 Abgastemperatursensor
40 Oxidationskatalysator
41 Partikelfilter
42 Differenzdrucksensor
43 $NO_X$-Speicherkatalysator
44 Breitband-Lambda-Sonde, optional NOX-Sensor

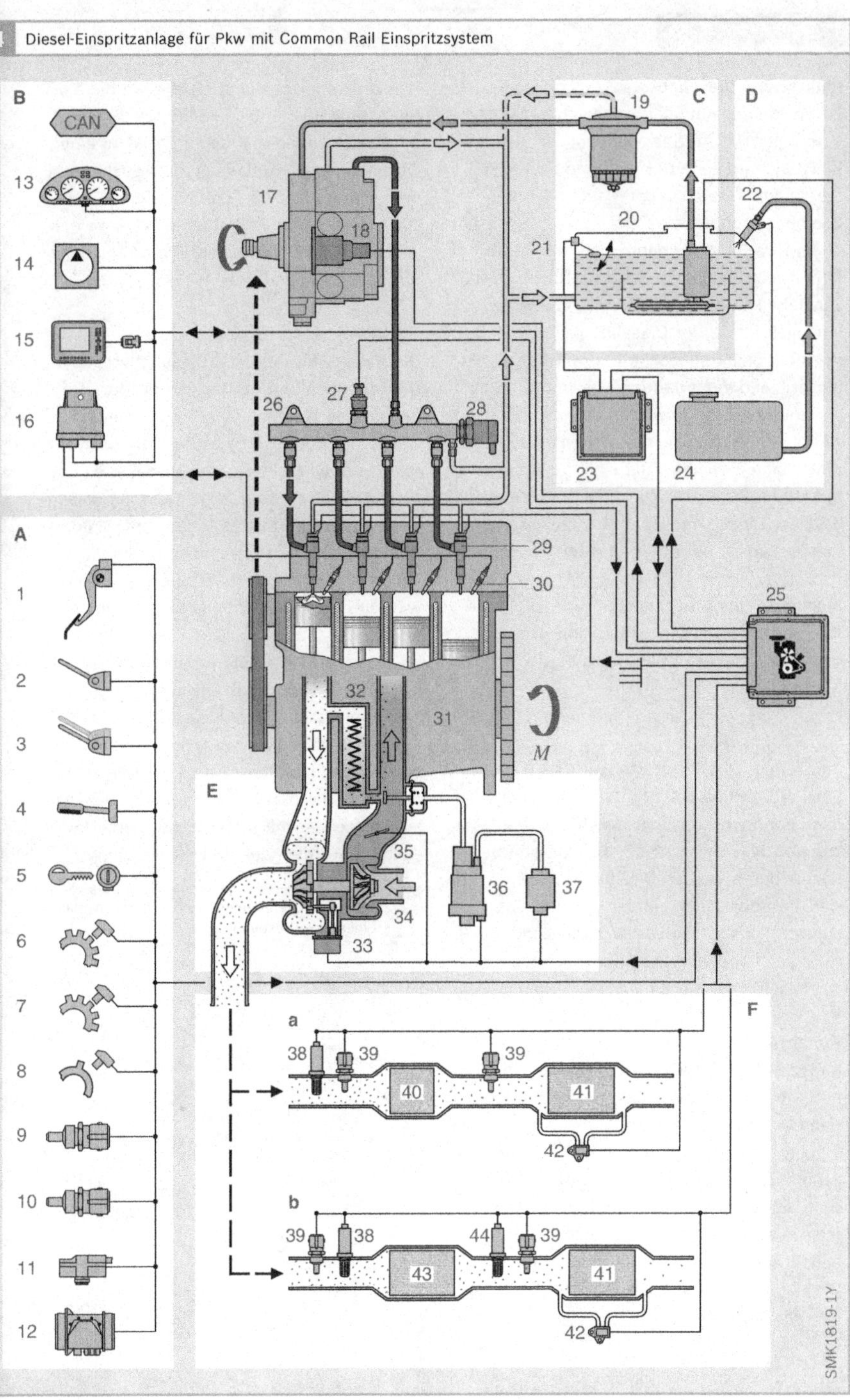
Diesel-Einspritzanlage für Pkw mit Common Rail Einspritzsystem
B
CAN
13
14
15
16
A
1
2
3
4
5
6
7
8
9
10
11
12
17
18
19
C
D
20
21
22
26
27
28
23
24
29
30
25
32
31
M
E
35
36
37
34
33
F
a
38
39
39
40
41
42
b
39
38
44
39
43
41
42
SMK1819-1Y

### Einsatz des Dieselmotors

Zu Beginn der Automobilgeschichte war der Ottomotor das Antriebsaggregat für Straßenfahrzeuge. Im Jahr 1927 wurden schließlich die ersten Nkw, 1936 dann auch Pkw mit Dieselmotoren ausgeliefert.

Im Nkw-Bereich konnte sich der Dieselmotor aufgrund seiner Wirtschaftlichkeit und Langlebigkeit durchsetzen. Im Pkw-Bereich hingegen führte der Dieselmotor lange Zeit noch ein Schattendasein. Erst mit den direkt einspritzenden modernen Dieselmotoren mit Aufladung – das Prinzip der Direkteinspritzung wurde schon bei den ersten Nkw-Dieselmotoren angewandt – hat sich das Erscheinungsbild des Diesels gewandelt. Mittlerweile liegt der Diesel-Anteil an neu zugelassenen Pkw in Europa bei annähernd 50 %.

### Merkmale des Dieselmotors

Was zeichnet den Dieselmotor der Gegenwart aus, dass er in Europa einen derartigen Boom erlebt?

*Wirtschaftlichkeit*

Zum einen ist der Kraftstoffverbrauch gegenüber vergleichbaren Ottomotoren immer noch geringer – das ergibt sich aus dem höheren Wirkungsgrad des Dieselmotors. Zum anderen werden Dieselkraftstoffe in vielen europäischen Ländern geringer besteuert. Für Vielfahrer ist der Diesel somit trotz des höheren Anschaffungspreises die wirtschaftlichere Alternative.

*Fahrspaß*

Nahezu alle aktuellen Dieselmodelle arbeiten mit Aufladung. Dadurch kann schon im niedrigen Drehzahlbereich eine hohe Zylinderfüllung erreicht werden. Entsprechend hoch kann auch die zugemessene Kraftstoffmenge sein, wodurch der Motor ein hohes Drehmoment erzeugt. Daraus ergibt sich ein Drehmomentverlauf, der das Fahren mit hohem Drehmoment schon bei niedrigen Drehzahlen ermöglicht.

Das Drehmoment – und nicht etwa die Motorleistung – ist entscheidend für die Durchzugskraft des Motors. Im Vergleich zu einem Ottomotor ohne Aufladung kann auch mit einem leistungsschwächeren Dieselmotor mehr „Fahrspaß" erreicht werden. Das Image des „lahmen Stinkers" trifft auf Dieselfahrzeuge der neuen Generationen nicht mehr zu.

*Umweltverträglichkeit*

Die Rauchschwaden, die Dieselfahrzeuge früher im höheren Lastbetrieb produzierten, gehören der Vergangenheit an. Möglich wurde das durch verbesserte Einspritzsysteme und die Elektronische Dieselregelung (EDC). Die Kraftstoffmenge kann mit diesen Systemen exakt dosiert und an den Motorbetriebspunkt und die Umgebungsbedingungen angepasst werden. Mit dieser Technik werden die aktuell gültigen Abgasnormen erfüllt.

Oxidationskatalysatoren, die Kohlenmonoxid (CO) und Kohlenwasserstoffe (HC) aus dem Abgas entfernen, sind beim Dieselmotor Standard. Mit weiteren Systemen zur Abgasnachbehandlung, wie z. B. Partikelfilter und $NO_X$-Speicherkatalysatoren, werden auch zukünftige verschärfte Abgasnormen erfüllt – auch die Normen der US-Gesetzgebung.

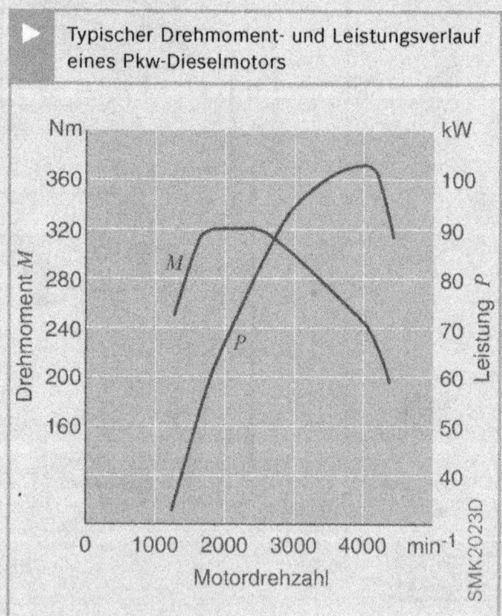


Typischer Drehmoment- und Leistungsverlauf eines Pkw-Dieselmotors

# Common Rail System für Nkw

## Kraftstoffversorgung

### Vorförderung

Common Rail Systeme für leichte Nutzfahrzeuge unterscheiden sich nur wenig
von den Pkw-Systemen. Zur Vorförderung
des Kraftstoffs werden Elektrokraftstoff-
oder Zahnradpumpen eingesetzt. Bei
Common Rail Systemen für schwere Nkw
kommen für die Förderung des Kraftstoffs
zur Hochdruckpumpe ausschließlich
Zahnradpumpen (s. Kapitel „Kraftstoffversorgung Niederdruckteil", Abschnitt
„Zahnradkraftstoffpumpe") zur Anwendung. Die Vorförderpumpe ist in der Regel
an der Hochdruckpumpe angeflanscht
(Bilder 1 und 2), bei verschiedenen Anwendungen ist sie am Motor befestigt.

### Kraftstofffilterung

Im Gegensatz zu Pkw-Systemen ist hier
der Kraftstofffilter (Feinfilter) druckseitig
eingebaut. Die Hochdruckpumpe benötigt
daher auch bei angeflanschter Zahnradpumpe einen außen liegenden Kraftstoffzulauf.

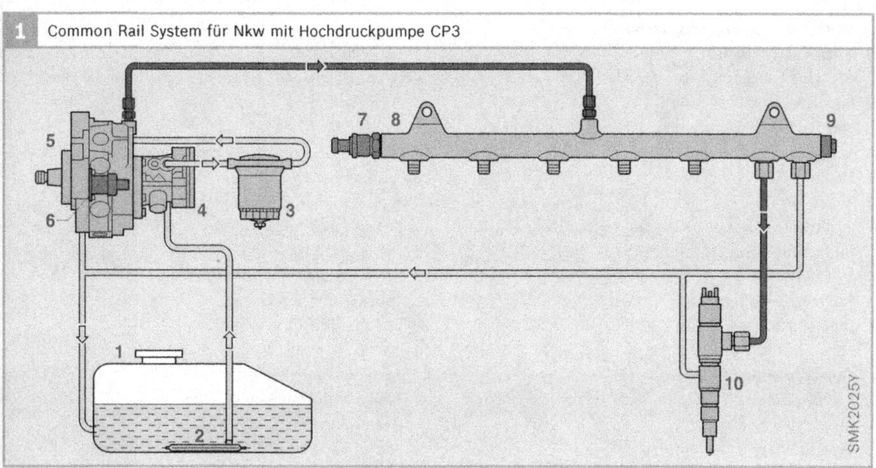

**1 Common Rail System für Nkw mit Hochdruckpumpe CP3**



**Bild 1**
1 Kraftstoffbehälter
2 Vorfilter
3 Kraftstofffilter
4 Zahnrad-
  Vorförderpumpe
5 Hochdruckpumpe
  CP3.4
6 Zumesseinheit
7 Raildrucksensor
8 Rail
9 Druckbegrenzungs-
  ventil
10 Injektor

**2 Common Rail System für Nkw mit Hochdruckpumpe CPN2**



**Bild 2**
1 Kraftstoffbehälter
2 Vorfilter
3 Kraftstofffilter
4 Zahnrad-
  Vorförderpumpe
5 Hochdruckpumpe
  CPN2.2
6 Zumesseinheit
7 Raildrucksensor
8 Rail
9 Druckbegrenzungs-
  ventil
10 Injektor

### Systembild Nkw

Bild 3 zeigt alle Komponenten eines Common Rail Systems für einen Sechszylinder-Nkw-Dieselmotor. Je nach Fahrzeugtyp und Einsatzart kommen einzelne Komponenten nicht zur Anwendung.

Um eine übersichtlichere Darstellung zu erhalten, sind nur die Sensoren und Sollwertgeber an ihrem Einbauort dargestellt, deren Einbauposition zum Verständnis der Anlage notwendig ist.

Über den CAN-Bus im Bereich „Schnittstellen" (B) ist der Datenaustausch zu den verschiedensten Bereichen möglich (z. B.

Getriebesteuerung, Antriebsschlupfregelung ASR, Elektronisches Stabilitäts-Programm ESP, Ölgütesensor, Fahrtschreiber, Abstandsradar ACC, Bremskoordinator – bis zu 30 Steuergeräte). Auch der Generator (18) und die Klimaanlage (17) können über den CAN-Bus angeschlossen sein.

Für die Abgasnachbehandlung werden drei mögliche Systeme aufgeführt: ein reines DPF-System (a) vorwiegend für den US-Markt, ein reines SCR-System (b) vorwiegend für den EU-Markt sowie ein Kombinationssystem (c).

**Bild 3**

**Motor, Motorsteuerung und Hochdruck-Einspritzkomponenten**

22  Hochdruckpumpe
29  Motorsteuergerät
30  Rail
31  Raildrucksensor
32  Injektor
33  Relais
34  Zusatzaggregate (z.-B. Retarder, Auspuffklappe
    für Motorbremse, Starter, Lüfter)
35  Dieselmotor (DI)
36  Flammkerze (alternativ Grid-Heater)
$M$  Drehmoment

**A  Sensoren und Sollwertgeber**

 1  Fahrpedalsensor
 2  Kupplungsschalter
 3  Bremskontakte (2)
 4  Motorbremskontakt
 5  Feststellbremskontakt
 6  Bedienschalter (z. B. Fahrgeschwindigkeits-
    regler, Zwischendrehzahlregelung, Drehzahl- und
    Drehmomentreduktion)
 7  Schlüssel-Start-Stopp („Zündschloss")
 8  Turboladerdrehzahlsensor
 9  Kurbelwellendrehzahlsensor (induktiv)
10  Nockenwellendrehzahlsensor
11  Kraftstofftemperatursensor
12  Motortemperatursensor (im Kühlmittelkreislauf)
13  Ladelufttemperatursensor
14  Ladedrucksensor
15  Lüfterdrehzahlsensor
16  Luftfilter-Differenzdrucksensor

**B  Schnittstellen**

17  Klimakompressor mit Bedienteil
18  Generator
19  Diagnoseschnittstelle

20  SCR-Steuergerät
21  Luftkompressor
CAN Controller Area Network (serieller Datenbus im
    Kraftfahrzeug) (bis zu 3 Busse)

**C  Kraftstoffversorgung (Niederdruckteil)**

23  Kraftstoffvorförderpumpe
24  Kraftstofffilter mit Wasserstands- und
    Drucksensoren
25  Steuergerätekühler
26  Kraftstoffbehälter mit Vorfilter
27  Druckbegrenzungsventil
28  Füllstandsensor

**D  Luftversorgung**

37  Abgasrückführkühler
38  Regelklappe
39  Abgasrückführsteller mit Abgasrückführventil
    und Positionssensor
40  Ladeluftkühler mit Bypass für Kaltstart
41  Abgasturbolader (hier mit variabler
    Turbinengeometrie VTG) mit Positionssensor
42  Ladedrucksteller

**E  Abgasnachbehandlung**

43  Abgastemperatursensor
44  Oxidationskatalysator
45  Differenzdrucksensor
46  katalytisch beschichteter Partikelfilter (CSF)
47  Rußsensor
48  Füllstandsensor
49  Reduktionsmitteltank
50  Reduktionsmittelförderpumpe
51  Reduktionsmitteldüse
52  $NO_x$-Sensor
53  SCR-Katalysator
54  $NH_3$-Sensor

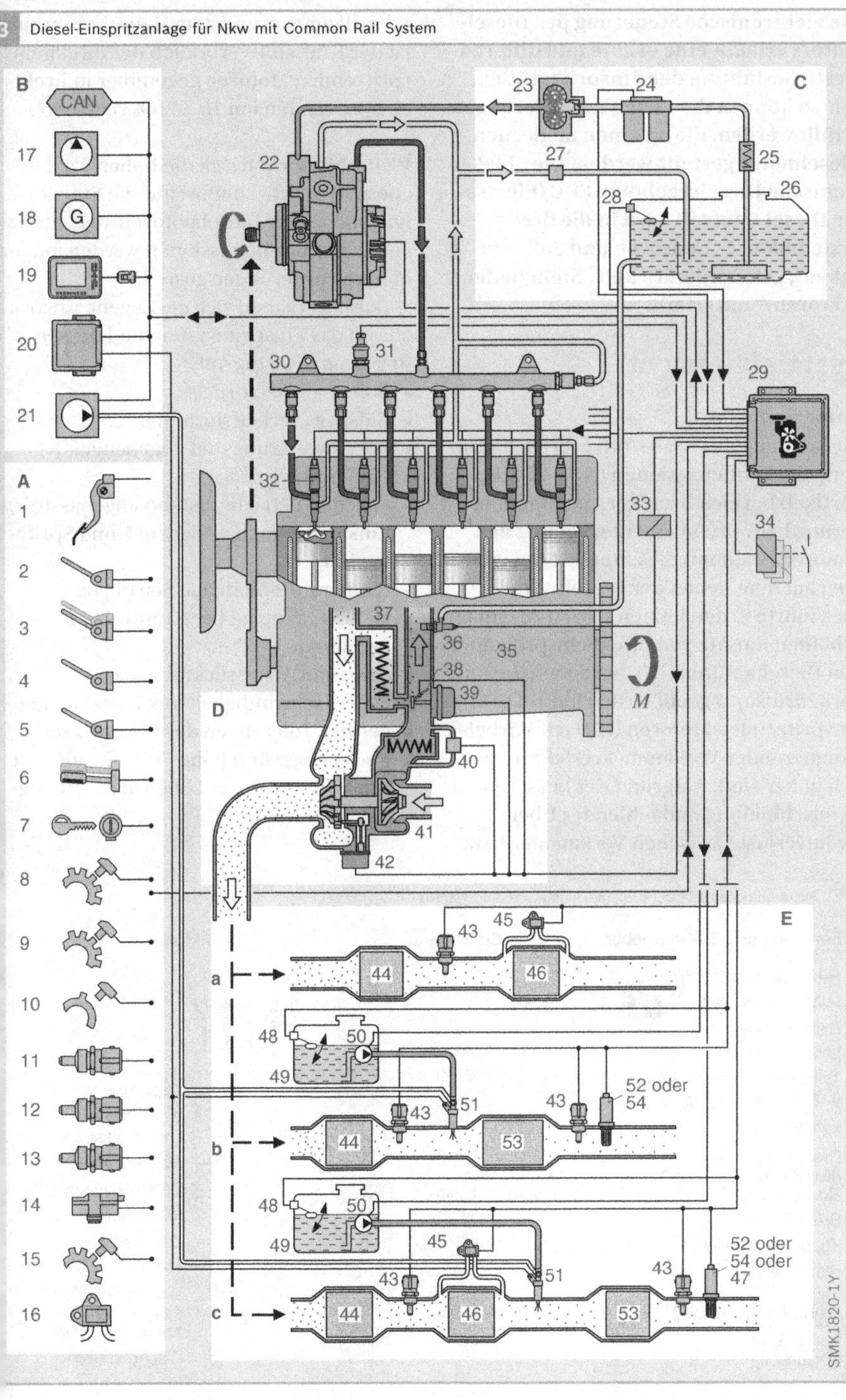

3
Diesel-Einspritzanlage für Nkw mit Common Rail System
B
CAN
17
18 G
19
20
21
A
1
2
3
4
5
6
7
8
9
10
11
12
13
14
15
16
22
C
23
24
27
25
26
28
29
30
31
32
33
34
35
36
37
38
39
40
41
42
D
E
43
45
44
46
a
48
50
49
43
51
43
52 oder
54
53
b
48
50
49
45
43
51
43
52 oder
54 oder
47
44
46
53
c
M
SMK1820-1Y

# Elektronische Dieselregelung EDC

**Die elektronische Steuerung des Diesel-
motors erlaubt eine exakte und differen-
zierte Gestaltung der Einspritzgrößen.
Nur so können die vielen Anforderungen
erfüllt werden, die an einen modernen
Dieselmotor gestellt werden. Die „Elektronische Dieselregelung" EDC (Electronic Diesel Control) wird in die drei
Systemblöcke „Sensoren und Sollwertgeber", „Steuergerät" und „Stellglieder
(Aktoren)" unterteilt.**

## Systemübersicht

### Anforderungen

Die Senkung des Kraftstoffverbrauchs und
der Schadstoffemissionen ($NO_X$, CO, HC,
Partikel) bei gleichzeitiger Leistungssteigerung bzw. Drehmomenterhöhung der
Motoren bestimmt die aktuelle Entwicklung auf dem Gebiet der Dieseltechnik.
Dies führte in den letzten Jahren zu einem
erhöhten Einsatz von direkt einspritzenden Dieselmotoren (DI), bei denen die Einspritzdrücke gegenüber den indirekt
einspritzenden Motoren (IDI) mit Wirbel-
kammer- oder Vorkammerverfahren deutlich höher sind. Aufgrund der besseren
Gemischbildung und fehlender Über-
strömverluste zwischen Vorkammer bzw.

Wirbelkammer und dem Hauptbrennraum
ist der Kraftstoffverbrauch der direkt einspritzenden Motoren gegenüber indirekt
einspritzenden um 10…20 % reduziert.

Weiterhin wirken sich die hohen Ansprüche an den Fahrkomfort auf die Entwicklung moderner Dieselmotoren aus. Auch
an die Geräuschemissionen werden immer
höhere Forderungen gestellt.
  Daraus ergaben sich gestiegene Ansprüche an das Einspritzsystem und dessen
Regelung in Bezug auf:
- hohe Einspritzdrücke,
- Einspritzverlaufsformung,
- Voreinspritzung und gegebenenfalls
  Nacheinspritzung,
- an jeden Betriebszustand angepasste(r)
  Einspritzmenge, Ladedruck und Spritzbeginn,
- temperaturabhängige Startmenge,
- lastunabhängige Leerlaufdrehzahlregelung,
- geregelte Abgasrückführung,
- Fahrgeschwindigkeitsregelung sowie
- geringe Toleranzen der Einspritzzeit
  und -menge und hohe Genauigkeit während der gesamten Lebensdauer (Lang-
  zeitverhalten).

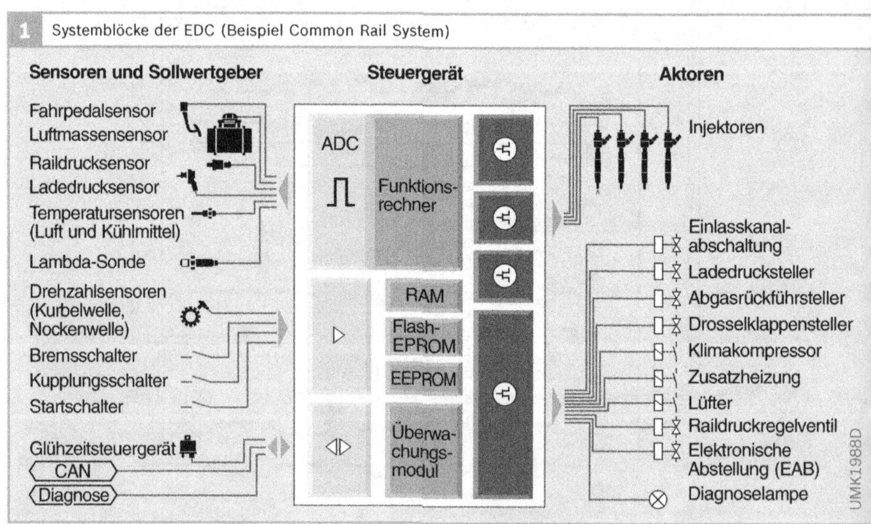

**1** Systemblöcke der EDC (Beispiel Common Rail System)

Die herkömmliche mechanische Drehzahlregelung erfasst mit diversen Anpass-
vorrichtungen die verschiedenen Betriebszustände und gewährleistet eine hohe
Qualität der Gemischaufbereitung. Sie beschränkt sich allerdings auf einen einfachen Regelkreis am Motor und kann verschiedene wichtige Einflussgrößen nicht
bzw. nicht schnell genug erfassen.

Die EDC entwickelte sich mit den steigenden Anforderungen vom einfachen System
mit elektrisch angesteuerter Stellwelle zu
einer komplexen elektronischen Motorsteuerung, die eine Vielzahl von Daten in
Echtzeit verarbeiten kann. Sie kann Teil
eines elektronischen Fahrzeuggesamtsys-
tems sein (Drive by wire). Durch die zunehmende Integration der elektronischen Komponenten kann die komplexe Elektronik
auf engstem Raum untergebracht werden.

### Arbeitsweise

Die Elektronische Dieselregelung (EDC) ist
durch die in den letzten Jahren stark gestiegene Rechenleistung der verfügbaren
Mikrocontroller in der Lage, die zuvor genannten Anforderungen zu erfüllen.

Im Gegensatz zu Dieselfahrzeugen mit
konventionellen mechanisch geregelten
Einspritzpumpen hat der Fahrer bei einem
EDC-System keinen direkten Einfluss auf
die eingespritzte Kraftstoffmenge, z.B.
über das Fahrpedal und einen Seilzug. Die
Einspritzmenge wird vielmehr durch ver-
schiedene Einflussgrößen bestimmt. Dies
sind z.B.:
▶ Fahrerwunsch (Fahrpedalstellung),
▶ Betriebszustand,
▶ Motortemperatur,
▶ Eingriffe weiterer Systeme (z.B. ASR),
▶ Auswirkungen auf die Schadstoff-
  emissionen usw.

Die Einspritzmenge wird aus diesen Ein-
flussgrößen im Steuergerät errechnet.
Auch der Einspritzzeitpunkt kann variiert
werden. Dies bedingt ein umfangreiches
Überwachungskonzept, das auftretende
Abweichungen erkennt und gemäß der

Auswirkungen entsprechende Maßnahmen
einleitet (z.B. Drehmomentbegrenzung
oder Notlauf im Leerlaufdrehzahlbereich).
In der EDC sind deshalb mehrere Regelkreise enthalten.

Die Elektronische Dieselregelung ermöglicht auch einen Datenaustausch mit anderen elektronischen Systemen wie z.B.
Antriebsschlupfregelung (ASR), Elektronische Getriebesteuerung (EGS) oder
Fahrdynamikregelung mit dem Elektronischen Stabilitätsprogramm (ESP). Damit
kann die Motorsteuerung in das Fahrzeug-
Gesamtsystem integriert werden (z.B.
Motormomentreduzierung beim Schalten
des Automatikgetriebes, Anpassen des
Motormoments an den Schlupf der Räder,
Freigabe der Einspritzung durch die Wegfahrsperre usw.).

Das EDC-System ist vollständig in das
Diagnosesystem des Fahrzeugs integriert.
Es erfüllt alle Anforderungen der OBD
(On-Board-Diagnose) und EOBD (Euro-
pean OBD).

### Systemblöcke

Die Elektronische Dieselregelung (EDC)
gliedert sich in drei Systemblöcke (Bild 1):

1. *Sensoren und Sollwertgeber* erfassen die
Betriebsbedingungen (z.B. Motordrehzahl)
und Sollwerte (z.B. Schalterstellung). Sie
wandeln physikalische Größen in elektrische Signale um.

2. *Das Steuergerät* verarbeitet die Informa-
tionen der Sensoren und Sollwertgeber
nach bestimmten mathematischen Rechen-
vorgängen (Steuer- und Regelalgorithmen).
Es steuert die Stellglieder mit elektrischen
Ausgangssignalen an. Ferner stellt das
Steuergerät die Schnittstelle zu anderen
Systemen und zur Fahrzeugdiagnose her.

3. *Stellglieder* (Aktoren) setzen die elektrischen Ausgangssignale des Steuergeräts in
mechanische Größen um (z.B. das Magnetventil für die Einspritzung).

# Common Rail System für Pkw

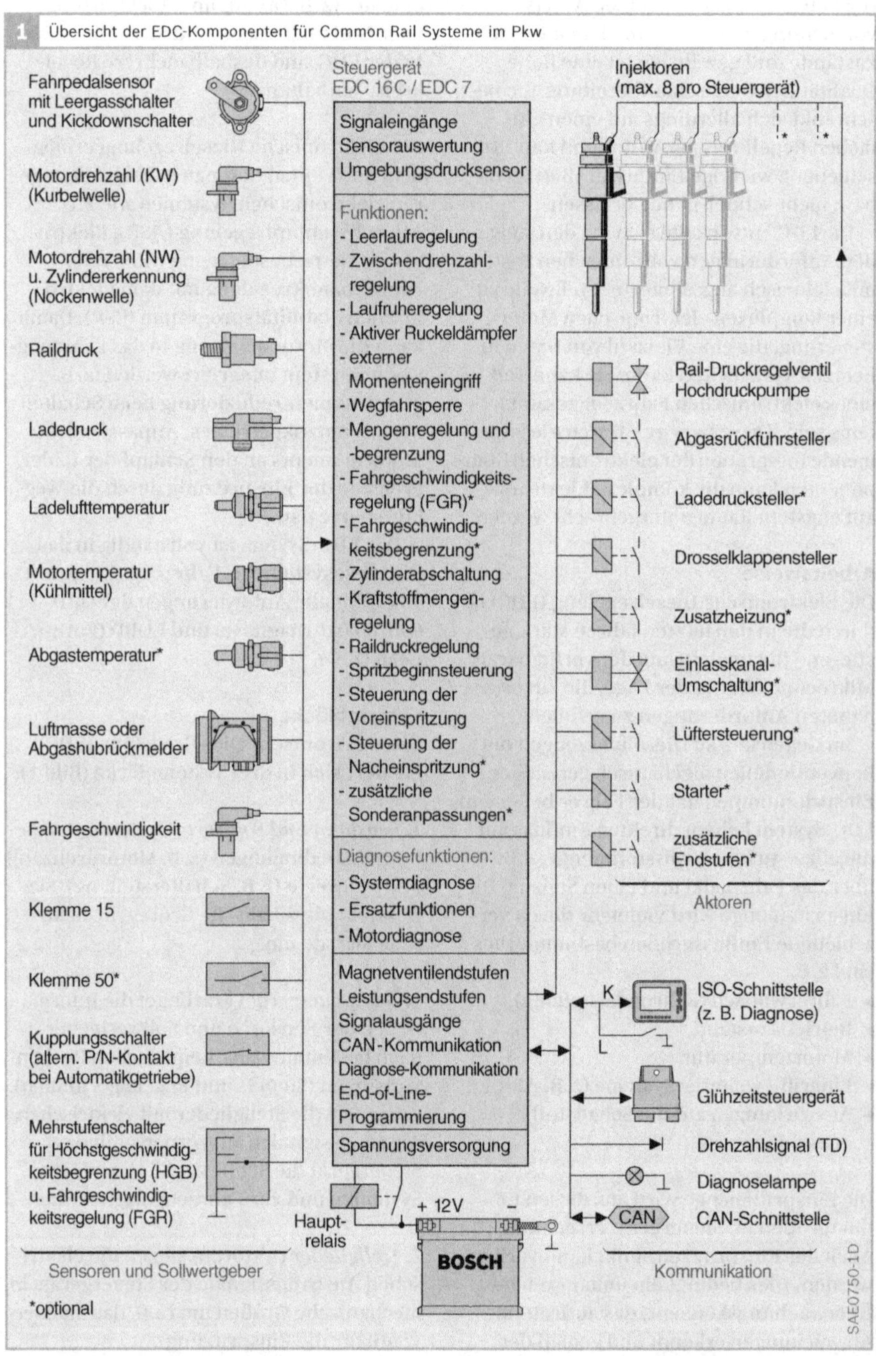

# Common Rail System für Nkw

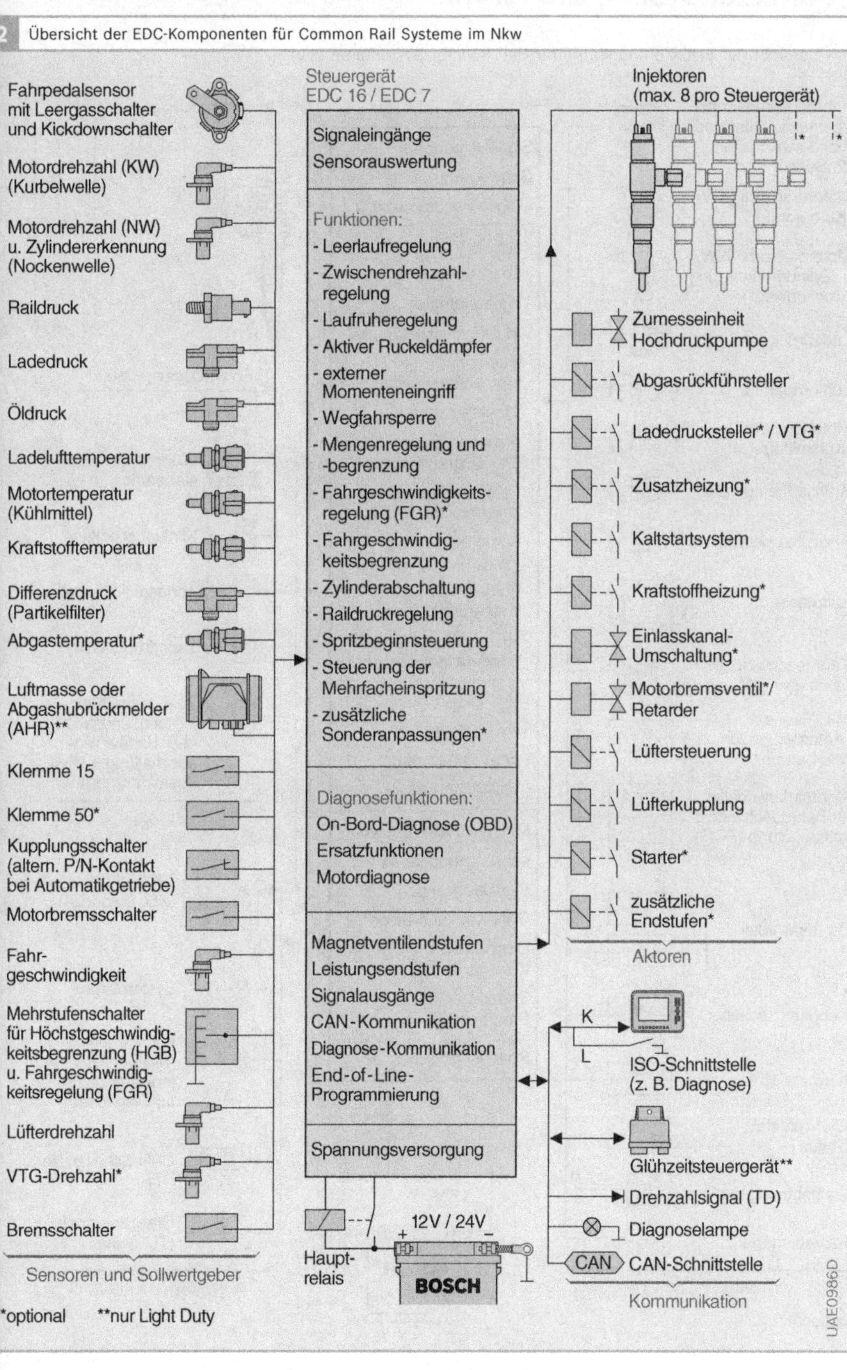

# Unit Injector System UIS für Pkw

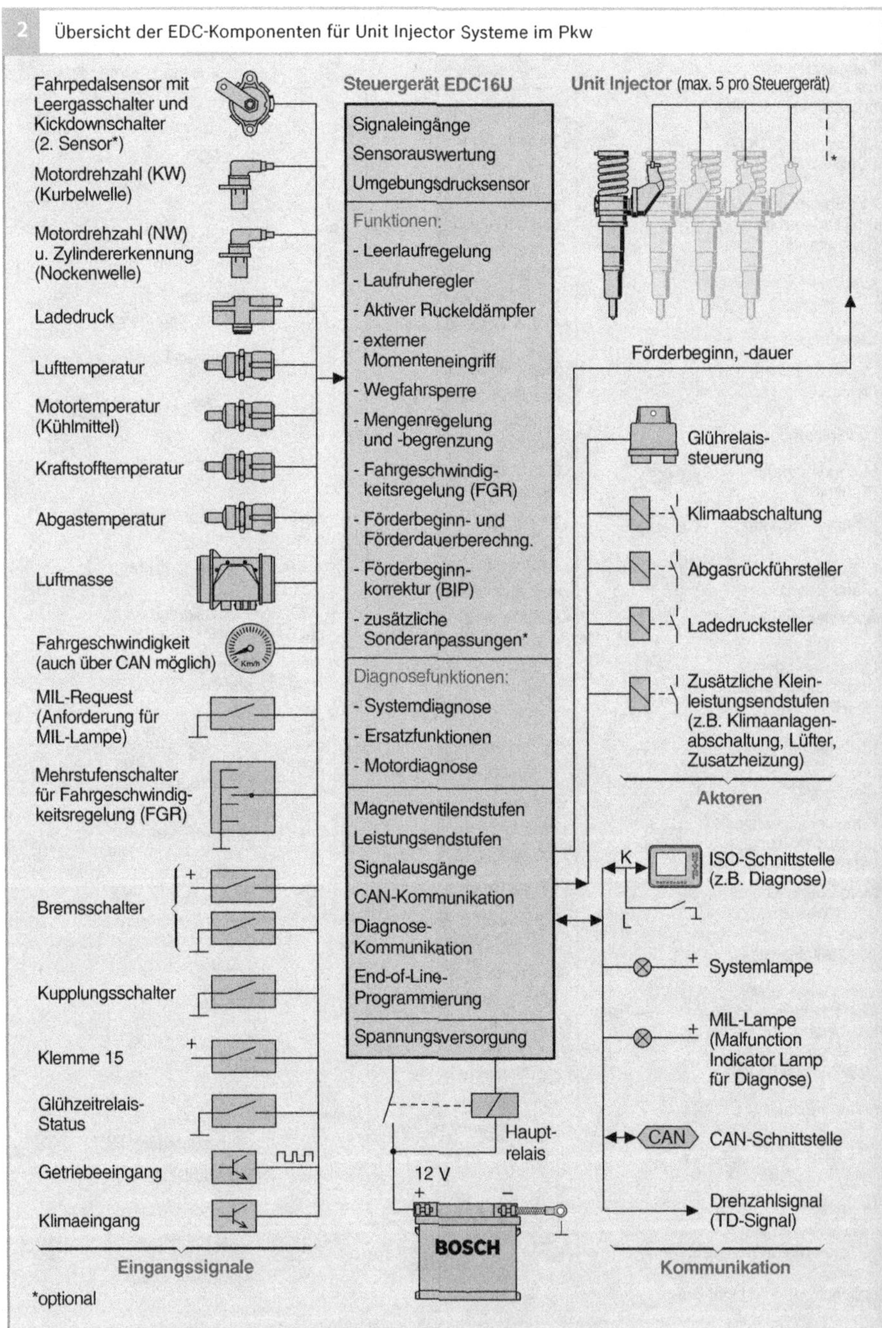

# Unit Injector System UIS
# und Unit Pump System UPS für Nkw

**3** Übersicht der EDC-Komponenten für Unit Injector System und Unit Pump System im Nkw

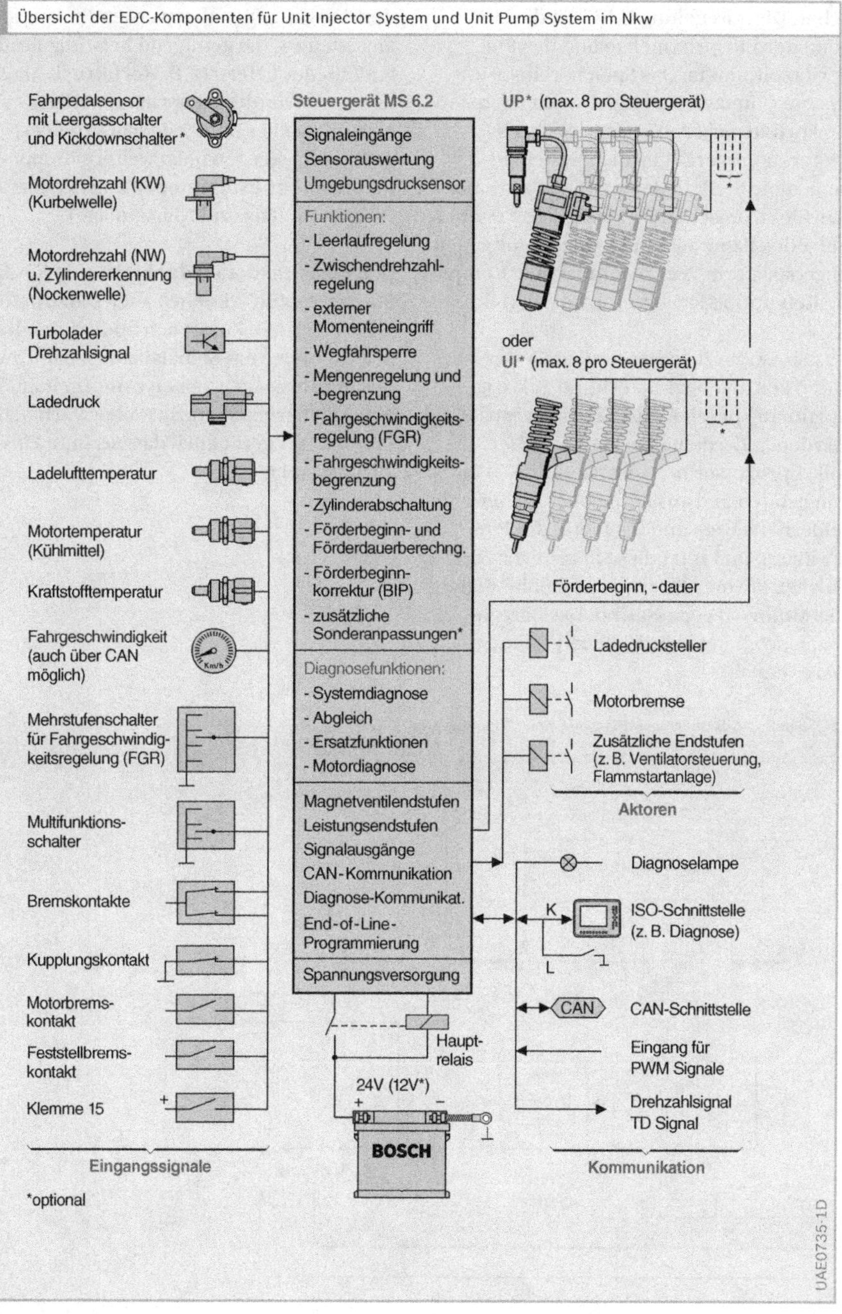

# Datenverarbeitung

Die wesentliche Aufgabe der Elektronischen Dieselregelung (EDC) ist die Steuerung der Einspritzmenge und des Einspritzzeitpunkts. Das Speichereinspritzsystem Common Rail regelt auch noch den Einspritzdruck. Außerdem steuert das Motorsteuergerät bei allen Systemen verschiedene Stellglieder an. Die Funktionen der Elektronischen Dieselregelung müssen auf jedes Fahrzeug und jeden Motor genau angepasst sein. Nur so können alle Komponenten optimal zusammenwirken (Bild 2).

Das Steuergerät wertet die Signale der Sensoren aus und begrenzt sie auf zulässige Spannungspegel. Einige Eingangssignale werden außerdem plausibilisiert. Der Mikroprozessor berechnet aus diesen Eingangsdaten und aus gespeicherten Kennfeldern die Lage und die Dauer der Einspritzung und setzt diese in zeitliche Signalverläufe um, die an die Kolbenbewegung des Motors angepasst sind. Das Berechnungsprogramm wird „Steuergeräte-Software" genannt.

Wegen der geforderten Genauigkeit und der hohen Dynamik des Dieselmotors ist eine hohe Rechenleistung notwendig. Mit den Ausgangssignalen werden Endstufen angesteuert, die genügend Leistung für die Stellglieder liefern (z. B. Hochdruck-Magnetventile für die Einspritzung, Abgasrückführsteller und Ladedrucksteller). Außerdem werden noch weitere Komponenten mit Hilfsfunktionen angesteuert (z. B. Glührelais und Klimaanlage).

Diagnosefunktionen der Endstufen für die Magnetventile erkennen auch fehlerhafte Signalverläufe. Zusätzlich findet über die Schnittstellen ein Signalaustausch mit anderen Fahrzeugsystemen statt. Im Rahmen eines Sicherheitskonzepts überwacht das Motorsteuergerät auch das gesamte Einspritzsystem.

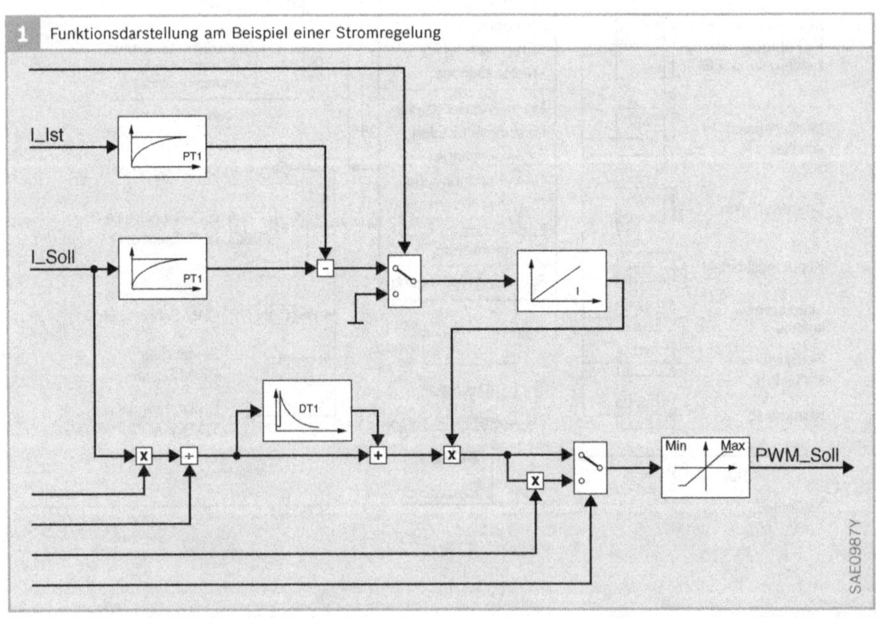

**1** Funktionsdarstellung am Beispiel einer Stromregelung

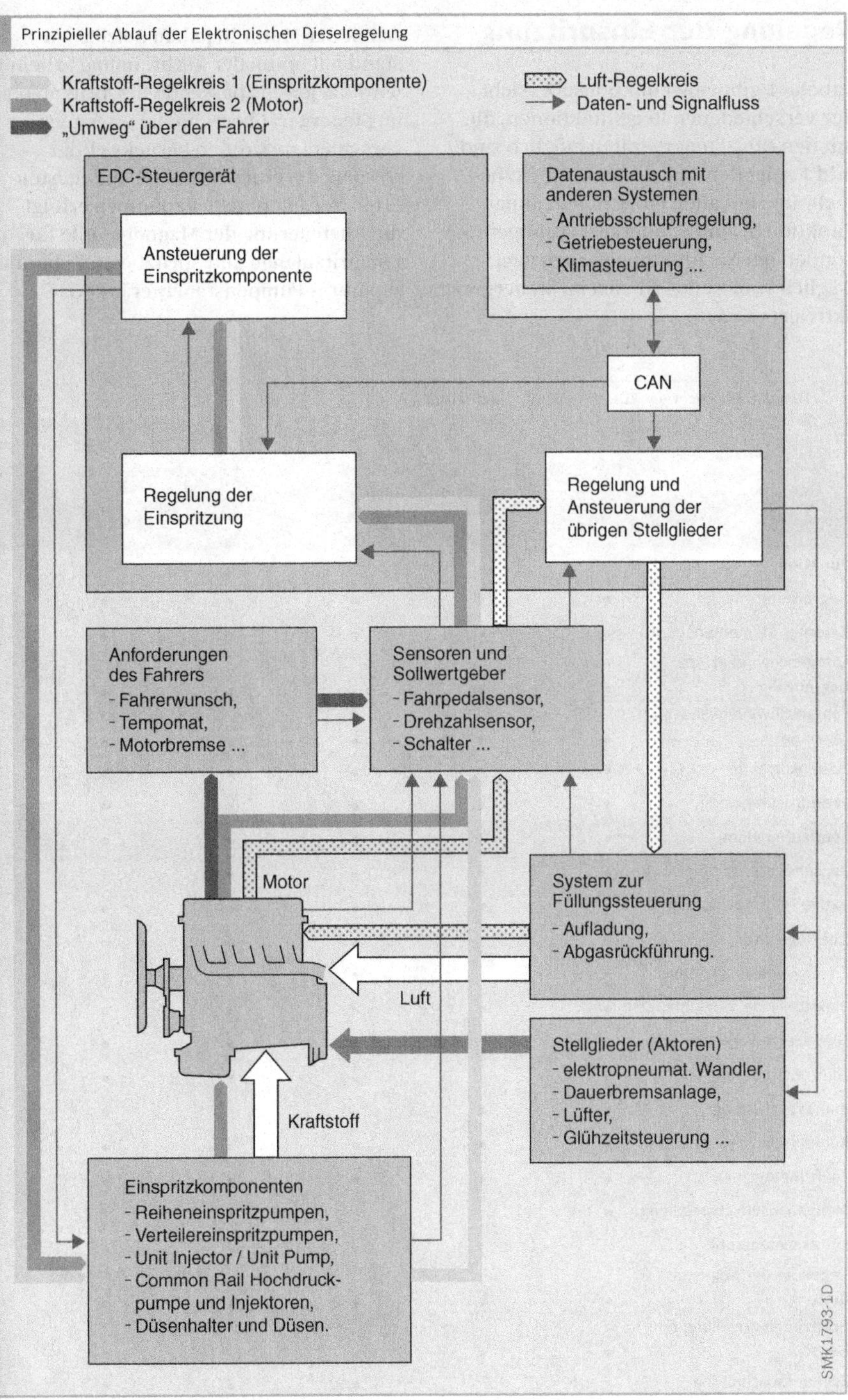


Prinzipieller Ablauf der Elektronischen Dieselregelung

Kraftstoff-Regelkreis 1 (Einspritzkomponente)
Kraftstoff-Regelkreis 2 (Motor)
„Umweg" über den Fahrer
Luft-Regelkreis
Daten- und Signalfluss

EDC-Steuergerät

Ansteuerung der
Einspritzkomponente

Datenaustausch mit
anderen Systemen
- Antriebsschlupfregelung,
- Getriebesteuerung,
- Klimasteuerung ...

CAN

Regelung der
Einspritzung

Regelung und
Ansteuerung der
übrigen Stellglieder

Anforderungen
des Fahrers
- Fahrerwunsch,
- Tempomat,
- Motorbremse ...

Sensoren und
Sollwertgeber
- Fahrpedalsensor,
- Drehzahlsensor,
- Schalter ...

Motor

System zur
Füllungssteuerung
- Aufladung,
- Abgasrückführung.

Luft

Stellglieder (Aktoren)
- elektropneumat. Wandler,
- Dauerbremsanlage,
- Lüfter,
- Glühzeitsteuerung ...

Kraftstoff

Einspritzkomponenten
- Reiheneinspritzpumpen,
- Verteilereinspritzpumpen,
- Unit Injector / Unit Pump,
- Common Rail Hochdruck-
  pumpe und Injektoren,
- Düsenhalter und Düsen.

SMK1793-1D

# Regelung der Einspritzung

Tabelle 1 gibt eine Funktionsübersicht der verschiedenen Regelfunktionen, die mit den EDC-Steuergeräten möglich sind. Bild 1 zeigt den Ablauf der Einspritzberechnung mit allen Funktionen. Einige Funktionen sind Sonderausstattungen. Sie können bei Nachrüstungen auch nachträglich vom Kundendienst im Steuergerät aktiviert werden.

Damit der Motor in jedem Betriebszustand mit optimaler Verbrennung arbeitet, wird die jeweils passende Einspritzmenge im Steuergerät berechnet. Dabei müssen verschiedene Größen berücksichtigt werden. Bei einigen magnetventilgesteuerten Verteilereinspritzpumpen erfolgt die Ansteuerung der Magnetventile für Einspritzmenge und Spritzbeginn über ein separates Pumpensteuergerät PSG.

**1** Funktionsübersicht der EDC-Varianten für Kraftfahrzeuge

| Einspritzsystem | Reihenein-spritzpumpen | Kanten-gesteuerte Verteilerein-spritzpumpen | Magnetventil-gesteuerte Verteilerein-spritzpumpen | Unit Injector System und Unit Pump System | Common Rail System |
|---|---|---|---|---|---|
| | PE | VE-EDC | VE-M, VR-M | UIS, UPS | CR |
| **Funktion** | | | | | |
| Begrenzungsmenge | • | • | • | • | • |
| Externer Momenteneingriff | • 3) | • | • | • | • |
| Fahrgeschwindigkeitsbegrenzung | • 3) | • | • | • | • |
| Fahrgeschwindigkeitsregelung | • | • | • | • | • |
| Höhenkorrektur | • | • | • | • | • |
| Ladedruckregelung | • | • | • | • | • |
| Leerlaufregelung | • | • | • | • | • |
| Zwischendrehzahlregelung | • 3) | • | • | • | • |
| Aktive Ruckeldämpfung | • 2) | • | • | • | • |
| BIP-Regelung | – | – | • | • | – |
| Einlasskanalabschaltung | – | – | • | • 2) | • |
| Elektronische Wegfahrsperre | • 2) | • | • | • | • |
| Gesteuerte Voreinspritzung | – | – | • | • 2) | • |
| Glühzeitsteuerung | • 2) | • | • | • 2) | • |
| Klimaabschaltung | • 2) | • | • | • | • |
| Kühlmittelzusatzheizung | • 2) | • | • | – | • |
| Laufruheregelung | • 2) | • | • | • | • |
| Mengenausgleichsregelung | • 2) | – | • | • | • |
| Lüfteransteuerung | – | • | • | • | • |
| Regelung der Abgasrückführung | • 2) | • | • | • 2) | • |
| Spritzbeginnregelung mit Sensor | • 1), 3) | • | • | – | – |
| Zylinderabschaltung | – | – | • 3) | • 3) | • 3) |

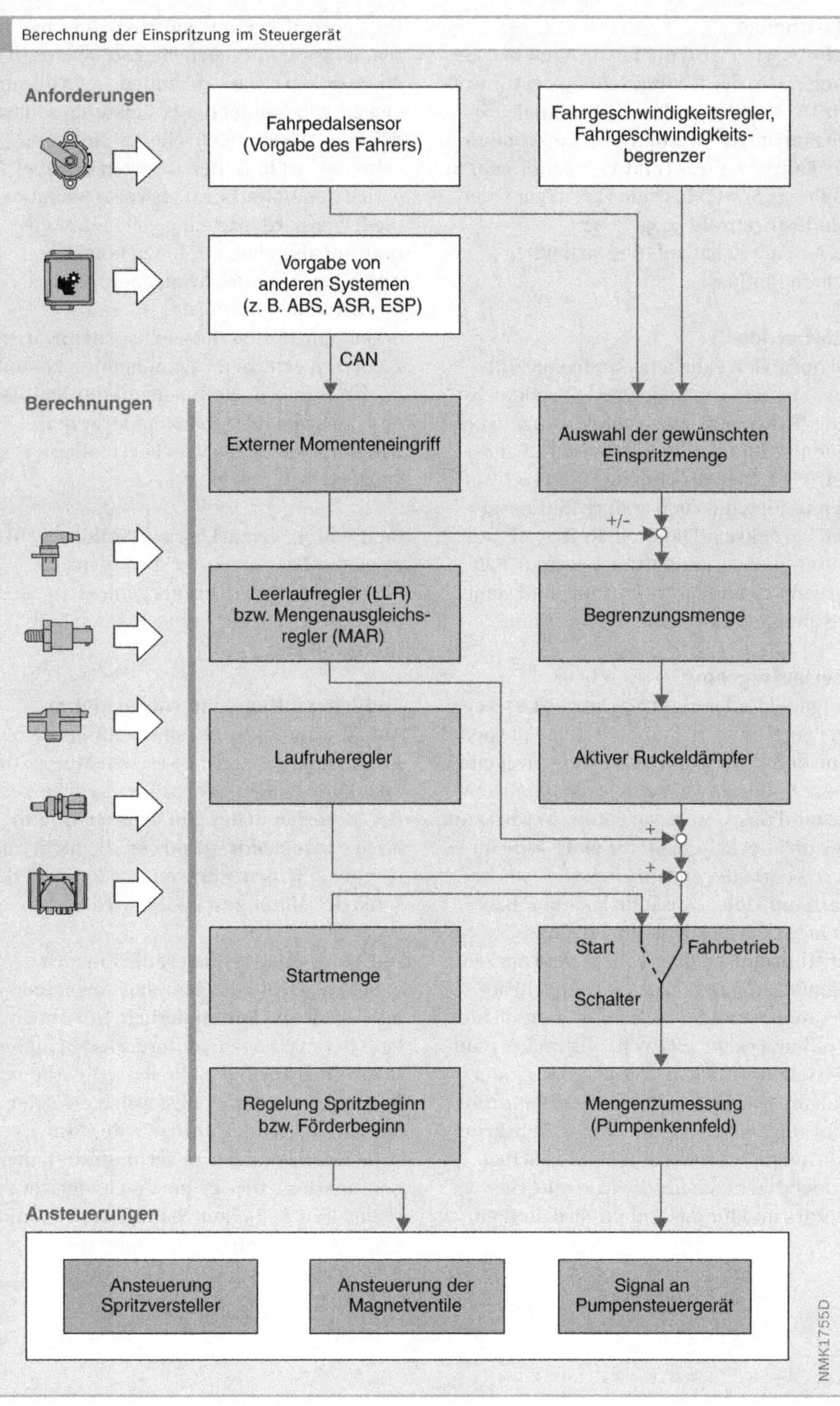

Berechnung der Einspritzung im Steuergerät
Anforderungen
Fahrpedalsensor
(Vorgabe des Fahrers)
Fahrgeschwindigkeitsregler,
Fahrgeschwindigkeits-
begrenzer
Vorgabe von
anderen Systemen
(z. B. ABS, ASR, ESP)
CAN
Berechnungen
Externer Momenteneingriff
Auswahl der gewünschten
Einspritzmenge
+/-
Leerlaufregler (LLR)
bzw. Mengenausgleichs-
regler (MAR)
Begrenzungsmenge
Laufruheregler
Aktiver Ruckeldämpfer
+
+
Startmenge
Start
Fahrbetrieb
Schalter
Regelung Spritzbeginn
bzw. Förderbeginn
Mengenzumessung
(Pumpenkennfeld)
Ansteuerungen
Ansteuerung
Spritzversteller
Ansteuerung der
Magnetventile
Signal an
Pumpensteuergerät
NMK1755D

### Startmenge

Beim Starten wird die Einspritzmenge abhängig von der Kühlmitteltemperatur und der Drehzahl berechnet. Die Signale für die Startmenge werden vom Einschalten des Fahrtschalters (Bild 1, Schalter geht in Stellung „Start") bis zum Erreichen einer Mindestdrehzahl ausgegeben.

Der Fahrer hat auf die Startmenge keinen Einfluss.

### Fahrbetrieb

Im normalen Fahrbetrieb wird die Einspritzmenge abhängig von Fahrpedalstellung (Fahrpedalsensor) und Drehzahl berechnet (Bild 1, Schalterstellung „Fahrbetrieb"). Die Berechnung stützt sich auf Kennfelder, die auch andere Einflussgrößen berücksichtigen (z. B. Kraftstoff-, Kühlmittel- und Ansauglufttemperatur). Fahrerwunsch und Motorleistung sind somit bestmöglich aufeinander abgestimmt.

### Leerlaufregelung

Aufgabe der Leerlaufregelung (LLR) ist es, im Leerlauf bei nicht betätigtem Fahrpedal eine definierte Solldrehzahl einzuregeln. Diese Solldrehzahl kann je nach Betriebszustand des Motors variieren; so wird zum Beispiel bei kaltem Motor meist eine höhere Leerlaufdrehzahl eingestellt als bei warmem Motor. Zusätzlich kann z. B. bei zu niedriger Bordspannung, eingeschalteter Klimaanlage oder rollendem Fahrzeug ebenfalls die Leerlauf-Solldrehzahl angehoben werden. Da der Motor im dichten Straßenverkehr relativ häufig im Leerlauf betrieben wird (z. B. „Stop and Go" oder Halt an Ampeln), sollte die Leerlaufdrehzahl aus Emissions- und Verbrauchsgründen möglichst niedrig sein. Dies bringt jedoch Nachteile für die Laufruhe des Motors und für das Anfahrverhalten mit sich.

Die Leerlaufregelung muss bei der Einregelung der vorgegebenen Solldrehzahl mit sehr stark schwankenden Anforderungen zurechtkommen. Der Leistungsbedarf der vom Motor angetriebenen Nebenaggregate ist in weiten Grenzen variabel.

Der Generator beispielsweise nimmt bei niedriger Bordspannung viel mehr Leistung auf als bei hoher; hinzu kommen Anforderungen des Klimakompressors, der Lenkhilfepumpe, der Hochdruckerzeugung für die Dieseleinspritzung usw. Zu diesen externen Lastmomenten kommt noch das interne Reibmoment des Motors, das stark von der Motortemperatur abhängt und ebenfalls vom Leerlaufregler ausgeglichen werden muss.

Zum Einregeln der Leerlauf-Solldrehzahl passt der Leerlaufregler die Einspritzmenge so lange an, bis die gemessene Istdrehzahl gleich der vorgegebenen Solldrehzahl ist.

### Enddrehzahlregelung (Abregelung)

Aufgabe der Enddrehzahlregelung (auch Abregelung genannt) ist es, den Motor vor unzulässig hohen Drehzahlen zu schützen. Der Motorhersteller gibt hierzu eine zulässige Maximaldrehzahl vor, die nicht für längere Zeit überschritten werden darf, da sonst der Motor geschädigt wird.

Die Abregelung reduziert die Einspritzmenge oberhalb des Nennleistungspunktes des Motors kontinuierlich. Kurz oberhalb der maximalen Motordrehzahl findet keine Einspritzung mehr statt. Die Abregelung muss aber möglichst weich erfolgen, um ein ruckartiges Abregeln des Motors beim Beschleunigen zu verhindern (Rampenfunktion). Dies ist umso schwieriger zu realisieren, je dichter Nennleistungspunkt und Maximaldrehzahl zusammenliegen.

**Zwischendrehzahlregelung**
Die Zwischendrehzahlregelung (ZDR) wird für Nkw und Kleinlaster mit Nebenabtrieben (z. B. Kranbetrieb) oder für Sonderfahrzeuge (z. B. Krankenwagen mit Stromgenerator) eingesetzt. Ist sie aktiviert, wird der Motor auf eine lastunabhängige Zwischendrehzahl geregelt.

Die Zwischendrehzahlregelung wird über das Bedienteil der Fahrgeschwindigkeitsregelung bei Fahrzeugstillstand aktiviert. Auf Tastendruck lässt sich eine Festdrehzahl im Datenspeicher abrufen. Zusätzlich lassen sich über dieses Bedienteil beliebige Drehzahlen vorwählen. Des Weiteren wird sie bei Pkw mit automatisiertem Schaltgetriebe (z. B. Tiptronic) zur Regelung der Motordrehzahl während des Schaltvorgangs eingesetzt.

**Fahrgeschwindigkeitsregelung**
Der Fahrgeschwindigkeitsregler (auch Tempomat genannt) ermöglicht das Fahren mit konstanter Geschwindigkeit. Er regelt die Geschwindigkeit des Fahrzeugs auf einen gewünschten Wert ein, ohne dass der Fahrer das Fahrpedal betätigen muss. Dieser Wert kann über einen Bedienhebel oder über Lenkradtasten eingestellt werden. Die Einspritzmenge wird so lange erhöht oder verringert, bis die gemessene Ist-Geschwindigkeit der eingestellten Soll-Geschwindigkeit entspricht.

Bei einigen Fahrzeugapplikationen kann durch Betätigen des Fahrpedals über die momentane Soll-Geschwindigkeit hinaus beschleunigt werden. Wird das Fahrpedal wieder losgelassen, regelt der Fahrgeschwindigkeitsregler die letzte gültige Soll-Geschwindigkeit wieder ein.
Tritt der Fahrer bei eingeschaltetem Fahrgeschwindigkeitsregler auf das Kupplungs- oder Bremspedal, so wird der Regelvorgang abgeschaltet. Bei einigen Applikationen kann auch über das Fahrpedal ausgeschaltet werden.

Bei ausgeschaltetem Fahrgeschwindigkeitsregler kann mithilfe der Wiederaufnahmestellung des Bedienhebels die letzte gültige Soll-Geschwindigkeit wieder eingestellt werden.

Eine stufenweise Veränderung der Soll-Geschwindigkeit über die Bedienelemente ist ebenfalls möglich.

**Fahrgeschwindigkeitsbegrenzung**
Variable Begrenzung
Die Fahrgeschwindigkeitsbegrenzung (FGB, auch Limiter genannt) begrenzt die maximale Geschwindigkeit auf einen eingestellten Wert, auch wenn das Fahrpedal weiter betätigt wird. Dies ist vor allem bei leisen Fahrzeugen eine Hilfe für den Fahrer, der damit Geschwindigkeitsbegrenzungen nicht unabsichtlich überschreiten kann.

Die Fahrgeschwindigkeitsbegrenzung begrenzt zu diesem Zweck die Einspritzmenge entsprechend der maximalen Soll-Geschwindigkeit. Sie wird durch den Bedienhebel oder durch „Kick-down" abgeschaltet. Die letzte gültige Soll-Geschwindigkeit kann mit Hilfe der Wiederaufnahmestellung des Bedienhebels wieder aufgerufen werden. Eine stufenweise Veränderung der Soll-Geschwindigkeit über den Bedienhebel ist ebenfalls möglich.

Feste Begrenzung
In vielen Staaten schreibt der Gesetzgeber feste Höchstgeschwindigkeiten für bestimmte Fahrzeugklassen vor (z. B. für schwere Nkw). Auch die Fahrzeughersteller begrenzen die maximale Geschwindigkeit durch eine feste Fahrgeschwindigkeitsbegrenzung. Sie kann nicht abgeschaltet werden.

Bei Sonderfahrzeugen können auch fest einprogrammierte Geschwindigkeitsgrenzen vom Fahrer angewählt werden (z. B. wenn bei Müllwagen Personen auf den hinteren Trittflächen stehen).

## Aktive Ruckeldämpfung

Bei plötzlichen Lastwechseln regt die Drehmomentänderung des Motors den Fahrzeugantriebsstrang zu Ruckelschwingungen an. Fahrzeuginsassen nehmen diese Ruckelschwingungen als unangenehme periodische Beschleunigungsänderungen wahr (Bild 2, Kurve a). Aufgabe des Aktiven Ruckeldämpfers (ARD) ist es, diese Beschleunigungsänderungen zu verringern (b). Dies geschieht durch zwei getrennte Maßnahmen:

- Bei plötzlichen Änderungen des vom Fahrer gewünschten Drehmoments (Fahrpedal) reduziert eine genau abgestimmte Filterfunktion die Anregung des Triebstrangs (1).
- Schwingungen des Triebstrangs werden anhand des Drehzahlsignals erkannt und über eine aktive Regelung gedämpft. Diese reduziert die Einspritzmenge bei ansteigender Drehzahl und erhöht sie bei fallender Drehzahl, um so den entstehenden Drehzahlschwingungen entgegenzuwirken (2).

## Laufruheregelung/Mengenausgleichsregelung

Nicht alle Zylinder eines Motors erzeugen bei einer gleichen Einspritzdauer das gleiche Drehmoment. Dies kann an Unterschieden in der Zylinderverdichtung, Unterschieden in der Zylinderreibung oder Unterschieden in den hydraulischen Einspritzkomponenten liegen. Folge dieser Drehmomentunterschiede ist ein unrunder Motorlauf und eine Erhöhung der Motoremissionen.

Die Laufruheregelung (LRR) bzw. die Mengenausgleichsregelung (MAR) haben die Aufgabe, solche Unterschiede anhand der daraus resultierenden Drehzahlschwankungen zu erkennen und über eine gezielte Anpassung der Einspritzmenge des betreffenden Zylinders auszugleichen. Hierzu wird die Drehzahl nach der Einspritzung in einen bestimmten Zylinder mit einer gemittelten Drehzahl verglichen. Liegt die Drehzahl des betreffenden Zylinders zu tief, wird die Einspritzmenge erhöht; liegt sie zu hoch, muss die Einspritzmenge reduziert werden (Bild 3).

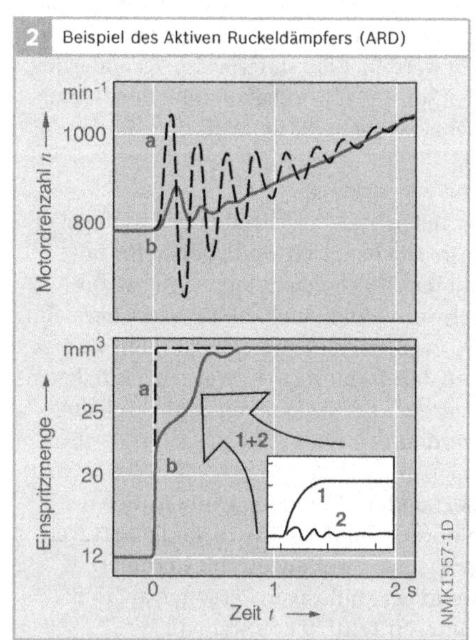





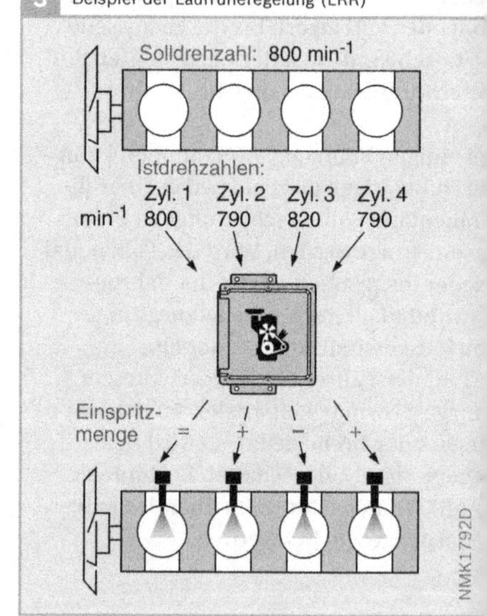

**Bild 2**

a  Ohne aktivem Ruckeldämpfer
b  mit aktivem Ruckeldämpfer
1  Filterfunktion
2  aktive Korrektur

Die Laufruheregelung ist eine Komfortfunktion, deren primäres Ziel die Verbesserung der Motorlaufruhe im Bereich der Leerlaufdrehzahl ist. Die Mengenausgleichsregelung soll zusätzlich zur Komfortverbesserung im Leerlauf die Emissionen im mittleren Drehzahlbereich durch eine Gleichstellung der Einspritzmengen der Motorzylinder verbessern.

Für Nkw wird die Mengenausgleichsregelung auch AZG (Adaptive Zylindergleichstellung) bzw. SRC (Smooth Running Control) genannt.

## Begrenzungsmenge

Würde immer die vom Fahrer gewünschte oder physikalisch mögliche Kraftstoffmenge eingespritzt werden, könnten folgende Effekte auftreten:
- zu hohe Schadstoffemissionen,
- zu hoher Rußausstoß,
- mechanische Überlastung wegen zu hohem Drehmoment oder Überdrehzahl,
- thermische Überlastung wegen zu hoher Abgas-, Kühlmittel-, Öl- oder Turboladertemperatur oder
- thermische Überlastung der Magnetventile durch zu lange Ansteuerzeiten.

Um diese unerwünschten Effekte zu vermeiden, wird eine Begrenzung aus verschiedenen Eingangsgrößen gebildet (z. B. angesaugte Luftmasse, Drehzahl und Kühlmitteltemperatur). Die maximale Einspritzmenge und damit das maximale Drehmoment werden somit begrenzt.

## Motorbremsfunktion

Beim Betätigen der Motorbremse von Nkw wird die Einspritzmenge alternativ entweder auf Null- oder Leerlaufmenge eingeregelt. Das Steuergerät erfasst für diesen Zweck die Stellung des Motorbremsschalters.

## Höhenkorrektur

Mit steigender Höhe nimmt der Atmosphärendruck ab. Somit wird auch die Zylinderfüllung mit Verbrennungsluft geringer. Deshalb muss die Einspritzmenge reduziert werden. Würde die gleiche Menge wie bei hohem Atmosphärendruck eingespritzt, käme es wegen Luftmangel zu starkem Rauchausstoß.

Der Atmosphärendruck wird vom Umgebungsdrucksensor im Steuergerät erfasst. Damit kann die Einspritzmenge in großen Höhen reduziert werden. Der Atmosphärendruck hat auch Einfluss auf die Ladedruckregelung und die Drehmomentbegrenzung.

## Zylinderabschaltung

Wird bei hohen Motordrehzahlen ein geringes Drehmoment gewünscht, muss sehr wenig Kraftstoff eingespritzt werden. Eine andere Möglichkeit zur Reduzierung des Drehmoments ist die Zylinderabschaltung. Hierbei wird die Hälfte der Injektoren abgeschaltet (UIS-Nkw, UPS, CR-System). Die verbleibenden Injektoren spritzen dann eine entsprechend höhere Kraftstoffmenge ein. Diese Menge kann mit höherer Genauigkeit zugemessen werden.

Durch spezielle Software-Algorithmen können weiche Übergänge ohne spürbare Drehmomentänderungen beim Zu- und Abschalten der Injektoren erreicht werden.

### Injektormengenabgleich

Um die hohe Präzision des Einspritzsystems weiter zu verbessern und über die Fahrzeuglebensdauer zu gewährleisten, kommen für Common Rail (CR)- und UIS/UPS-Systeme neue Funktionen zum Einsatz.

Für den Injektormengenabgleich (IMA) wird innerhalb der Injektorfertigung für jeden Injektor eine Vielzahl von Messdaten erfasst, die in Form eines Datenmatrix-Codes auf den Injektor aufgebracht werden. Beim Piezo-Inline-Injektor werden zusätzlich auch Informationen über das Hubverhalten des Schaltventils (bestehend aus eigentlichem Ventil, Koppler und Aktor) hinzugefügt. Diese Zusatzinformationen bestehen aus der ISA-Klasse (Injektor Spannungsabgleich) und stellen sicher, dass der Injektor genau mit der individuell passenden Spannung angesteuert wird. Sie werden während der Fahrzeugfertigung in das Steuergerät übertragen. Während des Motorbetriebs werden diese Werte zur Kompensation von Abweichungen im Zumess- und Schaltverhalten verwendet.

### Nullmengenkalibrierung

Von besonderer Bedeutung für die gleichzeitige Erreichung von Komfort- (Geräuschminderung) und Emissionszielen ist die sichere Beherrschung kleiner Voreinspritzungen über die Fahrzeuglebensdauer. Mengendriften der Injektoren müssen deshalb kompensiert werden. Hierzu werden in CR-Systemen der 2. und 3. Generation im Schubbetrieb gezielt in einen Zylinder eine kleine Kraftstoffmenge eingespritzt. Der Drehzahlsensor detektiert die daraus entstehende Drehmomentanhebung als kleine dynamische Drehzahländerung. Diese vom Fahrer nicht spürbare Drehmomentsteigerung ist in eindeutiger Weise mit der eingespritzten Kraftstoffmenge verknüpft. Der Vorgang wird nacheinander für alle Zylinder und für verschiedene Betriebspunkte wiederholt. Ein Lernalgorithmus stellt kleinste Veränderungen der Voreinspritzmenge fest und korrigiert die Ansteuerdauer für die Injektoren entsprechend für alle Voreinspritzungen.

### Mengenmittelwertadaption

Für die korrekte Anpassung von Abgasrückführung und Ladedruck wird die Abweichung der tatsächlich eingespritzten Kraftstoffmenge vom Sollwert benötigt. Die Mengenmittelwertadaption (MMA) ermittelt dazu aus den Signalen von Lambda-Sonde und Luftmassenmesser den über alle Zylinder gemittelten Wert der eingespritzten Kraftstoffmenge. Aus dem Vergleich von Sollwert und Istwert werden Korrekturwerte berechnet (s. „Lambda-Regelung für Pkw-Dieselmotoren").

Die Lernfunktion MMA garantiert im unteren Teillastbereich gleich bleibend gute Emissionswerte über die Fahrzeuglebensdauer.

### Druckwellenkorrektur

Einspritzungen lösen bei allen CR-Systemen Druckwellen in der Leitung zwischen Düse und Rail aus. Diese Druckschwingungen beeinflussen systematisch die Einspritzmenge späterer Einspritzungen (Vor-/Haupt-/Nacheinspritzungen) innerhalb eines Verbrennungszyklus. Die Abweichungen späterer Einspritzungen sind abhängig von den zuvor eingespritzten Mengen und dem zeitlichen Abstand der Einspritzungen, dem Raildruck und der Kraftstofftemperatur. Durch Berücksichtigung dieser Parameter in geeigneten Kompensationsalgorithmen berechnet das Steuergerät eine Korrektur.

Allerdings ist für diese Korrekturfunktion ein sehr hoher Applikationsaufwand erforderlich. Als Vorteil erhält man die Möglichkeit, den Abstand von z. B. Vor- und Haupteinspritzung flexibel zur Optimierung der Verbrennung anpassen zu können.

## Funktionsbeschreibung

Der Injektormengenabgleich (IMA) ist eine Softwarefunktion zur Steigerung der Mengenumessgenauigkeit und gleichzeitig der Injektor-Gutausbringung am Motor. Die Funktion hat die Aufgabe, die Einspritzmenge für jeden Injektor eines CR-Systems im gesamten Kennfeldbereich individuell auf den Sollwert zu korrigieren. Dadurch ergibt sich eine Reduktion der Systemtoleranzen und des Emissionsstreubandes. Die für die IMA benötigten Abgleichwerte stellen die Differenz zum Sollwert des jeweiligen Werksprüfpunktes dar und werden in verschlüsselter Form auf jeden Injektor beschriftet.

Mithilfe eines Korrekturkennfeldes, das mit den Abgleichwerten eine Korrekturmenge errechnet, wird der gesamte motorisch relevante Bereich korrigiert. Am Bandende des Automobilherstellers werden die EDC-Abgleichwerte der verbauten Injektoren und die Zuordnung zu den Zylindern über EOL-Programmierung in das Steuergerät programmiert. Auch bei einem Injektoraustausch in der Kundendienstwerkstatt werden die Abgleichwerte neu programmiert.

## Notwendigkeit dieser Funktion

Die technischen Aufwendungen für eine weitere Einengung der Fertigungstoleranzen von Injektoren steigen exponentiell und erscheinen finanziell unwirtschaftlich. Der IMA stellt die zielführende Lösung dar, die Gutausbringung zu erhöhen und gleichzeitig die motorische Mengenumessgenauigkeit und damit die Emissionen zu verbessern.

## Messwerte bei der Prüfung

Bei der Bandendeprüfung wird jeder Injektor an mehreren Punkten, die repräsentativ für das Streuverhalten dieses Injektortyps sind, gemessen. An diesen Punkten werden die Abweichungen zum Sollwert (Abgleichwerte) berechnet und anschließend auf dem Injektorkopf beschriftet.

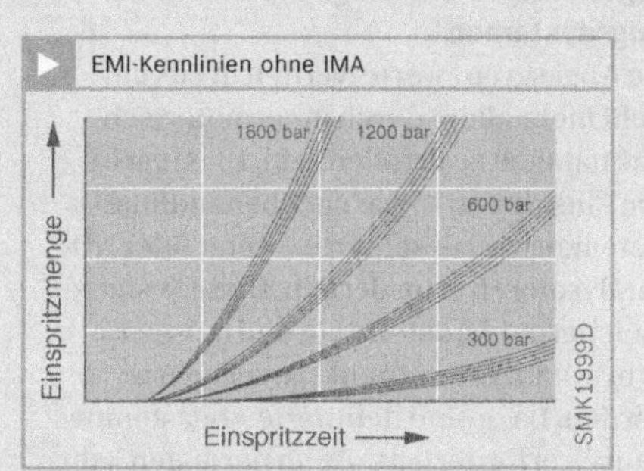



**Bild 1**
Kennlinien verschiedener Injektoren in Abhängigkeit des Raildrucks.
Der IMA reduziert die Streubreite der Kennlinien.
EMI Einspritzmengenindikator

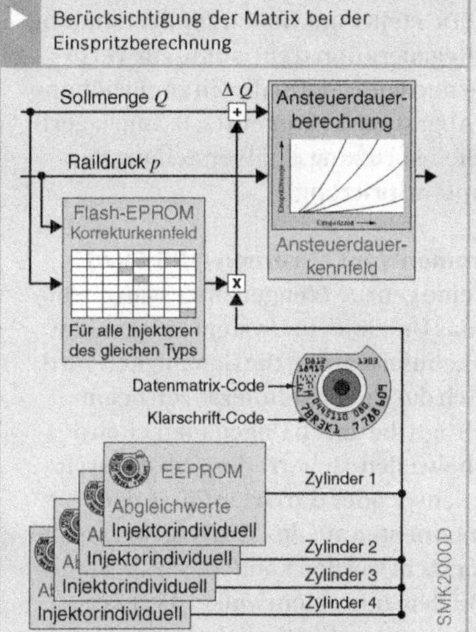



**Bild 2**
Berechnung der Injektor-Ansteuerdauer aus Sollmenge, Raildruck und Korrekturwerten

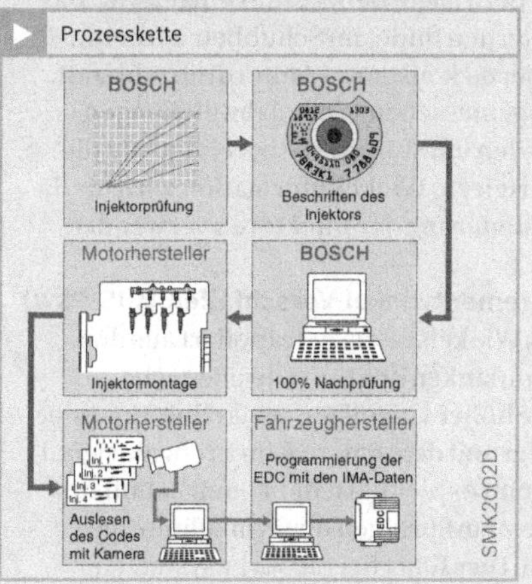



**Bild 3**
Darstellung der Prozesskette vom Injektorabgleich bei Bosch bis zur Bandende-Programmierung beim Fahrzeughersteller

### Regeneration von Abgasnachbehandlungssystemen

Die Abgasgrenzwerte werden in Zukunft nicht mehr allein durch innermotorische Maßnahmen zu erfüllen sein. Dies macht den Einsatz von Abgasnachbehandlungssystemen wie Dieselpartikelfilter oder $NO_X$-Katalysatoren erforderlich. Diese Systeme speichern Schadstoffe ein und müssen zu bestimmten Zeitpunkten regeneriert werden. Dazu sind definierte Abgastemperaturen erforderlich, die im normalen Fahrbetrieb in der Regel selten erreicht werden. Die EDC stellt Funktionen zur Bestimmung der Regenerationszeitpunkte zur Verfügung und leitet Maßnahmen zur Erhöhung der Abgastemperatur ein (z. B. angelagerte Nacheinspritzung, Spätverstellung der Haupteinspritzung).

### Inkrementwinkel-Lernen (UIS-Pkw)

Für eine genaue Mengenzumessung benötigt das Unit Injector System eine genaue Winkelinformation. Die Genauigkeit wird jedoch durch Winkeltoleranzen beeinträchtigt, die durch Ungenauigkeiten des Kurbelwellen-Geberrades selbst, durch den Sensor oder durch Einflüsse anderer Komponenten auf das Winkelgebersystem verursacht werden können.

Mit dem Inkrementwinkel-Lernverfahren werden die Winkeltoleranzen des Kurbelwellen-Geberrades eingelernt. Das Einlernen findet im Schubbetrieb bei annähernd konstanter Motordrehzahl statt. Die gemessenen Winkelabweichungen werden um Störeffekte bereinigt und die korrigierte Winkelinformation wird für die Ansteuerung der Injektoren verwendet.

### Inkrementwinkel-Verschleifen (UIS-Pkw)

Das Winkelsystem extrapoliert aus den Zahnflanken des Kurbelwellengebers eine höher aufgelöste Winkelinformation. Aufgrund der Dynamik im Drehzahlsignal kommt es hier bei jeder neuen Zahnflanke zu einem Springen der Winkelinformation. Dies führt bei Einspritzsystemen mit winkelbasierter Mengenzumessung zu schwankenden Einspritzmengen. Die Funktion Inkrementwinkel-Verschleifen passt die Winkelberechnung derart an, dass an Zahnflanken keine Sprünge mehr auftreten. Die Winkeldifferenz zwischen steuergeräte-interner Winkelinformation und der des Kurbelwellengebers wird bis zur nächsten Zahnflanke an den Wert des Kurbelwellengebers angeglichen.

### Spritzbeginnregelung

Der Spritzbeginn hat einen starken Einfluss auf Leistung, Kraftstoffverbrauch, Geräuschemissionen und Abgasverhalten. Sein Sollwert hängt von der Motordrehzahl und der Einspritzmenge ab. Er ist im Steuergerät in Kennfeldern gespeichert. Weiterhin kann eine Korrektur in Abhängigkeit von der Kühlmitteltemperatur und dem Umgebungsdruck erfolgen.

Fertigungs- und Anbautoleranzen der Unit Injector-Einheit an den Motor sowie Veränderungen der Magnetventile während der Laufzeit können zu geringen Unterschieden der Magnetventilschaltzeiten und damit zu unterschiedlichen Spritzbeginnen führen. Die Dichte und die Temperatur des Kraftstoffs haben ebenfalls Einfluss auf den Spritzbeginn. Diese Einflüsse müssen durch eine Regelstrategie kompensiert werden, um die Abgasgrenzwerte einzuhalten. Folgende Regelungen werden eingesetzt (Tabelle 2):

**2** Spritzbeginnregelungen

| Regelung | Regelung mit Nadelbewegungssensor | Förderbeginnregelung | BIP-Regelung |
|---|---|---|---|
| **Einspritzsystem** | | | |
| Reiheneinspritzpumpen | ● | – | – |
| kantengesteuerte Verteilereinspritzpumpen | ● | – | – |
| magnetventilgesteuerte Verteilereinspritzpumpen | ● | ● | – |
| Common Rail | – | – | – |
| Unit Injector/Unit Pump | – | – | ● |

## BIP-Regelung

Die BIP-Regelung wird bei den magnetventilgesteuerten Systemen Unit Injector
(UIS) und Unit Pump (UPS) eingesetzt.
Der Förderbeginn – oder kurz BIP (**Begin
of Injection Period**) – ist als der Zeitpunkt
definiert, ab dem das Magnetventil geschlossen ist. Ab diesem Zeitpunkt beginnt
der Druckaufbau im Pumpenhochdruckraum. Nach Überschreiten des Düsennadel-
öffnungsdrucks öffnet die Düse und der
Einspritzvorgang beginnt (Spritzbeginn).
Die Kraftstoffzumessung findet zwischen
Förderbeginn und Ansteuerende des
Magnetventils statt und wird Förderdauer
genannt.

Durch den direkten Zusammenhang
zwischen Förder- und Spritzbeginn genügt
es für eine exakte Regelung des Spritzbeginns, Kenntnis über den Zeitpunkt des
Förderbeginns zu haben.

Um eine zusätzliche Sensorik (z. B.
einen Nadelbewegungssensor) zu vermeiden, wird der Förderbeginn durch
eine elektronische Auswertung des
Magnetventilstroms detektiert (erkannt).
Im Bereich des erwarteten Schließzeitpunkts des Magnetventils wird die Ansteuerung mit konstanter Spannung durchgeführt (BIP-Fenster, Bild 7). Induktive
Effekte beim Schließen des Magnetventils
führen zu einer charakteristischen Ausprä-
gung des Magnetventilstroms. Diese wird
vom Steuergerät erfasst und ausgewertet.
Die Abweichung vom erwarteten Sollwert
des Schließzeitpunkts wird für jede einzelne Einspritzung abgespeichert und
für die darauf folgende Einspritzsequenz
als Kompensationswert verwendet.

Bei Ausfall eines BIP-Signals schaltet das
Steuergerät auf gesteuerten Betrieb um.

## Abstellen

Das Arbeitsprinzip *Selbstzündung* hat
zur Folge, dass der Dieselmotor nur durch
Unterbrechen der Kraftstoffzufuhr zum
Stillstand gebracht werden kann.

Bei der elektronischen Dieselregelung wird
der Motor über die Vorgabe des Steuergeräts „Einspritzmenge Null" abgestellt (z. B.
keine Ansteuerung der Magnetventile oder
Regelstangenposition „Nullförderung").

Daneben gibt es eine Reihe redundanter
(zusätzlicher) Abstellpfade (z. B. Elektrisches Abstellventil, ELAB, der kantengesteuerten Verteilereinspritzpumpen).

Die Systeme Unit Injector und Unit Pump
sind eigensicher, d. h. es kann höchstens
ein Mal ungewollt eingespritzt werden.
Deshalb sind hier keine zusätzlichen Abstellpfade nötig.

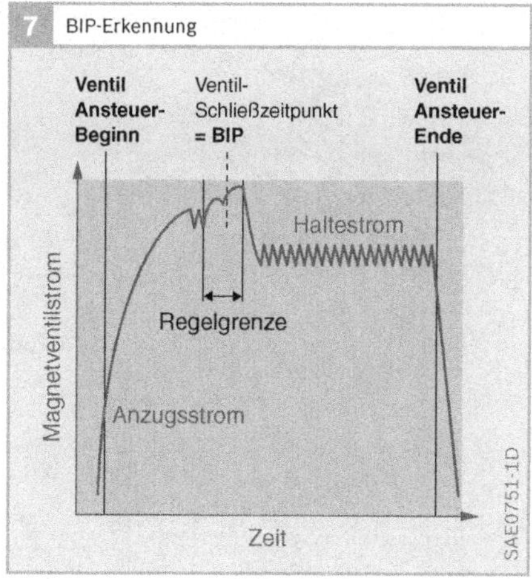

## Lambda-Regelung für Pkw-Dieselmotoren

### Anwendung

Die gesetzlich vorgeschriebenen Abgasgrenzwerte für Fahrzeuge mit Dieselmotoren werden zunehmend verschärft.
Neben der Optimierung der innermotorischen Verbrennung gewinnen die Steuerung und die Regelung abgasrelevanter
Funktionen zunehmend an Bedeutung.
Ein großes Potenzial zu Verringerung der
Emissionsstreuungen von Dieselmotoren
bietet hier die Einführung der Lambda-
Regelung.

Die Breitband-Lambda-Sonde im Abgasrohr (Bild 1, Pos. 7) misst den Restsauer-
stoffgehalt im Abgas. Daraus kann auf das
Luft-Kraftstoff-Verhältnis (Luftzahl $\lambda$) geschlossen werden. Das Signal der Lambda-
Sonde wird während des Motorbetriebs
adaptiert. Dadurch wird eine hohe Signal-
genauigkeit über deren Lebensdauer erreicht. Auf dieses Signal bauen verschiedene Lambda-Funktionen auf, die in den
folgenden Abschnitten erklärt werden.

Für die Regeneration von $NO_X$-Speicher-
katalysatoren werden Lambda-Regelkreise
eingesetzt.

Die Lambda-Regelung eignet sich für alle
Pkw-Einspritzsysteme mit Motorsteuerge-
räten ab der Generation EDC16.

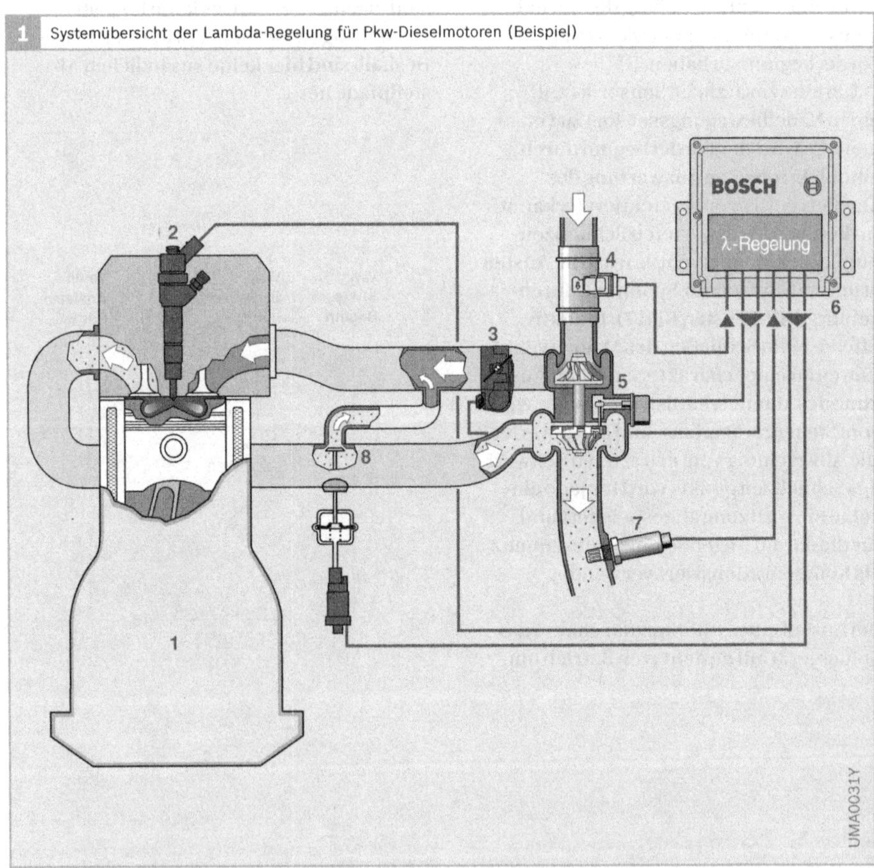

**1** Systemübersicht der Lambda-Regelung für Pkw-Dieselmotoren (Beispiel)



UMA0031Y

## Grundfunktionen

### Druckkompensation

Das Rohsignal der Lambda-Sonde hängt von der Sauerstoffkonzentration im Abgas sowie vom Abgasdruck am Einbauort der Sonde ab. Deshalb muss der Einfluss des Drucks auf das Sondensignal ausgeglichen (kompensiert) werden.

Die Funktion *Druckkompensation* enthält ein Kennfeld für den Abgasdruck und für die Druckabhängigkeit des Messsignals der Lambda-Sonde. Mithilfe dieser Modelle erfolgt die Korrektur des Messsignals bezogen auf den jeweiligen Betriebspunkt.

### Adaption

Die Adaption der Lambda-Sonde berücksichtigt im Schub die Abweichung der gemessenen Sauerstoffkonzentration von der Frischluft-Sauerstoffkonzentration (ca. 21 %). So wird ein Korrekturwert "erlernt". Mit dieser erlernten Abweichung kann in jedem Betriebspunkt des Motors die gemessene Sauerstoffkonzentration korrigiert werden. Damit liegt über die gesamte Lebensdauer der Lambda-Sonde ein genaues, driftkompensiertes Signal vor.

### Lambda-basierte Regelung der Abgasrückführung

Die Erfassung des Sauerstoffgehalts im Abgas ermöglicht – verglichen mit einer luftmassenbasierten Abgasrückführung – ein engeres Toleranzband der Emissionen über die Fahrzeugflotte. Damit können im Abgastest für zukünftige Grenzwerte ca. 10…20 % Emissionsvorteil gewonnen werden.

### Mengenmittelwertadaption

Die Mengenmittelwertadaption liefert ein genaues Einspritzmengensignal für die Sollwertbildung abgasrelevanter Regelkreise. Den größten Einfluss auf die Emissionen hat dabei die Korrektur der Abgasrückführung.

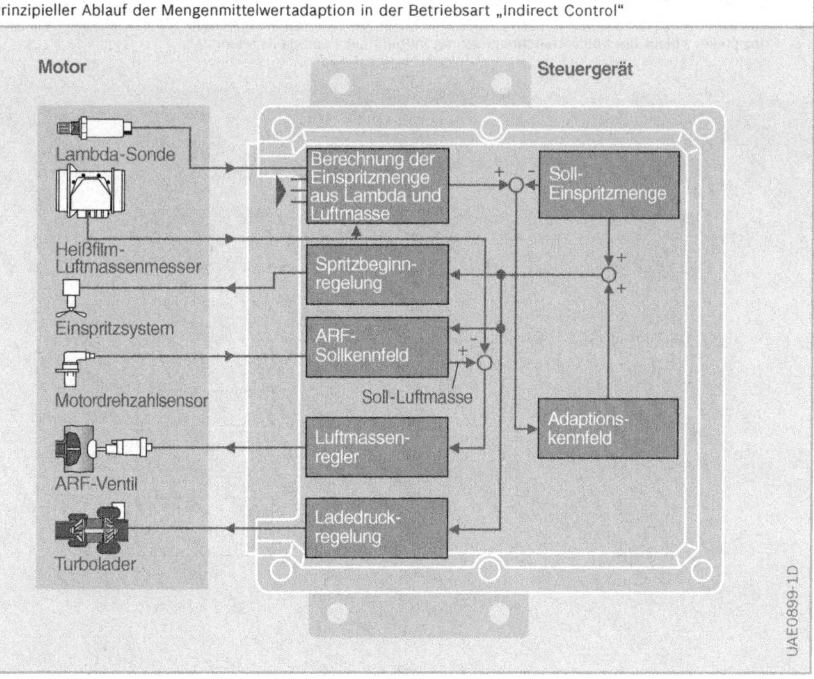

Prinzipieller Ablauf der Mengenmittelwertadaption in der Betriebsart „Indirect Control"

Die Mengenmittelwertadaption arbeitet im unteren Teillastbereich. Sie ermittelt eine über alle Zylinder gemittelte Mengenabweichung.

Bild 2 (vorherige Seite) zeigt die grundsätzliche Struktur der Mengenmittelwertadaption und deren Eingriff auf die abgasrelevanten Regelkreise.

Aus dem Signal der Lambda-Sonde und dem Luftmassensignal wird die tatsächlich eingespritzte Kraftstoffmasse berechnet. Die berechnete Kraftstoffmasse wird mit dem Einspritzmassensollwert verglichen. Die Differenz wird in einem Adaptionskennfeld in definierten „Lernpunkten" gespeichert. Damit ist sichergestellt, dass eine betriebspunktspezifische Einspritzmengenkorrektur auch bei dynamischen Zustandsänderungen ohne Verzögerung bestimmt werden kann. Die Korrekturmengen werden im EEPROM des Steuergeräts gespeichert und stehen bei Motorstart sofort zur Verfügung.

Grundsätzlich gibt es zwei Betriebsarten der Mengenmittelwertadaption, die sich in der Verwendung der ermittelten Mengenabweichung unterscheiden:

*Betriebsart „Indirect Control"*
In der Betriebsart *Indirect Control* (Bild 2) wird ein genauer Einspritzmengensollwert als Eingangsgröße in verschiedene abgasrelevante Soll-Kennfelder verwendet. Die Einspritzmenge selbst wird in der Zumessung nicht korrigiert.

*Betriebsart „Direct Control"*
In der Betriebsart *Direct Control* wird die Mengenabweichung zur Korrektur der Einspritzmenge in der Zumessung verwendet, sodass die wirklich eingespritzte Kraftstoffmenge genauer mit der Soll-Einspritzmenge übereinstimmt. Hierbei handelt es sich (gewissermaßen) um einen geschlossenen Mengenregelkreis.

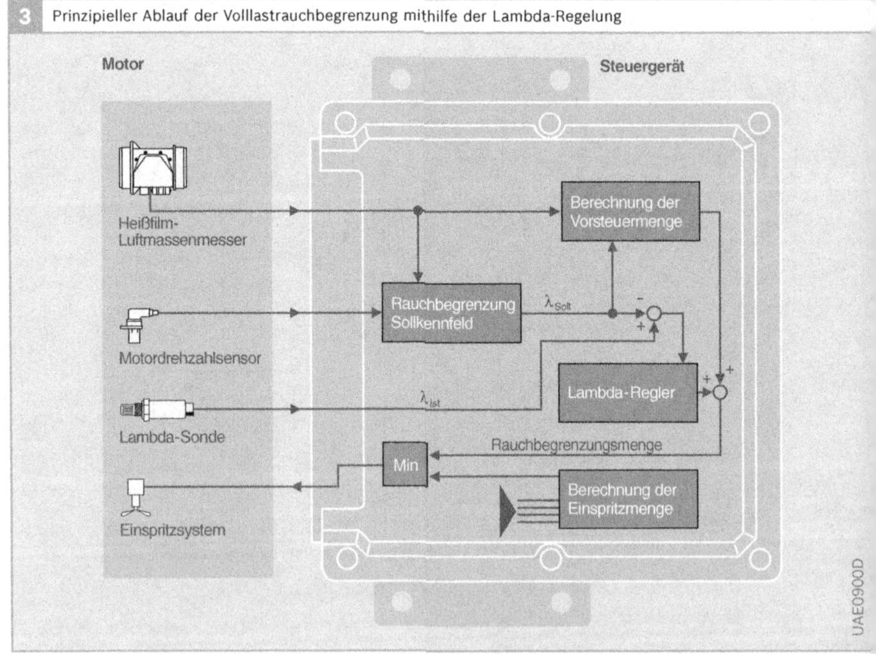

**3**  Prinzipieller Ablauf der Volllastrauchbegrenzung mithilfe der Lambda-Regelung

## Volllastrauchbegrenzung

Bild 3 zeigt das Prinzipbild der Regel-
struktur für die Volllastrauchbegrenzung
mit einer Lambda-Sonde. Ziel ist die Ermittlung der maximalen Kraftstoffmenge,
die eingespritzt werden darf, ohne einen
bestimmten Rauchwert zu überschreiten.

Mit den Signalen des Luftmassenmessers
und des Motordrehzahlsensors wird der
Lambda-Sollwert $\lambda_{SOLL}$ über ein Rauch-
begrenzungskennfeld ermittelt. Aus diesem Wert wird zusammen mit der Luftmasse der Vorsteuerwert für die maximal
zulässige Einspritzmenge errechnet.

Dieser heute in Serie realisierten Steuerung wird eine Lambda-Regelung über-
lagert. Der Lambda-Regler berechnet aus
der Differenz zwischen dem Lambda-
Sollwert $\lambda_{SOLL}$ und dem Lambda-Istwert
$\lambda_{IST}$ eine Korrekturkraftstoffmenge. Die
Summe aus Vorsteuer- und Korrektur-
menge ist ein exakter Wert für die maximale Volllast-Kraftstoffmenge.

Mit dieser Struktur ist eine gute Dynamik
durch die Vorsteuerung und eine verbesserte Genauigkeit durch den überlagerten
Lambda-Regelkreis erreichbar.

## Erkennung unerwünschter Verbrennung

Mithilfe des Signals der Lambda-Sonde
kann eine unerwünschte Verbrennung
im Schubbetrieb erkannt werden. Diese
wird dann erkannt, wenn das Signal der
Lambda-Sonde unterhalb eines berechneten Schwellwertes liegt. Bei unerwünschter Verbrennung kann der Motor durch
Schließen einer Regelklappe und des Abgasrückführventils abgestellt werden. Das
Erkennen unerwünschter Verbrennung
stellt eine zusätzliche Sicherheitsfunktion
für den Motor dar.

## Zusammenfassung

Mit einer lambdabasierten Abgasrückführung kann die Emissionsstreuung einer
Fahrzeugflotte aufgrund von Fertigungstoleranzen oder Alterungsdrift wesentlich
reduziert werden. Hierfür wird die Mengenmittelwertadaption eingesetzt.

Die Mengenmittelwertadaption liefert ein
genaues Einspritzmengensignal für die
Sollwertbildung abgasrelevanter Regelkreise. Dadurch wird die Genauigkeit
dieser Regelkreise erhöht. Den größten
Einfluss auf die Emissionen hat dabei die
Korrektur der Abgasrückführung.

Zusätzlich kann durch den Einsatz einer
Lambda-Regelung die Volllastrauchmenge
exakt bestimmt und eine unerwünschte
Verbrennung detektiert werden.

Die hohe Genauigkeit des Signals der
Lambda-Sonde ermöglicht darüber hinaus
die Darstellung eines Lambda-Regel-
kreises für die Regeneration von $NO_X$-
Speicher-Katalysatoren.

### Anwendung

Die Funktionen *Regeln* und *Steuern* haben für die verschiedenen Systeme im Kraftfahrzeug eine herausragende Bedeutung.

Die Benennung *Steuerung* erfolgt vielfach nicht nur für den Vorgang des Steuerns, sondern auch für die Gesamtanlage, in der die Steuerung stattfindet (deshalb auch die generelle Benennung *Steuergerät*, obwohl solch ein Gerät auch die Regelung vornimmt). Demnach laufen in den Steuergeräten Rechenprozesse sowohl für Steuerungs- als auch für Regelungsaufgaben ab.

### Regeln

Das *Regeln* bzw. die *Regelung* ist ein Vorgang, bei dem eine Größe (Regelgröße $x$) fortlaufend erfasst, mit einer anderen Größe (Führungsgröße $w_1$) verglichen und abhängig vom Ergebnis dieses Vergleichs im Sinne einer Angleichung an die Führungsgröße beeinflusst wird. Der sich dabei ergebende Wirkungsablauf findet in einem geschlossenen Kreis (Regelkreis) statt.

Die Regelung hat die Aufgabe, trotz störender Einflüsse den Wert der Regelgröße an den durch die Führungsgröße vorgegebenen Wert anzugleichen.

Der *Regelkreis* (Bild 1a) ist ein in sich geschlossener Wirkungsweg mit einsinniger Wirkungsrichtung. Die Regelgröße $x$ wirkt in einer Kreisstruktur im Sinne einer Gegenkopplung auf sich selbst zurück. Im Gegen-

satz zur Steuerung berücksichtigt eine Regelung den Einfluss aller Störgrößen ($z_1$, $z_2$) im Regelkreis. Beispiele für Regelsysteme im Kfz sind:

▶ Lambda-Regelung,
▶ Leerlaufdrehzahlregelung,
▶ ABS-/ASR-/ESP-Regelung,
▶ Klimaregelung (Innenraumtemperatur).

### Steuern

Das *Steuern* bzw. die *Steuerung* ist der Vorgang in einem System, bei dem eine oder mehrere Größen als Eingangsgrößen andere Größen aufgrund der dem System eigentümlichen Gesetzmäßigkeit beeinflussen. Kennzeichen für das Steuern ist der offene Wirkungsablauf über das einzelne Übertragungsglied oder die Steuerkette.

Die *Steuerkette* (Bild 1b) ist eine Anordnung von Gliedern, die in Kettenstruktur aufeinander einwirken. Sie kann als Ganzes innerhalb eines übergeordneten Systems mit weiteren Systemen in beliebigem wirkungsgemäßem Zusammenhang stehen. Durch eine Steuerkette kann nur die Auswirkung der Störgröße bekämpft werden, die vom Steuergerät gemessen wird (z.B. $z_1$); andere Störgrößen (z.B. $z_2$) wirken sich ungehindert aus. Beispiele für Steuersysteme im Kfz sind:

▶ Elektronische Getriebesteuerung (EGS).
▶ Injektormengenabgleich und Druckwellenkorrektur bei der Einspritzmengenberechnung.

Bild 1
a   Regelkreis
b   Steuerkette
c   Wirkungsplan
    einer digitalen
    Regelung

$w$    Führungsgröße
$x$    Regelgröße
$x_A$  Steuergröße
$y$    Stellgröße
$z_1$, $z_2$ Störgrößen

$T$    Abtastzeit
*      digitale Signal-
       werte
A      Analog
D      Digital

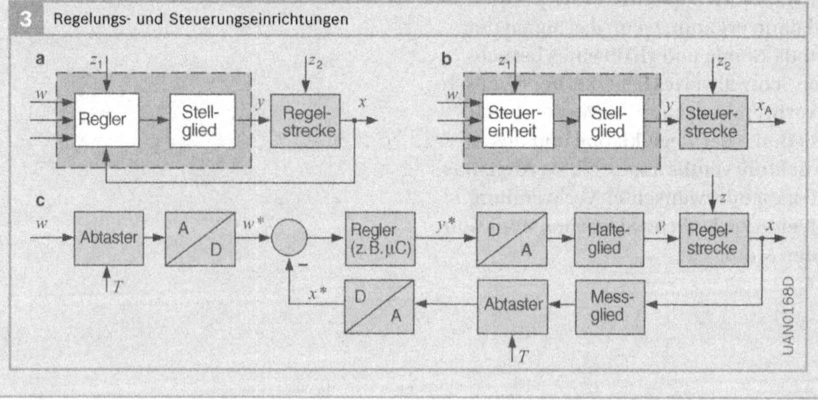

# Momentengeführte EDC-Systeme

Die Motorsteuerung wird immer enger in die Fahrzeuggesamtsysteme eingebunden. Fahrdynamiksysteme (z. B. ASR), Komfortsysteme (z. B. Tempomat) und die Getriebesteuerung beeinflussen über den CAN-Bus die Elektronische Dieselregelung EDC. Andererseits werden viele der in der Motorsteuerung erfassten oder berechneten Informationen über den CAN-Bus an andere Steuergeräte weitergegeben.

Um die Elektronische Dieselregelung künftig noch wirkungsvoller in einen funktionalen Verbund mit anderen Steuergeräten einzugliedern und weitere Verbesserungen schnell und effektiv zu realisieren, wurden die Steuerungen der neuesten Generation einschneidend überarbeitet. Diese momentengeführte Dieselmotorsteuerung wird erstmals ab EDC16 eingesetzt. Hauptmerkmal ist die Umstellung der Modulschnittstellen auf Größen, wie sie im Fahrzeug auch auftreten.

## Kenngrößen eines Motors

Die Außenwirkung eines Motors kann im Wesentlichen durch drei Kenngrößen beschrieben werden: Leistung $P$, Drehzahl $n$ und Drehmoment $M$.

Bild 1 zeigt den typischen Verlauf von Drehmoment und Leistung über der Motordrehzahl zweier Dieselmotoren im Vergleich. Grundsätzlich gilt der physikalische Zusammenhang:

$$P = 2 \cdot \pi \cdot n \cdot M$$

Es genügt also völlig, z. B. das Drehmoment als Führungsgröße unter Beachtung der Drehzahl vorzugeben. Die Motorleistung ergibt sich dann aus der obigen Formel. Da die Leistung nicht unmittelbar gemessen werden kann, hat sich für die Motorsteuerung das Drehmoment als geeignete Führungsgröße herausgestellt.

## Momentensteuerung

Der Fahrer fordert beim Beschleunigen über das Fahrpedal (Sensor) direkt ein einzustellendes Drehmoment. Unabhängig davon fordern andere externe Fahrzeugsysteme über die Schnittstellen ein Drehmoment an, das sich aus dem Leistungsbedarf der Komponenten ergibt (z. B. Klimaanlage, Generator). Die Motorsteuerung errechnet daraus das resultierende Motormoment und steuert die Stellglieder des Einspritz- und Luftsystems entsprechend an. Daraus ergeben sich folgende Vorteile:

▶ Kein System hat direkten Einfluss auf die Motorsteuerung (Ladedruck, Einspritzung, Vorglühen). Die Motorsteuerung kann so zu den äußeren Anforderungen auch noch übergeordnete Optimierungskriterien berücksichtigen (z. B. Abgasemissionen, Kraftstoffverbrauch) und den Motor dann bestmöglich ansteuern.

▶ Viele Funktionen, die nicht unmittelbar die Steuerung des Motors betreffen, können für Diesel- und Ottomotorsteuerungen einheitlich ablaufen.

▶ Erweiterungen des Systems können schnell umgesetzt werden.

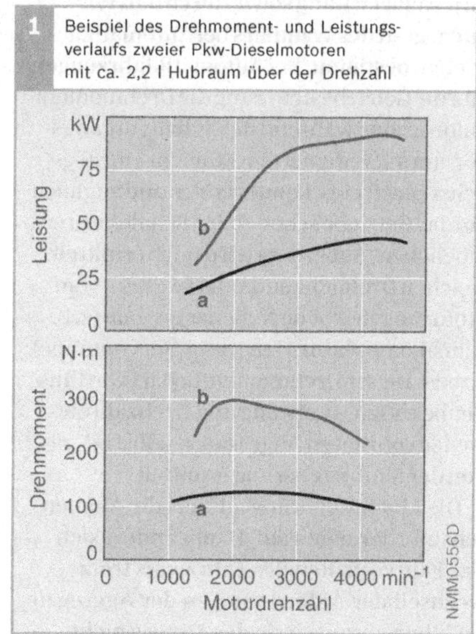

**1** Beispiel des Drehmoment- und Leistungsverlaufs zweier Pkw-Dieselmotoren mit ca. 2,2 l Hubraum über der Drehzahl



**Bild 1**
a  Baujahr 1968
b  Baujahr 1998

### Ablauf der Motorsteuerung

Die Weiterverarbeitung der Sollwertvorgaben im Motorsteuergerät sind in Bild 2 schematisch dargestellt. Zum Erfüllen ihrer Aufgaben benötigen alle Steuerungsfunktionen der Motorsteuerung eine Fülle von Sensorsignalen und Informationen von anderen Steuergeräten im Fahrzeug.

#### Vortriebsmoment

Die Fahrervorgabe (d. h. das Signal des Fahrpedalsensors) wird von der Motorsteuerung als Anforderung für ein Vortriebsmoment interpretiert. Genauso werden die Anforderungen der Fahrgeschwindigkeitsregelung und -begrenzung berücksichtigt.

Nach dieser Auswahl des Soll-Vortriebsmoments erfolgt gegebenenfalls bei Blockiergefahr eine Erhöhung bzw. bei durchdrehenden Rädern eine Reduzierung des Sollwerts durch das Fahrdynamiksystem (ASR, ESP).

#### Weitere externe Momentanforderungen

Die Drehmomentanpassung des Antriebsstrangs muss berücksichtigt werden (Triebstrangübersetzung). Sie wird im Wesentlichen durch die Übersetzungsverhältnisse im jeweiligen Gang sowie durch den Wirkungsgrad des Wandlers bei Automatikgetrieben bestimmt. Bei Automatikfahrzeugen gibt die Getriebesteuerung die Drehmomentanforderung während des Schaltvorgangs vor, um mit reduziertem Moment ein möglichst ruckfreies, komfortables und zugleich ein das Getriebe schonendes Schalten zu ermöglichen. Außerdem wird noch ermittelt, welchen Drehmomentbedarf weitere vom Motor angetriebene Nebenaggregate (z. B. Klimakompressor, Generator, Servopumpe) haben. Dieser Drehmomentbedarf wird aus der benötigten Leistung und Drehzahl entweder von diesen Aggregaten selbst oder von der Motorsteuerung ermittelt.

Die Motorsteuerung addiert die Momentenanforderungen auf. Damit ändert sich das Fahrverhalten des Fahrzeugs trotz wechselnder Anforderungen der Aggregate und Betriebszustände des Motors nicht.

#### Innere Momentanforderungen

In diesem Schritt greifen der Leerlaufregler und der aktive Ruckeldämpfer ein.

Um z. B. eine unzulässige Rauchbildung durch zu hohe Einspritzmengen oder eine mechanische Beschädigung des Motors zu verhindern, setzt das Begrenzungsmoment, wenn nötig, den internen Drehmomentbedarf herab. Im Vergleich zu den bisherigen Motorsteuerungssystemen erfolgen die Begrenzungen nicht mehr ausschließlich im Kraftstoff-Mengenbereich, sondern je nach gewünschtem Effekt direkt in der jeweils betroffenen physikalischen Größe.

Die Verluste des Motors werden ebenfalls berücksichtigt (z. B. Reibung, Antrieb der Hochdruckpumpe). Das Drehmoment stellt die messbare Außenwirkung des Motors dar. Die Steuerung kann diese Außenwirkung aber nur durch eine geeignete Einspritzung von Kraftstoff in Verbindung mit dem richtigen Einspritzzeitpunkt sowie den notwendigen Randbedingungen des Luftsystems erzeugen (z. B. Ladedruck Abgasrückführrate). Die notwendige Einspritzmenge wird über den aktuellen Verbrennungswirkungsgrad bestimmt. Die errechnete Kraftstoffmenge wird durch eine Schutzfunktion (z. B. gegen Überhitzung) begrenzt und gegebenenfalls durch die Laufruheregelung verändert. Während des Startvorgangs wird die Einspritzmenge nicht durch externe Vorgaben (wie z. B. den Fahrer) bestimmt, sondern in der separaten Steuerungsfunktion „Startmenge" berechnet.

#### Ansteuerung der Aktoren

Aus dem schließlich resultierenden Sollwert für die Einspritzmenge werden die Ansteuerdaten für die Einspritzpumpen bzw. die Einspritzventile ermittelt sowie der bestmögliche Betriebspunkt des Luftsystems bestimmt.

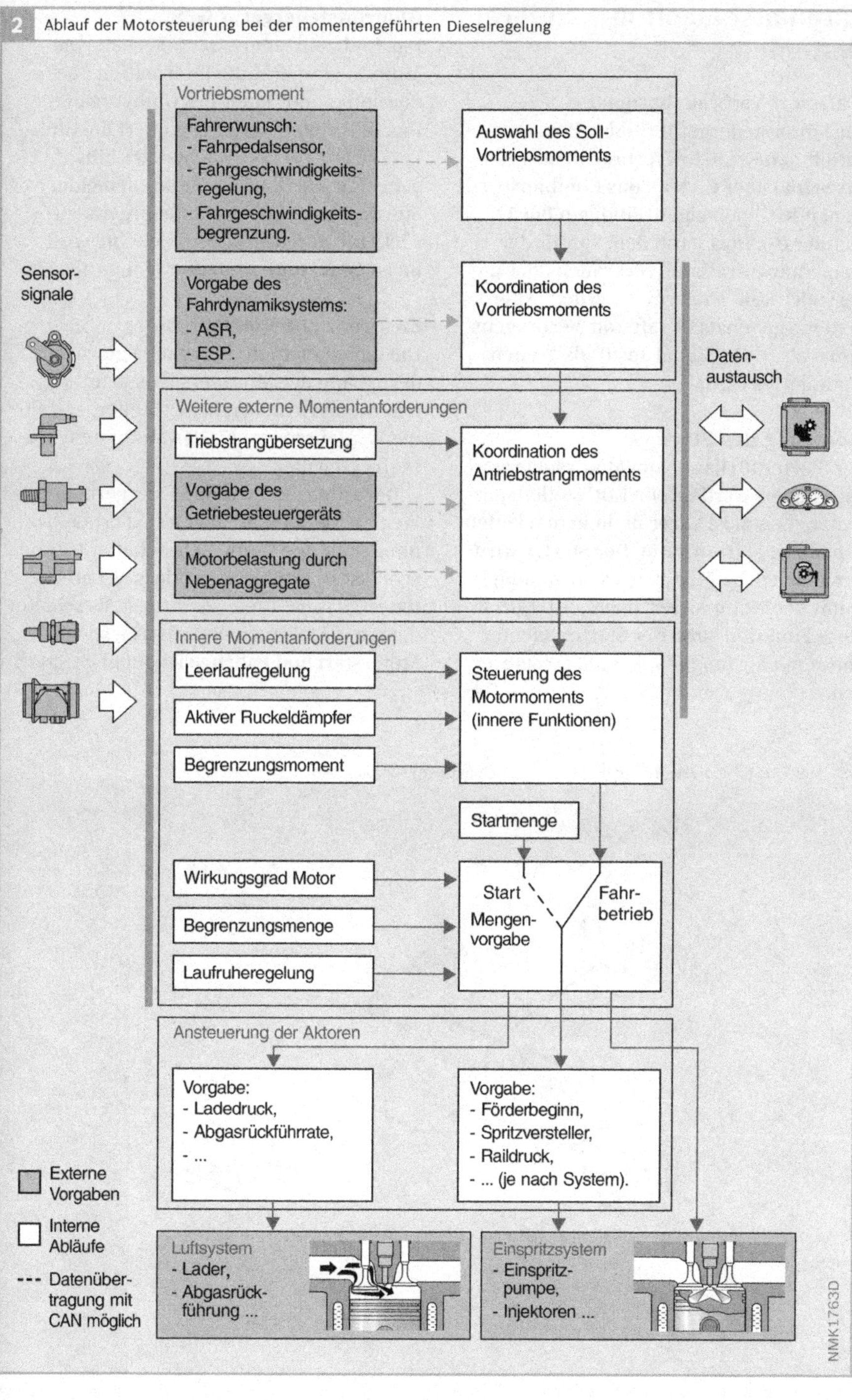

2 Ablauf der Motorsteuerung bei der momentengeführten Dieselregelung

Vortriebsmoment

Fahrerwunsch:
- Fahrpedalsensor,
- Fahrgeschwindigkeits-
regelung,
- Fahrgeschwindigkeits-
begrenzung.

Auswahl des Soll-
Vortriebsmoments

Vorgabe des
Fahrdynamiksystems:
- ASR,
- ESP.

Koordination des
Vortriebsmoments

Sensor-
signale

Daten-
austausch

Weitere externe Momentanforderungen

Triebstrangübersetzung

Koordination des
Antriebstrangmoments

Vorgabe des
Getriebesteuergeräts

Motorbelastung durch
Nebenaggregate

Innere Momentanforderungen

Leerlaufregelung

Steuerung des
Motormoments
(innere Funktionen)

Aktiver Ruckeldämpfer

Begrenzungsmoment

Startmenge

Wirkungsgrad Motor

Start
Mengen-
vorgabe

Fahr-
betrieb

Begrenzungsmenge

Laufruheregelung

Ansteuerung der Aktoren

Vorgabe:
- Ladedruck,
- Abgasrückführrate,
- ...

Vorgabe:
- Förderbeginn,
- Spritzversteller,
- Raildruck,
- ... (je nach System).

Externe
Vorgaben

Interne
Abläufe

--- Datenüber-
tragung mit
CAN möglich

Luftsystem
- Lader,
- Abgasrück-
führung ...

Einspritzsystem
- Einspritz-
pumpe,
- Injektoren ...

NMK1763D

# Datenaustausch mit anderen Systemen

### Kraftstoff-Verbrauchssignal

Das Motorsteuergerät (Bild 1, Pos. 3) ermittelt den Kraftstoffverbrauch und gibt das Signal über CAN an das Kombiinstrument oder einen eigenständigen Bordrechner (6). Dort kann dem Fahrer der momentane Kraftstoffverbrauch oder die Restreichweite angezeigt werden. Ältere Systeme geben das Kraftstoff-Verbrauchssignal als PWM-Signal aus (Puls-Weiten-Moduliertes Signal).

### Steuerung des Starters

Der Starter (8) kann vom Motorsteuergerät angesteuert werden. Die EDC stellt damit sicher, dass der Fahrer nicht in den laufenden Motor starten kann. Der Starter wird nur so lange betätigt, wie es notwendig ist, damit der Motor sicher hochläuft. Durch diese Funktion kann der Starter leichter und somit kostengünstiger ausgelegt werden.

### Glühzeitsteuergerät GZS

Das Glühzeitsteuergerät (5) erhält vom Motorsteuergerät die Information über Zeitpunkt und Dauer des Glühvorgangs. Das Glühzeitsteuergerät steuert die Glühkerzen an und überwacht den Glühvorgang. Für die Diagnosefunktion meldet es Störungen an das Motorsteuergerät zurück. Die Vorglüh-Kontrollleuchte wird meist vom Motorsteuergerät angesteuert.

### Elektronische Wegfahrsperre

Um eine unbefugte Benutzung zu verhindern, kann der Motor erst gestartet werden, wenn ein zusätzliches Steuergerät für die Wegfahrsperre (7) das Motorsteuergerät frei schaltet.

Der Fahrer kann dem Steuergerät der Wegfahrsperre z. B. über eine Fernbedienung oder den Glüh-Start-Schalter („Zündschlüssel") signalisieren, dass er berechtigt ist, das Fahrzeug zu nutzen. Es schaltet dann das Motorsteuergerät frei, sodass Motorstart und Fahrbetrieb möglich sind.

---

**1** | Mögliche Komponenten für den Datenaustausch mit der Elektronischen Dieselregelung

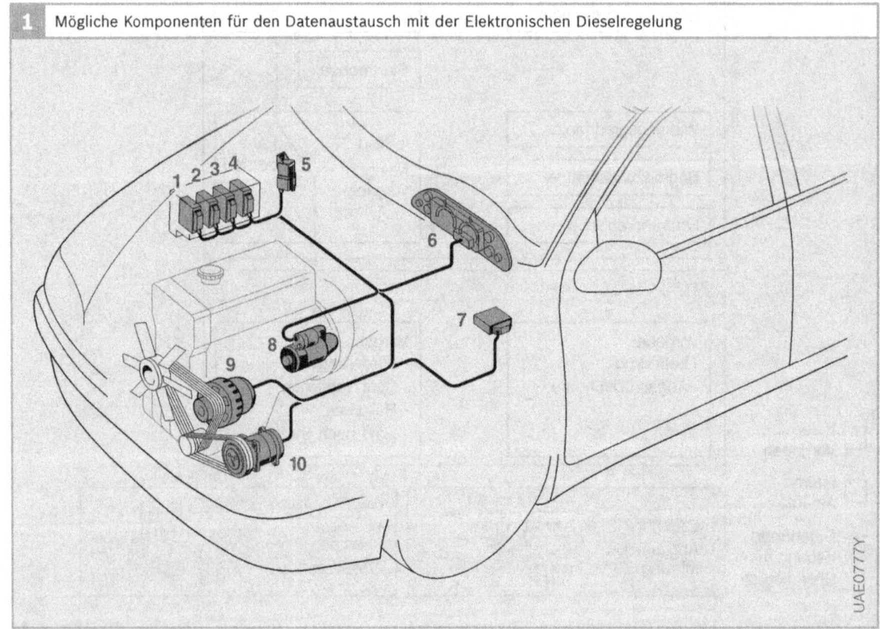


**Bild 1**

1 ESP-Steuergerät (mit ABS und ASR)
2 Getriebesteuergerät
3 Motorsteuergerät (EDC)
4 Klimasteuergerät
5 Glühzeitsteuergerät
6 Kombiinstrument mit Bordrechner
7 Steuergerät der Wegfahrsperre
8 Starter
9 Generator
10 Klimakompressor

### xterner Momenteneingriff

eim externen Momenteneingriff wird die
inspritzmenge von einem anderen Steu-
rgerät (z. B. für Getriebesteuerung, ASR)
eeinflusst. Es teilt dem Motorsteuergerät
it, ob und um wie viel das Drehmoment
es Motors (und damit die Einspritz-
enge) geändert werden soll.

### teuerung des Generators

ber eine genormte serielle Schnittstelle
ann die EDC den Generator (9) fernsteu-
rn und überwachen. Eine Steuerung der
egelspannung ist genauso möglich wie
as komplette Abschalten des Generators.
as Ladeverhalten des Generators kann,
 B. bei schwacher Batterie, durch eine
nhebung der Leerlaufdrehzahl unter-
ützt werden. Auch eine einfache Diag-
ose des Generators ist über diese Schnitt-
elle möglich.

### limaanlage

m bei hohen Außentemperaturen eine
ngenehme Innentemperatur zu erhalten,
ühlt die Klimaanlage die Luft für den
ahrzeuginnenraum mithilfe eines Klima-
ompressors (10) ab. Sein Leistungsbedarf
ann je nach Motor und Fahrsituation bis
u 30 % der Motorleistung betragen.

obald der Fahrer das Fahrpedal ganz
urchdrückt oder rasch betätigt (und da-
it also ein maximales Drehmoment
ünscht), kann der Klimakompressor
urzzeitig vom Motorsteuergerät abge-
chaltet werden. Dadurch steht die volle
otorleistung für den Antrieb zur Ver-
ügung. Da nur kurzzeitig abgeschaltet
ird, hat dies keinen merklichen Einfluss
uf die Innenraumtemperatur des Fahr-
eugs.

# Serielle Datenübertragung mit CAN

Kraftfahrzeuge sind mit einer ständig
wachsenden Zahl von elektronischen
Systemen ausgestattet. Diese benötigen
einen intensiven Daten- und Informations-
austausch, wobei die Anforderungen an
Datenmengen und Geschwindigkeit immer
größer werden.

CAN (Controller Area Network) ist ein speziell für die Anwendung im Kraftfahrzeug
entwickeltes lineares Bussystem (Bild 1).
Es wird inzwischen auch in anderen Bereichen eingesetzt (z. B. in der Haustechnik).

Die Daten werden auf einer gemeinsamen (Bus-)Leitung seriell, d. h. hinter-
einander übertragen. Alle CAN-Teilnehmer
haben Zugriff auf den Bus. Über eine CAN-
Schnittstelle in den Steuergeräten können
diese Stationen Daten senden und empfan-
gen. Durch die Vernetzung werden wesentlich weniger Leitungen benötigt, da auf
einer Busleitung eine Vielzahl Daten aus-
getauscht werden können und die Daten
mehrfach gelesen werden können. Bei herkömmlichen Systemen erfolgt der Datenaustausch über einzeln zugeordnete
Datenleitungen von Punkt zu Punkt.

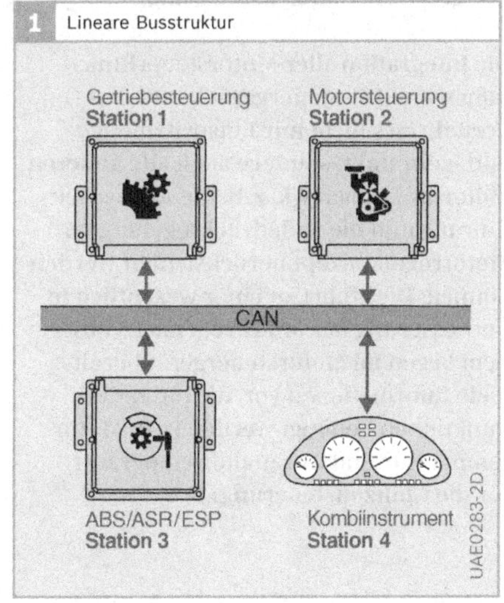

# Regelung und Ansteuerung von Aktoren

Neben den Einspritzkomponenten werden von der EDC eine Vielzahl weiterer Stellglieder geregelt und angesteuert. Sie wirken z. B. auf die Füllungssteuerung, auf die Motorkühlung oder sie unterstützen das Startverhalten des Dieselmotors. Wie bei der Regelung der Einspritzung werden auch hier die Vorgaben von anderen Systemen (z. B. ASR) berücksichtigt.

Je nach Fahrzeugtyp, Einsatzgebiet und Einspritzsystem kommen verschiedene Stellglieder zur Anwendung. Einige Beispiele sind in diesem Abschnitt beschrieben.

Bei der Ansteuerung werden verschiedene Wege beschritten:
► Die Stellglieder werden direkt über eine Endstufe im Motorsteuergerät mit den entsprechenden Signalen angesteuert (z. B. Abgasrückführventil).
► Bei hohem Stromverbrauch steuert das Steuergerät ein Relais an (z. B. Lüfteransteuerung).
► Das Motorsteuergerät gibt Signale an ein unabhängiges Steuergerät, das dann die weiteren Stellglieder ansteuert oder regelt (z. B. Glühzeitsteuerung).

Die Integration aller Motorsteuerfunktionen im EDC-Steuergerät bietet den Vorteil, dass nicht nur Einspritzmenge und -zeitpunkt, sondern auch alle anderen Motorfunktionen wie z. B. die Abgasrückführung und die Ladedruckregelung im Motorregelkonzept berücksichtigt werden können. Dies führt zu einer wesentlichen Verbesserung der Motorregelung. Außerdem liegen im Motorsteuergerät bereits viele Informationen vor, die für andere Funktionen benötigt werden (z. B. Motortemperatur und Ansauglufttemperatur für die Glühzeitsteuerung).

## Kühlmittelzusatzheizung

Leistungsfähige Dieselmotoren haben einen sehr hohen Wirkungsgrad. Die Abwärme des Motors reicht daher unter Umständen nicht mehr aus, den Fahrzeuginnenraum ausreichend aufzuheizen. Deshalb kann eine Kühlmittelzusatzheizung mit Glühkerzen eingesetzt werden. Sie wird je nach Kapazität des Generators in verschiedenen Stufen angesteuert. Das EDC-Motorsteuergerät regelt die Kühlmittelzusatzheizung.

## Einlasskanalabschaltung

Bei der Einlasskanalabschaltung wird im unteren Motordrehzahlbereich und im Leerlauf ein Füllungskanal (Bild 1, Pos. 5) pro Zylinder mit einer Klappe (6) verschlossen, wenn durch einen elektropneumatischen Wandler ein Strom fließt. Die Frischluft wird dann nur über Drallkanäle (2) angesaugt. Dadurch entsteht im unteren Drehzahlbereich eine bessere Verwirbelung der Luft, was zu einer besseren Verbrennung führt. Im oberen Drehzahlbereich wird der Füllungsgrad durch die zusätzlich geöffneten Füllungskanäle erhöht und somit die Motorleistung verbessert.

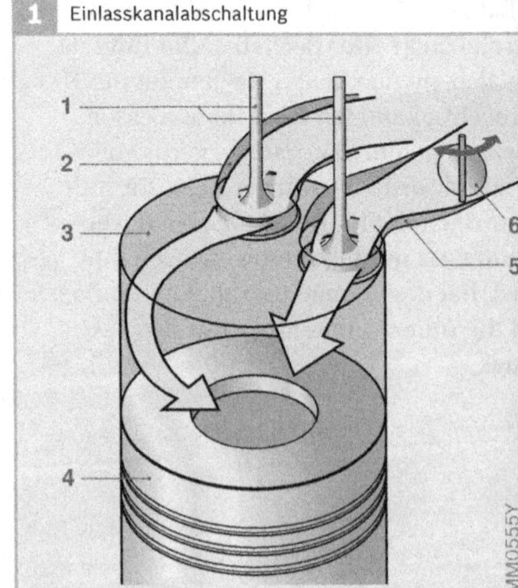


**Bild 1**
1  Einlassventil
2  Drallkanal
3  Zylinder
4  Kolben
5  Füllungskanal
6  Klappe

## Ladedruckregelung

Die Ladedruckregelung (LDR) des Turboladers verbessert die Drehmomentcharakteristik im Volllastbetrieb und die Ladungswechsel im Teillastbetrieb. Der Sollwert für den Ladedruck hängt von der Drehzahl, der Einspritzmenge, der Kühlmittel- und der Lufttemperatur sowie dem Umgebungsluftdruck ab. Er wird mit dem Istwert des Ladedrucksensors verglichen. Bei einer Regelabweichung betätigt das Steuergerät den elektropneumatischen Wandler des Bypassventils oder der Leitschaufeln des Turboladers mit Variabler Turbinengeometrie (VTG).

## Lüfteransteuerung

Oberhalb einer bestimmten Motortemperatur steuert das Motorsteuergerät das Lüfterrad des Motors an. Auch nach Motorstillstand wird es noch für eine bestimmte Zeit weiter betrieben. Diese Nachlaufzeit hängt von der aktuellen Kühlmitteltemperatur und dem Lastzustand des letzten Fahrzyklus ab.

## Abgasrückführung

Zur Reduzierung der $NO_X$-Emission wird Abgas in den Ansaugtrakt des Motors geleitet. Dies geschieht über einen Kanal, dessen Querschnitt durch ein Abgasrückführventil verändert werden kann. Die Ansteuerung des Abgasrückführventils erfolgt entweder über einen elektropneumatischen Wandler oder über einen elektrischen Steller.

Aufgrund der hohen Temperatur und des Schmutzanteils im Abgas kann der rückgeführte Abgasstrom schlecht gemessen werden. Deshalb erfolgt die Regelung indirekt über einen Luftmassenmesser im Frischluftmassenstrom. Sein Messwert wird im Steuergerät mit dem theoretischen Luftbedarf des Motors verglichen. Dieser wird aus verschiedenen Kenndaten ermittelt (z. B. Motordrehzahl). Je niedriger die tatsächliche gemessene Frischluftmasse im Vergleich zum theoretischen Luftbedarf ist, umso höher ist der rückgeführte Abgasanteil.

# Ersatzfunktionen

Sofern einzelne Eingangssignale ausfallen, fehlen dem Steuergerät wichtige Informationen für die Berechnungen. In diesem Fall erfolgt die Ansteuerung mithilfe von Ersatzfunktionen. Zwei Beispiele hierfür sind:

*Beispiel 1:* Die Kraftstofftemperatur wird zur Berechnung der Einspritzmenge benötigt. Fällt der Kraftstofftemperatursensor aus, rechnet das Steuergerät mit einem Ersatzwert. Dieser muss so gewählt sein, dass es nicht zu starker Rußbildung kommt. Dadurch kann bei defektem Kraftstofftemperatursensor die Leistung in einigen Betriebsbereichen abfallen.

*Beispiel 2:* Bei Ausfall des Nockenwellensensors zieht das Steuergerät das Signal des Kurbelwellensensors als Ersatzsignal heran. Je nach Fahrzeughersteller gibt es unterschiedliche Konzepte, mit denen über den Verlauf des Kurbelwellensignals ermittelt wird, wann Zylinder 1 im Verdichtungstakt ist. Als Folge dieser Ersatzfunktionen dauert der Neustart jedoch etwas länger.

Die verschiedenen Ersatzfunktionen können je nach Fahrzeughersteller unterschiedlich sein. Deshalb sind viele fahrzeugspezifische Funktionen möglich.

Alle Störungen werden über die Diagnosefunktion abgespeichert und können in der Werkstatt ausgelesen werden.

# Starthilfesysteme

**Warme Vor- und Wirbelkammer-Dieselmotoren und Direkteinspritzmotoren (DI) starten bei niedrigen Außentemperaturen bis ≥ 0 °C spontan. Hier wird die Selbstentzündungstemperatur für Dieselkraftstoff von 250 °C beim Start mit der Anlassdrehzahl erreicht. Kalte Vor- und Wirbelkammermotoren benötigen bei Umgebungstemperaturen < 40 °C bzw. < 20 °C eine Starthilfe, DI-Motoren erst unterhalb 0 °C.**

## Glühsysteme

Für Pkw und leichte Nutzfahrzeuge werden Glühsysteme eingesetzt. Glühsysteme bestehen im Wesentlichen aus Glühstiftkerzen (GLP), dem Glühzeitsteuergerät und einer Glühsoftware in der Motorsteuerung. Bei konventionellen Glühsystemen werden Glühstiftkerzen mit einer Nennspannung von 11 V verwendet, die mit Bordnetzspannung angesteuert werden. Neue Niederspannungs-Glühsysteme erfordern Glühstiftkerzen mit Nennspannungen unterhalb 11 V, deren Heizleistung über ein elektronisches Glühzeitsteuergerät (GZS) an die Anforderung des Motors angepasst wird.

Bei Vor- und Wirbelkammermotoren (IDI) ragen die Glühstiftkerzen in den Nebenbrennraum, bei DI-Motoren in den Brennraum des Motorzylinders. Das Luft-Kraftstoff-Gemisch wird an der heißen Spitze der Glühstiftkerze vorbeigeführt und erwärmt sich dabei. Verbunden mit der Ansauglufterwärmung während des Verdichtungstaktes wird die Entflammungstemperatur erreicht.

Für Dieselmotoren mit einem Hubvolumen von mehr als 1 l/Zylinder (Nkw) werden im Normalfall keine Glühsysteme, sondern Flammstartanlagen eingesetzt.

### Glühphasen
▸ Vorglühen: die GLP wird auf Betriebstemperatur erhitzt.
▸ Bereitschaftsglühen: das Glühsystem hält eine zum Start erforderliche GLP-Temperatur für eine definierte Zeit vor.
▸ Startglühen: wird während des Motorhochlaufs angewendet.
▸ Nachglühphase: beginnt nach dem Starterabwurf.
▸ Zwischenglühen: nach Motorabkühlung durch Schubbetrieb oder zur Unterstützung der Partikelfilterregeneration.

### Konventionelles Glühsystem
Konventionelle Glühsysteme bestehen aus einer Metall-GLP mit 11 V Nennspannung, einem Relais-GZS und einem in das Motorsteuergerät integrierten Softwaremodul für die Glühfunktion.

Die Glühsoftware in der EDC (Elektronische Dieselregelung) startet und beendet den Glühvorgang in Abhängigkeit von der

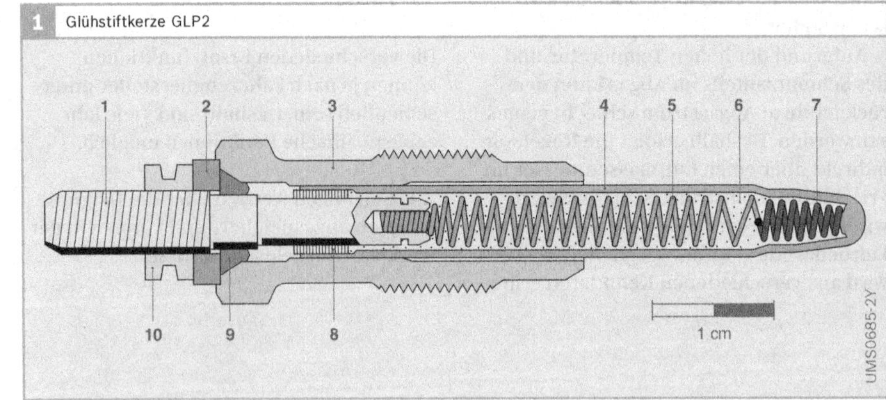

**1** Glühstiftkerze GLP2



**Bild 1**
1 Anschlussstecker
2 Isolierscheibe
3 Gehäuse
4 Glührohr
5 Regelwendel
6 Magnesiumoxidpulver
7 Heizwendel
8 Heizkörperdichtung
9 Doppeldichtung
10 Randmutter

Betätigung des Glühstartschalters und in der Software abgelegten Parametern. Das GZS steuert nach den Vorgaben der EDC die Glühstiftkerzen während der Glühphasen Vor-, Bereitschafts-, Start- und Nachglühen mit Bordnetzspannung über ein Relais an. Die Nennspannung der Glühstiftkerzen beträgt 11 V. Damit ist die Heizleistung von der aktuellen Bordnetzspannung und dem temperaturabhängigen Widerstand (PTC) der GLP abhängig. Es ergibt sich dadurch ein Selbstregelverhalten der GLP. In Verbindung mit einer motorlastabhängigen Abschaltfunktion in der Glühsoftware der Motorsteuerung kann eine Temperaturüberlastung der GLP sicher vermieden werden.

### Duraterm-Glühstiftkerze

*Aufbau und Eigenschaften*

Der Glühstift (Bild 1) besteht aus einem Rohrheizkörper, der in das Gehäuse (3) gasdicht eingepresst ist. Der Rohrheizkörper besteht aus einem heißgas- und korrosionsbeständigen Glührohr (4), das im Innern eine in verdichtetem Magnesiumoxidpulver (6) eingebettete Glühwendel trägt. Diese Glühwendel setzt sich aus zwei in Reihe geschalteten Widerständen zusammen: aus der in der Glührohrspitze untergebrachten Heizwendel (7) und der Regelwendel (5).

Während die Heizwendel einen von der Temperatur unabhängigen elektrischen Widerstand hat, weist die Regelwendel einen positiven Temperaturkoeffizienten (PTC) auf. Ihr Widerstand erhöht sich bei Glühstiftkerzen der Generation GLP2 mit zunehmender Temperatur noch stärker als bei den älteren Glühstiftkerzen vom Typ S-RSK. Daraus ergibt sich für die GLP2 ein schnelleres Erreichen der zur Zündung des Dieselkraftstoffs benötigten Temperatur an der Glühstiftkerze (850 °C in 4 s) und eine niedrigere Beharrungstemperatur. Die Temperatur wird damit auf für die Glühstiftkerze unkritische Werte begrenzt. Deshalb kann sie nach dem Start noch bis zu drei Minuten weiter betrieben werden. Dieses Nachglühen bewirkt einen verbesserten Kaltleerlauf mit deutlich verringerten Geräusch- und Abgasemissionen.

Die Heizwendel ist zur Kontaktierung masseseitig in die Kuppe des Glührohrs eingeschweißt. Die Regelwendel ist am Anschlussbolzen kontaktiert, über den der Anschluss an das Bordnetz erfolgt.

*Funktion*

Beim Anlegen der Spannung an die Glühstiftkerze wird zunächst der größte Teil der elektrischen Energie in der Heizwendel in Wärme umgesetzt; die Temperatur an der Spitze der Glühstiftkerze steigt damit steil an. Die Temperatur der Regelwendel – und damit auch der Widerstand – erhöhen sich zeitlich verzögert. Die Stromaufnahme und somit die Gesamtheizleistung der Glühstiftkerze verringert sich und die Temperatur nähert sich dem Beharrungszustand (Bild 2).

### Niederspannungs-Glühsystem

Das Niederspannungs-Glühsystem enthält
- keramische DuraSpeed-Glühstiftkerzen oder HighSpeed Metall-Glühstiftkerzen in Niederspannungsauslegung < 11 V,
- ein elektronisches Glühzeitsteuergerät und
- ein in das Motorsteuergerät integriertes Softwaremodul für die Glühfunktion.

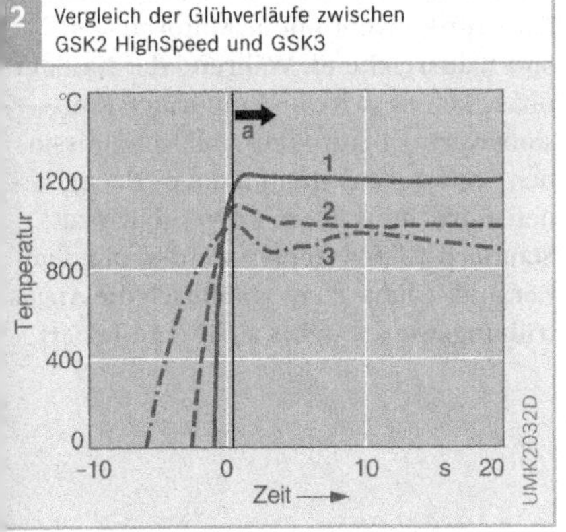

**2** Vergleich der Glühverläufe zwischen GSK2 HighSpeed und GSK3



Bild 2

a ab *t* = 0 s wird mit Strömungsgeschwindigkeit 11 m/s angeblasen

1 DuraSpeed-GLP (7 V)

2 HighSpeed Metall-GLP (5 V)

3 Metall-GLP (11 V)

Um beim Vorglühen die für den Motorstart erforderliche Glühtemperatur möglichst schnell zu erreichen, werden die Glühstiftkerzen in dieser Phase kurzzeitig mit der Push-Spannung, die oberhalb der GLP-Nennspannung liegt, betrieben. Während des Startbereitschaftsglühens wird die Ansteuerspannung auf die GLP-Nennspannung abgesenkt.

Beim Startglühen wird die Ansteuerspannung wieder angehoben, um die Abkühlung der Glühstiftkerze durch die kalte Ansaugluft auszugleichen. Dies ist auch im Nach- und Zwischenglühbereich möglich. Die erforderliche Spannung wird einem Kennfeld entnommen, das an den jeweiligen Motor angepasst wird. Das Kennfeld enthält die Parameter Drehzahl, Einspritzmenge, Zeit nach Starterabwurf und Kühlwassertemperatur.

Die kennfeldgestützte Ansteuerung verhindert sicher eine thermische Überlastung der GLP in allen Motorbetriebszuständen. Die in der EDC implementierte Glühfunktion beinhaltet einen Überhitzungsschutz bei Wiederholglühen.

Diese Glühsysteme ermöglichen bei Verwendung von HighSpeed Metall-GLP einen Schnellstart und bei Verwendung von DuraSpeed-GLP einen Sofortstart ähnlich wie beim Ottomotor bis zu –28 °C.

### HighSpeed Metall-GLP

Der prinzipielle Aufbau und die Funktionsweise der HighSpeed-GLP entsprechen der Duraterm. Die Heiz- und Regelwendel sind hier auf eine geringere Nennspannung und große Aufheizgeschwindigkeit ausgelegt.

Die schlanke Bauform ist auf den beschränkten Bauraum bei Vierventilmotoren abgestimmt. Der Glühstift (Ø 4/3,3 mm) hat im vorderen Bereich eine Verjüngung, um die Heizwendel näher an das Glührohr heranzubringen. Dies ermöglicht mit dem Push-Betrieb Aufheizgeschwindigkeiten von bis zu 1000 °C/3 s. Die maximale Glühtemperatur liegt bei über 1000 °C. Die Temperatur während des Startbereitschaftsglühens und im Nachglühbetrieb beträgt ca. 980 °C. Diese Funktionseigenschaften sind an die Anforderungen von Dieselmotoren mit einem Verdichtungsverhältnis von $\varepsilon \geq 18$ angepasst.

### DuraSpeed-Glühstiftkerze

DuraSpeed-Glühstiftkerzen haben Glühstifte aus einem neuartigen, hoch temperaturbeständigen Material. Sie erlauben aufgrund ihrer sehr hohen Oxidations- und Thermoschockbeständigkeit einen Sofortstart sowie minutenlanges Nach- und Zwischenglühen bei 1300 °C.

### Emissionsreduzierung bei Dieselmotoren mit niedrigem Verdichtungsverhältnis

Durch das Absenken des Verdichtungsverhältnisses bei modernen Dieselmotoren von $\varepsilon = 18$ auf $\varepsilon = 16$ ist eine Reduktion der $NO_x$- und Rußemissionen bei gleichzeitiger Steigerung der spezifischen Leistung möglich. Das Kaltstart- und Kaltleerlaufverhalten ist bei diesen Motoren jedoch problematisch. Um beim Kaltstart und Kaltleerlauf dieser Motoren minimale Abgastrübungswerte und eine hohe Laufruhe zu erreichen, sind Temperaturen an der Glühstiftkerze von über 1150 °C erforderlich – für konventionelle Motoren sind 850 °C ausreichend. Während der Kaltlaufphase lassen sich diese niedrigen Emissionswerte – Blaurauch- und Rußemissionen – nur durch minutenlanges Nachglühen aufrechterhalten. Im Vergleich zu Standard-Glühsystemen werden mit dem Keramik-Glühsystem von Bosch die Abgastrübungswerte um bis zu 60 % reduziert.

## Dimensionen der Diesel-Einspritztechnik

Die Welt der Dieseleinspritzung ist eine Welt der Superlative.

Auf mehr als 1 Milliarde Öffnungs- und Schließhübe kommt eine Düsennadel eines Nkw-Motors in ihrem „Einspritzleben". Sie dichtet bis zu 2050 bar sicher ab und muss dabei einiges aushalten:

- sie schluckt die Stöße des schnellen Öffnens und Schließens (beim Pkw geschieht dies bis zu 10 000-mal pro Minute bei Vor- und Nacheinspritzungen),
- sie widersteht den hohen Strömungsbelastungen beim Einspritzen und
- sie hält dem Druck und der Temperatur im Brennraum stand.

Was moderne Einspritzdüsen leisten, zeigen folgende Vergleiche:

- In der Einspritzkammer herrscht ein Druck von bis zu 2050 bar. Dieser Druck entsteht, wenn Sie einen Oberklassewagen auf einen Fingernagel stellen würden.
- Die Einspritzdauer beträgt 1...2 Millisekunden (ms). In einer Millisekunde kommt eine Schallwelle aus einem Lautsprecher nur ca. 33 cm weit.
- Die Einspritzmengen variieren beim Pkw zwischen 1 mm³ (Voreinspritzung) und 50 mm³ (Volllastmenge); beim Nkw zwischen 3 mm³ (Voreinspritzung) und 350 mm³ (Volllastmenge). 1 mm³ entspricht dem Volumen eines halben Stecknadelkopfs. 350 mm³ ergeben die Menge von 12 großen Regentropfen (30 mm³ je Tropfen). Diese Menge wird innerhalb von 2 ms mit 2000 km/h durch eine Öffnung mit weniger als 0,25 mm² Querschnitt gedrückt!
- Das Führungsspiel der Düsennadel beträgt 0,002 mm (2 µm). Ein menschliches Haar ist 30-mal so dick (0,06 mm).

Die Erfüllung all dieser Höchstleistungen erfordert ein sehr großes Know-how in Entwicklung, Werkstoffkunde, Fertigung und Messtechnik.

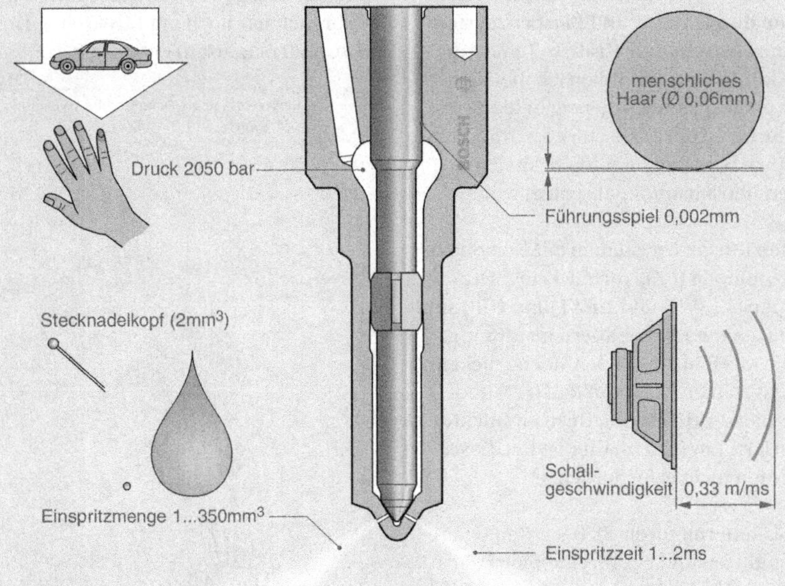

# Einspritzdüsen

**Die Einspritzdüse spritzt den Kraftstoff in den Brennraum des Dieselmotors ein. Sie beeinflusst wesentlich die Gemischbildung und die Verbrennung und somit die Motorleistung, das Abgas- und das Geräuschverhalten. Damit die Einspritzdüsen ihre Aufgaben optimal erfüllen, müssen sie durch unterschiedliche Ausführungen abhängig vom Einspritzsystem an den Motor angepasst werden.**

Die Einspritzdüse (im Folgenden kurz „Düse" genannt) ist ein zentrales Element des Einspritzsystems, das viel technisches „Know-how" erfordert. Die Düse hat maßgeblichen Anteil an:
- der Formung des Einspritzverlaufs (genauer Druckverlauf und Mengenverteilung je Grad Kurbelwellenwinkel),
- der optimalen Zerstäubung und Verteilung des Kraftstoffs im Brennraum und
- dem Abdichten des Kraftstoffsystems gegen den Brennraum.

Die Düse unterliegt wegen ihrer exponierten Lage im Brennraum ständig pulsierenden mechanischen und thermischen Belastungen durch Motor und Einspritzsystem. Der durchströmende Kraftstoff muss die Düse kühlen. Im Schubbetrieb, bei dem nicht eingespritzt wird, steigen die Temperaturen an der Düse stark an. Ihre Temperaturbeständigkeit muss deshalb für diesen Betriebspunkt ausgelegt sein.

Bei den Einspritzsystemen mit Reiheneinspritzpumpen (PE), Verteilereinspritzpumpen (VE/VR) und Unit Pump (UP) sind die Düsen mit Düsenhaltern im Motor eingebaut (Bild 1). Bei den Hochdruckeinspritzsystemen Common Rail (CR) und Unit Injector (UI) ist die Düse im Injektor integriert. Ein Düsenhalter ist bei diesen Systemen nicht erforderlich.

Für Kammermotoren (IDI) werden Zapfendüsen und bei Direkteinspritzern (DI) Lochdüsen eingesetzt.

Der Kraftstoffdruck öffnet die Düse. Düsenöffnungen, Einspritzdauer und Einspritzverlauf bestimmen im Wesentlichen die Einspritzmenge. Sinkt der Druck, muss die Düse schnell und sicher schließen. Der Schließdruck liegt um mindestens 40 bar über dem maximalen Verbrennungsdruck, um ungewolltes Nachspritzen oder das Eindringen von Verbrennungsgasen zu verhindern.

Die Düse muss auf die verschiedenen Motorverhältnisse abgestimmt sein:
- Verbrennungsverfahren (DI oder IDI),
- Geometrie des Brennraums,
- Einspritzstrahlform und Strahlrichtung,
- „Durchschlagskraft" und Zerstäubung des Kraftstoffstrahls,
- Einspritzdauer und
- Einspritzmenge je Grad Kurbelwellenwinkel.

Standardisierte Abmessungen und Baugruppen gestatten die erforderliche Flexibilität mit einem Minimum an Einzelteilvarianten. Neue Motoren werden aufgrund der besseren Leistung bei niedrigerem Kraftstoffverbrauch nur noch mit Direkteinspritzung (d. h. mit Lochdüsen) entwickelt.

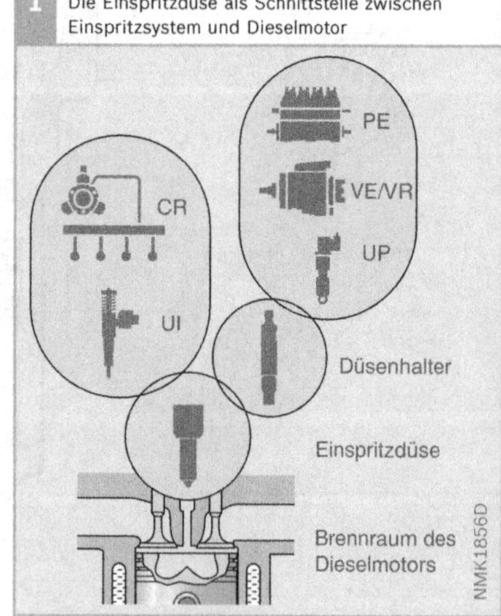

## Dieseleinspritzung ist Präzisionstechnik

Bei Dieselmotoren denken viele Laien eher an groben Maschinenbau als an Präzisionsmechanik. Moderne Komponenten der Dieseleinspritzung bestehen jedoch aus hoch präzisen Teilen, die extremen Belastungen ausgesetzt sind.

Die Einspritzdüse ist die Schnittstelle zwischen dem Einspritzsystem und dem Motor. Sie muss über die gesamte Lebensdauer des Motors exakt öffnen und schließen. Im geschlossenen Zustand dürfen keine Lecks entstehen. Dies würde den Kraftstoffverbrauch erhöhen, die Abgasemissionen verschlechtern oder sogar zu Motorschäden führen.

Damit die Düsen bei den hohen Drücken der modernen Einspritzsysteme VR (VP44), CR, UPS und UIS (bis zu 2050 bar) sicher abdichten, müssen sie speziell konstruiert und sehr genau gefertigt sein. Hier einige Beispiele:

- Damit die Dichtfläche des Düsenkörpers (1) sicher abdichtet, hat sie eine maximale Formabweichung von 0,001 mm (1 µm). Das heißt, sie muss auf ca. 4000 Metallatomlagen genau gefertigt werden!
- Das Führungsspiel zwischen Düsennadel und Düsenkörper (2) beträgt 0,002...0,004 mm (2...4 µm). Die Formabweichungen sind durch Feinstbearbeitung ebenfalls kleiner als 0,001 mm (1 µm).

Die feinen Spritzlöcher (3) der Düsen werden bei der Herstellung erodiert (elektroerosives Bohren). Beim Erodieren verdampft das Metall durch die hohe Temperatur bei der Funkenentladung zwischen einer Elektrode und dem Werkstück. Mit präzise gefertigten Elektroden und exakter Einstellung der Parameter können sehr genaue Bohrungen mit Durchmessern von 0,12 mm hergestellt werden. Der kleinste Durchmesser der Einspritzlöcher ist damit nur doppelt so groß wie der eines menschlichen Haars (0,06 mm). Um ein besseres Einspritzver-

halten zu erreichen, werden die Einlaufkanten der Einspritzlöcher durch Strömungsschleifen mit einer speziellen Flüssigkeit verrundet (hydroerosive Bearbeitung).

Die winzigen Toleranzen erfordern spezielle, hochgenaue Messverfahren wie zum Beispiel:
- die optische 3-D-Koordinatenmessmaschine zum Vermessen der Einspritzlöcher oder
- die Laserinterferometrie zum Messen der Ebenheit der Düsendichtfläche.

Die Fertigung der Komponenten zur Dieseleinspritzung ist also „Hightech" in Großserie.

▼ Hier kommt es auf Präzision an

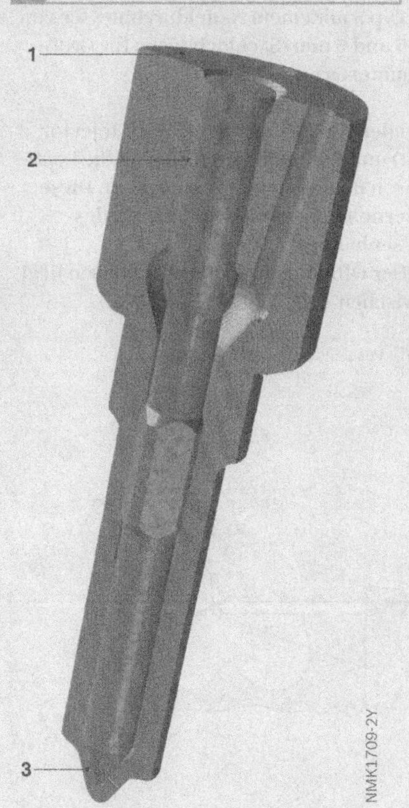



1 Dichtfläche des Düsenkörpers
2 Führungsspiel zwischen Düsennadel und Düsenkörper
3 Spritzloch

# Lochdüsen

### Anwendung

Lochdüsen werden für Motoren verwendet, die nach dem Direkteinspritzverfahren arbeiten (Direct Injection, DI). Die Einbauposition ist meist durch die Motorkonstruktion vorgegeben. Die unter verschiedenen Winkeln angebrachten Spritzlöcher müssen passend zum Brennraum ausgerichtet sein (Bild 1). Lochdüsen werden unterteilt in

- Sacklochdüsen und
- Sitzlochdüsen.

Außerdem unterscheiden sich Lochdüsen in ihrer Baugröße nach:

- Typ P mit einem Nadeldurchmesser von 4 mm (Sack- und Sitzlochdüsen) oder
- Typ S mit einem Nadeldurchmesser von 5 und 6 mm (Sacklochdüsen für Großmotoren).

Bei den Einspritzsystemen Unit Injector (UI) und Common Rail (CR) sind die Lochdüsen in die Injektoren integriert. Diese übernehmen damit die Funktion des Düsenhalters.

Der Öffnungsdruck der Lochdüsen liegt zwischen 150...350 bar.

### Aufbau

Die Spritzlöcher (Bild 2, Pos. 6) liegen auf dem Mantel der Düsenkuppe (7). Anzahl und Durchmesser sind abhängig von

- der benötigten Einspritzmenge,
- der Brennraumform und
- dem Luftwirbel (Drall) im Brennraum.

Der Durchmesser der Einspritzlöcher ist innen etwas größer als außen. Dieser Unterschied ist über den k-Faktor definiert. Die Einlaufkanten der Spritzlöcher können durch hydroerosive (HE-)Bearbeitung verrundet sein. An Stellen, an denen hohe Strömungsgeschwindigkeiten auftreten (Spritzlocheinlauf), runden die im HE-Medium enthaltenen abrasiven (materialabtragenden) Partikel die Kanten ab. Die HE-Bearbeitung kann sowohl für Sackloch- als auch für Sitzlochdüsen angewandt werden. Ziel dabei ist es,

- den Strömungsbeiwert zu optimieren,
- den Kantenverschleiß, den abrasive Partikel im Kraftstoff verursachen, vorwegzunehmen und/oder
- die Durchflusstoleranz einzuengen.

Die Düsen müssen sorgfältig auf die gegebenen Motorverhältnisse abgestimmt sein. Die Düsenauslegung ist mitentscheidend für

- das dosierte Einspritzen (Einspritzdauer und Einspritzmenge je Grad Kurbelwellenwinkel),
- das Aufbereiten des Kraftstoffs (Strahlanzahl, Strahlform und Zerstäuben des Kraftstoffstrahls),
- die Verteilung des Kraftstoffs im Brennraum sowie
- das Abdichten gegen den Brennraum.

Die Druckkammer (10) wird durch elektrochemische Metallbearbeitung (ECM) eingebracht. Dabei wird in den gebohrten Düsenkörper eine Elektrode eingeführt, die von einer Elektrolytlösung durchspült wird. Am elektrisch positiv geladenen Düsenkörper wird Material abgetragen (anodische Auflösung).

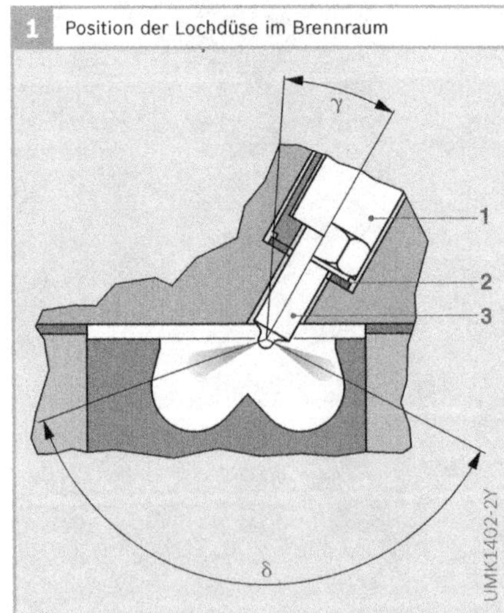



**Bild 1**

1  Düsenhalter oder Injektor
2  Dichtscheibe
3  Lochdüse

γ  Neigung
δ  Spritzkegelwinkel

## Ausführungen

Der Kraftstoff im Volumen unterhalb des Nadelsitzes der Düsennadel verdampft nach der Verbrennung und trägt damit wesentlich zu den Kohlenwasserstoff-Emissionen des Motors bei. Daher ist es wichtig, dieses Volumen (Rest- oder Schadvolumen) so klein wie möglich zu halten.

Außerdem hat die Geometrie des Nadelsitzes und die Kuppenform entscheidenden Einfluss auf das Öffnungs- und Schließverhalten der Düse. Dies hat Einfluss auf die Ruß und $NO_X$-Emissionen des Motors.

Die Berücksichtigung dieser Faktoren haben – je nach Anforderungen des Motors und des Einspritzsystems – zu unterschiedlichen Düsenausführungen geführt.

Grundsätzlich gibt es zwei Ausführungen:
► Sacklochdüsen und
► Sitzlochdüsen.

Bei den Sacklochdüsen werden unterschiedliche Varianten eingesetzt.

### Sacklochdüse

Die Spritzlöcher der Sacklochdüse (Bild 2, Pos. 6) sind um ein Sackloch angeordnet.

Bei einer runden Kuppe werden die Spritzlöcher je nach Auslegung mechanisch oder durch elektrischen Teilchenabtrag (elektroerosiv) gebohrt.

Sacklochdüsen mit konischer Kuppe sind generell elektroerosiv gebohrt.

Sacklochdüsen gibt es mit zylindrischem und mit konischem Sackloch in verschiedenen Abmessungen.

Die Sacklochdüse mit zylindrischem Sackloch und runder Kuppe (Bild 3), die aus einem zylindrischen und einem halbkugelförmigen Teil besteht, hat eine hohe Auslegungsfreiheit bezüglich Lochzahl, Lochlänge und Spritzlochkegelwinkel. Die Düsenkuppe hat die Form einer Halbkugel und gewährleistet damit – zusammen mit der Sacklochform – eine gleichmäßige Lochlänge.

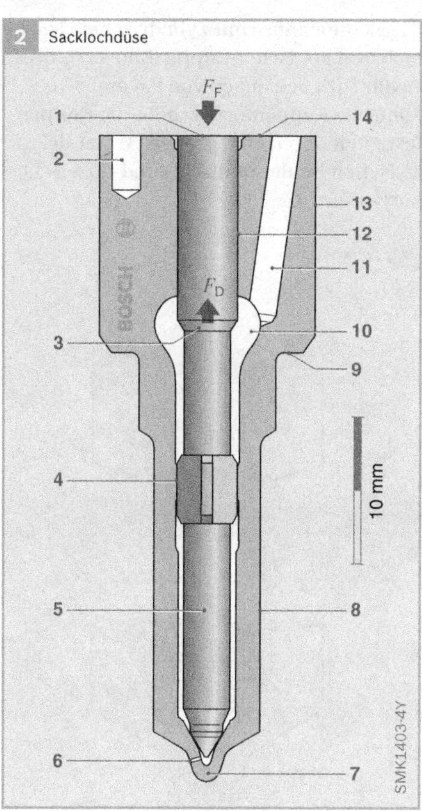


**Bild 2**
1  Hubanschlagfläche
2  Fixierbohrung
3  Druckschulter
4  doppelte Nadelführung
5  Nadelschaft
6  Spritzloch
7  Düsenkuppe
8  Düsenkörperschaft
9  Düsenkörperschulter
10  Druckkammer
11  Zulaufbohrung
12  Nadelführung
13  Düsenkörperbund
14  Dichtfläche

$F_F$  Federkraft
$F_D$  durch den Kraftstoffdruck resultierende Kraft an der Druckschulter

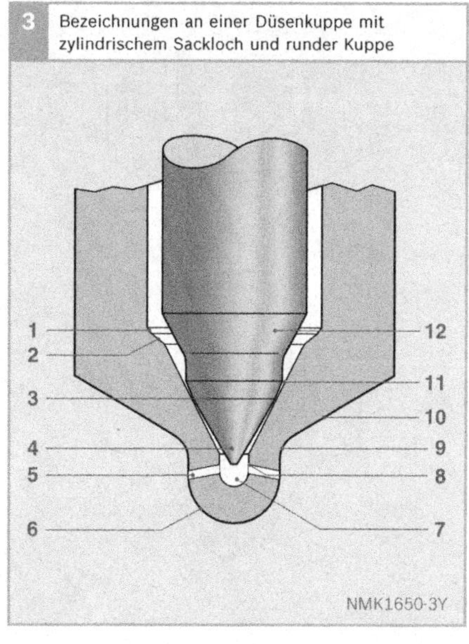


**Bild 3**
1  Absetzkante
2  Sitzeinlauf
3  Nadelsitz
4  Nadelspitze
5  Spritzloch
6  runde Kuppe
7  zylindrisches Sackloch (Restvolumen)
8  Spritzlocheinlauf
9  Kehlradius
10  Düsenkuppenkegel
11  Düsenkörpersitz
12  Dämpfungskegel

Die Sacklochdüse mit zylindrischem Sackloch und konischer Kuppe (Bild 4a) gibt es nur für Lochlängen von 0,6 mm. Die konische Kuppenform erhöht die Kuppenfestigkeit durch eine größere Wanddicke zwischen Kehlenradius (3) und Düsenkörpersitz (4).

Die Sacklochdüse mit konischem Sackloch und konischer Kuppe (Bild 4b) hat ein geringeres Restvolumen als eine Düse mit zylindrischem Sackloch. Sie liegt mit ihrem Sacklochvolumen zwischen Sitzlochdüse und Sacklochdüse mit zylindrischem Sackloch. Um eine gleichmäßige Wanddicke der Kuppe zu erhalten, ist die Kuppe entsprechend dem Sackloch konisch ausgeführt.

Eine Weiterentwicklung der Sacklochdüse ist die Mikrosacklochdüse (Bild 4c). Ihr Sacklochvolumen ist um ca. 30 % gegenüber einer herkömmlichen Sacklochdüse reduziert. Diese Düse eignet sich besonders für Common Rail Systeme, die mit relativ langsamem Nadelhub und damit mit einer vergleichsweise langen Sitzdrosselung beim Öffnen arbeiten. Die Mikrosacklochdüse stellt für die Common Rail Systeme derzeit den besten Kompromiss zwischen einem geringen Restvolumen und einer gleichmäßigen Strahlverteilung beim Öffnen dar.

### Sitzlochdüse

Um das Restvolumen – und damit die HC-Emission – zu minimieren, liegt der Spritzlochanfang im Düsenkörpersitz. Bei geschlossener Düse deckt die Düsennadel den Spritzlochanfang weitgehend ab, sodass keine direkte Verbindung zwischen Sackloch und Brennraum besteht (Bild 4d). Das Sacklochvolumen ist gegenüber der Sacklochdüse stark reduziert. Sitzlochdüsen haben gegenüber Sacklochdüsen eine deutlich geringere Belastungsgrenze und können deshalb nur mit einer Lochlänge von 1 mm ausgeführt werden. Die Kuppenform ist konisch ausgeführt. Die Spritzlöcher sind generell elektroerosiv gebohrt.

Besondere Spritzlochgeometrien, eine doppelte Nadelführung oder komplexe Nadelspitzengeometrien verbessern die Strahlverteilung und somit die Gemischbildung bei Sack- und Sitzlochdüsen noch weiter.

**4** Düsenkuppen

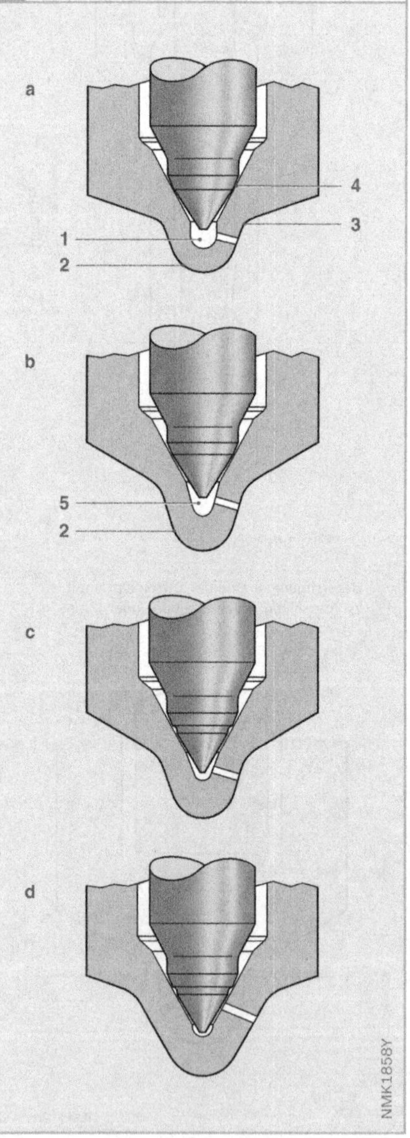

Bild 4
a Zylindrisches Sackloch und konische Kuppe
b konisches Sackloch und konische Kuppe
c Mikrosackloch
d Sitzlochdüse

1 Zylindrisches Sackloch
2 konische Kuppe
3 Kehlradius
4 Düsenkörpersitz
5 konisches Sackloch

## Wärmeschutz

Bei Lochdüsen liegt die obere Temperaturgrenze bei 300 °C (Wärmefestigkeit des Materials). Für besonders schwierige Anwendungsfälle stehen Wärmeschutzhülsen oder für größere Motoren sogar gekühlte Einspritzdüsen zur Verfügung.

## Einfluss auf die Emissionen

Die Düsengeometrie hat direkten Einfluss auf die Schadstoffemissionen des Motors:
- Die Spritzlochgeometrie (Bild 5, Pos. 1) beeinflusst die Partikel- und $NO_X$-Emissionen.
- Die Sitzgeometrie (2) beeinflusst durch ihre Wirkung auf die Pilotmenge – d. h. die Menge zu Beginn der Einspritzung – das Motorgeräusch. Ziel bei der Optimierung der Spritzloch- und Sitzgeometrie ist es, ein robustes Design mit einem prozessfähigen Fertigungsablauf in kleinstmöglichen Toleranzen zu erreichen.
- Die Sacklochgeometrie (3) beeinflusst wie bereits zuvor erwähnt die HC-Emissionen. Aus einem „Düsenbaukasten" kann der Konstrukteur die fahrzeugspezifische Optimalvariante auswählen.

Daher ist es wichtig, dass die Düsen genau an das Fahrzeug, den Motor und das Einspritzsystem angepasst sind. Im Servicefall dürfen nur Original-Ersatzteile verwendet werden, um die Leistung und die Schadstoffemissionen des Motors nicht zu verschlechtern.

## Strahlformen

Grundsätzlich ist der Einspritzstrahl für Pkw-Motoren lang und schmal, da diese Motoren einen starken Drall im Brennraum erzeugen. Bei Nkw-Motoren ist sehr wenig Drall vorhanden. Deshalb ist der Strahl kurz und bauchig. Die Einspritzstrahlen dürfen auch bei großem Drall nie gegenseitig aufeinander treffen, sonst würde der Kraftstoff in die Bereiche eingespritzt, in denen bereits eine Verbrennung stattgefunden hat und somit Luftmangel herrscht. Dies würde zu starker Rußentwicklung führen.

Lochdüsen haben bis zu sechs (Pkw) bzw. zehn Löcher (Nkw). Ziel für zukünftige Entwicklungen ist es, die Zahl der Spritzlöcher noch weiter zu erhöhen und ihren Durchmesser zu verringern (< 0,12 mm), um eine noch feinere Verteilung des Kraftstoffs zu erreichen.

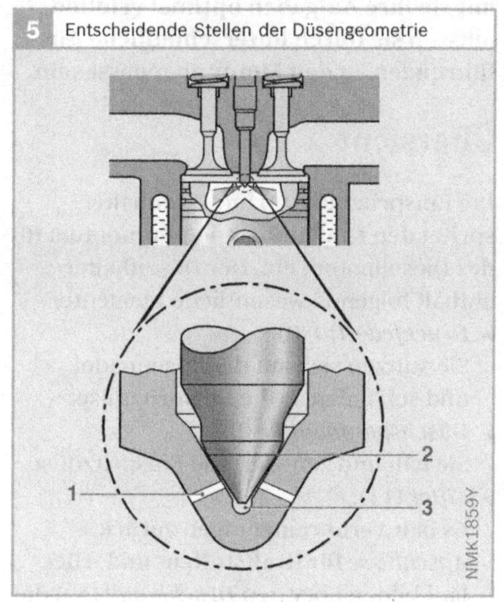

**5** Entscheidende Stellen der Düsengeometrie



**Bild 5**
1 Spritzlochgeometrie
2 Sitzgeometrie
3 Sacklochgeometrie

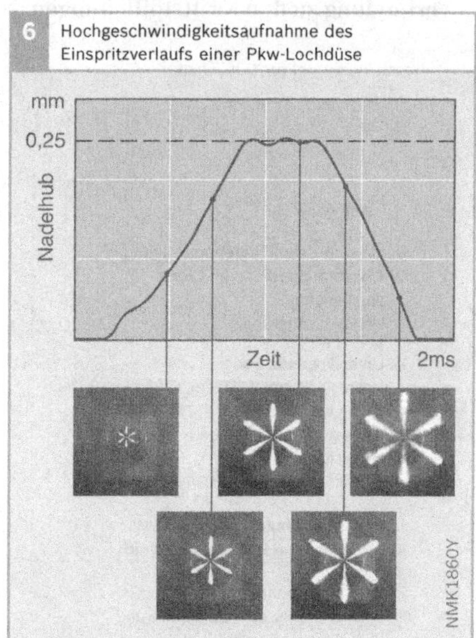

**6** Hochgeschwindigkeitsaufnahme des Einspritzverlaufs einer Pkw-Lochdüse

# Düsenhalter

**Düsenhalter bilden zusammen mit den dazugehörigen Einspritzdüsen die Düsenhalterkombination (DHK). Für jeden Motorzylinder ist je eineDüsenhalterkombination im Zylinderkopf eingebaut (Bild 1). Sie sind ein wichtiger Bestandteil des Einspritzsystems und beeinflussen die Motorleistung, das Abgas- und das Geräuschverhalten wesentlich. Damit sie ihre Aufgaben optimal erfüllen, müssen sie durch unterschiedliche Ausführungen an den Motor angepasst sein.**

Daneben enthält der Düsenhalter je nach Ausführung Dichtungen und Distanzscheiben. Standardisierte Abmessungen und Baugruppen gestatten die erforderliche Flexibilität mit einem Minimum an Einzelteilvarianten.

## Übersicht

Die Einspritzdüse (4) im Düsenhalter spritzt den Kraftstoff in den Brennraum (6) des Dieselmotors ein. Der Düsenhalter enthält folgende wesentliche Elemente:

- *Druckfeder(n)* (9):
  Sie stützen sich auf die Düsennadel und schließen so die Einspritzdüse.
- *Düsenspannmutter* (8):
  Sie hält und zentriert die Einspritzdüse.
- *Filter* (11):
  Es hält Verunreinigungen zurück.
- *Anschlüsse* für Kraftstoffzu- und -rücklauf bilden über den *Druckkanal* (10) die Verbindung zu den Kraftstoffleitungen.

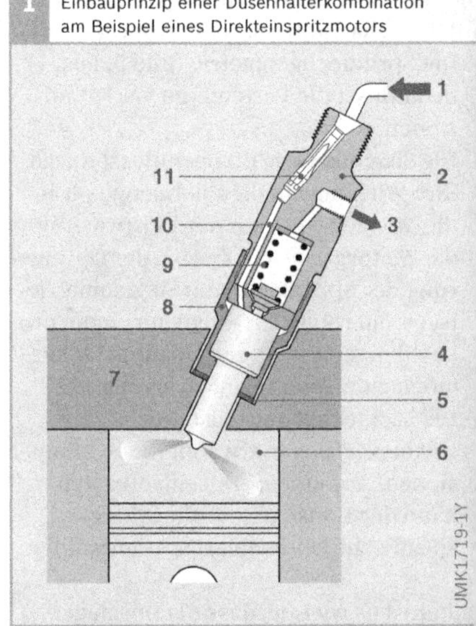

**1** Einbauprinzip einer Düsenhalterkombination am Beispiel eines Direkteinspritzmotors



**Bild 1**

1  Kraftstoffzulauf
2  Haltekörper
3  Kraftstoffrücklauf
4  Einspritzdüse
5  Dichtscheibe
6  Brennraum des Dieselmotors
7  Zylinderkopf
8  Düsenspannmutter
9  Druckfeder
10  Druckkanal
11  Filter

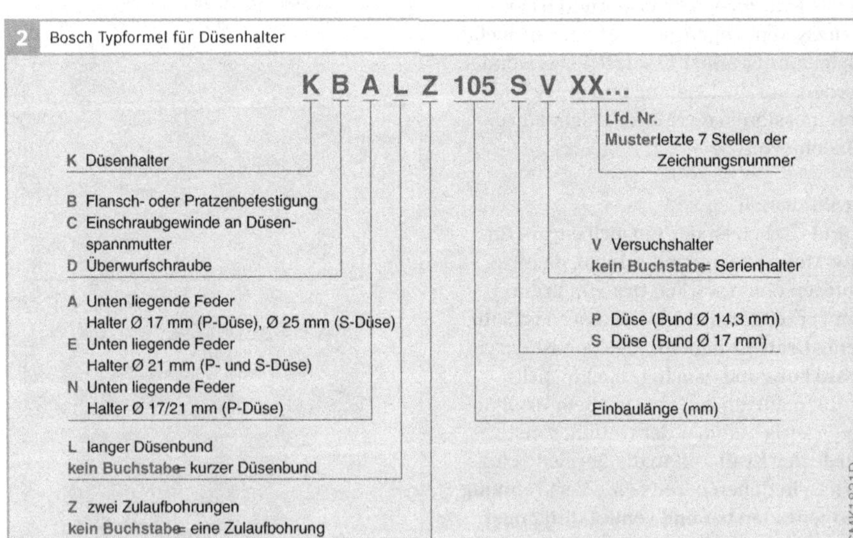

**2** Bosch Typformel für Düsenhalter



**Bild 2**

Diese Nummer ist am Düsenhalter aufgeprägt und ermöglicht die genaue Identifikation des Düsenhalters.

Der Aufbau des Düsenhalters ist für Motoren mit direkter (DI) oder indirekter Einspritzung (IDI) prinzipiell gleich. Da heute fast ausschließlich Direkteinspritzer entwickelt werden, sind hier hauptsächlich DHK für DI-Motoren dargestellt. Die Beschreibungen gelten aber auch für IDI-Motoren, bei denen dann anstelle der Lochdüsen Zapfendüsen verwendet werden.

Düsenhalter können mit verschiedenen Düsen kombiniert sein. Es gibt je nach Anforderungen an den Einspritzverlauf
▶ *Standard-Düsenhalter* (Einfeder-Düsenhalter) und
▶ Zweifeder-Düsenhalter (nicht bei Unit Pump Systemen).

Eine Variante dieser Ausführungen ist der *Stufenhalter,* der sich besonders für enge Platzverhältnisse eignet.

Düsenhalter werden je nach Einspritzsystem mit und ohne Nadelbewegungssensor eingesetzt. Der Nadelbewegungssensor meldet dem Motorsteuergerät den genauen Einspritzbeginn.

Düsenhalter können mit Flanschen, Spannpratzen, Überwurfmuttern und mit einem Einschraubgewinde am Zylinderkopf befestigt sein. Der Druckanschluss liegt zentral oder seitlich.

Der an der Düsennadel vorbeileckende Kraftstoff dient zur Schmierung. Bei vielen Düsenhaltervarianten wird er über die Leckkraftstoffleitung zum Kraftstoffbehälter zurückgeleitet.

Einige Düsenhalter arbeiten ohne Leckkraftstoff - also ohne die entsprechende Rückleitung. Der Kraftstoff im Federraum dämpft bei hohen Einspritzmengen und Drehzahlen den Nadelhub, sodass sich ein ähnlicher Einspritzverlauf wie beim Zweifederdüsenhalter ergibt.

Bei den Hochdruck-Einspritzsystemen Common Rail und Unit Injector (auch Pumpe-Düse-Einheit genannt) ist die Düse im Injektor integriert. Ein Düsenhalter ist bei diesen Systemen nicht erforderlich.

Für Großmotoren mit einer Zylinderleistung von über 75 kW gibt es anwendungsspezifische Düsenhalterkombinationen mit und ohne Kühlung.

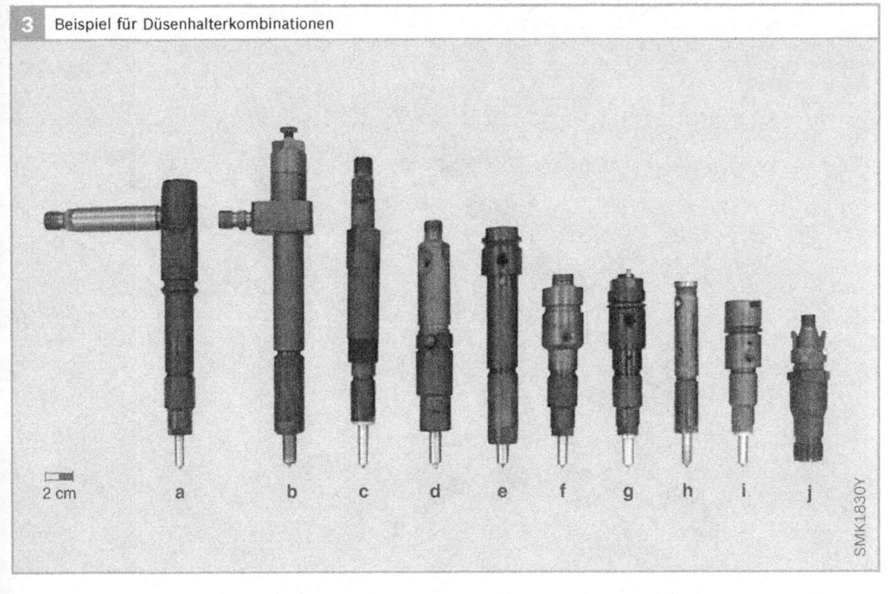


**3** Beispiel für Düsenhalterkombinationen

Bild 3
a Stufenhalter für Nkw
b Standard-Düsenhalter für verschiedene Motoren
c Zweifeder-Düsenhalter für Pkw
d Standard-Düsenhalter für verschiedene Motoren
e Stufenhalter ohne Leckkraftstoffanschluss für Nkw
f Stufenhalter für Nkw
g Stufenhalter für verschiedene Motoren
h Zweifeder-Düsenhalter für Pkw
i Stufenhalter für verschiedene Motoren
j Standard-Düsenhalter mit Zapfendüse für verschiedene IDI-Motoren

# Abgasnachbehandlung

**Bisher wurde die Emissionsminderung beim Dieselmotor vorwiegend durch innermotorische Maßnahmen bewirkt. Bei vielen Diesel-Fahrzeugen werden die vom Motor freigesetzten Emissionen (Rohemissionen) jedoch die zukünftig in Europa, den USA und Japan geltenden Emissionsgrenzwerte überschreiten. Die erforderlichen hohen Minderungsraten lassen sich voraussichtlich nur durch eine effiziente Kombination von innermotorischen und nachmotorischen Maßnahmen erreichen. Analog zur bewährten Vorgehensweise bei Benzinfahrzeugen werden deshalb auch für Dieselfahrzeuge verstärkt Systeme zur Abgasnachbehandlung (nachmotorische Emissionsminderung) entwickelt.**

Für Benzinfahrzeuge wurde in den 1980er-Jahren der Dreiwegekatalysator eingeführt, der Stickoxide ($NO_x$) mit Kohlenwasserstoffen (HC) und Kohlenmonoxid (CO) zu Stickstoff reduziert. Der Dreiwegekatalysators wird bei einem $\lambda$-Wert von 1 betrieben.

Für den mit Luftüberschuss arbeitenden Dieselmotor kann der Dreiwegekatalysator nicht zur $NO_x$-Reduktion eingesetzt werden, da im mageren Dieselabgas die HC- und CO-Emissionen am Katalysator bevorzugt nicht mit $NO_x$ reagieren, sondern mit dem Restsauerstoff aus dem Abgas.

Die Beseitigung der HC- und CO-Emissionen aus dem Dieselabgas kann vergleichsweise einfach durch einen Oxidationskatalysator erfolgen, während sich die Entfernung der Stickoxide in Anwesenheit von Sauerstoff aufwändiger gestaltet. Grundsätzlich möglich ist die Entstickung mit einem $NO_x$-Speicherkatalysator oder einem SCR-Katalysator (Selective Catalytic Reduction).

Durch die innere Gemischbildung beim Dieselmotor entstehen erheblich höhere Rußemissionen als beim Ottomotor. Die aktuelle Tendenz beim Pkw geht dahin, diese mittels eines Partikelfilters nachmotorisch aus dem Abgas zu entfernen und die innermotorischen Maßnahmen vor allem auf die $NO_x$- und Geräuschminderung zu konzentrieren. Beim Nkw werden die $NO_x$-Emissionen i. d. R. bevorzugt nachmotorisch mit einem SCR-System vermindert.

**Bild 1**

A: DPF-Regelung (Dieselpartikelfilter)

B: DPF- und NSC-Regelung (Dieselpartikelfilter und $NO_x$-Speicherkatalysator), Anwendung nur für Pkw

1  Motorsteuergerät
2  Luftmassenmesser (HFM)
3  Injektor
4  Rail
5  Hochdruckpumpe
6  Fahrpedal
7  Abgasturbolader
8  Diesel-Oxidationskatalysator
9  $NO_x$-Speicherkatalysator
10  Partikelfilter
11  Schalldämpfer

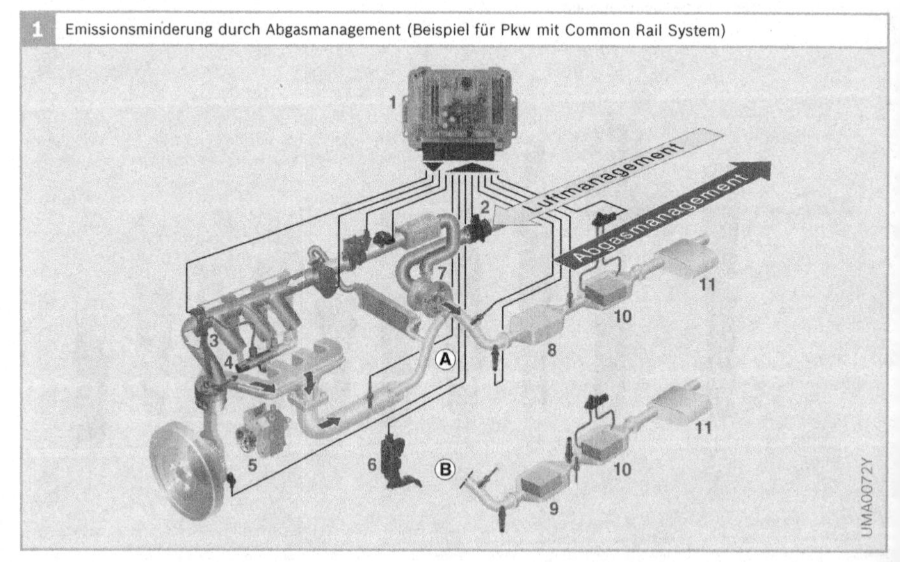

**1** Emissionsminderung durch Abgasmanagement (Beispiel für Pkw mit Common Rail System)

# NO$_x$-Speicherkatalysator

Der NO$_x$-Speicherkatalysator (NSC: NO$_x$ Storage Catalyst) baut die Stickoxide in zwei Schritten ab:

- Beladungsphase: kontinuierliche NO$_x$-Einspeicherung in die Speicherkomponenten des Katalysators im mageren Abgas.
- Regeneration: periodische NO$_x$-Ausspeicherung und Konvertierung im fetten Abgas.

Die Beladungsphase dauert betriebspunktabhängig 30…300 s, die Regeneration des Speichers erfolgt in 2…10 s.

## NO$_x$-Einspeicherung

Der NO$_x$-Speicherkatalysator ist mit chemischen Verbindungen beschichtet, die eine hohe Neigung haben, mit NO$_2$ eine feste, aber chemisch reversible Verbindung einzugehen. Beispiele hierfür sind die Oxide und Carbonate der Alkali- und Erdalkalimetalle, wobei aufgrund des Temperaturverhaltens überwiegend Bariumnitrat verwendet wird.

Da nur NO$_2$, nicht aber NO direkt eingespeichert werden kann, werden die NO-Anteile des Abgases in einem vorgeschalteten oder integrierten Oxidationskatalysator an der Oberfläche einer Platinbeschichtung zu NO$_2$ oxidiert. Diese Reaktion verläuft mehrstufig, da sich während der Einspeicherung die Konzentration an freiem NO$_2$ im Abgas verringert und dann weiteres NO zu NO$_2$ oxidiert wird.

Im NO$_x$-Speicherkatalysator reagiert das NO$_2$ mit den Verbindungen der Katalysatoroberfläche (z. B. Bariumcarbonat BaCO$_3$ als Speichermaterial) und Sauerstoff (O$_2$) aus dem mageren Dieselabgas zu Nitraten:

$$BaCO_3 + 2\,NO_2 + {}^1\!/_2\,O_2 = Ba(NO_3)_2 + CO_2.$$

Der NO$_x$-Speicherkatalysator speichert so die Stickoxide. Die Speicherung ist nur in einem materialabhängigen Temperaturintervall des Abgases zwischen 250 und 450 °C optimal. Darunter ist die Oxidation von NO zu NO$_2$ sehr langsam, darüber ist das NO$_2$ nicht stabil. Die Speicherkatalysatoren besitzen jedoch auch im Niedertemperaturbereich eine kleine Speicherfähigkeit (Oberflächenspeicherung), die

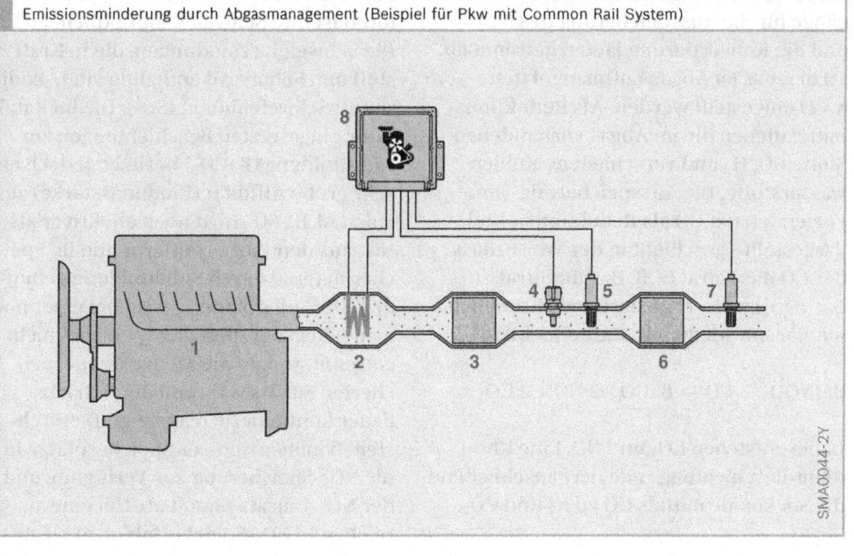

**2** Emissionsminderung durch Abgasmanagement (Beispiel für Pkw mit Common Rail System)



**Bild 2**

1 Dieselmotor
2 Abgasheizung (optional)
3 Oxidationskatalysator
4 Temperatursensor
5 Breitband-Lambda-Sonde
6 NO$_x$-Speicherkatalysator
7 NO$_x$-Sensor
8 Motorsteuergerät

ausreicht, um die beim Startvorgang im niedrigen Temperaturbereich entstehenden Stickoxide in hinreichendem Maße zu speichern.

Mit zunehmender Menge an gespeicherten Stickoxiden (Beladung) nimmt die Fähigkeit des Katalysators, weiter Stickoxide zu binden, ab. Dadurch steigt die Menge an Stickoxiden, die den Katalysator passieren, mit der Zeit an. Es gibt zwei Möglichkeiten zu erkennen, wann der Katalysator so weit beladen ist, dass die Einspeicherphase beendet werden muss:

▶ Ein modellgestütztes Verfahren berechnet unter Berücksichtigung des Katalysatorzustandes die Menge der eingespeicherten Stickoxide und daraus das verbleibende Speichervermögen.
▶ Ein $NO_x$-Sensor hinter dem $NO_x$-Speicherkatalysator misst die Stickoxidkonzentration im Abgas und bestimmt so den aktuellen Beladungsgrad.

### $NO_x$-Ausspeicherung und Konvertierung

Am Ende der Einspeicherphase muss der Katalysator regeneriert werden, d.h., die eingelagerten Stickoxide müssen aus der Speicherkomponente entfernt und in die Komponenten Stickstoff ($N_2$) und Kohlendioxid ($CO_2$) konvertiert werden. Die Vorgänge für die Ausspeicherung des $NO_x$ und die Konvertierung laufen getrennt ab. Dazu muss im Abgas Luftmangel (fett, $\lambda < 1$) eingestellt werden. Als Reduktionsmittel dienen die im Abgas vorhandenen Stoffe CO, $H_2$ und verschiedene Kohlenwasserstoffe. Die Ausspeicherung – im Folgenden mit CO als Reduktionsmittel dargestellt – geschieht in der Weise, dass das CO das Nitrat (z.B. Bariumnitrat $Ba(NO_3)_2$) zu $N_2$ reduziert und zusammen mit Barium wieder ein Carbonat bildet:

$$Ba(NO_3)_2 + 3\ CO \rightarrow BaCO_3 + 2\ NO + 2\ CO_2$$

Dabei entstehen $CO_2$ und NO. Eine Rhodium-Beschichtung reduziert anschließend die Stickoxide mittels CO zu $N_2$ und $CO_2$:

$$2\ NO + 2\ CO \rightarrow N_2 + 2\ CO_2$$

Es gibt zwei Verfahren, das Ende der Ausspeicherphase zu erkennen:

▶ Das modellgestützte Verfahren berechnet die Menge der noch im $NO_x$-Speicherkatalysator vorhandenen Stickoxide.
▶ Eine Lambda-Sonde hinter dem Katalysator misst den Sauerstoffüberschuss im Abgas und zeigt eine Spannungsänderung von „mager" nach „fett", wenn die Ausspeicherung beendet ist.

Bei Dieselmotoren können fette Betriebsbedingungen ($\lambda < 1$) u.a. durch Späteinspritzung und Ansaugluftdrosselung eingestellt werden. Der Motor arbeitet während dieser Phase mit einem schlechteren Wirkungsgrad. Um den Kraftstoffmehrverbrauch gering zu halten, sollte die Regenerationsphase möglichst kurz im Verhältnis zur Einspeicherphase gehalten werden. Beim Umschalten von Mager- auf Fettbetrieb sind uneingeschränkte Fahrbarkeit sowie Konstanz von Drehmoment, Ansprechverhalten und Geräusch zu gewährleisten.

### Desulfatisierung

Ein Problem von $NO_x$-Speicherkatalysatoren ist ihre Schwefelempfindlichkeit. Die Schwefelverbindungen, die in Kraftstoff und Schmieröl enthalten sind, oxidieren zu Schwefeldioxid ($SO_2$). Die im Katalysator eingesetzten Beschichtungen zur Nitratbildung ($BaCO_3$) besitzen jedoch eine sehr große Affinität (Bindungsstärke) zum Sulfat, d.h., $SO_2$ wird noch effektiver als $NO_x$ aus dem Abgas entfernt und im Speichermaterial durch Sulfatbildung gebunden. Die Sulfatbindung wird bei einer normalen Regeneration des Speichers nicht getrennt, sodass die Menge des gespeicherten Sulfats während der Betriebsdauer kontinuierlich ansteigt. Dadurch stehen immer weniger Speicherplätze für die $NO_x$-Speicherung zur Verfügung und der $NO_x$-Umsatz nimmt ab. Um eine ausreichende $NO_x$-Speicherfähigkeit zu gewährleisten, muss deshalb regelmäßig eine Desulfatisierung (Schwefelregenerierung) des Katalysators durchgeführt werden. Bei einem Gehalt von 10 mg/kg Schwefel im Kraftstoff („schwefelfreier Kraftstoff") wird diese nach etwa 5 000 km Fahrstrecke erforderlich.

Zur Desulfatisierung wird der Katalysator für eine Dauer von mehr als 5 min auf über 650 °C aufgeheizt und mit fettem Abgas ($\lambda$ < 1) beaufschlagt. Zur Temperaturerhöhung können die gleichen Maßnahmen wie zur Regeneration des Dieselpartikelfilters (DPF) eingesetzt werden. Im Gegensatz zur DPF-Regeneration wird aber durch die Verbrennungsführung auf eine vollständige Entfernung von $O_2$ aus dem Abgas abgezielt. Unter diesen Bedingungen wird das Bariumsulfat wieder zu Bariumcarbonat umgewandelt.

Bei der Desulfatisierung ist durch die Wahl einer geeigneten Prozessführung (z. B. oszillierendes $\lambda$ um 1) darauf zu achten, dass das ausspeichernde $SO_2$ nicht durch dauerhaften Mangel an Rest-$O_2$ zu Schwefelwasserstoff ($H_2S$) reduziert wird. $H_2S$ ist bereits in sehr geringen Konzentrationen hochgiftig und durch seinen intensiven Geruch wahrnehmbar.

Die bei der Desulfatisierung eingestellten Bedingungen müssen außerdem so gewählt werden, dass die Katalysatoralterung nicht übermäßig erhöht wird. Hohe Temperaturen (>750 °C) beschleunigen zwar die Desulfatisierung, bewirken aber auch eine verstärkte Katalysatoralterung. Eine Katalysator-optimierte Desulfatisierung muss deshalb in einem begrenzten Temperatur- und Luftzahlfenster erfolgen und darf den Fahrbetrieb nicht nennenswert beeinträchtigen.

Ein hoher Schwefelgehalt im Kraftstoff führt wegen der erforderlichen Häufigkeit der Desulfatisierung zu einer verstärkten Alterung des Katalysators und zu erhöhtem Kraftstoffverbrauch. Der Einsatz von Speicherkatalysatoren setzt deshalb die flächendeckende Verfügbarkeit von schwefelfreiem Kraftstoff voraus.

# Selektive katalytische Reduktion von Stickoxiden

### Übersicht

Die selektive katalytische Reduktion (SCR-Verfahren: Selective Catalytic Reduction) arbeitet im Unterschied zum NSC-Verfahren ($NO_x$-Speicherkatalysator) kontinuierlich und greift nicht in den Motorbetrieb ein. Das Verfahren befindet sich derzeit in der Serieneinführung bei Nutzfahrzeugen. Es bietet die Möglichkeit, niedrige $NO_x$-Emissionen bei gleichzeitig geringem Kraftstoffverbrauch zu gewährleisten. Im Gegensatz dazu bedingt die $NO_x$-Ausspeicherung und Konvertierung beim NSC-Verfahren einen erhöhten Kraftstoffverbrauch.

In Großfeuerungsanlagen hat sich die selektive katalytische Reduktion für die Abgasentstickung bereits bewährt. Sie beruht darauf, dass ausgewählte Reduktionsmittel in Gegenwart von Sauerstoff selektiv Stickoxide ($NO_x$) reduzieren. Selektiv bedeutet hierbei, dass die Oxidation des Reduktionsmittels bevorzugt (selektiv) mit dem Sauerstoff der Stickoxide und nicht mit dem im Abgas wesentlich reichlicher vorhandenen molekularen Sauerstoff erfolgt. Ammoniak ($NH_3$) hat sich hierbei als das Reduktionsmittel mit der höchsten Selektivität bewährt.

Für den Betrieb im Fahrzeug müssten $NH_3$-Mengen gespeichert werden, die aufgrund der Toxizität sicherheitstechnisch bedenklich sind. $NH_3$ kann jedoch aus ungiftigen Trägersubstanzen wie Harnstoff oder Ammoniumcarbamat erzeugt werden. Als Trägersubstanz hat sich Harnstoff bewährt. Harnstoff, $(NH_2)_2CO$, wird großtechnisch als Dünge- und Futtermittel hergestellt, ist grundwasserverträglich und chemisch bei Umweltbedingungen stabil. Harnstoff weist eine sehr gute Löslichkeit in Wasser auf und kann daher als einfach zu dosierende Harnstoff-Wasser-Lösung dem Abgas zugegeben werden.

Bei einer Massenkonzentration von 32,5 % Harnstoff in Wasser hat der Gefrierpunkt bei 11 °C ein lokales Minimum: es bildet sich ein Eutektikum, wodurch ein Entmischen der Lösung im Falle des Einfrierens ausgeschlossen wird.

Für die präzise Zudosierung des Reduktionsmittels in das Abgas wurde das DENOXTRONIC-System entwickelt (Bild 1). Dieses System ist gefrierfest ausgelegt. Wesentliche Bauteile können beheizt werden, um die Dosierfunktion auch kurz nach einem Kaltstart sicherzustellen.

Harnstoff-Wasser-Lösung ist unter dem Markennamen AdBlue in Deutschland flächendeckend verfügbar. Für AdBlue existiert der Normenvorschlag DIN 70070, der die Eigenschaften der Lösung verbindlich festlegt.

### Chemische Reaktionen

Vor der eigentlichen SCR-Reaktion muss aus Harnstoff zunächst Ammoniak gebildet werden. Dies geschieht in zwei Reaktionsschritten, die zusammengefasst als Hydrolysereaktion bezeichnet werden. Zunächst werden in einer Thermolysereaktion $NH_3$ und Isocyansäure gebildet:

$$(NH_2)_2CO \rightarrow NH_3 + HNCO \text{ (Thermolyse)}$$

Anschließend wird in einer Hydrolysereaktion die Isocyansäure mit Wasser zu Ammoniak und Kohlendioxid umgesetzt.

$$HNCO + H_2O \rightarrow NH_3 + CO_2 \text{ (Hydrolyse)}$$

Zur Vermeidung von festen Ausscheidungen ist es erforderlich, dass die zweite Reaktion durch die Wahl geeigneter Katalysatoren und genügend hoher Temperaturen (ab 250 °C) ausreichend schnell erfolgt. Moderne SCR-Reaktoren übernehmen gleichzeitig die Funktion des Hydrolysekatalysators, sodass ein (früher üblicher) vorgelagerter Hydrolysekatalysator entfallen kann.

Das durch die Thermohydrolyse entstandene Ammoniak reagiert am SCR-Katalysator nach den folgenden Gleichungen:

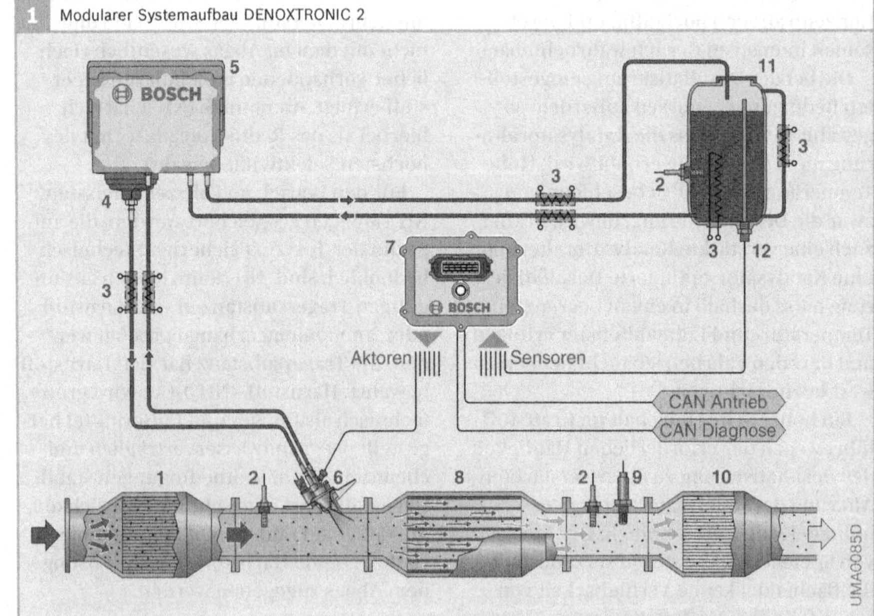



**Bild 1**

1 Diesel-Oxidationskatalysator
2 Temperatursensor
3 Heizung
4 Filter
5 Fördermodul DENOX2
6 AdBlue-Dosiermodul
7 Dosiersteuergerät
8 SCR-Katalysator
9 $NO_x$-Sensor
10 Schlupf-Katalysator
11 AdBlue-Tank
12 AdBlue-Füllstandsensor

$$4\,NO + 4\,NH_3 + O_2 \rightarrow 4\,N_2 + 6H_2O \qquad \text{(Gl. 1)}$$

$$NO + NO_2 + 2\,NH_3 \rightarrow 2\,N_2 + 3\,H_2O \qquad \text{(Gl. 2)}$$

$$6\,NO_2 + 8\,NH_3 \rightarrow 7\,N_2 + 12\,H_2O \qquad \text{(Gl. 3)}$$

Bei niedrigen Temperaturen ($< 300\,°C$) läuft der Umsatz überwiegend über Reaktion 2 ab. Für einen guten Niedertemperatur-Umsatz ist es deshalb erforderlich, ein $NO_2 : NO$-Verhältnis von etwa 1:1 einzustellen. Unter diesen Umständen kann die Reaktion 2 bereits bei Temperaturen ab 170...200 °C erfolgen.

Die Oxidation von NO zu $NO_x$ erfolgt in einem vorgelagerten Oxidationskatalyator, der deshalb wesentlich für einen optimalen Wirkungsgrad ist.

Wird mehr Reduktionsmittel dosiert, als bei der Reduktion mit $NO_x$ umgesetzt wird, so kann es zu einem unerwünschten $NH_3$-Schlupf kommen. $NH_3$ ist gasförmig und hat eine sehr niedrige Geruchsschwelle (15 ppm), sodass es zu einer – vermeidbaren – Belästigung der Umgebung kommen würde. Die Entfernung des $NH_3$ kann durch einen zusätzlichen Oxidationskatalysator hinter dem SCR-Katalysator erzielt werden. Dieser Sperrkatalysator oxidiert das gegebenenfalls auftretende Ammoniak zu $N_2$ und $H_2O$. Darüber hinaus ist eine sorgfältige Applikation der AdBlue-Dosierung unerlässlich.

Eine für die Applikation wichtige Kenngröße ist das Feed-Verhältnis $\alpha$, definiert als das molare Verhältnis von zudosiertem $NH_3$ zu dem im Abgas vorhandenen $NO_x$. Bei idealen Betriebsbedingungen (kein $NH_3$-Schlupf, keine Nebenreaktionen, keine $NH_3$-Oxidation) ist $\alpha$ direkt proportional zur $NO_x$-Reduktionsrate: bei $\alpha = 1$ wird theoretisch eine 100%ige $NO_x$-Reduktion erreicht. Im praktischen Einsatz kann bei einem $NH_3$-Schlupf von $< 20$ ppm eine $NO_x$-Reduktion von 90 % im stationären und instationären Betrieb erzielt werden. Die hierfür erforderliche Menge AdBlue entspricht etwa 5 % der Menge des eingesetzten Dieselkraftstoffs.

Der Reduktionsmittelbedarf hängt von der spezifischen $NO_x$-Emission ($g_{NO_x}/kg_{Diesel}$) ab. Mit dem SCR-Verfahren können höhere $NO_x$-Emissionen im Rohabgas, die bei wirkungsgradoptimierten Brennverfahren auftreten, durch die Zugabe von AdBlue kompensiert werden.

Durch die vorgelagerte Hydrolysereaktion wird bei den heutigen SCR-Katalysatoren ein $NO_x$-Umsatz $> 50$ % erst bei Temperaturen oberhalb von ca. 250 °C erreicht, optimale Umsatzraten werden im Temperaturfenster 250...450 °C erzielt. Die Vergrößerung des Temperaturarbeitsbereichs und insbesondere eine verbesserte Niedertemperaturaktivität sind Gegenstand der aktuellen Katalysatorforschung.

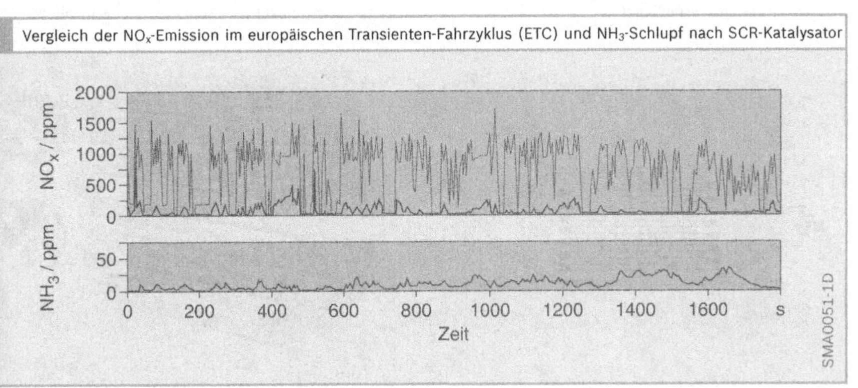

**2** Vergleich der $NO_x$-Emission im europäischen Transienten-Fahrzyklus (ETC) und $NH_3$-Schlupf nach SCR-Katalysator



**Bild 2**
Oberes Diagramm:
— Ohne Zumischung einer Harnstoff-Wasser-Lösung: 10,9 g/kWh
— mit Zumischung einer 32,5 %igen Harnstoff-Wasser-Lösung: 1,0 g/kWh

# Partikelfilter DPF

Die von einem Dieselmotor emittierten Rußpartikel können durch Dieselpartikelfilter (DPF) effizient aus dem Abgas entfernt werden. Die bisher bei Pkw eingesetzten Partikelfilter bestehen aus porösen Keramiken.

## Geschlossene Partikelfilter

Keramische Partikelfilter bestehen im Wesentlichen aus einem Wabenkörper aus Siliziumkarbid oder Cordierit, der eine große Anzahl von parallelen, meist quadratischen Kanälen aufweist. Die Dicke der Kanalwände beträgt typischerweise 300...400 µm. Die Größe der Kanäle wird durch Angabe der Zelldichte (channels per square inch, cpsi) angegeben (typischer Wert: 100...300 cpsi).

Benachbarte Kanäle sind an den jeweils gegenüberliegenden Seiten durch Keramikstopfen verschlossen, sodass das Abgas durch die porösen Keramikwände hindurchströmen muss. Beim Durchströmen der Wände werden die Rußpartikel zunächst durch Diffusion zu den Porenwänden (im Innern der Keramikwände) transportiert, wo sie haften bleiben (Tiefenfilterung). Bei zunehmender Beladung des Filters mit Ruß bildet sich auch auf den Oberflächen der Kanalwände (auf der den Eintrittskanälen zugewandten Seite) eine Rußschicht, welche zunächst eine sehr effiziente Oberflächenfilterung für die folgende Betriebsphase bewirkt. Eine übermäßige Beladung muss jedoch verhindert werden (siehe Abschnitt „Regeneration").

Im Gegensatz zu Tiefenfiltern speichern Wall-Flow-Filter die Partikel im Wesentlichen auf der Oberfläche der Keramikwände (Oberflächenfilterung).

Neben Filtern mit einer symmetrischen Anordnung von jeweils quadratischen Eingangs- und Ausgangskanälen werden jetzt auch keramische „Octosquaresubstrate" angeboten (Bild 2). Dieses besitzen größere achteckige Eingangskanäle und kleinere quadratische Ausgangskanäle. Durch die großen Eingangskanäle lässt sich das Speichervermögen des Partikelfilters für Asche, nicht brennbare Rückstände aus verbranntem Motoröl sowie Additivasche (siehe Abschnitt „Additivsystem") erheblich erhöhen.

Keramische Filter erreichen einen Rückhaltegrad von mehr als 95 % für Partikel des gesamten relevanten Größenspektrums (10 nm...1 µm). Bei diesen geschlossenen Partikelfiltern durchströmt das gesamte Abgas die Porenwände.

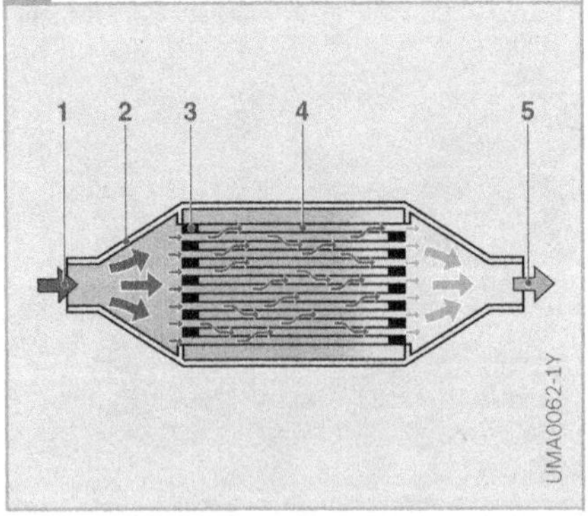

**Bild 1**

1 einströmendes Abgas
2 Gehäuse
3 Keramikpropfen
4 Wabenkeramik
5 ausströmendes Abgas

**Bild 2**

a quadratischer Kanal-Querschnitt
b Octosquare-Design

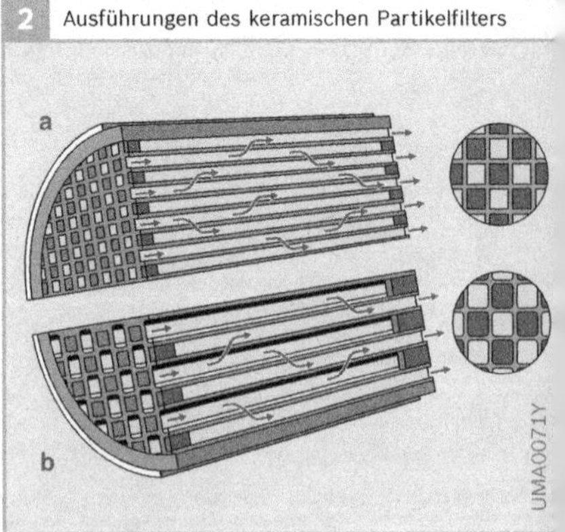

1 Keramischer Partikelfilter

2 Ausführungen des keramischen Partikelfilters

## Offene Partikelfilter

Bei offenen Partikelfiltern wird nur ein Anteil des Abgases durch eine Filterwand geleitet, während der Rest ungefiltert vorbei strömt. Offene Filter erreichen je nach Anwendung einen Abscheidegrad von 30...80 %.

Mit zunehmender Partikelbeladung steigt der Anteil des Abgases, der ungefiltert das Filter passiert und dieses somit nicht verstopfen kann. Dadurch sinkt jedoch der Abscheidegrad. Die offenen Filter werden hauptsächlich als Retrofit-Filter eingesetzt, da keine geregelte Filterreinigung benötigt wird (Regeneration siehe nächster Abschnitt). Die Reinigung der offenen Filter erfolgt durch den CRT®-Effekt (s. Abschnitt CRT®-System).

## Regeneration

Partikelfilter müssen von Zeit zu Zeit von den anhaftenden Partikeln befreit, d.h. regeneriert werden. Durch die anwachsende Rußbeladung des Filters steigt der Abgasgegendruck stetig an. Der Wirkungsgrad des Motors und das Beschleunigungsverhalten des Fahrzeugs werden beeinträchtigt.

Eine Regeneration muss jeweils nach ca. 500 Kilometern durchgeführt werden; abhängig von der Rußrohemission und der Größe des Filters kann dieser Wert stark schwanken (ca. 300...800 Kilometer). Die Dauer des Regenerationsbetriebs liegt in der Größenordnung von 10...15 Minuten, beim Additivsystem auch darunter. Sie ist zudem abhängig von den Betriebsbedingungen des Motors.

Die Regeneration des Filters erfolgt durch Abbrennen des gesammelten Rußes im Filter. Der Kohlenstoffanteil der Partikel kann mit dem im Abgas stets vorhandenen Sauerstoff oberhalb von ca. 600 °C zu ungiftigem $CO_2$ oxidiert (verbrannt) werden. Solche hohen Temperaturen liegen nur bei Nennleistungsbetrieb des Motors vor und stellen sich im normalen Fahrbetrieb sehr selten ein. Daher müssen Maßnahmen ergriffen werden, um die Rußabbrand-Temperatur zu senken und/oder die Abgastemperatur zu erhöhen.

Mit $NO_2$ als Oxidationsmittel kann Ruß bereits bei Temperaturen von 300...450 °C oxidiert werden. Dieses Verfahren wird technisch im CRT®-System genutzt.

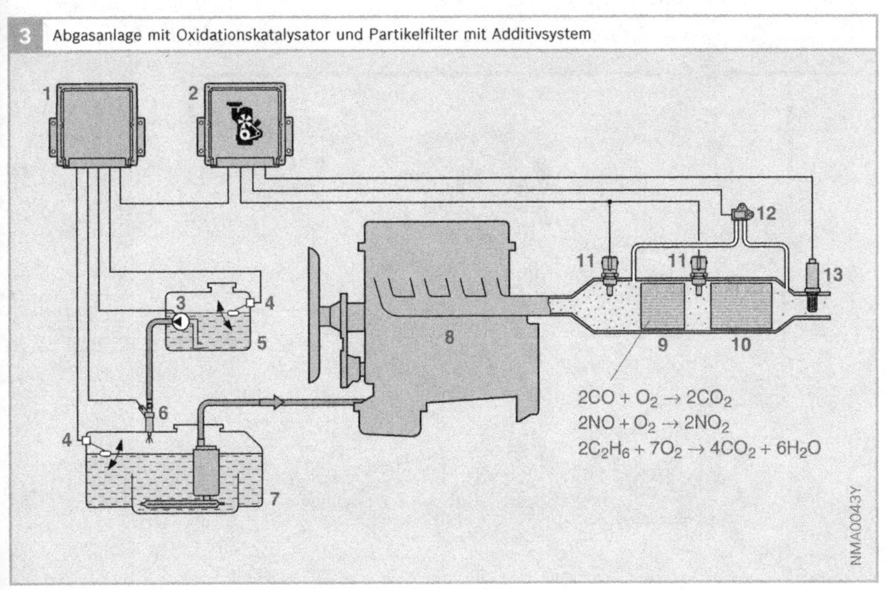

**3**  Abgasanlage mit Oxidationskatalysator und Partikelfilter mit Additivsystem



**Bild 3**

1 Additivsteuergerät
2 Motorsteuergerät
3 Additivpumpe
4 Füllstandssensor
5 Additivtank
6 Additivdosiereinheit
7 Kraftstoffbehälter
8 Dieselmotor
9 Oxidationskatalysator
10 Partikelfilter
11 Temperatursensor
12 Differenzdrucksensor
13 Rußsensor

Additivsystem

Durch Zugabe eines Additivs – meist Cer- oder Eisenverbindungen – in den Dieselkraftstoff kann die Ruß-Oxidationstemperatur von 600 °C auf ca. 450...500 °C abgesenkt werden. Doch auch diese Temperatur wird im Fahrzeugbetrieb im Abgasstrang nicht immer erreicht, sodass der Ruß nicht kontinuierlich verbrennt. Oberhalb einer gewissen Rußbeladung des Partikelfilters wird deshalb die aktive Regeneration eingeleitet. Dazu wird die Verbrennungsführung des Motors so verändert, dass die Abgastemperatur bis zur Rußabbrandtemperatur ansteigt. Dies kann z. B. durch spätere Einspritzung erreicht werden.

Das dem Kraftstoff zugegebene Additiv bleibt nach der Regeneration als Rückstand (Asche) im Filter zurück. Diese Asche, wie auch Asche aus Motoröl- oder Kraftstoffrückständen, setzt den Filter allmählich zu und erhöht den Abgasgegendruck. Um den Druckanstieg zu verringern, wird die Asche-Speicherfähigkeit bei keramischen Octosquarefiltern durch möglichst große Querschnitte der Eintrittskanäle vergrößert. Dadurch bieten diese Filter hinreichend Kapazität für alle beim Abbrand entstehenden Ascherückstände, die während der normalen Lebensdauer des Fahrzeugs anfallen.

Beim herkömmlichen Keramikfilter geht man davon aus, dass er beim Einsatz einer additivbasierten Regeneration ca. alle 120 000 km ausgebaut und mechanisch gereinigt werden muss.

Katalytisch beschichteter Filter (CDPF)

Durch eine Beschichtung des Filters mit Edelmetallen (meist Platin) kann ebenfalls der Abbrand der Rußpartikel verbessert werden. Der Effekt ist hier jedoch geringer als beim Einsatz eines Additivs.

Zur Regeneration sind beim CDPF weitere Maßnahmen zur Anhebung der Abgastemperatur erforderlich, entsprechend den Maßnahmen beim Additivsystem. Gegenüber dem Additivsystem hat die katalytische Beschichtung jedoch den Vorteil, dass keine Additivasche im Filter anfällt.

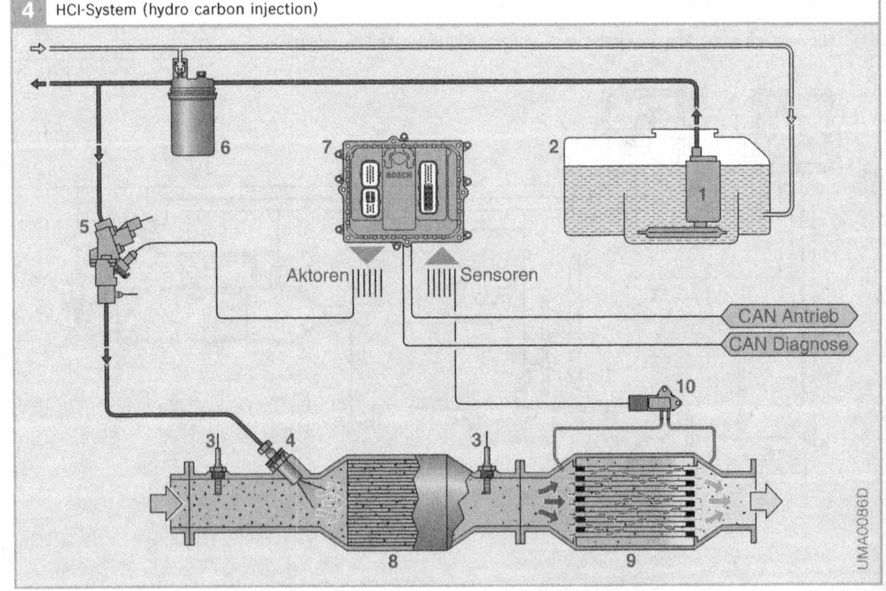



**Bild 4**

1 Kraftstoffpumpe
2 Kraftstoffbehälter
3 Temperatursensor
4 HC-Dosiermodul
5 HC-Zumesseinheit
6 Kraftstofffilter
7 Motorsteuergerät
8 Diesel-Oxidations-katalysator
9 Diesel-Partikelfilter
10 Differenzdruck-sensor

Die katalytische Beschichtung erfüllt mehere Funktionen:
- Oxidation von CO und HC,
- Oxidation von NO zu $NO_2$,
- Oxidation von CO zu $CO_2$.

### CRT®-System

Nutzfahrzeugmotoren werden häufiger als Pkw-Motoren in der Nähe des maximalen Drehmoments, also bei vergleichsweise hohen $NO_x$-Emissionen betrieben. Bei Nutzfahrzeugen ist daher die kontinuierliche Regeneration des Partikelfilters nach dem CRT®-Prinzip (Continuously Regenerating Trap) möglich.

Das Prinzip beruht darauf, dass Ruß mit $NO_2$ bereits bei Temperaturen von 300...450°C verbrannt werden kann. Das Verfahren arbeitet bei diesen Temperaturen zuverlässig, wenn das Massenverhältnis $NO_2$/Ruß größer ist als 8:1. Für die Nutzung des Verfahrens wird ein Oxidationskatalysator, der NO zu $NO_2$ oxidiert, stromauf des Partikelfilters angeordnet. Damit sind die Voraussetzungen für die Regeneration nach dem CRT®-Verfahren bei Nutzfahrzeugen im normalen Betrieb meistens gegeben. Diese Methode wird auch als passive Regeneration bezeichnet, da der Ruß kontinuierlich ohne Einleitung aktiver Maßnahmen verbrannt wird.

Die Wirksamkeit des Verfahrens wurde in Nkw-Flottenversuchen demonstriert, aber in der Regel sind auch bei Nutzfahrzeugen weitere Regenerationsmaßnahmen vorgesehen.

Bei Pkw, die häufig im niedrigen Lastbereich betrieben werden, lässt sich eine vollständige Regeneration des Partikelfilters durch den CRT®-Effekt nicht realisieren.

### HCI-System

Um Partikelfilter aktiv zu regenerieren, muss die Temperatur im Filter auf über 600°C erhöht werden. Dies kann durch motorinterne Einstellungen erreicht werden. Bei ungünstigen Applikationen - z.B. bei sehr großem Abstand zwischen Partikelfilter und Motor - werden die motorinternen Maßnahmen sehr aufwändig. Hier wird dann ein HCI-System (hydro carbon injection) verwendet, bei dem Dieselkraftstoff vor einem Katalysator (Bild 4, Pos. 8) eingespritzt bzw. verdampft wird und dann in diesem katalytisch verbrannt. Die bei der Verbrennung entstehende Wärme wird zur Regeneration des nachgeschalteten Partikelfilters (9) genutzt.

# Diesel-Oxidationskatalysator

## Funktionen

Der Diesel-Oxidationskatalysator (Diesel Oxidation Catalyst, DOC) erfüllt verschiedene Funktionen für die Abgasnachbehandlung:

▶ Senkung der CO- und HC-Emissionen,
▶ Reduktion der Partikelmasse,
▶ Oxidation von NO zu $NO_2$,
▶ Einsatz als katalytischer Brenner.

### Senkung der CO- und HC-Emissionen

Am DOC werden Kohlenmonoxid (CO) und Kohlenwasserstoffe (HC) zu Kohlendioxid ($CO_2$) und Wasserdampf ($H_2O$) oxidiert. Die Oxidation am DOC erfolgt ab einer gewissen Grenztemperatur, der Light-off-Temperatur, fast vollständig. Die Light-off-Temperatur liegt je nach Abgaszusammensetzung, Strömunggeschwindigkeit und Katalysatorzusammensetzung bei 170…200 °C. Ab dieser Temperatur steigt der Umsatz innerhalb eines Temperaturintervalls von 20…30 °C auf über 90 %.

### Reduktion der Partikelmasse

Die vom Dieselmotor emittierten Partikel bestehen zum Teil aus Kohlenwasserstoffen, die bei steigenden Temperaturen vom Partikelkern desorbieren. Durch Oxidation dieser Kohlenwasserstoffe im DOC kann die Partikelmasse (PM) um 15…30 % reduziert werden.

### Oxidation von NO zu $NO_2$

Eine wesentliche Funktion des DOC ist die Oxidation von NO zu $NO_2$. Ein hoher $NO_2$-Anteil am $NO_x$ ist für eine Reihe von nachgelagerten Komponenten (Partikelfilter, NSC, SCR) wichtig.

Im motorischen Rohabgas beträgt der $NO_2$-Anteil am $NO_x$ in den meisten Betriebspunkten nur etwa 1:10. $NO_2$ steht mit NO in Anwesenheit von Sauerstoff ($O_2$) in einem temperaturabhängigen Gleichgewicht. Dieses Gleichgewicht liegt bei niedrigen Temperaturen (< 250 °C) aufseiten von $NO_2$.

Oberhalb von etwa 450 °C ist hingegen NO die thermodynamisch bevorzugte Komponente. Aufgabe des DOC ist es, bei niedrigen Temperaturen das $NO_2$:NO-Verhältnis durch Einstellen des thermodynamischen Gleichgewichts zu erhöhen. Je nach Katalysatorbeschichtung und Zusammensetzung des Abgases gelingt dies ab einer Temperatur von 180…230 °C, sodass die Konzentration von $NO_2$ in diesem Temperaturbereich stark ansteigt. Entsprechend dem thermodynamischen Gleichgewicht nimmt die $NO_2$-Konzentration mit steigenden Temperaturen wieder ab.

### Katalytischer Brenner

Der Oxidationskatalysator kann auch als katalytische Heizkomponente („katalytischer Brenner", „Cat-Burner") eingesetzt werden. Dabei wird die bei der Oxidation von CO und HC frei werdende Reaktionswärme zur Erhöhung der Abgastemperatur hinter DOC genutzt. Die CO- und HC-Emissionen werden zu diesem Zweck über eine motorische Nacheinspritzung oder über ein nachmotorisches Einspritzventil gezielt erhöht.

Katalytische Brenner werden z. B. zur Anhebung der Abgastemperatur bei der Partikelfilter-Regeneration eingesetzt.

Als Näherung für die bei der Oxidation freigesetzte Wärme gilt, dass je 1 Vol.-% CO die Temperatur des Abgases um etwa 90 °C steigt. Da die Temperaturerhöhung sehr schnell erfolgt, stellt sich im Katalysator ein starker Temperaturgradient ein. Im ungünstigsten Fall erfolgen der CO- bzw. HC-Umsatz und die Wärmefreisetzung nur im vorderen Bereich des Katalysators. Die dadurch entstehende Werkstoffbelastung des keramischen Trägers und des Katalysators begrenzt den zulässigen Temperaturhub auf etwa 200…250 °C.

## Aufbau

### Struktureller Aufbau

Oxidationskatalysatoren bestehen aus einer Trägerstruktur aus Keramik oder

Metall, einer Oxidmischung („Washcoat") aus Aluminiumoxid ($Al_2O_3$), Ceroxid ($CeO_2$) und Zirkonoxid ($ZrO_2$) sowie aus den katalytisch aktiven Edelmetallkomponenten Platin (Pt), Palladium (Pd) und Rhodium (Rh).

Primäre Aufgabe des Washcoats ist es, eine große Oberfläche für das Edelmetall bereitzustellen und die bei hohen Temperaturen auftretende Sinterung des Katalysators, die zu einer irreversiblen Abnahme der Katalysatoraktivität führt, zu verlangsamen. Die hochporöse Struktur des Washcoats muss ihrerseits stabil gegenüber Sinterungsprozessen sein.

Die für die Beschichtung eingesetzte Edelmetallmenge, häufig auch als Beladung bezeichnet, wird in $g/ft^3$ angegeben. Die Beladung liegt im Bereich 50...90 $g/ft^3$ (1,8...3,2 $g/l$). Da nur die Oberflächenatome chemisch aktiv sind, ist es ein Ziel der Entwicklung, möglichst kleine Edelmetallpartikel (Größenordnung einige nm) zu erzeugen und zu stabilisieren, um so den Edelmetalleinsatz zu minimieren.

Über den strukturellen Aufbau des Katalysators und die Wahl der Katalysatorzusammensetzung lassen sich wesentliche Eigenschaften wie Anspringverhalten (Light-off-Temperatur), Umsatz, Temperaturstabilität, Toleranz gegenüber Vergiftung, aber auch die Herstellungskosten, in großen Bereichen verändern.

### Innere Struktur

Wesentliche Parameter des Katalysators sind die Dichte der Kanäle (angegeben in cpi, Channels per inch[2]), die Wandstärke der einzelnen Kanäle und die Außenmaße des Katalysators (Querschnittsfläche und Länge). Kanaldichte und Wandstärke bestimmen das Aufwärmverhalten, den Abgasgegendruck sowie die mechanische Stabilität des Katalysators.

### Auslegung

Das Katalysatorvolumen $V_{Kat}$ wird abhängig vom Abgasvolumenstrom festgelegt, der seinerseits proportional zum Hubvolumen $V_{Hub}$ des Motors ist. Typische Werte für die Auslegung eines Oxidationskatalysators sind $V_{Kat}/V_{Hub} = 0,6...0,8$.

Das Verhältnis von Abgasvolumenstrom zu Katalysatorvolumen wird als Raumgeschwindigkeit (Einheit: $h^{-1}$) bezeichnet. Typische Werte für einen Oxidationskatalysator betragen 150 000...250 000 $h^{-1}$.

### Betriebsbedingungen

Wesentlich für eine wirkungsvolle Abgasnachbehandlung sind neben dem Einsatz des richtigen Katalysators auch die richtigen Betriebsbedingungen. Diese können durch das Motormanagement in einem weiten Bereich eingestellt werden.

Bei zu hohen Betriebstemperaturen treten Sinterungsprozesse auf, d. h., aus mehreren kleineren Edelmetallpartikeln entsteht ein größeres Partikel mit entsprechend kleinerer Oberfläche und dadurch herabgesetzter Aktivität. Aufgabe des Abgastemperaturmanagements ist es deshalb, die Haltbarkeit des Katalysators durch Vermeidung zu hoher Temperaturen zu verbessern.

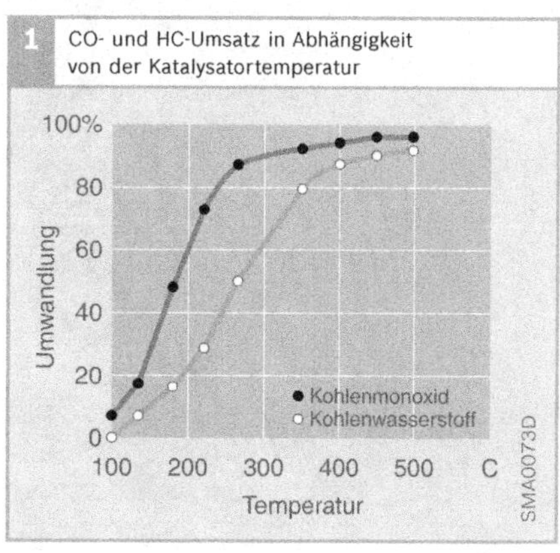



**1** CO- und HC-Umsatz in Abhängigkeit von der Katalysatortemperatur

# Innermotorische Emissionsminderung

**Bei der Verbrennung des Luft-Kraftstoff-Gemischs entstehen als Nebenprodukt überwiegend die Schadstoffe $NO_X$, Ruß, CO und HC. Die Menge dieser Schadstoffe, die im Rohabgas (Abgas nach der Verbrennung vor der Abgasreinigung) enthalten ist, hängt stark vom Motorbetrieb ab. Neben der Brennraumform und dem Luftpfad (Aufladung, Abgasrückführung, Drallsteuerung) besitzt das Einspritzsystem eine Schlüsselfunktion bei der Emissionsminderung.**

Die Einführung neuer Emissionsstandards in Europa (Euro 3 seit dem Jahr 2000) ließ die Anforderungen an die Brennverfahren von PKW-Dieselmotoren deutlich ansteigen. Um einen günstigen Kompromiss innerhalb des Zielkonflikts zwischen $NO_X$-Emissionen und niedrigem Verbrennungsgeräusch zu erhalten, müssen Vor- und Haupteinspritzung hinsichtlich des Zeitpunkts und der Menge exakt eingespritzt werden. Hierfür kommen nur elektronisch geregelte Einspritzsysteme infrage. Die Elektronische Dieselregelung (EDC) ermöglicht eine verbesserte Mengenregelung, die genauere Einstellung des Spritzbeginns sowie eine betriebspunkt-abhängige Optimierung der Verbrennungsprozesse und vermindert so den Kraftstoffverbrauch und die Schadstoffemissionen.

Zukünftig weiter verschärfte Normen und steigende Ansprüche der Kunden hinsichtlich Komfort und Fahrbarkeit werden sich für Dieselmotoren nur mit modernen Einspritzsystemen wie Unit Injector System/Unit Pump System oder Common Rail erreichen lassen.

Noch weiter absinkende Emissionsgrenzwerte werden sich nicht mehr allein durch innermotorische Maßnahmen erfüllen lassen, sondern erfordern zusätzlich Verfahren zur Abgasnachbehandlung. So wird der Partikelfilter in Europa voraussichtlich mit Einführung von Euro 5 aufgrund dann niedrigster Partikelgrenzwerte zwingend erforderlich.

Für die besonders niedrigen amerikanischen $NO_X$-Limits der Grenzwertstufe Tier 2 (gültig seit 2004) werden neue, noch flexiblere Höchstdruck-Einspritzsysteme entwickelt, um auf eine aufwändige Denoxierung des Abgases verzichten zu können.

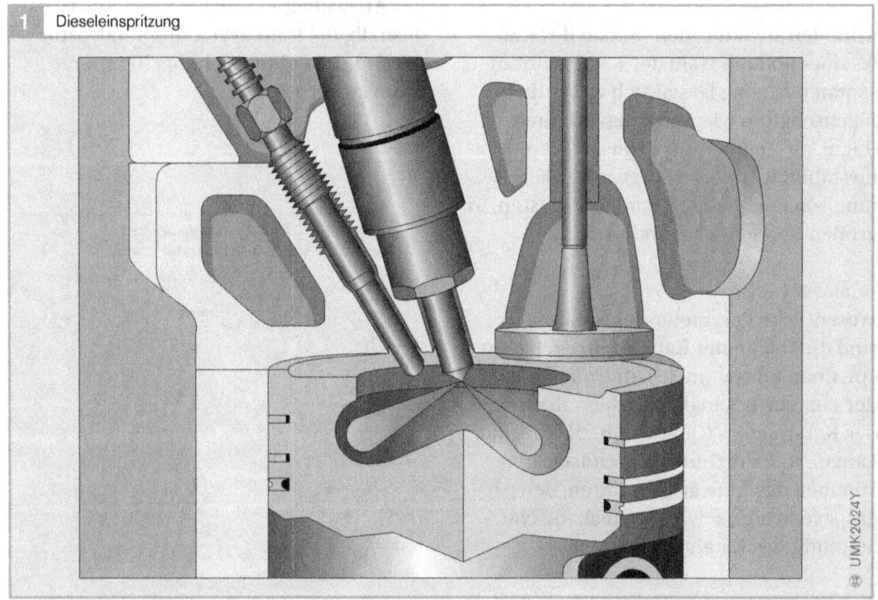

**1** Dieseleinspritzung



**Bild 1**

Um den Kraftstoff sehr fein zu zerstäuben, wird er mit hohem Druck durch die Düsenöffnungen des Injektors in den Brennraum eingespritzt.

# Brennverfahren

Dem Brennverfahren und dessen Abstimmung kommt beim Dieselmotor höchste Bedeutung hinsichtlich der erzielbaren Leistung, des Verbrauchs und der Emissionen zu.

Die Motorleistung wird durch die Schwarzrauchzahl (maximal zulässige Abgastrübung bei Volllast) und die maximal zulässige Abgastemperatur begrenzt. Die Werkstoffeigenschaften des Turboladers definieren den Grenzwert der Abgastemperatur am Eintritt in die Turbine.

Die dieselmotorische Verbrennung wird durch drei Phasen charakterisiert:
- Zündverzug, d. h. die Zeit zwischen Einspritzbeginn und Zündbeginn
- vorgemischte Verbrennung
- Diffusionsflamme (mischungskontrollierte Verbrennung)

Ein möglichst kurzer Zündverzug und damit eine geringe eingespritzte Kraftstoffmenge innerhalb der ersten Phase ist notwendig, um das Verbrennungsgeräusch zu begrenzen. Nach Einsetzen der Verbrennung ist eine gute Gemischbildung erforderlich, um niedrige Ruß- und $NO_X$-Emissionen zu erzielen.

Entscheidenden Einfluss auf die Phasen der Verbrennung haben
- der Zustand im Brennraum hinsichtlich Druck und Temperatur,
- die Masse, Zusammensetzung und Bewegung der Ladung sowie
- der Einspritzdruckverlauf.

Die genannten Größen werden einerseits durch motorspezifische Parameter und andererseits durch die veränderbaren Betriebsparameter eingestellt.

Bei gegebenem Zylinderhubvolumen sind die folgenden motorspezifischen fixen Parameter bedeutsam:
- Verdichtungsverhältnis
- Hub/Bohrungsverhältnis
- Form der Kolbenmulde
- Einlasskanalgeometrie
- Einlass- und Auslass-Steuerzeiten

Hinsichtlich des Brennverfahrens hat das Einspritzsystem eine Schlüsselrolle, da durch den Einspritzzeitpunkt und den Einspritzverlauf die Lage des Verbrennungsschwerpunkts sowie die Gemischbildung bestimmt werden. Diese Größen bestimmen ihrerseits maßgeblich die Emissionen und den Wirkungsgrad.

Neben dem Einspritzsystem kommt dem Luftsystem zunehmend mehr Bedeutung zu, da die Einhaltung sich laufend verschärfender $NO_X$-Emissionsgrenzwerte sehr hohe Abgasrückführungsraten erfordert.

Die wesentlichen motorspezifischen und betriebsabhängigen Einflussgrößen des Brennverfahrens sind in Bild 2 (nächste Seite) dargestellt.

## Einspritzsystem

Die Gemischbildung wird luftseitig durch die Ladungsbewegung beeinflusst, die ihrerseits von der Einlasskanalgeometrie und der Brennraumform abhängt. Mit steigenden Einspritzdrücken wurde die Gemischbildung zunehmend auf das Einspritzsystem verlagert und so genannte Niedrigdrallbrennverfahren entwickelt.

Einspritzseitig sind für die Gemischbildung besonders kleine Düsenlöcher mit strömungsoptimierten Geometrien günstig, da der eingespritzte Kraftstoff gut aufbereitet wird und damit der Zündverzug verkürzt und gleichzeitig nur geringe Mengen eingespritzt werden. Während der anschließenden Diffusionsverbrennung führt die gute Zerstäubung zu einer hohen AGR-Verträglichkeit und damit zu verminderter $NO_X$- und Rußbildung.

## Luftsystem

Neben dem Einspritzsystem kommt dem Luftsystem zunehmend mehr Bedeutung zu, da die Einhaltung sich ständig verschärfender Emissionsgrenzwerte eine sehr hohe

AGR-Verträglichkeit des Brennverfahrens erfordert, um die $NO_X$-Bildung bei einer in Abhängigkeit des zunehmend eingesetzten Partikelfilters vertretbaren Partikelemissonen zu vermindern. Hierzu bedarf es Systeme, die in der Lage sind, vergleichsweise hohe Ladedrücke mit hohen und präzisen, für alle Zylinder gleichen AGR-Raten sowie möglichst niedrigen Einlasstemperaturen zu kombinieren.

## Zylinderfüllung

Weitere motorische Maßnahmen wirken über periphere Systeme auf die Zylinderfüllung und damit letztlich auf die Schadstoffkonzentration im Abgas ein.

Die wichtigste Maßnahme zur Schadstoffminderung ist hier die Abgasrückführung: Das in das Saugrohr rückgeführte Abgas erhöht den Inertgasanteil und führt so zu einer Absenkung der Verbrennungs-Spitzentemperatur, dadurch verringert sich die Entstehung von Stickoxiden (siehe Abschnitt Abgasrückführung).

## Turboaufladung

Zwar ist die Turboaufladung primär für die Steigerung der spezifischen Leistung notwendig, aber durch eine höhere Ladungsmasse im Brennraum aufgrund der Aufladung erhöht sich die AGR-Verträglichkeit im Kennfeld, sodass sich ein günstigerer $NO_X$-Ruß-Kompromiss einstellt. Hierfür sind VTG-Lader notwendig, die es erlauben, den Ladedruck durch verstellbare Turbinenleitschaufeln anzupassen. Durch diese Variabilität kann eine größere Turbine mit geringerem Abgasgegendruck verwendet werden als bei einem Waste-Gate-Lader. Durch die Absenkung des Verdichtungsverhältnisses, dass heißt Vergrößerung der Kolbenmulde wird die freie Strahllänge an der Volllast vergrößert, wodurch die Luftausnutzung steigt. Gleichzeitig sinkt die Verdichtungsendtemperatur, wodurch die Temperaturspitzen bei der Verbrennung sinken und die $NO_X$-Bildung vermindert wird.

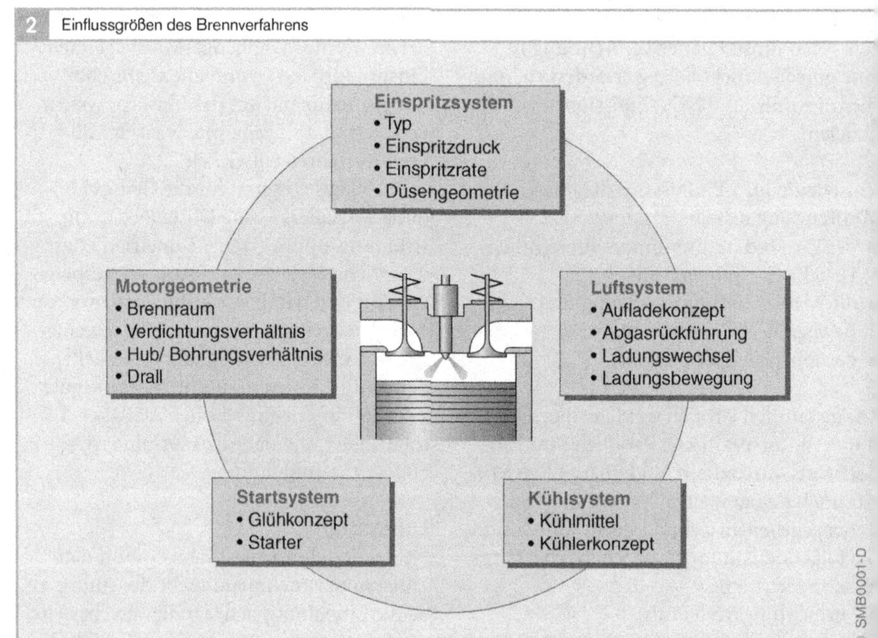

**2**   Einflussgrößen des Brennverfahrens

**Verbrennungstemperatur**

Zusammen mit dem Luftverhältnis hat die Verbrennungstemperatur einen signifikanten Einfluss auf die Bildung des $NO_X$. Hohe Temperaturen und Luftüberschuss ($\lambda > 1$) fördern die Bildung von Stickoxiden. Bei der heterogenen Diffusionsverbrennung lassen sich örtlich magere Zonen nicht vermeiden, sodass es zur erhöhten Bildung von Stickoxiden kommen muss. Ziel der Brennverfahrensoptimierung ist deshalb, Temperaturspitzen durch einen hohen Inertgasanteil (AGR) im Brennraum zu senken und gleichzeitig die Gemischbildung zu optimieren, um die hierdurch bedingte vermehrte Rußbildung zu vermindern. Besonders bei kaltem Motor und niedriger Last kommt es aufgrund von ungünstigen Verbrennungsbedingungen infolge des niedrigen Temperaturniveaus zu einem vorzeitigen Erlöschen der Flammenfront, wodurch die Produkte unvollständiger Verbrennung CO und HC stark ansteigen. Um diesem entgegenzuwirken, werden die zur $NO_X$-Verminderung bei betriebswarmem Motor notwendigen AGR-Kühler mit hohen Kühlleistungen bei kaltem Motor über einen Bypass umgangen.

Stickoxide bilden sich bei hohen Temperaturen unter Luftüberschuss, sodass lokale Temperaturspitzen und örtlich hohe Luftverhältnisse gesenkt werden sollten. Dieses lässt sich durch einen vergleichsweise späten Einspritzbeginn mit hoher Einspritzrate während der Diffusionsverbrennung erzielen. Die Verbrennung startet kurz vor dem oberen Totpunkt, sodass nahezu keine temperaturerhöhende Verdichtung von Verbrennungsprodukten entsteht. Die hohe Einspritzrate führt zu einem schnellen Umsatz mit günstiger Schwerpunktlage der Verbrennung und mit hoher AGR-Verträglichkeit. Hohe Brennraumtemperaturen begünstigen die $NO_X$-Bildung.

# Weitere Einflüsse auf die Schadstoffemission

**Drehzahl**

Eine höhere Motordrehzahl bedeutet eine größere Reibleistung im Motor selbst und eine höhere Leistungsaufnahme der Nebenaggregate (z. B. Wasserpumpe). Der Motorwirkungsgrad wird daher mit zunehmender Drehzahl kleiner.

Wird eine bestimmte Leistung bei höherer Drehzahl abgegeben, erfordert dies eine größere Kraftstoffmenge, als wenn die gleiche Leistung bei niedriger Drehzahl abgegeben wird. Damit ist auch ein höherer Schadstoffausstoß verbunden.

Stickoxide ($NO_X$)

Da die zur Bildung von $NO_X$ zur Verfügung stehende Zeit im Brennraum bei höheren Drehzahlen kleiner ist, nehmen die $NO_X$-Emissionen mit steigender Drehzahl ab. Zusätzlich gilt es, den Restgasgehalt im Brennraum zu berücksichtigen, der zu niedrigeren Spitzentemperaturen führt. Da dieser Restgasgehalt in der Regel mit steigender Drehzahl abnimmt, ist dieser Effekt zu der oben beschriebenen Abhängigkeit gegenläufig.

Kohlenwasserstoffe (HC) und Kohlenmonoxid (CO)

Mit steigenden Drehzahlen nehmen die HC- und die CO-Emission zu, da die Zeit zur Aufbereitung und zur Verbrennung des Gemischs kürzer wird. Mit steigender Kolbengeschwindigkeit sinkt der Brennraumdruck in der Expansionsphase schneller ab, sodass die Verbrennungsbedingungen besonders bei niedrigen Lasten zum Brennende ungünstiger werden und der Ausbrandgrad sinkt. Demgegenüber steigert die mit der Drehzahl zunehmende Ladungsbewegung und Turbulenz die Brenngeschwindigkeit, sodass die Brenndauer kürzer wird und die ungünstigen Randbedingungen zumindest teilweise kompensiert werden.

Ruß

Der Ruß nimmt in der Regel mit steigender Drehzahl ab, da die Ladungsbewegung intensiviert wird und demzufolge eine bessere Gemischbildung erzielt wird.

**Drehmoment**

Mit steigendem Drehmoment erhöht sich das Temperaturniveau im Brennraum, sodass sich die Verbrennungsbedingungen verbessern. Die $NO_X$-Rohemission nimmt daher zu, während die Produkte unvollständiger Verbrennung wie die CO- und HC-Emissionen zunächst abnehmen. Bei Annäherung an die Volllast und demzufolge niedrigen Luftverhältnissen ($\lambda < 1{,}4$) steigen die Ruß und CO-Emissionen aufgrund von Sauerstoffmangel wieder an.

*Ruß*

Ruß entsteht unter örtlichem Sauerstoffmangel durch thermisches Cracken der Kohlenwasserstoffmoleküle bei lokalen Temperaturen oberhalb etwa 1500 K. Eine verbesserte Luftausnutzung führt demzufolge zu einer verringerten Rußbildung bzw. ermöglicht die Einspritzung einer größeren Kraftstoffmenge und damit gesteigerten Leistung bei gleichen Rußwerten.

**Kraftstoff**

Mit entscheidend für verbesserte Abgaswerte sind auch die Qualitätsverbesserungen bei den Kraftstoffen. So sind z. B. durch die Umstellung auf schwefelarmen bzw. schwefelfreien Kraftstoff die Schwefeldioxid-Emissionen des Straßenverkehrs heute weitgehend unbedeutend geworden.

Hinsichtlich der konventionellen Verbrennung sollte der Dieselkraftstoff eine möglichst hohe Cetanzahl, d. h. gute Zündwilligkeit besitzen. Hierdurch verkürzen sich die Zündverzüge, wodurch das Verbrennungsgeräusch günstig beeinflusst wird. Zur Sicherstellung der lebenslangen einwandfreien Funktion des Einspritzsystems ist zudem eine gute Schmierfähigkeit sowie ein geringer Wasser- und Schmutzgehalt des Kraftstoffs erforderlich.

Zudem sind die Ansprüche an den Kraftstoff aufgrund der immer höheren Motorleistung gestiegen. Verschiedene Additive erhöhen die Cetanzahl, verbessern die Schmier- und Fließfähigkeit und schützen das Kraftstoffsystem vor Korrosion.

**Kraftstoffverbrauch**

Die Menge des emittierten $CO_2$ ist proportional zum Kraftstoffverbrauch – eine $CO_2$-Minderung lässt sich daher nur über geringeren Verbrauch erreichen.

$NO_X$-senkende Maßnahmen zur Einhaltung verschärfter Grenzwerte, wie beispielsweise die Steigerung der Abgasrückführungs-Rate, führen zu einer geringeren Brenngeschwindigkeit, wodurch die Verbrennung weiter in die Expansionsphase geschoben wird. Die hierdurch ebenfalls in die Expansion verschobene Schwerpunktlage der Verbrennung sowie insgesamt ungünstigere Verbrennungsbedingungen führen zu einer Verringerung des Motorwirkungsgrades. Ohne verbrauchssenkende Maßnahmen, z. B. eine Reibungsoptimierung, führt dies zu einem Anstieg des Kraftstoffverbrauchs, wie es bei der Einführung von Euro 3 der Fall war.

# Entwicklung homogener Brennverfahren

Im Hinblick auf die Einhaltung zukünftiger $NO_X$-Grenzwerte (in Europa Euro 4/Euro 5, in USA z. B. Tier 2 Bin 5) werden derzeit neue homogene Brennverfahren untersucht. Diese besitzen ein enormes $NO_X$-Minderungspotenzial im Vergleich zur Standardverbrennung.

Ziel ist die Einspritzung einer möglichst großen bzw. der gesamten Kraftstoffmenge während des Zündverzugs, um die diffusive Phase zu verringern bzw. zu vermeiden. Durch die angestrebte Homogenisierung der Zylinderfüllung (Luft, Kraftstoff, Abgas aus Abgasrückführung) werden die örtlichen Luftverhältnisunterschiede minimiert, wodurch die $NO_X$- und Rußbildung nahezu vermieden wird.

In einer ersten Stufe (partly Homogeneous Compressed Combustion Ignition, pHCCI) lässt sich eine Teilhomogenisierung in einem begrenzten Drehzahl- und Lastbereich an konventionellen Dieselmotoren realisieren. Dies geschieht im Wesentlichen durch eine angepasste Einspritzstrategie mit hohen Abgasrückführungs-Raten zur Steuerung des Zündverzugs und der Brenngeschwindigkeit. In weiteren Entwicklungsschritten wird eine vollständig vorgemischte Verbrennung (Homogeneous Compressed Combustion Ignition, HCCI) in ausgedehnten Kennfeldbereichen angestrebt. Dies erfordert eine Optimierung von Systemen und Komponenten wie z. B. der Brennraumform und der Einspritzdüse.

Nachteil dieser Verfahren sind deutlich höhere HC- und CO-Emissionen im Vergleich zur Standardverbrennung, da das Kraftstoff-/Luftgemisch aufgrund der Vormischung bis an die Brennraumwand gelangt und es dadurch zu Wall-Quenching-Effekten[1] ähnlich wie bei Ottomotoren kommt. Die hohen Abgasrückführungs-Raten führen zudem zu einer Verringerung der Ausbrandrate (Bulk-Quenching) und somit zu einem Anstieg der Produkte unvollständiger Verbrennung.

Mit steigender Last und damit eingespritzter Kraftstoffmenge sowie höheren Brennraumtemperaturen und -drücken wird die Homogenisierung zunehmend erschwert. Ein Wechsel zur Standardverbrennung ist unter diesen Bedingungen unvermeidbar, sodass immer beide Betriebsarten beherrscht werden müssen. Der Betriebsartenwechsel, die Sensibilität gegenüber geringsten Schwankungen der Abgasrückführungs-Rate im Hinblick auf Verbrennungsgeräusch und -stabilität sowie die erhöhten HC- und CO-Emissionen erfordern weitere Entwicklungsarbeit und Regelkonzepte für die homogene Verbrennung.

[1] Erlöschen der Flammenfront infolge niedriger Temperaturen an der Zylinderwand

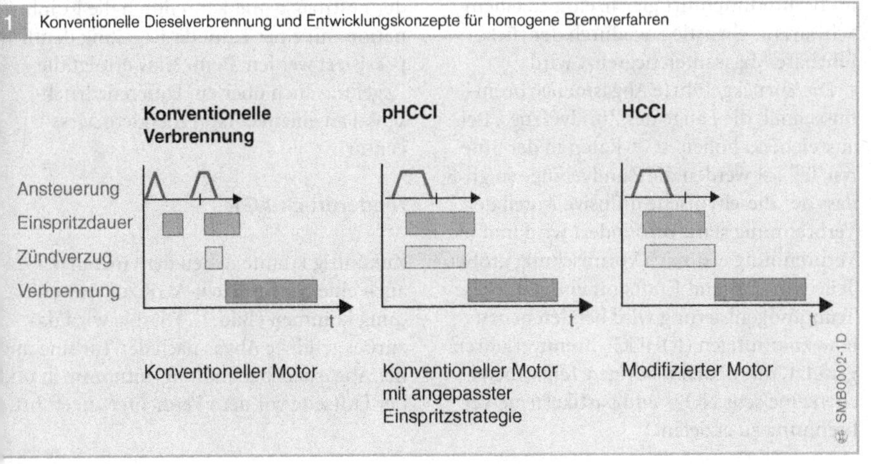

**1**   Konventionelle Dieselverbrennung und Entwicklungskonzepte für homogene Brennverfahren



Bild 1

Konventionelle Verbrennung: Beeinflussung des Zündverzugs durch Gemischbildung und Zustand im Brennraum; vorgemischte und diffusive Verbrennung

pHCCI: Beeinflussung des Zündverzugs überwiegend durch die AGR-Rate; überwiegend vorgemischte Verbrennung

HCCI: Beeinflussung des Zündverzugs überwiegend durch die AGR-Rate; ausschließlich vorgemischte Verbrennung

# Abgasrückführung

## Prinzip

Die Abgasrückführung (AGR) ist eine sehr wirksame innermotorische Maßnahme zur Absenkung der $NO_X$-Emissionen beim Dieselmotor. Man unterscheidet hierbei die

- interne AGR, die durch die Ventilsteuerzeiten beeinflusst und durch den Restgasanteil bestimmt wird, und
- die externe AGR, die durch zusätzliche Leitungen und ein Regelventil dem Brennraum zugeführt wird.

Die $NO_X$-mindernde Wirkung lässt sich maßgeblich auf die folgenden Ursachen zurückführen:

- Reduktion des Abgasmassenstroms,
- Absenkung der Brenngeschwindigkeit und damit der lokalen Spitzentemperaturen durch einen erhöhten Inertgasanteil im Brennraum sowie
- Verringerung des Sauerstoffpartialdrucks bzw. des lokalen Luftverhältnisses.

Da zur $NO_X$-Bildung sowohl hohe lokale Temperaturen ($> 2000$ K) als auch ein genügend hoher Sauerstoffpartialdruck notwendig ist, wird infolge der oben erwähnten Wirkprinzipien mit steigender AGR-Rate die $NO_X$-Bildung deutlich vermindert. Die Herabsetzung der reaktiven Komponenten im Brennraum führt gleichzeitig zu einem Schwarzrauchanstieg, wodurch der rückführbare Abgasanteil begrenzt wird.

Die zurückgeführte Abgasmenge beeinflusst auch die Länge des Zündverzugs. Bei ausreichend hohen AGR-Raten in der unteren Teillast werden die Zündverzüge so groß, dass der dieseltypische diffusive Anteil der Verbrennung stark vermindert wird und die Verbrennung erst nach Vormischung großer Teile von Luft und Kraftstoff einsetzt. Diese Teilhomogenisierung wird bei den neuen bzw. zukünftigen (P)HCCI-Brennverfahren genutzt, um in den niedrigen Teillastbereichen eine sehr $NO_X$- und partikelarme Verbrennung zu erzielen.

## Hochdruck-AGR

### Arbeitsweise

Bei den derzeit in Serie befindlichen AGR-Systemen handelt es sich um eine Hochdruck-AGR (Bild 1). Das heißt, das Abgas wird vor der Turbine des Abgasturboladers abgezweigt und dem Motor vor dem Luftsammler mittels einer Mischeinrichtung zugeführt. Die AGR-Menge hängt hierbei von der Druckdifferenz zwischen dem Abgasgegendruck vor der Turbine und dem Saugrohrdruck sowie der Stellung des pneumatisch oder elektrisch betätigten AGR-Ventils ab.

Bei den Pkw-Motoren ist das treibende Druckgefälle in den emissionsrelevanten Kennfeldbereichen größtenteils ausreichend. Nur in den niedrigsten Lastpunkten ist häufig eine saugrohrseitige Androsselung notwendig, um ausreichend hohe AGR-Raten zu erzielen.

Bei den Nkw-Motoren müssen aufgrund des bis zur Volllast ausgedehnten emissionsrelevanten Lastbereichs und der besseren Turboladerwirkungsgrade immer geeignete Maßnahmen wie zum Beispiel VTG-Lader, Venturi-Mischer oder Flatterventile angewendet werden, um die AGR zu realisieren.

### AGR-Regelung

Die Regelung der AGR-Rate erfolgt derzeit beim Pkw standardmäßig über die Messung der Luftmasse und kann durch die Kombination mit einer Lambda-Regelung deutlich präzisiert werden. Beim Nkw erfolgt die Regelung auch über ein Differenzdrucksignal an einem entsprechendem Messventuri.

## Niederdruck-AGR

### Arbeitsweise

Zukünftig könnte neben der Hochdruck- auch eine Niederdruck-AGR zur Anwendung kommen (Bild 2). Hierbei wird das zurückgeführte Abgas nach der Turbine und der Abgasnachbehandlung entnommen und der Luftseite vor dem Verdichter zugeführt.

Vorteile sind eine
- optimale AGR-Gleichverteilung zwischen den einzelnen Zylindern,
- eine intensivere Kühlung des homogenen Gemischs aus Abgas und Frischluft nach dem Durchgang durch den Verdichter und den Ladeluftkühler sowie
- eine Erhöhung und weitgehende Entkoppelung des möglichen Ladedrucks von der AGR-Rate, da stets der gesamte Abgasmassenstrom durch die Turbine geleitet wird.

Demgegenüber ist die Niederdruck-AGR aufgrund des größeren mit Abgas kontaminierten Volumens im dynamischen Betrieb ungünstiger als die Hochdruck-AGR.

## Abgaskühlung

Um die Wirkung der AGR zu verbessern, wird die zurückgeführte Abgasmenge in einem mit Motorkühlmittel durchströmten Wärmetauscher gekühlt. Dadurch steigt die Dichte im Saugrohr und es stellt sich eine niedrigere Verdichtungsendtemperatur ein. Im Allgemeinen kompensieren sich bei konstanter AGR-Rate die Einflüsse von höheren lokalen Luftverhältnissen als Folge der erhöhten Ladungsdichte und der abgesenkten Spitzentemperaturen durch die niedrigere Verdichtungsendtemperatur. Gleichzeitig steigt aber die AGR-Verträglichkeit an, sodass die möglichen höheren AGR-Raten zu deutlich niedrigeren $NO_x$-Emissionen führen.

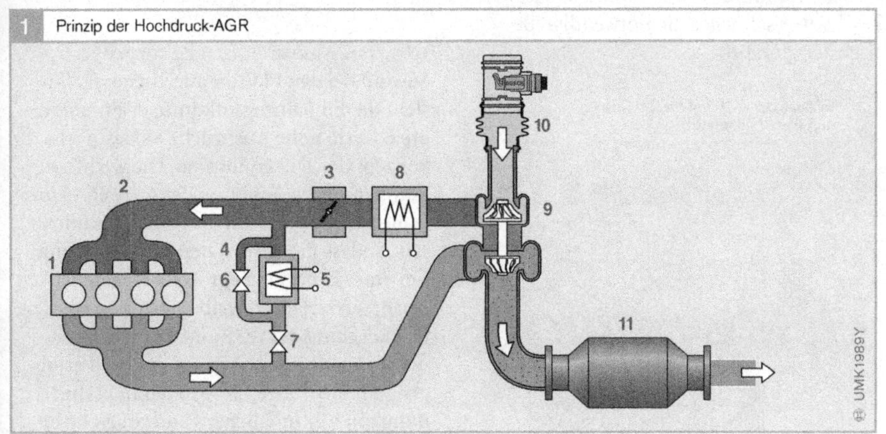

**1** Prinzip der Hochdruck-AGR



Bild 1
1 Motor
2 Saugrohr
3 Drossel
4 Bypass
5 AGR-Kühler
6 Bypass-Ventil
7 AGR-Ventil
8 Ladeluftkühler
9 Abgasturbolader
10 Luftmassenmesser
11 Oxidationskatalysator

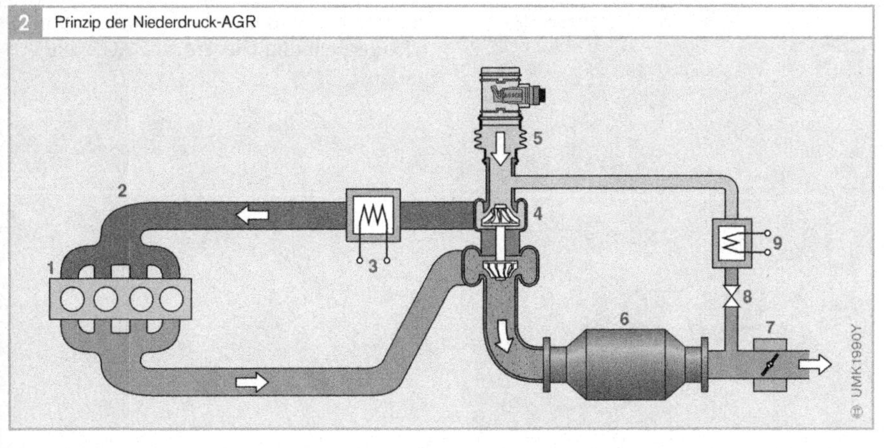

**2** Prinzip der Niederdruck-AGR



Bild 2
1 Motor
2 Saugrohr
3 Ladeluftkühler
4 Abgasturbolader
5 Luftmassenmesser
6 Oxidationskatalysator
7 Drossel
8 AGR-Ventil
9 AGR-Kühler

Da beim Dieselmotor das Abgas in den sehr niedrigen Lastpunkten ohnehin eine niedrige Temperatur aufweist, führt eine Abkühlung des zurückgeführten Abgases bei den zur Reduzierung der $NO_X$-Emissionen notwendigen hohen AGR-Raten zu einer instabilen Verbrennung, die zu einem signifikanten Anstieg der HC- und CO-Emissionen führt. Insbesondere in der kalten Anfangsphase der Pkw-Emissionstests, in denen der Oxidationskatalysator seine Anspringtemperatur noch nicht erreicht hat, ist ein abschaltbarer AGR-Kühler sehr wirkungsvoll, um durch eine Erhöhung der Brennraumtemperaturen und damit Stabilisierung der Verbrennung die HC- und CO-Rohemissionen zu senken und die Abgastemperatur zu erhöhen. Dadurch erreicht der Oxidationskatalysator schneller die notwendige Betriebstemperatur.

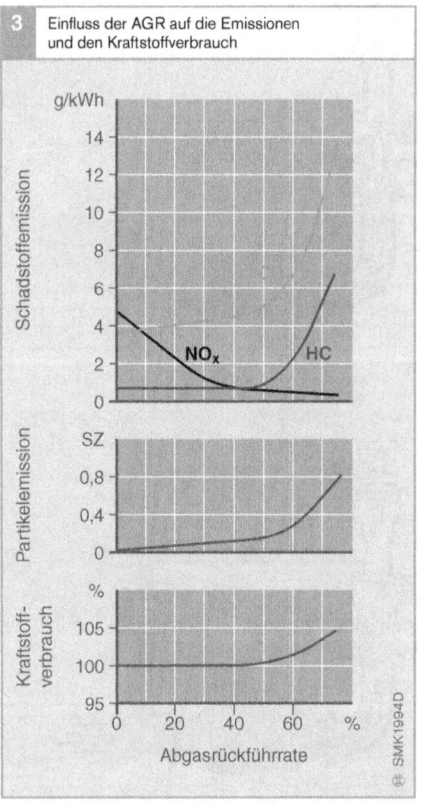

**3**   Einfluss der AGR auf die Emissionen und den Kraftstoffverbrauch



**Ausblick**

AGR über variablen Ventiltrieb

Zur Erzielung eines bestmöglichen dynamischen Betriebsverhaltens wäre eine über einen variablen Ventiltrieb erzielte interne AGR geeignet. Denkbar wären hier z. B. eine Erhöhung des Restgasanteils im Zylinder durch frühzeitiges „Auslass schließen" oder ein Öffnen der Auslassventile während der Ansaugphase bzw. ein Öffnen der Einlassventile während des Ausschiebens. Hiermit wäre eine Anpassung der AGR-Rate von einem Arbeitszyklus zum nächsten bei entsprechender Ansteuerung des Ventiltriebs möglich. Nachteil ist die hohe Temperatur des rückgeführten Abgases, wodurch die möglichen AGR-Raten deutlich begrenzt sind.

$NO_X$-Emissionsminderungskonzepte

Sowohl bei den Pkw als auch bei den Nkw stellt die Einhaltung zukünftiger Emissionsgrenzwerte hohe Ansprüche an das Abgaskonzept der Dieselmotoren. Die wichtigste Maßnahme zur Senkung der $NO_X$-Rohemissionen wird weiterhin die Abgasrückführung sein, sodass die AGR-Raten in Verbindung mit einer Erhöhung der AGR-Verträglichkeit der Brennverfahren weiter ansteigen werden. Die Regelung der AGR muss sehr schnell und präzise für jeden Zylinder gleich erfolgen, um niedrigste Emissionen in Verbindung mit bestmöglicher Fahrbarkeit zu erreichen. Hierzu erscheint eine Kombination aus interner AGR mittels variablem Ventiltrieb geregelt und Niederdruck-AGR sehr geeignet.

# Kurbelgehäuseentlüftung

## Blowby-Gas

Kurbelgehäuse-Entlüftungsgase entstehen beim Betrieb eines Verbrennungsmotors als „Blowby-Gas", das aus dem Brennraum durch konstruktiv bedingte Spalte zwischen Zylinderwand und Kolben, Kolben und Kolbenringen, durch die Ringstöße der Kolbenringe und durch Ventildichtungen in das Kurbelgehäuse strömt. Die Kurbelgehäusegase können, bezogen auf die Abgase des Motors, ein Vielfaches an Kohlenwasserstoffkonzentrationen enthalten. Neben Produkten vollständiger und unvollständiger Verbrennung, Wasser(dampf), Ruß und Kraftstoffresten enthält dieses Gas auch Motoröl in Form kleinster Tröpfchen.

Insbesondere bei aufgeladenen Dieselmotoren und direkteinspritzenden Ottomotoren können die Motorölanteile mit dem im Blowby enthaltenen Ruß zu Ablagerungen auf Turboladern, im Ladeluftkühler, an Ventilen und im nachgeschalteten Rußfilter (Ascheablagerungen aus anorganischen Additivbestandteilen des Motoröls) und damit zu Funktionsbeeinträchtigungen führen.

Um den Ölverbrauch durch das über die Kurbelgehäuseentlüftung ausgetragene Motoröl zu minimieren, wird mithilfe eines Ölabscheiders das Öl zurückgeführt und nur das Gas ausgeleitet.

## Entlüftung

Bei der geschlossenen Entlüftung wird der belastete Gasstrom aus dem Kurbelgehäuse durch ein Entlüftungssystem mit zusätzlichen Komponenten (z. B. Ölabscheider, Druckregeleinrichtungen, Rückschlagventile) der angesaugten Verbrennungsluft zugeführt, wodurch sie in den Brennraum zur Verbrennung gelangen. Bei offenen Entlüftungssystemen wird das gereinigte Gas direkt in die Umgebung abgegeben. Die Nutzung offener Systeme ist durch die Gesetzgebung aber nur noch in Ausnahmefällen zugelassen.

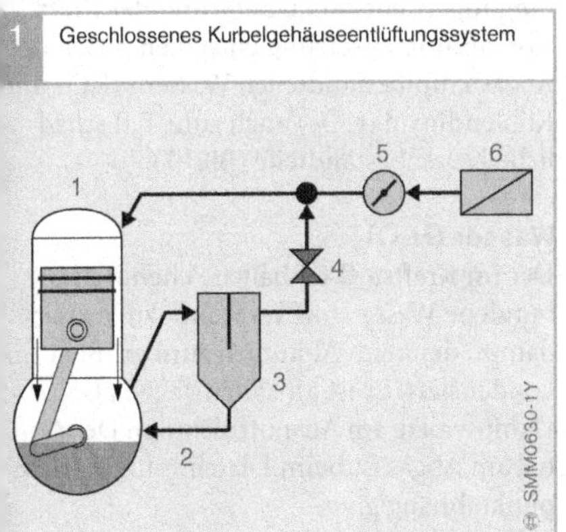

**1** Geschlossenes Kurbelgehäuseentlüftungssystem



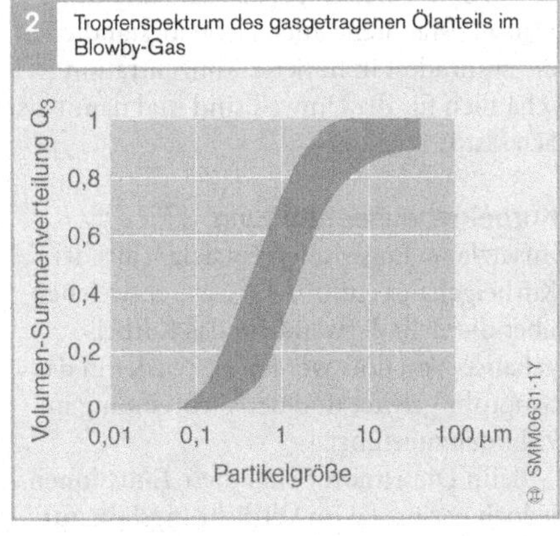

**2** Tropfenspektrum des gasgetragenen Ölanteils im Blowby-Gas



**Bild 1**

1 Motor
2 Ölrücklauf
3 Ölabscheider
4 Unterdruck-Begrenzungsventil
5 Drosselklappe
6 Ansaugfilter

**Bild 2**

Aerodynamischer Durchmesser, ermittelt an verschiedenen Motoren

# Abgasemission

Mit dem zunehmenden Energieverbrauch, der vor allem durch fossile Brennstoffe gedeckt wird, ist die Luftverschmutzung zu einem schwerwiegenden Problem geworden. Die Qualität unserer Atemluft ist von vielen Einflussgrößen abhängig. Neben den Emissionen von Industrie, Haushalten und Kraftwerken sind auch die Emissionen aus dem Straßenverkehr von großer Bedeutung. Sie betragen in Industrienationen ca. 20 % der Gesamtemissionen.

## Übersicht

Um die Umweltbelastung durch die von Kraftfahrzeugen mit Verbrennungsmotor emittierten Schadstoffe zu verringern, wurden die zulässigen Grenzwerte für die Schadstoffe in den vergangenen Jahren immer weiter gesenkt. Das führte dazu, dass die Fahrzeuge mit zusätzlichen Systemen ausgerüstet werden mussten, die die Emissionen begrenzen.

### Verbrennung des Luft-Kraftstoff-Gemischs

Für alle Verbrennungsmotoren gilt: Eine vollkommene Verbrennung in den Zylindern eines Motors gibt es nicht. Auch nicht, wenn der Luftsauerstoff im Überschuss vorhanden ist. Je unvollkommener die Verbrennung, desto größer ist der Ausstoß an kohlenstoffhaltigen Schadstoffen im Abgas. Das Abgas eines Verbrennungsmotors enthält deshalb neben einem hohen Prozentsatz ungiftiger Hauptbestandteile auch Nebenbestandteile, die zumindest in höherer Konzentration schädlich für die Umwelt sind und damit als Schadstoffe gelten.

### Kurbelgehäuseentlüftung

Zusätzliche Emissionen entstehen aus der Kurbelgehäuseentlüftung. Gase entweichen über die Zylinderwände in das Kurbelgehäuse. Von dort werden sie wieder in das Saugrohr geleitet und der Verbrennung im Zylinder zugeführt.

Beim Dieselmotor sind diese Emissionen jedoch gering, da im Verdichtungstakt nur reine Luft verdichtet wird. Die ins Kurbelgehäuse gelangenden Leckgase weisen nur etwa 10 % der beim Ottomotor auftretenden Schadstoffe auf. Trotzdem wird auch beim Dieselmotor eine geschlossene Kurbelgehäuseentlüftung gesetzlich vorgeschrieben.

### Kraftstoffverdunstung

Bei Fahrzeugen mit Ottomotoren entstehen zusätzlich Emissionen – auch bei Fahrzeugstillstand – durch Verdunsten des flüchtigen Benzins aus dem Kraftstoffbehälter. Diese Emissionen bestehen hauptsächlich aus Kohlenwasserstoffen. Um ein Ausdampfen in die Atmosphäre zu verhindern, müssen die Dämpfe im Kraftstoffverdunstungs-Rückhaltesystem gespeichert und während des Fahrzeugbetriebs dem Verbrennungsprozess wieder zugeführt werden.

Wegen der fehlenden leichtflüchtigen Komponenten im Dieselkraftstoff sind diese Verdunstungsemissionen beim Dieselmotor ohne Bedeutung.

## Hauptbestandteile

Bei einer vollständigen, idealen Verbrennung reinen Kraftstoffs, d. h. in Verbindung mit genügend Sauerstoff, würde folgende chemische Reaktion ablaufen:

$$n_1\ C_xH_y + m_1\ O_2 \rightarrow n_2\ H_2O + m_2\ CO_2$$

Wegen den nicht idealen Verbrennungsbedingungen, aber auch aufgrund der Kraftstoffzusammensetzung entstehen neben den Abgashauptbestandteilen Wasser ($H_2O$) und Kohlendioxid ($CO_2$) auch zum Teil schädliche Nebenbestandteile (Bild 1).

### Wasser ($H_2O$)

Der im Kraftstoff enthaltene chemisch gebundene Wasserstoff verbrennt zu Wasserdampf, der beim Abkühlen zum größten Teil kondensiert. Er ist an kalten Tagen als Dampfwolke am Auspuff sichtbar. Der Anteil am Abgas ist beim Dieselmotor betriebspunktabhängig.

## Kohlendioxid (CO$_2$)

Der im Kraftstoff enthaltene chemisch gebundene Kohlenstoff bildet bei vollständiger Verbrennung Kohlenstoffdioxid (CO$_2$). Auch sein Anteil ist betriebspunktabhängig. Kohlenstoffdioxid wird meist einfach als Kohlendioxid bezeichet. Die Menge des freigesetzten Kohlendioxids ist direkt proportional zum Kraftstoffverbrauch. Die Kohlendioxidemission lässt sich bei Standard-Kraftstoffen nur über den Kraftstoffverbrauch reduzieren.

Kohlendioxid ist als natürlicher Bestandteil der Luft in der Atmosphäre schon vorhanden und wird in Bezug auf die Abgasemissionen bei Kraftfahrzeugen nicht als Schadstoff eingestuft. Es ist jedoch ein Mitverursacher des Treibhauseffekts und der damit zusammenhängenden globalen Klimaveränderung. Der CO$_2$-Gehalt in der Atmosphäre ist seit 1920 von ca. 300 ppm stetig auf ca. 450 ppm im Jahr 2001 gestiegen. Die Maßnahmen zur Reduzierung der Kohlendioxidemission und damit des Kraftstoffverbrauchs werden deshalb immer bedeutender.

## Stickstoff (N$_2$)

Stickstoff als Hauptbestandteil der vom Motor angesaugten Luft (78 %) ist bei der Verbrennung des Kraftstoffs nicht beteiligt. Er stellt aber mit ca. 69...75 % den größten Anteil im Abgas dar.



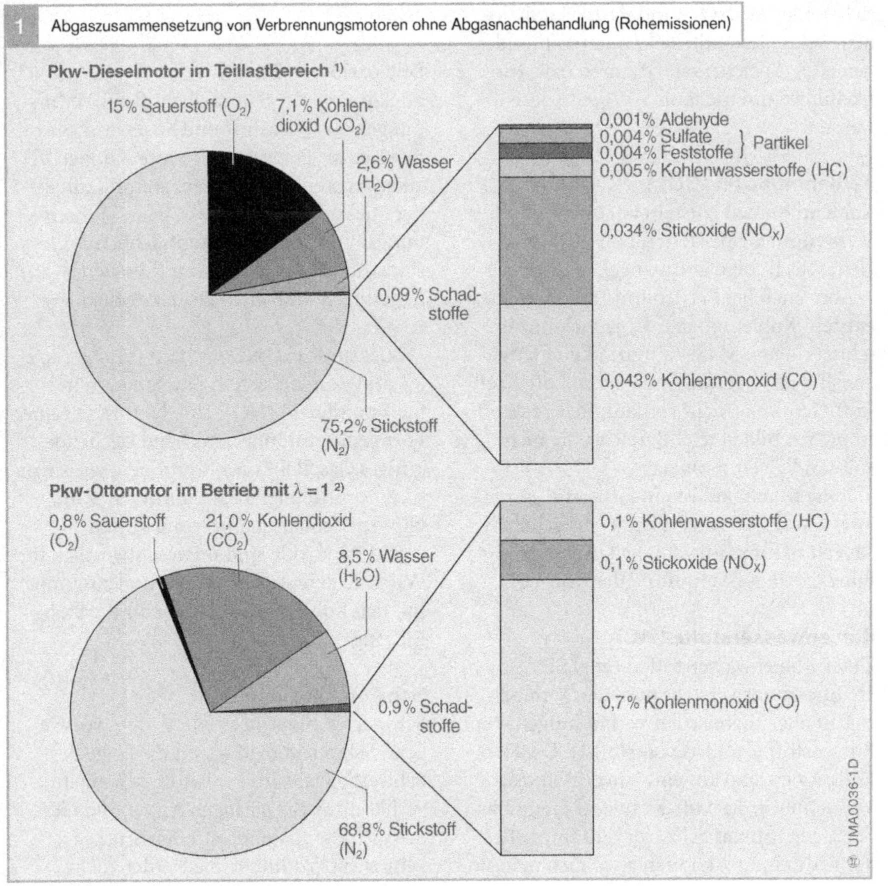



Bild 1
Angaben in Gewichtsprozent

Die Konzentrationen der Abgasbestandteile, insbesondere der Schadstoffe, können abweichen; sie hängen u. a. von den Betriebsbedingungen des Motors und den Umgebungsbedingungen (z. B. Luftfeuchtigkeit) ab.

1) Mit NO$_X$-Speicherkatalysatoren bzw. Partikelfiltern können die NO$_X$- und Partikelemissionen um mehr als 90 % gesenkt werden.

2) Durch Katalysatoren, die heute Stand der Technik sind, können die Schadstoffemissionen um bis zu 99 % gesenkt werden.

# Nebenbestandteile (Schadstoffe)

Bei der Verbrennung des Luft-Kraftstoff-Gemischs entstehen eine Reihe von Nebenbestandteilen. Die wichtigsten Bestandteile sind:

- Kohlenmonoxid (CO),
- Kohlenwasserstoffe (HC) und
- Stickoxide ($NO_X$).

Motorische Maßnahmen und Systeme zur Abgasnachbehandlung können diese Schadstoffe reduzieren.

Bei Dieselmotoren sind aufgrund der Verbrennung mit Luftüberschuss die Rohemissionen an CO und HC sehr viel niedriger als bei Ottomotoren. Im Vordergrund stehen hier die $NO_X$- und Partikelemissionen. Beide Bestandteile können mit modernen $NO_X$-Speicherkatalysatoren bzw. Partikelfiltern um mehr als 90 % reduziert werden.

### Kohlenmonoxid (CO)

Kohlenmonoxid entsteht bei unvollständiger Verbrennung eines fetten Luft-Kraftstoff-Gemischs infolge Luftmangel.

Aber auch bei Betrieb mit Luftüberschuss entsteht Kohlenmonoxid – jedoch nur in sehr geringem Maß – aufgrund von fetten „Ausflügen" oder inhomogenem Luft-Kraftstoff-Gemisch. Nicht verdampfte Kraftstofftröpfchen bilden fette Bereiche, die nicht vollständig verbrennen.

Kohlenmonoxid ist ein farb- und geruchloses Gas. Es verringert beim Menschen die Sauerstoffaufnahmefähigkeit des Bluts und führt daher zur Vergiftung des Körpers.

### Kohlenwasserstoffe (HC)

Unter Kohlenwasserstoffen (engl.: HC, Hydrocarbon) versteht man den Sammelbegriff aller chemischen Verbindungen von Kohlenstoff C und Wasserstoff H. Die HC-Emissionen sind auf eine unvollständige Verbrennung des Luft-Kraftstoff-Gemischs bei Sauerstoffmangel zurückzuführen. Bei der Verbrennung können aber auch neue Kohlenwasserstoffverbindungen entstehen, die im Kraftstoff ursprünglich nicht vorhanden waren (z. B. durch Aufbrechen von langen Molekülketten).

Die aliphatischen Kohlenwasserstoffe (Alkane, Alkene, Alkine sowie ihre zyklischen Abkömmlinge) sind nahezu geruchlos. Ringförmige aromatische Kohlenwasserstoffe (z. B. Benzol, Toluol, polyzyklische Kohlenwasserstoffe) sind geruchlich wahrnehmbar.

Kohlenwasserstoffe gelten teilweise bei Dauereinwirkung als Krebs erregend. Teiloxidierte Kohlenwasserstoffe (z. B. Aldehyde, Ketone) riechen unangenehm und bilden unter Sonneneinwirkung Folgeprodukte, die bei Dauereinwirkung von bestimmten Konzentrationen an ebenfalls als Krebs erregend gelten.

### Stickoxide ($NO_x$)

Stickoxid ist der Sammelbegriff für Verbindungen aus Stickstoff und Sauerstoff. Sie bilden sich als Folge von Nebenreaktionen bei allen Verbrennungsvorgängen mit Luft, in der Stickstoff enthalten ist. Beim Verbrennungsmotor entsteht hauptsächlich Stickstoffoxid (NO) und Stickstoffdioxid ($NO_2$), in geringen Maß auch Distickstoffoxid ($N_2O$).

Stickstoffoxid (NO) ist farb- und geruchlos und wandelt sich in Luft langsam in Stickstoffdioxid ($NO_2$) um. $NO_2$ ist in reiner Form ein rotbraunes, stechend riechendes, giftiges Gas. Bei Konzentrationen, wie sie in stark verunreinigter Luft auftreten, kann $NO_2$ zur Schleimhautreizung führen.

Die Stickoxide sind mitverantwortlich für Waldschäden (saurer Regen) und zusammen mit den Kohlenwasserstoffen für die Smog-Bildung.

### Schwefeldioxid ($SO_2$)

Schwefelverbindungen im Abgas – vorwiegend Schwefeldioxid – sind die Folge des Schwefelgehalts im Kraftstoff. Mit einem verhältnismäßig geringen Anteil sind diese Schadstoffemissionen auf den Straßenverkehr zurückzuführen. Sie werden nicht durch die Abgasgesetzgebung begrenzt. Schwefeldioxid kann nicht von einem Katalysator konvertiert werden. Es setzt sich dort aber fest bzw. reagiert mit der Beschichtung des Katalysators und reduziert dessen Reinigungswirkung gegenüber den anderen Abgaskomponenten. Bei Motoren mit Benzin-Direkteinspritzung, die zur Abgasreinigung einen $NO_x$-Speicherkatalysator einsetzen, kann die Sulfatisierung wieder rückgängig gemacht werden, was aber mit einem hohen Energieaufwand verbunden ist und den Kraftstoffverbrauchsvorteil der Benzin-Direkteinspritzung mindert.

Der bis Ende 1999 gültige Grenzwert von 500 ppm (**parts per million**, 1000 ppm = 0,1 %) Schwefelanteil im Kraftstoff wurde durch die EU-Gesetzgebung gesenkt. Seit 2000 gelten 150 ppm für Benzin und 350 ppm für Dieselkraftstoff, ab 2005 nur noch 50 ppm für beide Kraftstoffarten. In der Praxis wird die Einführung von schwefelfreiem Kraftstoff jedoch schneller erfolgen. Benzin und Dieselkraftstoff mit ≤ 10 ppm Schwefelanteil werden in Deutschland bereits ab 2003 flächendeckend verfügbar sein (EU-weit bereits ab 2005).

### Feststoffe (Partikel)

Feststoffe im Abgas sind vorwiegend ein Problem des Dieselmotors. Bei Ottomotoren mit Saugrohreinspritzung sind die Partikelemissionen vernachlässigbar gering.

Bei unvollständiger Verbrennung entstehen Feststoffe in Form von Partikeln. Sie bestehen – abhängig von Verbrennungsverfahren und Motorbetriebszustand – hauptsächlich aus einer Aneinanderkettung von Kohlenstoffteilchen (Ruß) mit einer sehr großen spezifischen Oberfläche. An den Ruß lagern sich unverbrannte oder teilverbrannte Kohlenwasserstoffe, zusätzlich auch Aldehyde mit aufdringlichem Geruch an. Am Ruß binden sich auch Kraftstoff- und Schmierölaerosole (in Gasen feinstverteilte feste oder flüssige Stoffe) sowie Sulfate. Für die Sulfate ist der im Kraftstoff enthaltene Schwefel verantwortlich. Bei schwefelfreiem Kraftstoff entfallen diese Schadstoffe.

▶ **Treibhauseffekt**

Von der Sonne emittierte kurzwellige Strahlen durchdringen die Erdatmosphäre, gelangen bis zum Erdboden und werden dort absorbiert. Durch die aufgenommene Energie erwärmt sich der Boden und strahlt langwellige Wärme- oder Infrarotstrahlung ab. Diese Strahlung wird in der Atmosphäre zum Teil reflektiert und sorgt für eine Erwärmung der Erde.

Ohne diesen natürlichen „Treibhauseffekt" wäre die Erde mit einer Durchschnittstemperatur von −18 °C ein unwirtlicher Planet. Die in der Atmosphäre vorhandenen Treibhausgase (Wasserdampf, Kohlendioxid, Methan, Ozon, Distickstoffoxid, Aerosole und Wolkenteilchen) sorgen für mittlere Temperaturen von ca. +15 °C. Vor allem Wasserdampf hält einen großen Teil der Wärme zurück.

Seit Beginn des Industriezeitalters vor über 100 Jahren steigt die Konzentration von Kohlendioxid stark an. Hauptursache für diesen Anstieg ist die Verfeuerung von Erdöl und Kohle. Bei diesem Vorgang wird der gebundene Kohlenstoff als Kohlendioxid freigesetzt.

Die Vorgänge, die den Treibhauseffekt in der Erdatmosphäre beeinflussen, sind sehr komplex. Dass die anthropogenen, d.h. vom Menschen verursachten Emissionen die Hauptursache für die Klimaveränderung ist, wird durch eine andere von Wissenschaftlern vertretene Theorie bestritten. Demnach soll eine verstärkte Strahlungstätigkeit der Sonne Ursache für die Erderwärmung sein.

Einigkeit besteht jedoch weitgehend darin, durch Senkung des Energieverbrauchs und damit über die Reduzierung der Emission von Kohlendioxid dem Treibhauseffekt entgegenzuwirken.

# Abgasgesetzgebung

Vorreiter im Bestreben, die von den Kraftfahrzeugen verursachten Schadstoffemissionen gesetzlich zu begrenzen, war der US-Bundesstaat Kalifornien. Anlass dazu war nicht zuletzt, dass in der Großstadt Los Angeles aufgrund der geografischen Lage die Abgase nicht vom Wind weggetragen wurden, sondern wie eine Dunstglocke über der Stadt liegen blieben. Die dadurch hervorgerufene Smogbildung wirkte sich negativ auf die Gesundheit der Bevölkerung aus und führte auch zu massiven Sichtbehinderungen.

## Übersicht

Seit In-Kraft-Treten der ersten Abgasgesetzgebung für Ottomotoren Mitte der 1960er-Jahre in Kalifornien wurden dort die zulässigen Grenzwerte für die verschiedenen Schadstoffe immer weiter reduziert. Mittlerweile haben alle Industriestaaten Abgasgesetze eingeführt, die die Grenzwerte für Otto- und Dieselmotoren sowie die Prüfmethoden festlegen.

Es gibt im Wesentlichen folgende Abgasgesetzgebungen (Bild 1):
- CARB-Gesetzgebung (California Air Resources Board), Kalifornien
- EPA-Gesetzgebung (Environmental Protection Agency), USA
- EU-Gesetzgebung (Europäische Union),
- Japan-Gesetzgebung.

### Klasseneinteilung

In Staaten mit Kfz-Abgasvorschriften besteht eine Unterteilung der Fahrzeuge in verschiedene Klassen:
- Pkw: Die Emissionsprüfung erfolgt auf einem Fahrzeug-Rollenprüfstand.
- Leichte Nkw: Je nach nationaler Gesetzgebung liegt die Obergrenze des zulässigen Gesamtgewichts bei 3,5…6,35 t. Die Prüfung erfolgt auf einem Fahrzeug-Rollenprüfstand (wie bei Pkw).
- Schwere Nkw: Zulässiges Gesamtgewicht über 3,5…6,35 t. Die Prüfung erfolgt auf einem Motorenprüfstand, eine Fahrzeugmessung ist nicht vorgesehen.
- Off-Highway (z. B. Baufahrzeuge, Land- und Forstwirtschaft): Prüfung auf Motorenprüfstand, wie bei schweren Nkw.

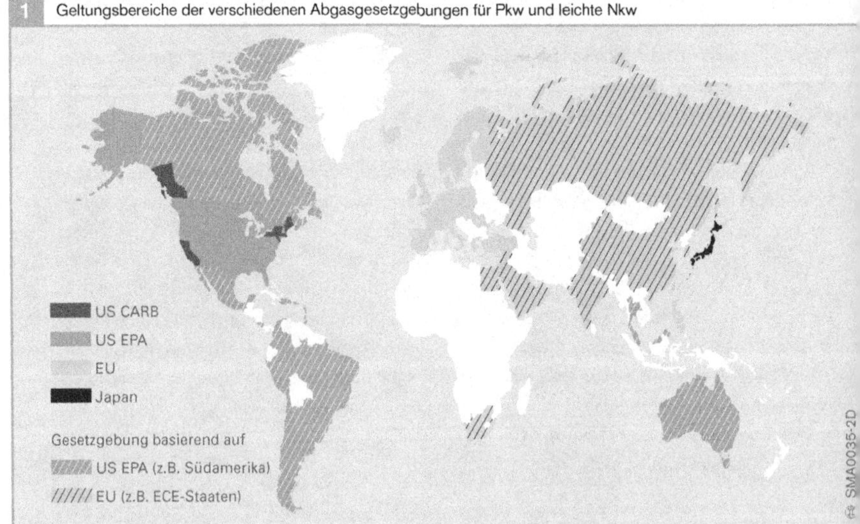



**1** Geltungsbereiche der verschiedenen Abgasgesetzgebungen für Pkw und leichte Nkw

## Prüfverfahren

Nach den USA haben die Staaten der EU und Japan eigene Prüfverfahren zur Abgaszertifizierung von Kraftfahrzeugen entwickelt. Andere Staaten haben diese Verfahren in gleicher oder modifizierter Form übernommen.

Je nach Fahrzeugklasse und Zweck der Prüfung werden drei vom Gesetzgeber festgelegte Prüfungen angewendet:

- Typprüfung (TA, Type Approval) zur Erlangung der allgemeinen Betriebserlaubnis,
- Serienprüfung als stichprobenartige Kontrolle der laufenden Fertigung durch die Abnahmebehörde („Conformity of Production") und
- Feldüberwachung zur Überprüfung bestimmter Abgaskomponenten im Fahrbetrieb.

### Typprüfung

Typprüfungen sind eine Voraussetzung für die Erteilung der allgemeinen Betriebserlaubnis für einen Fahrzeug- und Motortyp. Dazu müssen Prüfzyklen unter definierten Randbedingungen gefahren und Emissionsgrenzwerte eingehalten werden. Die Prüfzyklen (Testzyklen) und die Emissionsgrenzwerte sind länderspezifisch festgelegt.

### Testzyklen

Für Pkw und leichte Nkw sind länderspezifisch unterschiedliche dynamische Testzyklen vorgeschrieben, die sich entsprechend ihrer Entstehungsart unterscheiden:

- aus Aufzeichnungen tatsächlicher Straßenfahrten abgeleitete Testzyklen, z. B. FTP-Testzyklus (Federal Test Procedure) in den USA und
- aus Abschnitten mit konstanter Beschleunigung und Geschwindigkeit konstruierte (synthetisch erzeugte) Testzyklen, z. B. MNEFZ (Modifizierter Neuer Europäischer Fahrzyklus) in Europa.

Zur Bestimmung der ausgestoßenen Schadstoffmassen wird der durch den Testzyklus festgelegte Geschwindigkeitsverlauf nachgefahren. Während der Fahrt wird das Abgas gesammelt und nach Ende des Fahrprogramms hinsichtlich der Schadstoffmassen analysiert.

Für schwere Nkw (On- und Off-Highway) werden auf dem Motorenprüfstand stationäre Abgastests (z. B. 13-Stufentest in der EU) oder dynamische Tests (z. B. Transient Cycle in den USA) gefahren.

Die einzelnen Testzyklen werden am Ende des Kapitels dargestellt.

### Serienprüfung

In der Regel führt der Hersteller selbst die Serienprüfung als Teil der Qualitätskontrolle während der Fertigung durch. Dabei werden im Wesentlichen die gleichen Prüfverfahren und Grenzwerte angewandt wie bei der Typprüfung. Die Zulassungsbehörde kann beliebig oft Nachprüfungen anordnen. Die EU-Vorschriften und ECE-Richtlinien (Economic Commission for Europe) berücksichtigen die Fertigungsstreuung durch Stichprobenmessung an 3 bis maximal 32 Fahrzeugen. Die schärfsten Anforderungen werden in den USA angewandt, wo insbesondere in Kalifornien eine annähernd lückenlose Qualitätsüberwachung verlangt wird.

### Feldüberwachung

Für die Emissionskontrolle im Fahrbetrieb werden stichprobenartig Fahrzeuge ausgewählt, deren Laufleistung und Alter innerhalb festgelegter Grenzen liegen. Das Verfahren der Emissionsprüfung ist gegenüber der Typprüfung vereinfacht.

# CARB-Gesetzgebung (Pkw/LDT)

Die Abgasgrenzwerte der kalifornischen Abgasgesetzgebung CARB (California Air Resources Board) für Pkw und leichte Nutzfahrzeuge (LDT, Light-Duty Trucks) sind festgelegt in den Abgasnormen
● LEV I und
● LEV II (LEV: Low Emission Vehicle).

Die Norm LEV I gilt für Personenkraftwagen und leichte Nutzfahrzeuge bis 6000 lb zulässigem Gesamtgewicht für die Modelljahre 1994 bis 2003. Ab Modelljahr 2004 gilt die Norm LEV II für alle Neufahrzeuge bis zu einem zulässigen Gesamtgewicht von 14 000 lb.

## Phase-In
Mit Einführung der LEV II-Norm müssen mindestens 25 % der neu zugelassenen Fahrzeuge nach dieser Norm zertifiziert sein. Die Phase-In-Regelung sieht vor, dass jedes Jahr zusätzlich 25 % der Fahrzeuge dem LEV II-Standard entsprechen müssen. Ab 2007 müssen alle Fahrzeuge nach der LEV II-Norm zugelassen werden.

## Grenzwerte
Die CARB-Gesetzgebung legt Grenzwerte fest für
● Kohlenmonoxid (CO),
● Stickoxide ($NO_X$),
● nicht-methanhaltige organische Gase (NMOG),
● Formaldehyd (nur LEV II) sowie
● Partikel (Diesel: LEV I und LEV II; Otto: nur LEV II).

Die Schadstoffemissionen werden im FTP 75-Fahrzyklus (Federal Test Procedure) ermittelt. Die Grenzwerte sind auf die Fahrstrecke bezogen und in Gramm pro Meile festgelegt.

Im Zeitraum 2001 bis 2004 wurde der SFTP-Standard (Supplement Federal Test Procedure) mit weiteren Testzyklen eingeführt. Dafür gelten weitere Grenzwerte, die zusätzlich zu den FTP-Grenzwerten einzuhalten sind.

## Abgaskategorien
Der Automobilhersteller kann innerhalb der zulässigen Grenzwerte und unter Einhaltung des Flottendurchschnitts (s. Abschnitt „Flottendurchschnitt") unterschiedliche Fahrzeugkonzepte einsetzen, die nach ihren Emissionswerten für NMOG-, CO-, $NO_X$-

**Bild 1**
1) Für Tier 1 gilt NMHC-statt NMOG-Grenzwert (NMHC: Nicht-methan-Kohlenwasserstoffe)
2) Grenzwert jeweils für „full useful life" (10 Jahre/100 000 Meilen bei LEV I bzw. 120 000 Meilen bei LEV II)
3) Grenzwert jeweils für „intermediate useful life" (5 Jahre/ 50 000 Meilen
4) Nur Grenzwerte für „full useful life" (s. Abschnitt „Dauerhaltbarkeit")

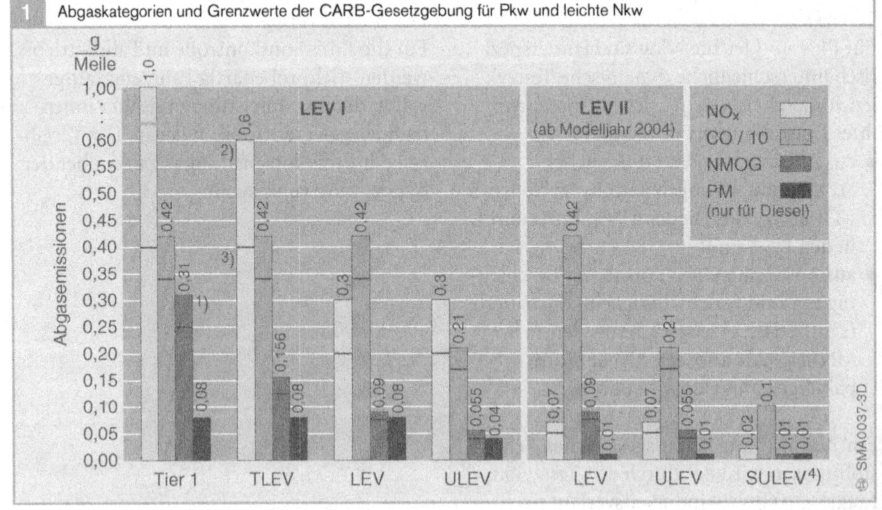
**1** Abgaskategorien und Grenzwerte der CARB-Gesetzgebung für Pkw und leichte Nkw

und Partikelemissionen in folgende Abgas-
kategorien eingeteilt werden (Bild 1):
- Tier 1 (nur LEV I),
- TLEV (Transitional Low-Emission
  Vehicle; nur LEV I),
- LEV (Low-Emission Vehicle, d. h.
  Fahrzeuge mit niedrigen Abgas- und
  Verdunstungsemissionen),
- ULEV (Ultra-Low-Emission Vehicle),
- SULEV (Super Ultra-Low-Emission
  Vehicle).

Zusätzlich zu den Kategorien von LEV I und
LEV II sind zwei Kategorien von emissionsfreien bzw. fast emissionsfreien Fahrzeugen
definiert:
- ZEV (Zero-Emission Vehicle, d. h. Fahrzeuge ohne Abgas- und Verdunstungsemissionen) und
- PZEV (Partial ZEV, entspricht im
  Wesentlichen SULEV, jedoch höhere
  Anforderungen bezüglich Verdunstungsemissionen und Dauerhaltbarkeit).

Seit 2004 gilt für neu zugelassene Fahrzeuge
die Abgasnorm LEV II. Die Kategorien Tier 1

und TLEV entfallen und es kommt SULEV
mit deutlich niedrigeren Grenzwerten hinzu.
Die Kategorien LEV und ULEV bleiben bestehen. Die CO- und NMOG-Grenzwerte
sind gegenüber LEV I unverändert, der $NO_x$-
Grenzwert hingegen liegt für LEV II deutlich
niedriger. Mit der LEV II-Norm werden zusätzlich Formaldehyd-Grenzwerte eingeführt.

**Dauerhaltbarkeit**
Für die Zulassung eines Fahrzeugtyps (Typprüfung) muss der Hersteller nachweisen,
dass die Emissionen der limitierten Schadstoffe die jeweiligen Grenzwerte über
- 50 000 Meilen oder 5 Jahre („intermediate
  useful life") und über
- 100 000 Meilen (LEV I) bzw. 120 000 Meilen (LEV II) oder 10 Jahre („full useful
  life")

nicht überschreiten. Optional kann der
Fahrzeughersteller die Fahrzeuge auch für
eine Laufleistung von 150 000 Meilen mit
gleichen Grenzwerten wie für 120 000 Meilen zertifizieren. Dann erhält er einen Bonus
bei der Bestimmung des NMOG-Flotten-
durchschnitts (siehe Abschnitt „Flottendurchschnitt").
   Für Fahrzeuge der Abgaskategorie PZEV
gelten 150 000 Meilen oder 15 Jahre („full
usefull life").

Der Hersteller muss für diese Dauerhaltbar-
keitsprüfung zwei Fahrzeugflotten aus der
Fertigung bereitstellen:
- Eine Flotte, bei der jedes Fahrzeug vor der
  Prüfung 4000 Meilen gefahren ist.
- Eine Flotte für den Dauerversuch, mit der
  die Verschlechterungsfaktoren der einzel-
  nen Komponenten ermittelt werden.

Für den Dauerversuch werden die Fahrzeuge
über 50 000 bzw. 100 000/120 000 Meilen
nach einem bestimmten Fahrprogramm gefahren. Im Abstand von 5000 Meilen werden
die Abgasemissionen gemessen. Inspektionen und Wartungen dürfen nur in den vorgeschriebenen Intervallen erfolgen.

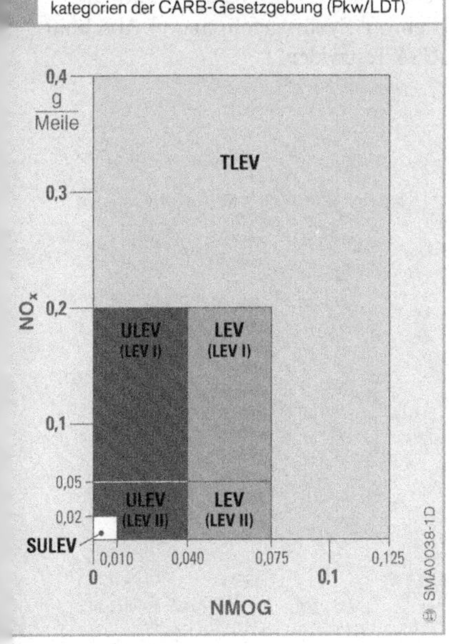

**2** NMOG- und $NO_x$-Grenzwerte für die Abgaskategorien der CARB-Gesetzgebung (Pkw/LDT)

Anwender der USA-Testzyklen erlauben zur Vereinfachung auch die Anwendung von vorgegebenen Verschlechterungsfaktoren.

## Flottendurchschnitt (NMOG)

Jeder Fahrzeughersteller muss dafür sorgen, dass seine Fahrzeuge im Durchschnitt einen bestimmten Grenzwert für die Abgasemissionen nicht überschreiten. Als Kriterium werden hierfür die NMOG-Emissionen herangezogen. Der Flottendurchschnitt ergibt sich aus dem Mittelwert des NMOG-Grenzwerts aller von einem Fahrzeughersteller in einem Jahr verkauften Fahrzeuge. Die Grenzwerte für den Flottendurchschnitt sind für Personenkraftwagen und leichte Nutzfahrzeuge unterschiedlich.

Die Grenzwerte für den NMOG-Flottendurchschnitt werden jedes Jahr herabgesetzt (Bild 3). Das bedeutet, dass der Fahrzeughersteller immer mehr Fahrzeuge der saubereren Abgaskategorien herstellen muss, um den niedrigeren Grenzwert einhalten zu können.

Der Flottendurchschnitt gilt unabhängig von der LEV I- bzw. LEV II-Norm.

## Flottenverbrauch

Der US-Gesetzgeber schreibt dem Autohersteller vor, wie viel Kraftstoff seine Fahrzeugflotte im Mittel pro Meile verbrauchen darf. Der vorgeschriebene CAFE-Wert (Corporate Average Fuel Economy) liegt derzeit (2004) für Pkw bei 27,5 mpg (Meilen pro Gallone). Das entspricht einem Verbrauch von 8,55 *l*/100 km. Eine Verschärfung des Grenzwertes ist gegenwärtig nicht vorgesehen.

Für leichte Nutzfahrzeuge gilt 20,7 mpg bzw. 11,4 *l*/100 km. Die „fuel economy" wird zwischen 2005 und 2007 jährlich um 0,6 mpg angehoben. Für schwere Nfz gibt es keine Vorschriften.

Am Ende eines Jahres wird für jeden Autohersteller aus den verkauften Fahrzeugen die mittlere „fuel economy" berechnet. Für jede 0,1 mpg, die sie den Grenzwert unterschreitet, müssen vom Hersteller pro Fahrzeug 5,50 US-$ Strafe an den Staat abgeführt werden. Für Fahrzeuge, die besonders viel Kraftstoff verbrauchen („Gasguzzler", Spritsäufer), bezahlt der Käufer eine verbrauchsabhängige Strafsteuer. Der Grenzwert liegt bei 22,5 mpg (10,45 *l*/100 km).

Diese Maßnahmen sollen die Entwicklung von Fahrzeugen mit geringerem Kraftstoffverbrauch vorantreiben.

Zur Messung des Kraftstoffverbrauchs werden der FTP 75-Testzyklus und der Highway-Zyklus gefahren (vgl. Abschnitt „USA Testzyklen").

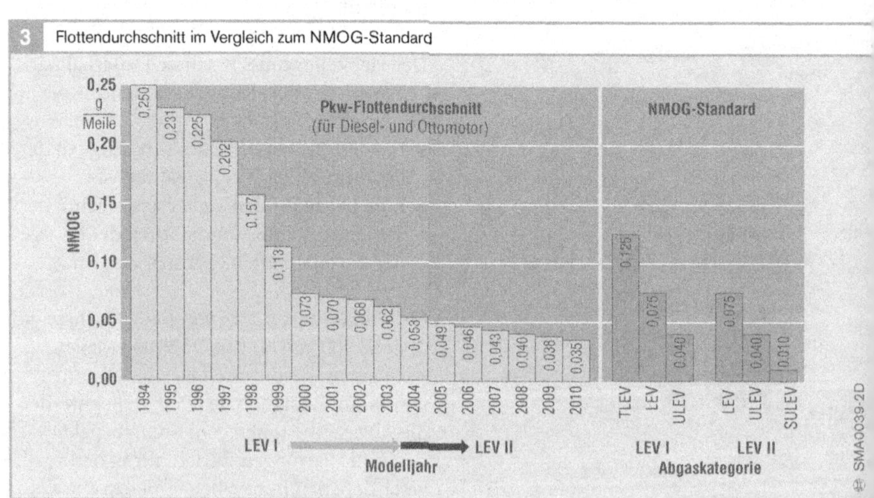

**3**    Flottendurchschnitt im Vergleich zum NMOG-Standard

## Emissionsfreie Fahrzeuge

Ab 2003 müssen in Kalifornien 10 % der neu zugelassenen Fahrzeuge der Abgaskategorie ZEV (Zero-Emission Vehicle) entsprechen. Diese Fahrzeuge dürfen im Betrieb keine Emissionen freisetzen. Es handelt sich dabei vorwiegend um Elektroautos.

Der Anteil von 10 % kann teilweise auch mit Fahrzeugen der Abgaskategorie PZEV (Partial Zero-Emission Vehicles) abgedeckt werden. Diese Fahrzeuge sind nicht abgasfrei, sie emittieren jedoch besonders wenig Schadstoffe. Sie werden je nach Emissionsstandard mit einem Faktor 0,2…1 gewichtet. Für den Mindestfaktor 0,2 müssen folgende Anforderungen erfüllt werden:

- SULEV-Zertifizierung für eine Dauerhaltbarkeit von 150000 Meilen oder 15 Jahre.
- Garantiedauer 150000 Meilen oder 15 Jahre auf alle emissionsrelevanten Teile.
- Keine Verdunstungsemissionen aus dem Kraftstoffsystem (0-EVAP, zero evaporation); das wird durch eine aufwändige Kapselung des Tanksystems erreicht.

Besondere Bestimmungen gelten für Hybridfahrzeuge mit Diesel- und Elektromotor. Auch diese Fahrzeuge können einen Beitrag zur 10%-Quote leisten.

## Feldüberwachung

Nicht routinemäßige Überprüfung
Für im Verkehr befindliche Fahrzeuge (In-Use-Fahrzeuge) wird stichprobenartig eine Abgasemissionsprüfung nach dem FTP 75-Testverfahren sowie ein Verdampfungstest durchgeführt. Es werden nur Fahrzeuge mit Laufstrecken unter 50000 bzw. 75000 Meilen (je nach Art des Zertifizierungsverfahrens für die betroffenen Fahrzeuge) ausgewählt.

Fahrzeugüberwachung durch den Hersteller
Für Fahrzeuge ab dem Modelljahr 1990 unterliegen die Fahrzeughersteller einem Berichtszwang hinsichtlich Beanstandungen bzw. Schäden an definierten Emissionskomponenten oder -systemen. Der Berichtszwang besteht über 5 bzw. 10 Jahre oder 50000 bzw. 100000 Meilen, je nach Garantiedauer des Bauteils bzw. der Baugruppe.

Das Berichtsverfahren ist in drei Berichtsstufen mit ansteigender Detaillierung angelegt:

- Emissions Warranty Information Report (EWIR),
- Field Information Report (FIR) und
- Emission Information Report (EIR).

Dabei werden Informationen bezüglich

- Beanstandungen,
- Fehlerquoten,
- Fehleranalyse und
- Emissionsauswirkungen

an die Umweltbehörde weitergegeben. Der FIR dient der Behörde als Entscheidungsgrundlage für Recall-Zwänge (Rückruf) gegenüber dem Fahrzeughersteller.

# EPA-Gesetzgebung (Pkw/LDT)

Die EPA-Gesetzgebung (Environmental Protection Agency) gilt für alle Bundesstaaten der USA, in denen nicht die strengere CARB-Gesetzgebung aus Kalifornien angewandt wird. In einigen Bundesstaaten wie z. B. Maine, Massachusetts oder New York wurden bereits die Regelungen der CARB übernommen.

Für die EPA-Gesetzgebung gilt seit 2004 die Norm Tier 2 (Stufe 2).

## Grenzwerte

Die EPA-Gesetzgebung legt Grenzwerte fest für die Schadstoffe

- Kohlenmonoxid (CO),
- Stickoxide ($NO_X$),
- Nicht-Methanhaltige organische Gase (NMOG),
- Formaldehyd (HCHO) und
- Feststoffe (Partikel).

Die Schadstoffemissionen werden im FTP 75-Fahrzyklus ermittelt. Die Grenzwerte sind auf die Fahrstrecke bezogen und in Gramm pro Meile angegeben.

Seit 2002 gilt der SFTP-Standard (Supplemental Federal Test Procedure) mit weiteren Testzyklen. Die dafür geltenden Grenzwerte sind zusätzlich zu den FTP-Grenzwerten zu erfüllen.

Seit Einführung der Abgasnorm Tier 2 gelten für Fahrzeuge mit Diesel- und Ottomotoren die gleichen Abgasgrenzwerte.

## Abgaskategorien

Für Tier 2 werden die Grenzwerte für Pkw in 10 und für HLDT (schwere LDT) in 11 Emissionsstandards (Bins) aufgeteilt (Bild 1). Bin 9...11 fallen nach 2007 weg.

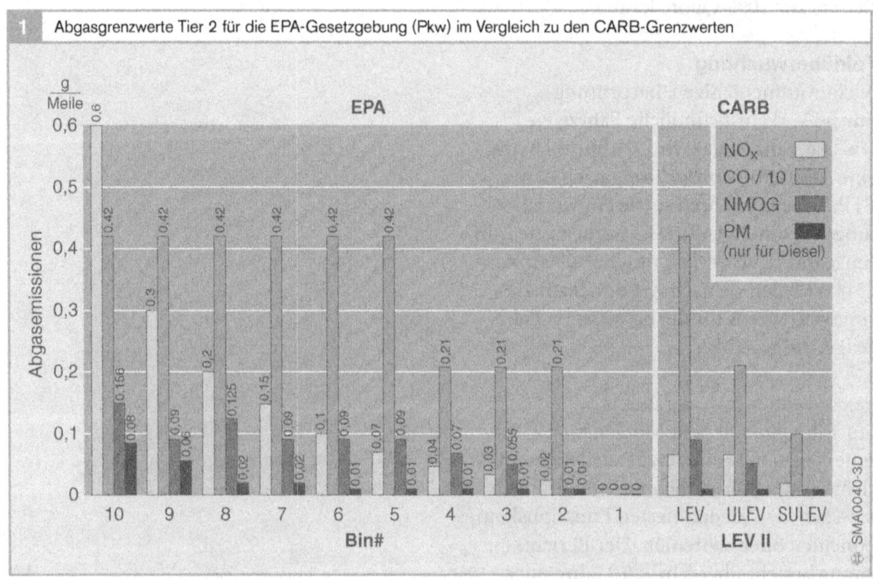



Bild 1: Abgasgrenzwerte Tier 2 für die EPA-Gesetzgebung (Pkw) im Vergleich zu den CARB-Grenzwerten

Mit der Umstellung auf Tier 2 haben sich
folgende Änderungen ergeben:
- Einführung eines Flottendurchschnitts für
  $NO_X$,
- Formaldehyde (HCHO) werden als eigen-
  ständige Schadstoffkategorie limitiert,
- Pkw und leichte Trucks bis 6000 lb
  (2,72 t) werden zu einer Fahrzeugklasse
  zusammengefasst,
- MDPV (Medium Duty Passenger Vehicle)
  bilden eine eigene Fahrzeugkategorie;
  vorher HDV (Heavy Duty Vehicle) zugeordnet,
- „full useful life" wird auf 120 000 Meilen
  (192 000 km) erhöht.

## Phase-In

Mit Einführung von Tier 2 im Jahr 2004
müssen mindestens 25 % der neu zugelassenen Pkw und LLDT (leichte LDT) nach
dieser Norm zertifiziert sein. Die Phase-In-
Regelung sieht vor, dass jedes Jahr zusätzlich
25 % der Fahrzeuge dem Tier 2-Standard
entsprechen müssen. Ab 2007 dürfen nur
noch Fahrzeuge nach Tier 2-Norm zugelassen werden. Für HLDT/MDPV ist das
Phase-In im Jahr 2009 beendet.

## Flottendurchschnitt

Für den Flottendurchschnitt eines Fahrzeug-
herstellers werden in der EPA-Gesetzgebung
die $NO_X$-Emissionen herangezogen. Die
CARB-Bestimmungen hingegen legen die
NMOG-Emissionen zugrunde.

## Flottenverbrauch

Für die in den USA zugelassenen Neufahrzeuge gelten die gleichen Vorschriften zur
Bestimmung des Flottenverbrauchs wie
in Kalifornien. Für Pkw gilt auch hier der
Grenzwert von 27,5 Meilen/Gallone
(8,55 $l$/100 km), ab der der Fahrzeughersteller eine Strafsteuer entrichtet; und es gilt
der Grenzwert von 22,5 Meilen/Gallone, ab
der der Käufer eine Strafsteuer bezahlt.

## Feldüberwachung

Nicht routinemäßige Überprüfung
Die EPA-Gesetzgebung sieht wie die CARB-
Gesetzgebung für im Verkehr befindliche
Fahrzeuge (In-Use-Fahrzeuge) eine stichprobenartige Abgasemissionsprüfung nach
dem FTP 75-Testverfahren vor. Es werden
Fahrzeuge mit niedriger Laufleistung
(10 000 Meilen, ca. ein Jahr alt) und mit
hoher Laufleistung (50 000 Meilen, in
Kalifornien mindestens aber ein Fahrzeug
pro Testgruppe mit 75 000/90 000 Meilen,
ca. vier Jahre alt) getestet. Die Anzahl der
Fahrzeuge ist abhängig von der Verkaufs-
stückzahl.

Fahrzeugüberwachung durch den Hersteller
Für Fahrzeuge ab Modelljahr 1972 unterliegen die Hersteller einem Berichtszwang
hinsichtlich Schäden an definierten Emissionskomponenten oder -systemen, wenn
mindestens 25 gleichartige emissionsrelevante Teile eines Modelljahres einen Defekt
aufweisen. Der Berichtszwang endet fünf
Jahre nach Modelljahresende. Der Bericht
umfasst eine Schadensbeschreibung der
fehlerhaften Komponenten, eine Darstellung
der Auswirkungen auf die Abgasemissionen
sowie geeignete Abhilfemaßnahmen durch
den Hersteller. Der Bericht dient der Umweltbehörde als Enscheidungsgrundlage für
Recall-Zwänge gegenüber dem Hersteller.

# EU-Gesetzgebung (Pkw/LDT)

Die Richtlinien der europäischen Abgasgesetzgebung werden von der EU-Kommission festgelegt. Grundlage der Abgasgesetzgebung für Pkw/LDT ist die Richtlinie 70/220/EG aus dem Jahr 1970. Sie legte zum ersten Mal Grenzwerte für die Abgasemissionen fest und wird seither immer wieder aktualisiert.

Die Abgasgrenzwerte für Pkw und leichte Nutzfahrzeuge (LDT, Light-Duty Trucks) sind enthalten in den Abgasnormen
● Euro 1 (ab 1. Juli 1992),
● Euro 2 (ab 1. Januar 1996),
● Euro 3 (ab 1. Januar 2000),
● Euro 4 (ab 1. Januar 2005).

Eine neue Abgasnorm wird in zwei Stufen eingeführt. In der ersten Stufe müssen neu zertifizierte Fahrzeugtypen die neu definierten Abgasgrenzwerte einhalten (TA, Type Approval, Typzertifizierung). In der zweiten Stufe – ein Jahr später – muss jedes neu zugelassene Fahrzeug die neuen Grenzwerte einhalten (FR, First Registration, Erst-

zulassung). Der Gesetzgeber kann Serienfahrzeuge auf die Einhaltung der Abgasgrenzwerte überprüfen (COP, Conformity of Production, Übereinstimmung der Produktion).

Die EU-Richtlinien erlauben Steueranreize (Tax incentives), wenn Abgasgrenzwerte erfüllt werden, bevor sie zur Pflicht werden. In Deutschland gibt es, abhängig vom Emissionsstandard des Fahrzeugs, unterschiedliche Kfz-Steuersätze.

## Grenzwerte

Die EU-Normen legen Grenzwerte für folgende Schadstoffe fest:
● Kohlenmonoxid (CO),
● Kohlenwasserstoffe (HC),
● Stickoxide ($NO_X$) und
● Partikel, vorerst jedoch nur für Dieselfahrzeuge.

Für die Stufen Euro 1 und Euro 2 wurden die Grenzwerte für die Kohlenwasserstoffe und die Stickoxide als Summenwert zusammengefasst ($HC+NO_X$). Seit Euro 3 gilt neben dem Summenwert auch eine gesonderte Beschränkung der $NO_X$-Emissionen.

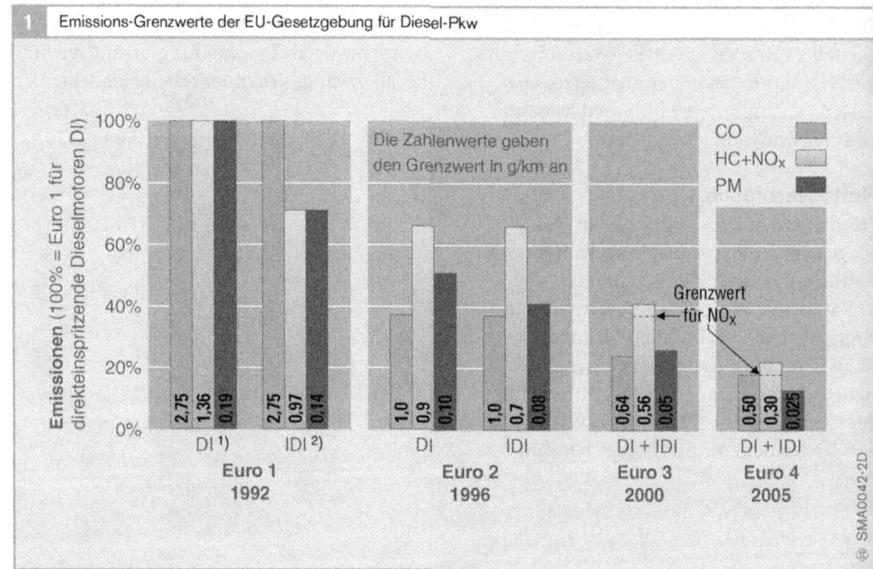

Die Grenzwerte werden auf die Fahrstrecke bezogen und in Gramm pro Kilometer (g/km) angegeben (Bild 1). Gemessen werden die Abgaswerte auf dem Fahrzeug-Rollenprüfstand, wobei seit Euro 3 der MNEFZ (Modifizierter Neuer Europäischer Fahrzyklus) gefahren wird.

Die Grenzwerte sind für Fahrzeuge mit Diesel- und Ottomotoren unterschiedlich, sie sollen jedoch in Zukunft (voraussichtlich mit Euro 5) angeglichen werden.

Die Grenzwerte für LDT sind nicht einheitlich. Es gibt drei Klassen (1...3), in die die LDT abhängig vom Fahrzeug-Bezugsgewicht (Leergewicht + 100 kg) eingeteilt sind. Die Grenzwerte der Klasse 1 entsprechen denen der Pkw.

## Typprüfung

Die Typprüfung erfolgt ähnlich wie in den USA, mit folgenden Abweichungen: Es werden die Schadstoffe HC, CO, $NO_X$ und für Dieselfahrzeuge die Partikel und die Abgastrübung gemessen. Die Einlaufstrecke des Prüffahrzeugs vor Testbeginn beträgt 3000 km. Die auf das Testergebnis anzuwendenden Verschlechterungsfaktoren sind für jede Schadstoffkomponente gesetzlich vorgegeben; alternativ können kleinere Faktoren im Zuge eines spezifizierten Dauerlaufs über 80 000 km (ab Euro 4: 100 000 km) vom Fahrzeughersteller nachgewiesen werden.

Die festgelegten Grenzwerte müssen für eine Laufleistung von 80 000 km (Euro 3) bzw. 100 000 km (Euro 4) oder 5 Jahre eingehalten werden.

### Typ-Tests

Für die Typprüfung sind sechs unterschiedliche Typ-Tests festgelegt. Bei Dieselfahrzeugen kommen davon der Typ I-Test und der Typ V-Test zur Anwendung.

Mit dem Typ I-Test werden die Auspuffemissionen nach dem Kaltstart ermittelt. Bei Dieselfahrzeugen wird zusätzlich die Trübung des Abgases erfasst.

Mit dem Typ V-Test wird die Dauerhaltbarkeit der emissionsmindernden Einrichtungen überprüft. Dazu wird entweder eine bestimmte Testsequenz durchgeführt oder es werden vom Gesetzgeber festgelegte Verschlechterungsfaktoren herangezogen.

## $CO_2$-Emission

Für die $CO_2$-Emissionen gibt es keine gesetzlich festgelegten Grenzwerte, es besteht jedoch eine freiwillige Selbstverpflichtung der europäischen Fahrzeughersteller (ACEA, Association des Constructeurs Européens d'Automobiles). Ziel für das Jahr 2008 ist ein $CO_2$-Ausstoß von maximal 140 g/km für Pkw – das entspricht einem Kraftstoffverbrauch von 5,8 $l$/100 km.

In Deutschland werden bis Ende 2005 Fahrzeuge mit besonders niedrigen $CO_2$-Emissionen (5-Liter- und 3-Liter-Autos) steuerlich entlastet.

## Feldüberwachung

Die EU-Gesetzgebung sieht eine Überprüfung von in Betrieb befindlichen Fahrzeugen im Typ I-Test vor. Die Mindestanzahl der zu überprüfenden Fahrzeuge eines Fahrzeugtyps beträgt drei, die Höchstzahl hängt vom Prüfverfahren ab.

Die zu überprüfenden Fahrzeuge müssen folgende Kriterien erfüllen:
- Die Laufleistung liegt zwischen 15 000 km und 80 000 km, das Fahrzeugalter zwischen 6 Monaten und 5 Jahren (Euro 3). In Euro 4 ist eine Laufleistung zwischen 15 000 km und 100 000 km festgelegt.
- Die regelmäßigen Inspektionen nach den Herstellerempfehlungen wurden durchgeführt.
- Das Fahrzeug weist keine Anzeichen von außergewöhnlicher Benutzung (wie z. B. Manipulationen, größere Reparaturen o. Ä.) auf.

Fällt ein Fahrzeug durch stark abweichende Emissionen auf, so ist die Ursache für die überhöhte Emission festzustellen. Weisen mehrere Fahrzeuge aus der Stichprobe aus dem gleichen Grund erhöhte Emissionen auf, gilt für die Stichprobe ein negatives Ergebnis. Bei unterschiedlichen Gründen wird die Probe um ein Fahrzeug erweitert, sofern die maximale Probengröße noch nicht erreicht ist.

Stellt die Typgenehmigungsbehörde fest, dass ein Fahrzeugtyp die Anforderungen nicht erfüllt, so muss der Fahrzeughersteller Maßnahmen zur Beseitigung der Mängel ausarbeiten. Die Maßnahmen müssen sich auf alle Fahrzeuge beziehen, die vermutlich denselben Defekt haben. Gegebenenfalls muss auch eine Rückrufaktion erfolgen.

### Periodische Abgasuntersuchung AU

In Deutschland müssen Pkw und leichte Nkw drei Jahre nach der Erstzulassung und dann alle zwei Jahre zur Abgasuntersuchung. Bei Fahrzeugen mit Ottomotor steht die CO-Messung im Vordergrund, bei Dieselfahrzeugen die Trübungsmessung.

Seit Einführung der On-Board-Diagnose wird im Rahmen der Abgasuntersuchung auch geprüft, ob das OBD-System richtig arbeitet, um die Überwachung der abgasrelevanten Komponenten und Systeme im Fahrzeugbetrieb zu gewährleisten.

# Japan-Gesetzgebung (Pkw/LDT)

Auch in Japan werden die zulässigen Emissionswerte schrittweise herabgesetzt. Für 2005 wurde eine weitere Verschärfung der heute gültigen Grenzwerte beschlossen.

Die Fahrzeuge mit einem zulässigen Gesamtgewicht bis 2,5 t (ab 2005: 3,5 t) sind in drei Klassen unterteilt: Personenkraftwagen (bis 10 Sitzplätze), LDV (Light-Duty Vehicle) bis 1,7 t und MDV (Medium-Duty Vehicle) bis 2,5 t (ab 2005: 3,5 t). Für MDV gelten gegenüber den anderen beiden Fahrzeugklassen etwas höhere Grenzwerte für $NO_X$ und Partikel.

## Grenzwerte

Die japanische Gesetzgebung legt Grenzwerte für folgende Schadstoffe fest (Bild 1):
- Kohlenmonoxid (CO),
- Stickoxide ($NO_X$),
- Kohlenwasserstoffe (HC),
- Partikel (nur für Dieselfahrzeuge),
- Rauch (nur für Dieselfahrzeuge).

Die Schadstoffemissionen werden im $10 \cdot 15$-Mode-Test (vgl. Abschnitt „Japan-Testzyklus") ermittelt. In Diskussion ist ein modifizierter $10 \cdot 15$-Mode-Test mit Kaltstart, der 2005 eingeführt werden soll.

## Flottenverbrauch

In Japan sind Maßnahmen zur Reduzierung der $CO_2$-Emissionen von Pkw geplant. Ein Vorschlag sieht eine Festschreibung der mittleren „fuel economy" (CAFE-Wert) der gesamten Pkw-Flotte vor. Vorgeschlagen wurde auch eine Staffelung der Grenzwerte nach Fahrzeuggewicht.

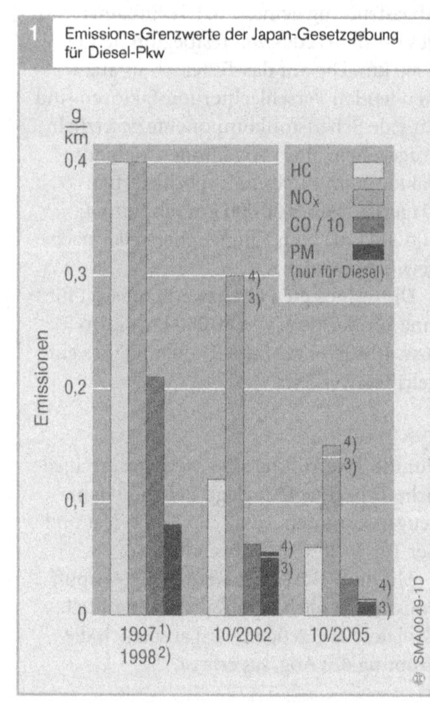



Bild 1
1) Für Fahrzeuge mit einem Leergewicht bis 1265 kg,
2) für Fahrzeuge mit einem Leergewicht über 1265 kg
3) Grenzwert für Fahrzeuge bis 1265 kg
4) Grenzwert für Fahrzeuge über 1265 kg

# USA-Gesetzgebung (schwere Nkw)

Schwere Nutzfahrzeuge sind in der EPA-Gesetzgebung als Fahrzeuge mit einem zulässigen Gesamtgewicht über 8500 bzw. 10 000 lb (je nach Fahrzeugart) definiert (entspricht 3,9 bzw. 4,6 t).

In Kalifornien gelten alle Fahrzeuge über 14 000 lb (6,4 t) als schwere Nutzfahrzeuge. Die kalifornische Gesetzgebung entspricht in wesentlichen Teilen der EPA-Gesetzgebung, es gibt jedoch ein Zusatzprogramm für Stadtbusse.

## Grenzwerte

In den US-Normen sind für Dieselmotoren Grenzwerte festgelegt für

- Kohlenwasserstoffe (HC),
- teilweise NMHC,
- Kohlenmonoxid (CO),
- Stickoxide ($NO_X$),
- Partikel,
- Abgastrübung.

Die zulässigen Grenzwerte werden auf die Motorleistung bezogen und in g/kWh angegeben. Die Emissionen werden am Motorprüfstand im dynamischen Testzyklus mit Kaltstart (HDTC, Heavy-Duty Transient Cycle) ermittelt, die Abgastrübung im Federal-Smoke-Test.

Für Fahrzeuge ab Modelljahr 2004 gelten neue, strengere Vorschriften mit deutlich reduzierten $NO_X$-Grenzwerten. Die Nichtmethan-Kohlenwasserstoffe und Stickoxide sind als Summenwert ($NMHC + NO_X$) zusammengefasst. Die CO- und Partikel-Grenzwerte sind gegenüber dem Niveau des Modelljahrs 1998 unverändert geblieben.

Eine weitere, sehr drastische Verschärfung greift ab Modelljahr 2007. Die $NO_X$- und Partikelemissionen werden separat limitiert und ihre Grenzwerte liegen dann um den Faktor 10 niedriger als die Vorgängerwerte. Sie sind ohne Abgasnachbehandlungsmaßnahmen (z. B. $NO_X$-Katalysator oder Partikelfilter) voraussichtlich nicht erreichbar.

Für die $NO_X$- und NMHC-Grenzwerte gilt eine schrittweise Einführung (Phase-In) zwischen Modelljahr 2007 und 2010.

Um die Einhaltung der strengen Partikelgrenzwerte zu ermöglichen, wird der maximal zulässige Schwefelgehalt im Dieselkraftstoff ab Mitte 2006 von derzeit 500 ppm auf 15 ppm reduziert.

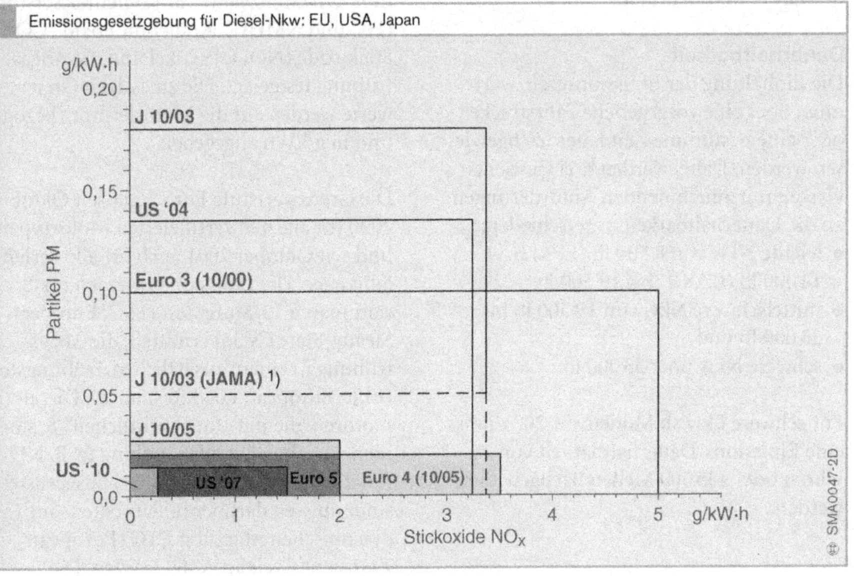

**1** Emissionsgesetzgebung für Diesel-Nkw: EU, USA, Japan



**Bild 1**

1) Selbstverpflichtung des Japanischen Verbandes der Automobilhersteller (JAMA): ein Motortyp pro Hersteller

Für schwere Nutzfahrzeuge sind – im Gegensatz zu Pkw und LDT – keine Grenzwerte für die durchschnittlichen Flottenemissionen und den Flottenverbrauch vorgeschrieben.

### Consent Decree

Im Jahr 1998 wurde zwischen EPA, CARB und mehreren Motorherstellern eine gerichtliche Einigung erzielt, die eine Bestrafung der Hersteller wegen unerlaubter verbrauchsoptimaler Motoranpassung im Highway-Fahrbetrieb und damit erhöhter $NO_X$-Emission beinhaltete. Das „Consent Decree" legt u. a. fest, dass die geltenden Emissionsgrenzwerte zusätzlich zum dynamischen Testzyklus auch im stationären europäischen 13-Stufentest unterschritten werden müssen. Zudem dürfen die Emissionen innerhalb eines vorgegebenen Drehzahl-/Drehmomentbereichs („Not-to-Exceed"-Zone) bei beliebiger Fahrweise nur 25 % über den Grenzwerten für das Modelljahr 2004 liegen.

Diese zusätzlichen Tests sind ab Modelljahr 2007 für alle Diesel-Nkw vorgeschrieben. Die Emissionen in der Not-to-Exceed-Zone dürfen dabei jedoch bis zu 50 % über den Grenzwerten liegen.

### Dauerhaltbarkeit

Die Einhaltung der Emissionsgrenzwerte muss über eine vorgegebene Fahrstrecke oder eine bestimmte Zeitdauer nachgewiesen werden. Dabei werden drei Gewichtsklassen mit zunehmenden Anforderungen an die Dauerhaltbarkeit unterschieden:
- leichte Nkw von 8 500 lb (EPA) bzw. 14 000 lb (CARB) bis 19 500 lb,
- mittelschwere Nkw von 19 500 lb bis 33 000 lb und
- schwere Nkw über 33 000 lb.

Für schwere Lkw ab Modelljahr 2004 muss eine Emissions-Dauerhaltbarkeit von 13 Jahren oder 435 000 Meilen nachgewiesen werden.

## EU-Gesetzgebung (schwere Nkw)

In Europa zählen zu den schweren Nutzfahrzeugen alle Fahrzeuge mit einem zulässigen Gesamtgewicht über 3,5 t und einer Transportkapazität von mehr als 9 Personen. Die Emissionsvorschriften (Euro-Normen) sind in der Richtlinie 88/77/EWG festgelegt, die laufend aktualisiert wird.

Wie bei Pkw und leichten Nutzfahrzeugen werden auch bei schweren Nutzfahrzeugen neue Grenzwertstufen in zwei Schritten eingeführt. Im Rahmen der Typgenehmigung müssen zunächst neue Motortypen die neuen Emissionsgrenzwerte einhalten. Ein Jahr später ist die Einhaltung der neuen Grenzwerte Voraussetzung für die Erteilung der Fahrzeugzulassung. Die Übereinstimmung der Produktion (COP, Conformity of Production) kann vom Gesetzgeber überprüft werden, indem Motoren aus der laufenden Serie entnommen und auf die Einhaltung der neuen Abgasgrenzwerte hin getestet werden.

### Grenzwerte

In den Euro-Normen sind für Nkw-Dieselmotoren Grenzwerte für Kohlenwasserstoffe (HC und NMHC), Kohlenmonoxid (CO), Stickoxide ($NO_X$), Partikel und die Abgastrübung festgelegt. Die zulässigen Grenzwerte werden auf die Motorleistung bezogen und in g/kWh angegeben.

Die Grenzwertstufe Euro 3 gilt seit Oktober 2000 für alle neu zertifizierten Motortypen und seit Oktober 2001 auch für alle Serienfahrzeuge. Die Emissionen werden im stationären 13-Stufentest (ESC, European Steady-State Cycle) ermittelt, die Abgastrübung in einem zusätzlichen Trübungstest (ELR, European Load Response). Dieselmotoren, die mit „fortschrittlichen" Systemen zur Abgasnachbehandlung (z. B. $NO_X$-Katalysator oder Partikelfilter) ausgerüstet sind, müssen darüber hinaus bereits im dynamischen Abgastest ETC (European Transient Cycle) getestet werden. Die europäischen Testzyklen werden mit warmem Motor gestartet.

Für kleine Motoren, d. h. Motoren mit einem Hubraum unter 0,75 $l$ pro Zylinder und einer Nenndrehzahl über 3000 min$^{-1}$, sind etwas höhere Partikelemissionen zugelassen als für große Motoren. Für den ETC gelten eigene Emissionsgrenzwerte, beispielsweise sind die Partikelgrenzwerte – wegen der zu erwartenden Rußspitzen im dynamischen Betrieb – ungefähr 50 % höher als die ESC-Grenzwerte.

Im Oktober 2005 tritt die Grenzwertstufe Euro 4 zunächst für Neuzertifizierungen in Kraft, ein Jahr später auch für die Serienproduktion. Gegenüber Euro 3 werden alle Grenzwerte deutlich reduziert, am größten ist die Verschärfung bei den Partikelgrenzwerten mit ungefähr 80 %. Mit der Einführung von Euro 4 ergeben sich zudem folgende Änderungen:

- Der dynamische Abgastest (ETC) gilt – neben ESC und ELR – verbindlich für alle Dieselmotoren.
- Die Funktion emissionsrelevanter Bauteile muss über die Lebensdauer des Fahrzeugs nachgewiesen werden.

Die Grenzwertstufe Euro 5 wird ab Oktober 2008 für alle neu zertifizierten Motortypen eingeführt, ein Jahr später auch für die Serienproduktion. Gegenüber Euro 4 werden nur die NO$_X$-Grenzwerte verschärft.

## Besonders umweltfreundliche Fahrzeuge

Die EU-Richtlinien erlauben steuerliche Anreize für die vorzeitige Erfüllung der Grenzwerte einer Grenzwertstufe und für EEV-Fahrzeuge (Enhanced Environmentally-Friendly Vehicle).

Für die Kategorie EEV sind freiwillige Grenzwerte für die Abgastests ESC, ETC und ELR festgeschrieben. Die NO$_X$- und Partikel-Grenzwerte entsprechen den ESC-Grenzwerten von Euro 5. Die Standards für HC, NMHC, CO und die Abgastrübung sind strenger als die von Euro 5.

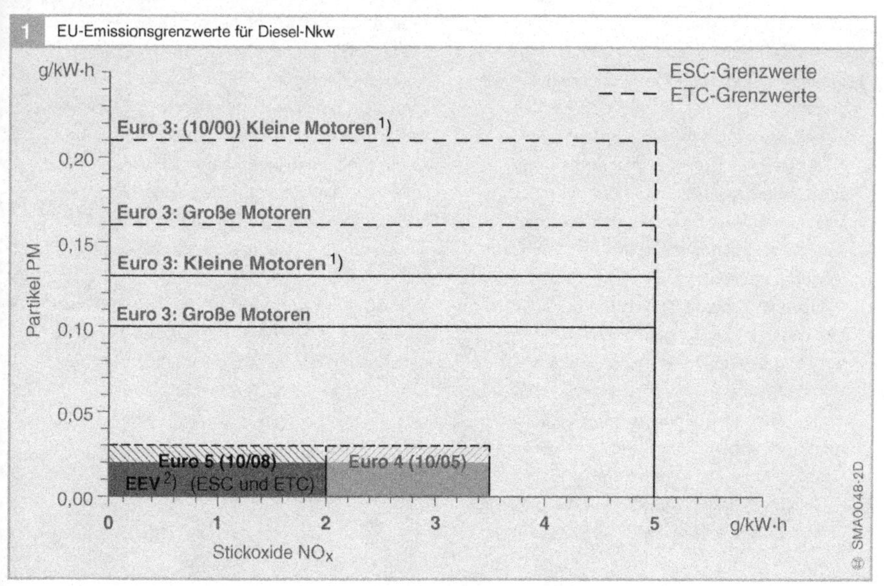



**Bild 1**
1) $V_{zyl} \leq 0{,}75\ l$, $n_{nenn} \geq 3000$ min$^{-1}$
2) Enhanced Environmentally-Friendly Vehicle (freiwillige Grenzwerte)

# Japan-Gesetzgebung (schwere Nkw)

In Japan gelten Fahrzeuge mit einem zulässigen Gesamtgewicht über 2,5 t (ab 2005: 3,5 t) und einer Transportkapazität von mehr als 10 Personen als schwere Nutzfahrzeuge.

### Grenzwerte

Seit Oktober 2003 gilt die „New Short-Term Regulation". Sie schreibt Grenzwerte für HC, $NO_X$, CO, Partikel und die Abgastrübung vor. Die Emissionen werden im stationären japanischen 13-Stufentest (Warmtest) ermittelt, die Abgastrübung im japanischen Rauchtest. Die Dauerhaltbarkeit der Emissionen muss über eine Fahrstrecke von 80 000...650 000 km (je nach zulässigem Gesamtgewicht) nachgewiesen werden.

Die „New Long-Term Regulation" tritt im Oktober 2005 in Kraft. Die Emissionsgrenzwerte werden gegenüber 2003 um die Hälfte gesenkt, die Partikelgrenzwerte werden sogar um 75 % reduziert. Für diese Grenzwertstufe wird zusätzlich ein dynamischer japanischer Testzyklus eingeführt.

### Regionale Programme

Neben den landesweit gültigen Vorschriften für Neufahrzeuge gibt es regionale Vorschriften für den Fahrzeugbestand, mit dem Ziel, die Emissionen im Feld durch Ersetzen oder Nachrüsten alter Dieselfahrzeuge zu senken.

Das „Vehicle $NO_X$ Law" gilt seit 2003 u. a. im Großraum Tokio für Fahrzeuge mit einem zulässigen Gesamtgewicht über 3500 kg. Die Vorschrift besagt, dass 8...12 Jahre nach der Erstregistrierung des Fahrzeugs die $NO_X$- und Partikelgrenzwerte der jeweils vorhergehenden Grenzwertstufe eingehalten werden müssen (z. B. die 1998er-Grenzwerte ab 2003). Das gleiche Prinzip gilt auch für die Partikelemissionen; hier greift die Vorschrift allerdings schon 7 Jahre nach Erstregistrierung des Fahrzeugs.

---

▶ **Ozon und Smog**

Durch Sonneneinstrahlung werden Stickstoffdioxid-Moleküle ($NO_2$) aufgespalten. Es entsteht Stickstoffoxid (NO) und atomarer Sauerstoff (O), der sich mit dem molekularen Sauerstoff ($O_2$) der Luft zu Ozon ($O_3$) verbindet. Aber auch flüchtige organische Verbindungen wie Kohlenwasserstoffe unterstützen die Ozon-Bildung. Deshalb muss im Sommer an heißen und windstillen Tagen bei hoher Luftverschmutzung mit erhöhten Ozonwerten gerechnet werden.

Ozon ist in normaler Konzentration für den Menschen lebenswichtig. In hohen Konzentrationen verursacht es jedoch Hustenreiz, Reizungen von Rachen und Hals sowie Augenbrennen. Es führt zu einer Verschlechterung der Lungenfunktion, wodurch die Leistungsfähigkeit beeinträchtigt wird.

Zwischen dem Ozon, das auf diese Weise in Bodennähe entsteht und dem Ozon in der Stratosphäre, das die einstrahlende UV-Strahlung abschwächt, kommt es zu keinem Austausch.

Neben der Ozonbelastung im Sommer kann es in den Wintermonaten bei Inversionswetterlagen und geringen Windgeschwindigkeiten zur Smogbildung kommen. Wegen der Temperaturumkehrung in den Luftschichten kann die mit Schadstoffen angereicherte kalte, schwerere Luft nicht nach oben abziehen und sich verteilen.

Smog führt zu einer Reizung der Schleimhäute, Augen und Atemwegsorgane. Außerdem kommt es zu Sichtbehinderungen. Daraus ist auch die Bezeichnung abgeleitet: Smog ist aus den englischen Begriffen „smoke" (Rauch) und „fog" (Nebel) zusammengesetzt.

# USA-Testzyklen für Pkw und LDT

## FTP 75-Testzyklus

Die Fahrkurve des FTP 75-Testzyklus (Federal Test Procedure) setzt sich aus Geschwindigkeitsverläufen zusammen, die in Los Angeles während des Berufsverkehrs gemessen wurden (Bild 1a).

Dieser Testzyklus wird außer in den USA (einschließlich Kalifornien) z. B. auch in einigen Staaten Südamerikas angewandt.

### Konditionierung

Zur Konditionierung wird das Fahrzeug für 12 Stunden bei einer Raumtemperatur von 20... 30 °C abgestellt.

### Sammeln der Schadstoffe

Das Fahrzeug wird gestartet und der vorgegebene Geschwindigkeitsverlauf wird nachgefahren. Die emittierten Schadstoffe werden während verschiedener Phasen in getrennten Beuteln gesammelt.

*Phase ct (cold transient):*
Sammeln des Abgases während der kalten Testphase.

*Phase s (stabilized):*
Beginn der stabilisierten Phase 505 Sekunden nach dem Start. Das Abgas wird ohne Unterbrechen des Fahrprogramms gesammelt. Am Ende der s-Phase, nach insgesamt 1365 Sekunden, wird der Motor für 600 Sekunden abgestellt.

*Phase ht (hot transient):*
Der Motor wird zum Heißtest erneut gestartet. Der Geschwindigkeitsverlauf stimmt mit dem der kalten Übergangsphase (Phase ct) überein.

### Auswertung

Die Beutelproben der ersten beiden Phasen werden in der Pause vor dem Heißtest analysiert, da die Proben nicht länger als 20 Minuten in den Beuteln verbleiben sollten.

Nach Abschluss des Fahrzyklus wird die Abgasprobe des dritten Beutels ebenfalls analysiert. Für das Gesamtergebnis werden die Emissionen der drei Phasen mit unterschiedlicher Gewichtung berücksichtigt.

Die Schadstoffmassen der Phasen ct und s werden aufsummiert und auf die gesamte Fahrstrecke dieser beiden Phasen bezogen. Das Ergebnis wird mit dem Faktor 0,43 gewichtet.

Desgleichen werden die aufsummierten Schadstoffmassen der Phasen ht und s auf die gesamte Fahrstrecke dieser beiden Phasen bezogen und mit dem Faktor 0,57 gewichtet. Das Testergebnis für die einzelnen Schadstoffe (HC, CO und $NO_X$) ergibt sich aus der Summe dieser beiden Teilergebnisse.

Die Emissionen werden als Schadstoffausstoß pro Meile angegeben.

## SFTP-Zyklen

Die Prüfungen nach dem SFTP-Standard (Supplemental Federal Test Procedure) wurden stufenweise zwischen 2001 und 2004 eingeführt. Sie setzen sich aus folgenden Fahrzyklen zusammen:
- dem FTP 75-Zyklus,
- dem SC03-Zyklus (Bild 1b) und
- dem US06-Zyklus (Bild 1c).

Mit den erweiterten Tests sollen folgende zusätzliche Fahrzustände überprüft werden:
- aggressives Fahren,
- starke Geschwindigkeitsänderungen,
- Motorstart und Anfahrt,
- Fahrten mit häufigen, geringen Geschwindigkeitsänderungen,
- Abstellzeiten und
- Betrieb mit Klimaanlage.

Beim SC03- und US06-Zyklus wird nach der Vorkonditionierung jeweils die ct-Phase des FTP 75-Zyklus gefahren, ohne die Abgase zu sammeln. Es sind aber auch andere Konditionierungen möglich.

Der SC03-Zyklus (nur für Fahrzeuge mit Klimaanlage) wird bei 35 °C und 40 % relativer Luftfeuchte gefahren. Die einzelnen Fahrzyklen werden folgendermaßen gewichtet:

- Fahrzeuge mit Klimaanlage:
  35 % FTP 75 + 37 % SC03 + 28 % US06
- Fahrzeuge ohne Klimaanlage:
  72 % FTP 75 + 28 % US06.

Der SFTP- und der FTP 75-Testzyklus müssen unabhängig voneinander bestanden werden.

## Testzyklen zur Ermittlung des Flottenverbrauchs

Jeder Fahrzeughersteller muss seinen Flottenverbrauch ermitteln. Überschreitet ein Hersteller die Grenzwerte, muss er Strafabgaben entrichten.

Der Kraftstoffverbrauch wird aus den Abgasen zweier Testzyklen ermittelt: dem FTP 75-Testzyklus (Gewichtung 55 %) und dem Highway-Testzyklus (Gewichtung 45 %). Der Highway-Testzyklus (Bild 1d) wird nach der Vorkonditionierung (Abstellen des Fahrzeugs für 12 Stunden bei 20...30 °C) einmal ohne Messung gefahren. Anschließend werden die Abgase eines weiteren Durchgangs gesammelt. Aus den $CO_2$-Emissionen wird der Kraftstoffverbrauch berechnet.

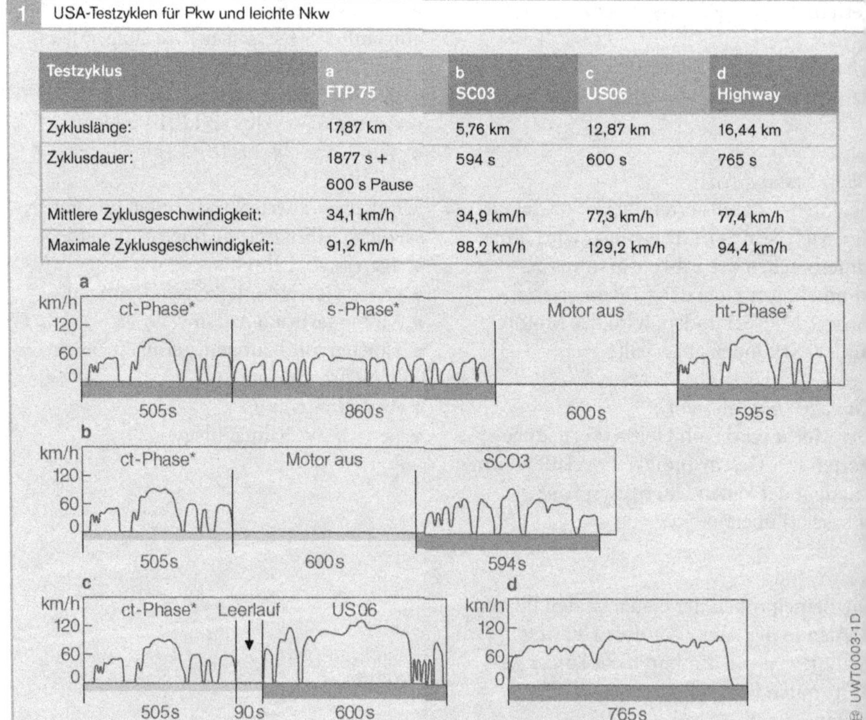

**1  USA-Testzyklen für Pkw und leichte Nkw**

| Testzyklus | a FTP 75 | b SC03 | c US06 | d Highway |
|---|---|---|---|---|
| Zykluslänge: | 17,87 km | 5,76 km | 12,87 km | 16,44 km |
| Zyklusdauer: | 1877 s + 600 s Pause | 594 s | 600 s | 765 s |
| Mittlere Zyklusgeschwindigkeit: | 34,1 km/h | 34,9 km/h | 77,3 km/h | 77,4 km/h |
| Maximale Zyklusgeschwindigkeit: | 91,2 km/h | 88,2 km/h | 129,2 km/h | 94,4 km/h |



Bild 1
* ct Kaltphase
  s  stabilisierte Phase
  ht Heißtest
  Phasen, in denen das Abgas gesammelt wird
  Konditionierung (auch andere Fahrzyklen sind möglich)

# Europäischer Testzyklus für Pkw und LDT

## MNEFZ

Der Modifizierte Neue Europäische Fahrzyklus (MNEFZ) wird seit Euro 3 angewandt. Im Gegensatz zum Neuen Europäischen Fahrzyklus (Euro 2), der erst 40 Sekunden nach Start des Fahrzeugs einsetzte, bezieht der MNEFZ auch die Kaltstartphase ein.

### Konditionierung

Zur Konditionierung wird das Fahrzeug bei 20...30 °C mindestens 6 Stunden abgestellt.

### Sammeln der Schadstoffe

Das Abgas wird während zwei Phasen in Beuteln gesammelt:
- innerstädtischer Zyklus (UDC, Urban Driving Cycle) mit maximal 50 km/h,
- außerstädtischer Zyklus mit Geschwindigkeiten bis zu 120 km/h.

### Auswertung

Die durch die Analyse des Beutelinhalts ermittelten Schadstoffmassen werden auf die Wegstrecke bezogen.

# Japan-Testzyklus für Pkw und LDT

Der 10·15-Mode-Test (Bild 2) wird als Heißstart einmal durchfahren. Dieser Testzyklus simuliert das charakteristische Fahrverhalten in Tokio. Die Höchstgeschwindigkeit ist niedriger als beim europäischen Testzyklus, da in Japan aufgrund der höheren Verkehrsdichte in der Regel mit niedrigeren Geschwindigkeiten gefahren wird.

Die Vorkonditionierung für den Heißtest umfasst den ebenfalls vorgeschriebenen Leerlauf-Abgastest und verläuft nach folgendem Schema: Nach ca. 15 Minuten Warmfahren des Fahrzeugs bei 60 km/h werden im Leerlauf die HC-, CO- und $CO_2$-Konzentrationen im Auspuffrohr gemessen. Nach einer weiteren Warmlaufphase von 5 Minuten bei 60 km/h beginnt der 10·15-Mode-Heißtest.

Die Schadstoffe werden auf die Fahrstrecke bezogen, d. h. in g/km umgerechnet.

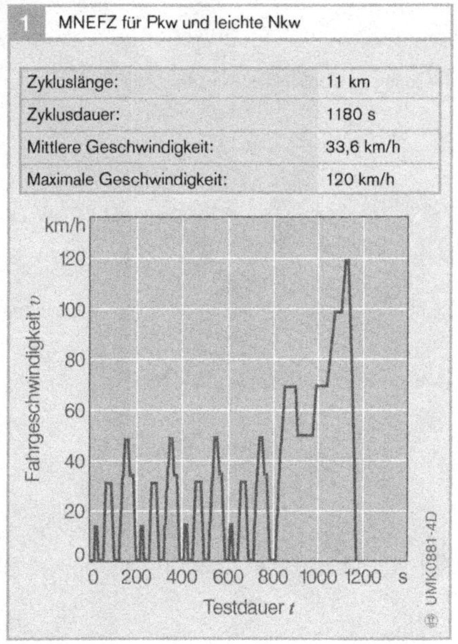

**1**  MNEFZ für Pkw und leichte Nkw

| Zykluslänge: | 11 km |
| --- | --- |
| Zyklusdauer: | 1180 s |
| Mittlere Geschwindigkeit: | 33,6 km/h |
| Maximale Geschwindigkeit: | 120 km/h |

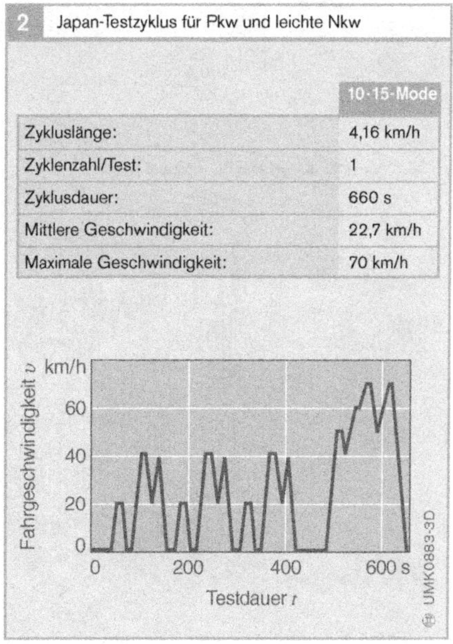

**2**  Japan-Testzyklus für Pkw und leichte Nkw

| | 10·15-Mode |
| --- | --- |
| Zykluslänge: | 4,16 km/h |
| Zyklenzahl/Test: | 1 |
| Zyklusdauer: | 660 s |
| Mittlere Geschwindigkeit: | 22,7 km/h |
| Maximale Geschwindigkeit: | 70 km/h |

# Testzyklen für schwere Nkw

Für schwere Nkw werden alle Testzyklen auf dem Motorprüfstand durchgeführt. Bei den instationären Testzyklen werden die Emissionen nach dem CVS-Prinzip (vgl. Abschnitt „Messverfahren") gesammelt und ausgewertet, bei den stationären Testzyklen werden die Rohemissionen gemessen. Die Emissionen werden in g/kWh angegeben.

## Europa

Für Fahrzeuge mit mehr als 3,5 t zulässigem Gesamtgewicht und mehr als 9 Sitzplätzen wird in Europa seit Einführung der Stufe Euro 3 (Oktober 2000) der neue 13-Stufentest ESC (European Steady-State Cycle) angewendet.

Das Testverfahren schreibt Messungen in 13 stationären Betriebszuständen vor, die aus der Volllastkurve des Motors ermittelt werden. Die in den einzelnen Betriebspunkten gemessenen Emissionen werden mit Faktoren gewichtet, ebenso die Leistung (Bild 1). Das Testergebnis ergibt sich für jeden Schadstoff aus der Summe der gewichteten Emissionen dividiert durch die Summe der gewichteten Leistung.

Bei der Zertifizierung können im Testbereich zusätzlich drei $NO_X$-Messungen

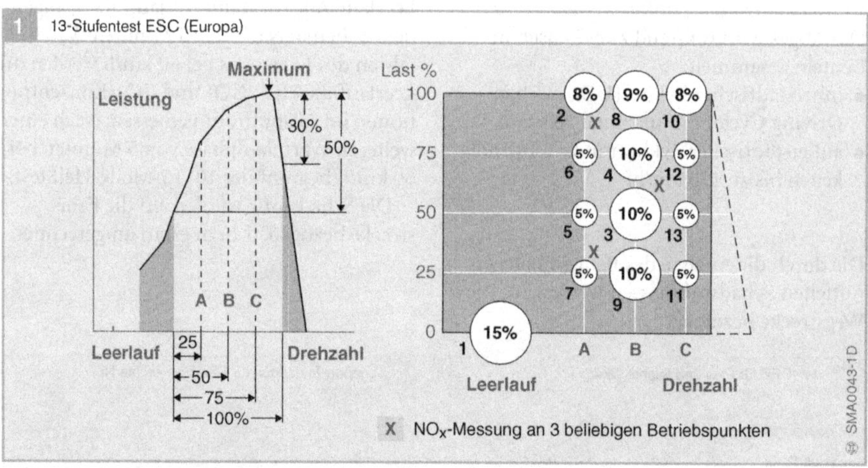



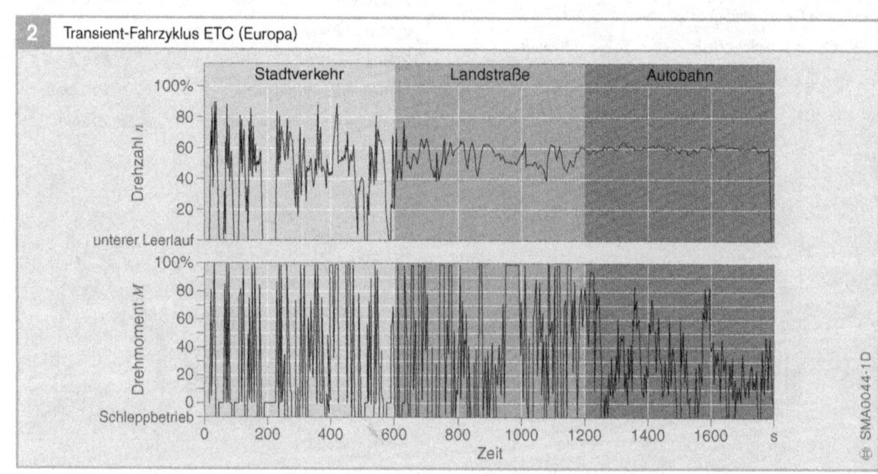

durchgeführt werden. Die $NO_X$-Emissionen dürfen von denen der benachbarten Betriebspunkte nur geringfügig abweichen. Ziel der zusätzlichen Messung ist es, testspezifische Motoranpassungen zu verhindern.

Mit Euro 3 wurden auch der ETC (European Transient Cycle, Bild 2) zur Ermittlung der gasförmigen Emissionen und Partikel sowie der ELR (European Load Response) zur Bestimmung der Abgastrübung eingeführt. Der ETC gilt in der Stufe Euro 3 nur für Nkw mit „fortschrittlicher" Abgasnachbehandlung (Partikelfilter, $NO_X$-Katalysator), ab Euro 4 (10/2005) ist er verbindlich für alle Fahrzeuge vorgeschrieben.

Der Prüfzyklus ist aus realen Straßenfahrten abgeleitet und gliedert sich in drei Abschnitte – einen innerstädtischen Teil, einen Überlandteil und einen Autobahnteil. Die Prüfdauer beträgt 30 Minuten, in Sekundenschritten werden Drehzahl- und Drehmomentsollwerte vorgegeben.

Alle europäischen Testzyklen werden mit warmem Motor gestartet.

### Japan
Die Schadstoffemissionen werden im japanischen 13-Stufentest (Warmtest) stationär ermittelt. Die Betriebspunkte, ihre Abfolge und Gewichtung weichen jedoch vom europäischen 13-Stufentest ab. Der Testschwerpunkt liegt im Vergleich zum ESC bei niedrigeren Drehzahlen und Lasten. Für die ab 2005 geltende Grenzwertstufe wird zusätzlich ein dynamischer japanischer Testzyklus eingeführt.

### USA
Motoren für schwere Nkw werden seit 1987 nach einem instationären Fahrzyklus (Transient Cycle) mit Kaltstart auf dem Motorprüfstand gemessen (Bild 3). Der Prüfzyklus entspricht im Wesentlichen dem Betrieb eines Motors im Straßenverkehr. Er hat deutlich mehr Leerlaufanteile als der europäische ETC.

Daneben wird in einem weiteren Test, dem Federal Smoke Cycle, die Abgastrübung bei dynamischem und quasistationärem Betrieb geprüft.

Ab dem Modelljahr 2007 müssen die US-Grenzwerte zusätzlich im europäischen 13-Stufentest (ESC) erfüllt werden. Darüber hinaus dürfen die Emissionen in der Not-to-Exceed-Zone (d. h. bei beliebiger Fahrweise innerhalb eines vorgegebenen Drehzahl-/ Drehmomentbereichs) maximal 50 % über den Grenzwerten liegen.

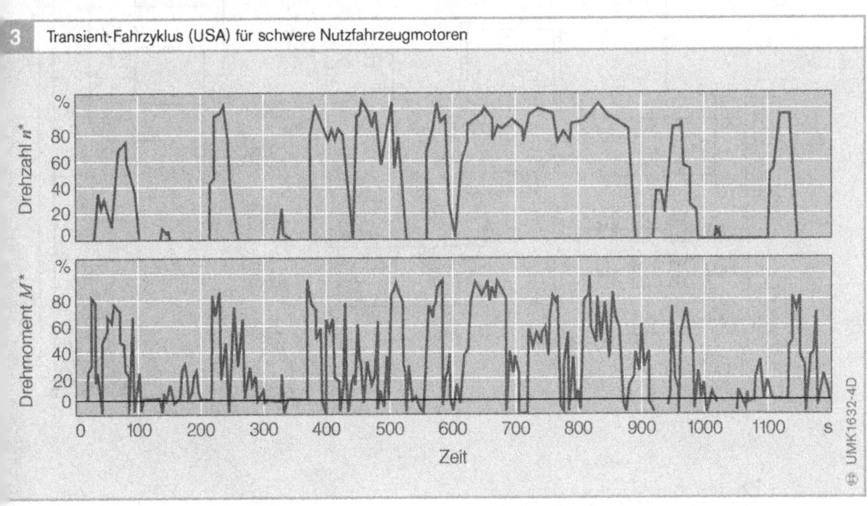


Bild 3
Die normierte Drehzahl $n^*$ und das normierte Drehmoment $M^*$ sind vom Gesetzgeber vorgegeben.

# Abgas-Messtechnik

## Abgasprüfung für die Typzulassung

Im Rahmen der Typprüfung zur Erlangung der allgemeinen Betriebserlaubnis von Pkw und leichten Nkw wird die Abgasprüfung am Fahrzeug auf Rollenprüfständen durchgeführt. Die Prüfung unterscheidet sich damit von Abgasprüfungen, die z. B. im Rahmen der Feldüberwachung mit Werkstatt-Messgeräten durchgeführt werden.

Für die Typprüfung von schweren Nkw werden Abgasprüfungen auf Motorprüfständen durchgeführt.

Die vorgeschriebenen Testzyklen, die auf dem Rollenprüfstand gefahren werden, sind so definiert, dass der praktische Fahrbetrieb auf der Straße annähernd nachgebildet wird. Die Messung auf einem Rollenprüfstand bietet dabei Vorteile gegenüber der tatsächlichen Straßenfahrt:

- Die Ergebnisse sind gut reproduzierbar, da die Umgebungsbedingungen konstant gehalten werden können.
- Die Tests sind vergleichbar, da ein definiertes Geschwindigkeits-Zeit-Profil unabhängig vom Verkehrsfluss abgefahren werden kann.
- Die erforderliche Messtechnik kann stationär aufgebaut werden.

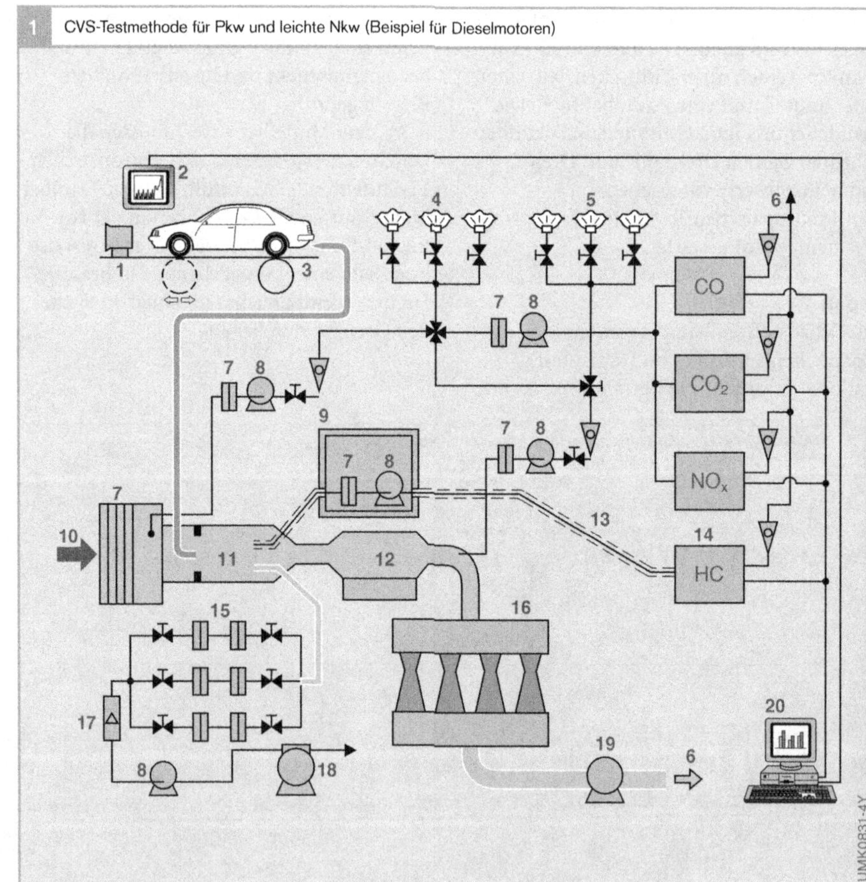

**1** CVS-Testmethode für Pkw und leichte Nkw (Beispiel für Dieselmotoren)



**Bild 1**

1  Kühlgebläse
2  Fahrerleitmonitor
3  Rolle mit Dynamometer
4  Luftbeutel
5  Abgasbeutel
6  Absaugung
7  Filter
8  Pumpe
9  beheizter Vorfilter mit Pumpe
10  Verdünnungsluft
11  Verdünnungstunnel
12  Wärmetauscher
13  beheizte Leitung
14  Gasanalysatoren
15  Messfilter
16  4-fach Venturi-Düsen
17  Durchflussmesser
18  Gaszähler
19  CVS-Gebläse
20  PC mit Monitor

Abgasmessungen auf dem Rollenprüfstand werden außer zur Typprüfung auch bei der Entwicklung von Motorkomponenten durchgeführt.

## Prüfaufbau

Das zu testende Fahrzeug wird mit den Antriebsrädern auf drehbare Rollen gestellt (Bild 1, Pos. 3). Der Testzyklus wird von einem Fahrer nachgefahren, wobei die geforderte und die aktuelle Fahrzeuggeschwindigkeit kontinuierlich auf einem Fahrerleitgerät dargestellt werden. In einigen Fällen ersetzt ein Fahrautomat den Fahrer, um durch ein genaueres Abfahren des Testzyklus die Reproduzierbarkeit der Ergebnisse zu erhöhen.

Damit bei der auf dem Prüfstand simulierten Fahrt mit der Straßenfahrt vergleichbare Emissionen entstehen, müssen die auf das Fahrzeug wirkenden Kräfte – die Trägheitskräfte des Fahrzeugs sowie der Roll- und der Luftwiderstand – nachgebildet werden. Hierzu erzeugen Asynchronmaschinen, Gleichstrommaschinen oder auf älteren Prüfständen auch Wirbelstrombremsen eine geeignete geschwindigkeitsabhängige Last, welche auf die Rollen wirkt und vom Fahrzeug überwunden werden muss. Zur Trägheitssimulation kommt bei neueren Anlagen eine elektrische Schwungmassensimulation zum Einsatz. Ältere Prüfstände verwenden reale Schwungmassen unterschiedlicher Größe, die sich über Schnellkupplungen mit den Rollen verbinden lassen und so die Fahrzeugmasse nachbilden. Ein in geringer Entfernung vor dem Fahrzeug aufgestelltes Gebläse sorgt für die nötige Kühlung des Motors.

Das Auspuffrohr des zu testenden Fahrzeugs ist im Allgemeinen gasdicht an das Abgassammelsystem – das im Weiteren beschriebene Verdünnungssystem – angeschlossen. Dort wird ein Teil des verdünnten Abgases gesammelt und nach Abschluss des Fahrtests bezüglich der limitierten Schadstoffe (Kohlenwasserstoffe, Stickoxide und Kohlen-monoxid) sowie Kohlendioxid (zur Bestimmung des Kraftstoffverbrauchs) analysiert.

Zusätzlich kann zu Entwicklungszwecken an Probenahmestellen in der Abgasanlage des Fahrzeugs oder im Verdünnungssystem ein Teilstrom des Abgases kontinuierlich entnommen und bezüglich der auftretenden Schadstoffkonzentrationen untersucht werden.

Das komplette Probenahmesystem inklusive des Abgas-Messgeräts für Kohlenwasserstoffe wird auf 190 °C beheizt, um die Kondensation von hochsiedenden Kohlenwasserstoffen zu vermeiden.

Zusätzlich kommt ein Verdünnungstunnel mit hoher innerer Strömungsturbulenz zum Einsatz sowie Partikelfilter, aus deren Beladung die Partikelemissionen ermittelt werden.

## CVS-Verdünnungsverfahren

Ein weltweit anerkanntes Verfahren, um die von einem Motor emittierten Abgase zu sammeln, ist das CVS-Verdünnungsverfahren (Constant Volume Sampling). Es wurde 1972 in den USA für Pkw und leichte Nkw eingeführt und in mehreren Stufen verbessert. Das CVS-Verfahren wird u.a. in Japan eingesetzt, seit 1982 auch in Europa.

Beim Verdünnungsverfahren wird das Abgas mit Luft vermischt, anschließend wird ein Teil davon in Beuteln aufgefangen. Die Analyse des Abgases erfolgt erst nach Testende. Durch die Verdünnung wird die Kondensation des im Abgas enthaltenen Wasserdampfs, und damit auch der Verlust wasserlöslicher Gaskomponenten, vermieden. Außerdem werden durch die Verdünnung Nachreaktionen im gesammelten Abgas vermieden bzw. die reale Verdünnung in der Atmosphäre nachgebildet.

### Prinzip des CVS-Verfahrens

Das vom Prüffahrzeug emittierte Abgas wird mit Umgebungsluft (10) in einem mittleren Verhältnis 1:5...1:10 verdünnt und über eine spezielle Pumpenanordnung (7, 8) derart abgesaugt, dass der Gesamtvolumenstrom aus Abgas und Verdünnungsluft konstant ist. Die Zumischung von Verdünnungsluft ist also abhängig vom momentanen Abgasvolumenstrom. Aus dem verdünnten Abgasstrom wird kontinuierlich eine Probe entnommen und in einem oder mehreren Abgas-Beuteln (5) gesammelt. Die Befüllung der Beutel korrespondiert im Allgemeinen mit den Phasen, in die die Testzyklen aufgeteilt sind (z.B. ht-Phase im FTP 75-Testzyklus).

Parallel zur Befüllung der Abgas-Beutel wird der Verdünnungsluft eine Probe entnommen und in einem oder mehreren Luft-Beuteln (4) gesammelt, um die Schadstoffkonzentration der Verdünnungsluft zu bestimmen.

Der Volumenstrom der Probenahme ist dabei innerhalb einer Beutelfüllphase konstant. Am Ende des Fahrzyklus entspricht die Schadstoffkonzentration in den Abgas-Beuteln dem Mittelwert der Konzentrationen im verdünnten Abgas über den Zeitraum der Beutelbefüllung. Aus diesen Konzentrationen und aus dem Volumen des insgesamt geförderten Luft-Abgas-Gemischs werden – unter Berücksichtigung der in der Verdünnungsluft enthaltenen Schadstoffe – die während des Tests emittierten Schadstoffmassen berechnet.

### Verdünnungsanlagen

Es gibt zwei alternative Verfahren zur Realisierung eines konstanten verdünnten Abgas-Volumenstroms:
- PDP-Verfahren (Positive Displacement Pump): Verwendung eines Drehkolbengebläses (Roots-Gebläse),
- CFV-Verfahren (Critical Flow Venturi): Verwendung von Venturi-Düsen im kritischen Zustand in Verbindung mit einem Standardgebläse.

### Weiterentwicklung des CVS-Verfahrens

Die Verdünnung des Abgases führt zu einer Reduzierung der Schadstoffkonzentrationen im Verhältnis der Verdünnung. Da die Schadstoffemissionen in den letzten Jahren aufgrund der Verschärfung der Emissionsgrenzwerte deutlich reduziert wurden, entsprechen die Konzentrationen einiger Schadstoffe (insbesondere Kohlenwasserstoffverbindungen) in bestimmten Testphasen im verdünnten Abgas den Konzentrationen in der Verdünnungsluft (oder sind sogar niedriger). Dies ist messtechnisch gesehen problematisch, da für die Bestimmung der Schadstoffemission die Differenz der beiden Werte ausschlaggebend ist. Eine weitere Herausforderung stellt die Messgenauigkeit der zur Schadstoffanalyse eingesetzten Messgeräte bei kleinen Konzentrationen dar.

Um diesen Problemen zu begegnen, werden mit neueren CVS-Verdünnungsanlagen folgende Maßnahmen getroffen:
- Absenkung der Verdünnung: Das erfordert Vorkehrungen gegen Kondensation von Wasser, z. B. Beheizung von Teilen der Verdünnungsanlagen.
- Verringerung und Stabilisierung der Schadstoffkonzentrationen in der Verdünnungsluft, z. B. durch Aktivkohlefilter.
- Optimierung der eingesetzten Messgeräte (einschließlich Verdünnungsanlagen), z. B. durch Auswahl bzw. Vorbehandlung der verwendeten Materialien und Anlagenaufbauten, Verwendung angepasster elektronischer Bauteile.
- Optimierung der Prozesse, z. B. durch spezielle Spülprozeduren.

## Bag Mini Diluter

In den USA wurde als Alternative zu den beschriebenen Verbesserungen der CVS-Technik ein neuer Typ einer Verdünnungsanlage entwickelt, der **Bag Mini Diluter** (BMD). Hier wird ein Teilstrom des Abgases in einem konstanten Verhältnis mit einem getrockneten, aufgeheizten Nullgas (z. B. gereinigter Luft) verdünnt. Von diesem verdünnten Abgasstrom wird während des Fahrtests wiederum ein zum Abgasvolumenstrom proportionaler Teilstrom in (Abgas-) Beutel gefüllt und nach Beendigung des Fahrtests analysiert. Durch die Verdünnung mit einem schadstofffreien Nullgas entfällt die Luftbeutelanalyse und die anschließende Differenzbildung von Abgas- und Luftbeutelkonzentrationen. Es ist allerdings ein größerer apparativer Aufwand als beim CVS-Verfahren erforderlich, u.a. durch die notwendige Bestimmung des (unverdünnten) Abgasvolumenstroms und die proportionale Beutelbefüllung.

## Prüfung von Nkw

Der in den USA ab Modelljahr 1986 vorgeschriebene und in Europa ab 2005 vorgesehene Transient-Test für die Emissionsprüfung von Dieselmotoren in schweren Nkw über 8500 lb (USA) bzw. über 3,5 t (Europa) wird auf dynamischen Motorprüfständen durchgeführt und benutzt ebenfalls die CVS-Testmethode. Die Größe der Motoren erfordert jedoch zur Einhaltung gleicher Verdünnungsverhältnisse wie bei Pkw und leichten Nkw eine Testanlage mit erheblich größerer Durchsatzkapazität. Die vom Gesetzgeber zugelassene doppelte Verdünnung (über Sekundärtunnel) trägt dazu bei, den apparativen Aufwand zu begrenzen.

Der verdünnte Abgas-Volumenstrom kann wahlweise mit einem geeichten Roots-Gebläse oder mit Venturi-Düsen im kritischen Zustand realisiert werden.

## Abgas-Messgeräte

Die Abgasgesetzgebungen der EU, der USA und Japans definieren für die limitierten Schadstoffe einheitliche Messverfahren zur Ermittlung der Schadstoff-Konzentrationen in Abgas- und Luftbeuteln:

- Messung der CO- und $CO_2$-Konzentration mit nicht-dispersiven Infrarot-Analysatoren (NDIR)
- Bestimmung der $NO_X$-Konzentration (Summe von NO und $NO_2$) mit Chemilumineszenz-Detektoren (CLD)
- Messung der Gesamt-Kohlenwasserstoffkonzentration (THC) mittels Flammenionisations-Detektor (FID)
- Gravimetrische Bestimmung der Partikelemissionen

### NDIR-Analysator

Der NDIR-Analysator (nicht-dispersiver Infrarot-Analysator) nutzt die Eigenschaft bestimmter Gase aus, Infrarot-Strahlung in einem schmalen charakteristischen Wellenlängenbereich zu absorbieren. Die absorbierte Strahlung wird in Vibrations- bzw. Rotationsenergie der absorbierenden Moleküle umgewandelt.

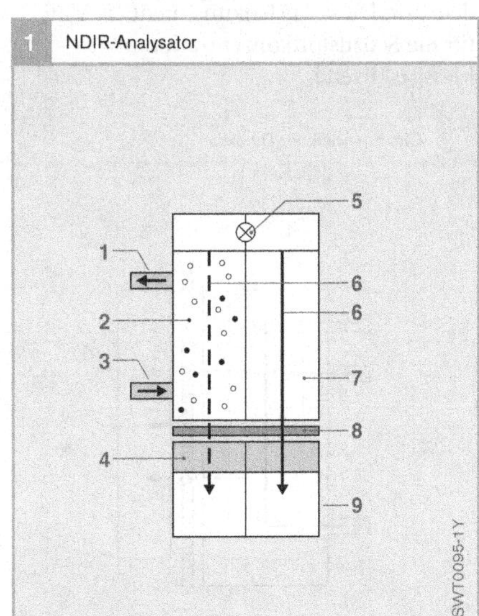


Bild 1
1 Gasausgang
2 Absorptionszelle
3 Eingang Messgas
4 optischer Filter
5 Infrarot-Lichtquelle
6 Infrarot-Strahlung
7 Referenzzelle
8 Chopperscheibe
9 Detektor

Im NDIR-Analysator durchströmt das zu analysierende Gas die Absorptionszelle (Küvette) (Bild 1, Pos. 2) und wird dort von Infrarotstrahlung durchstrahlt. Dabei absorbiert es einen zur Konzentration des untersuchten Schadstoffs proportionalen Anteil der Strahlungsenergie im charakteristischen Wellenlängenbereich des Schadstoffs. Eine dazu parallel angeordnete Referenzzelle (7) ist mit einem Inertgas (z. B. Stickstoff, $N_2$) gefüllt.

An dem der Infrarot-Lichtquelle gegenüberliegenden Ende der Zellen befindet sich der Detektor (9) zur Messung der Restenergie der Infrarotstrahlung aus Mess- und Referenzzelle. Er besteht aus zwei durch ein Diaphragma verbundenen Kammern, die Proben der zu untersuchenden Gaskomponente enthalten. In einer Kammer wird die für diese Komponente charakteristische Strahlung aus der Referenzzelle absorbiert, in der anderen die Strahlung aus der Messgasküvette. Die Differenz der in den beiden Detektorkammern ankommenden und absorbierten Strahlung führt zu einer Druckdifferenz und damit zu einer Auslenkung der Membran zwischen Mess- und Referenzdetektor. Diese Auslenkung dient als Maß für die Schadstoffkonzentration in der Messgasküvette.

Eine rotierende Chopperscheibe (8) unterbricht zyklisch die Infrarot-Strahlung; dies führt zu einer wechselnden Auslenkung der Membran und damit zu einer Modulation des Sensorsignals.

NDIR-Analysatoren besitzen eine starke Querempfindlichkeit[1] gegen Wasserdampf im Messgas, da $H_2O$-Moleküle über einen größeren Wellenlängenbereich Infrarot-Strahlung absorbieren. Aus diesem Grund werden NDIR-Analysatoren bei Messungen am unverdünnten Abgas hinter einer Messgasaufbereitung (z. B. Gaskühler) angeordnet, die für eine Trocknung des Abgases sorgt.

Chemilumineszenz-Detektor (CLD)
Der CLD ist durch sein Messprinzip auf die Bestimmung der NO-Konzentration beschränkt. Zur Messung der Summe aus $NO_2$- und NO-Konzentration wird das Messgas zuvor durch einen Konverter geleitet, der $NO_2$ zu NO reduziert.

Zur Bestimmung der Stickstoffmonoxid-Konzentration (NO) wird das Messgas in einer Reaktionskammer mit Ozon gemischt (Bild 2). Das im Messgas enthaltene NO oxidiert in dieser Umgebung zu $NO_2$, wobei die entstehenden Moleküle sich in einem

[1] Die Absorption der Infrarotstrahlung im entsprechenden Wellenlängenbereich ist nicht nur durch die zu messende Gaskomponente, sondern auch durch Wasserdampf möglich

**Bild 2**

1 Reaktionskammer
2 Eingang Ozon
3 Eingang Messgas
4 Gasausgang
5 Filter
6 Detektor

**Bild 3**

1 Gasausgang
2 Sammelelektrode
3 Verstärker
4 Brennluft
5 Eingang Messgas
6 Brenngas ($H_2$/He)
7 Brenner

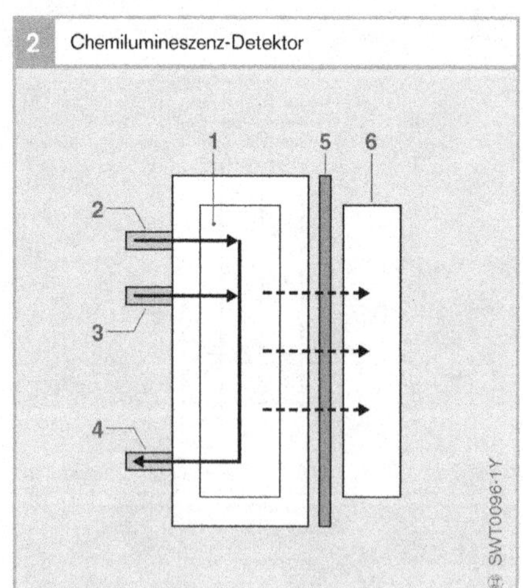



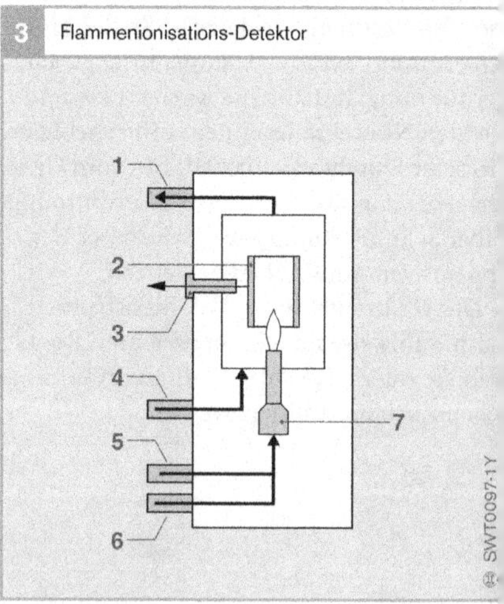

angeregten Zustand befinden. Die bei der Rückkehr dieser Moleküle in den Grundzustand frei werdende Energie wird in Form von Licht freigesetzt (Chemilumineszenz). Ein Detektor, z. B. ein Photomultiplier, misst die emittierte Lichtmenge, die unter definierten Bedingungen proportional zur NO-Konzentration im Messgas ist.

## Flammenionisations-Detektor (FID)

Die im Messgas vorhandenen Kohlenwasserstoffe werden in einer Wasserstoffflamme verbrannt (Bild 3). Dabei kommt es zur Bildung von Kohlenstoffradikalen und zur temporären Ionisierung eines Teils dieser Radikale. Die Radikale werden an einer Sammelelektrode entladen; der entstehende Strom ist proportional zur Anzahl der Kohlenstoffatome im Messgas.

## Messung der Partikelemission

Für die Bestimmung der Partikelemissionen im Rahmen der Typprüfung ist das gravimetrische Verfahren vorgeschrieben.

### Gravimetrisches Verfahren (Partikelfilter-Verfahren)

Aus dem Verdünnungstunnel wird während des Fahrtests ein Teilstrom des verdünnten Abgases entnommen und durch Partikelfilter geleitet. Aus der Gewichtszunahme der (konditionierten) Partikelfilter kann unter Berücksichtigung der Volumenströme die Partikelemission berechnet werden. Das gravimetrische Verfahren hat folgende Nachteile:
- Eine relativ hohe Nachweisgrenze, die auch durch einen hohen apparativen Aufwand (z. B. Optimierung der Tunnelgeometrie) nur eingeschränkt herabgesetzt werden kann.
- Es ist keine kontinuierliche Bestimmung der Partikelemissionen möglich.
- Das Verfahren ist aufwändig, da die Partikelfilter konditioniert werden müssen, um Umwelteinflüsse zu minimieren.
- Es wird nur die Masse der Partikel gemessen, aber es ist keine Bestimmung der chemischen Zusammensetzung der Partikel oder der Partikelgrößen möglich.

Aufgrund der genannten Nachteile und der in Zukunft zu erwartenden deutlichen Reduzierung der Grenzwerte für die Partikelemissionen gibt es Überlegungen der Gesetzgeber, das gravimetrische Verfahren abzulösen oder zu ergänzen, um z. B. die Partikelgrößenverteilung oder die Partikelanzahl zu bestimmen. Es hat allerdings noch keine Festlegung auf ein Alternativverfahren stattgefunden.

Zu den Messgeräten, die Aufschluss über die Größenverteilung der Partikel im Abgas geben, gehören:
- Scanning Mobility Particle Sizer (SMPS),
- Electrical Low Pressure Impactor (ELPI) und
- Photo-acoustic Soot Sensor (PASS).

# Abgasmessung in der Motoren-Entwicklung

Zu Entwicklungszwecken erfolgt auf vielen Prüfständen zusätzlich die kontinuierliche Bestimmung von Schadstoffkonzentrationen in der Abgasanlage des Fahrzeugs oder im Verdünnungssystem, und zwar sowohl für die limitierten als auch für weitere, nicht limitierte Komponenten. Hierfür kommen außer den bereits genannten Messverfahren weitere zum Einsatz wie z. B.:
- GC-FID und Cutter-FID zur Bestimmung der Methan-Konzentration ($CH_4$)
- Paramagnetisches Verfahren zur Bestimmung der Sauerstoff-Konzentration ($O_2$)
- Trübungsmessung zur Bestimmung der Partikelemission

Mittels Multikomponenten-Analysatoren können weitere Analysen durchgeführt werden:
- Massenspektroskopie
- FTIR-(Fourier-Transform-Infrarot-) Spektroskopie
- IR-Laserspektroskopie

### GC-FID und Cutter-FID

Für die Bestimmung der Methan-Konzentration im Messgas gibt es zwei gleichermaßen verbreitete Verfahren, die jeweils aus der Kombination eines $CH_4$-separierenden Elements und eines Flammenionisations-Detektors bestehen. Zur Separation des Methans wird dabei entweder eine Gaschromatographensäule (GC-FID) eingesetzt oder ein beheizter Katalysator, der die Nicht-$CH_4$-Kohlenwasserstoffe oxidiert (Cutter-FID). Der GC-FID kann im Gegensatz zum Cutter-FID die $CH_4$-Konzentrationen lediglich diskontinuierlich bestimmen (typisches Intervall zwischen zwei Messungen: 30...45 s).

### Paramagnetischer Detektor (PMD)

Paramagnetische Detektoren gibt es (herstellerabhängig) in verschiedenen Bauformen. Das Messprinzip beruht darauf, dass inhomogene Magnetfelder auf Moleküle mit paramagnetischen Eigenschaften (z. B. Sauerstoff) Kräfte ausüben, die zu einer Molekülbewegung führen. Diese Bewegung ist proportional zur Konzentration der Moleküle im Messgas und wird von einem geeigneten Detektor aufgenommen.

### Trübungsmessung

Das Trübungsmessgerät (Opazimeter) wird sowohl in der Entwicklung eingesetzt als auch zur Dieselrauchkontrolle in der Werkstatt im Rahmen von Abgasuntersuchungen (siehe Abschnitt Abgasuntersuchung).

Das Rauchwertmessgerät (Bild 1), das im Entwicklungsbereich eingesetzt wird, saugt eine vorgegebene Menge Dieselabgas (z. B. 0,1 oder 1 *l*) durch einen Filterpapierstreifen. Als Voraussetzung für eine exakte

Reproduzierbarkeit der Ergebnisse wird das angesaugte Volumen bei jedem Messvorgang erfasst und auf das Normvolumen umgerechnet. Druck- und Temperatureinflüsse und das Totvolumen zwischen Entnahmesonde und Filterpapier werden dabei berücksichtigt.

Die Auswertung des geschwärzten Filterpapiers erfolgt optoelektronisch über ein Reflexfotometer. Die Anzeige erfolgt meist in Schwärzungszahl nach Bosch (SZ) oder als Massenkonzentration ($mg/m^3$).

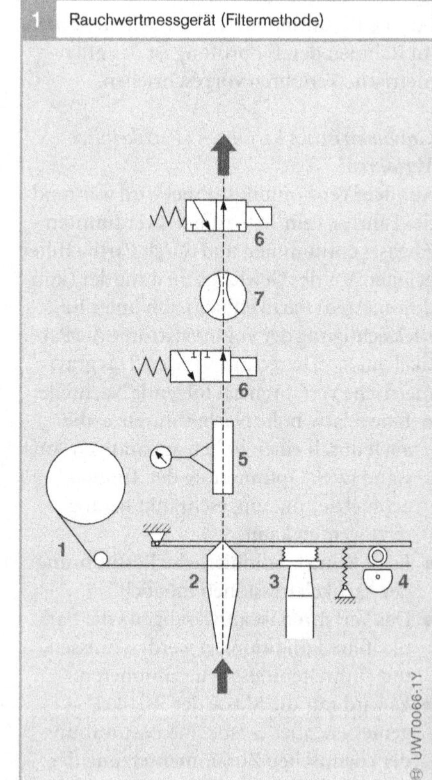



Bild 1
1 Filterpapier
2 Gasdurchgang
3 Reflexfotometer
4 Papiertransport
5 Volumenmessung
6 Spülluft-Umschaltventile
7 Pumpe

# Abgasuntersuchung (Trübungsmessung)

Der Ablauf der Abgasuntersuchung (AU) in der Werkstatt umfasst für ein Fahrzeug mit Dieselmotor i.W. folgende Schritte:

- Fahrzeug-Identifikation
- Sichtprüfung der Abgasanlage
- Überprüfung von Drehzahl und Motortemperatur
- Erfassen der gemittelten Leerlaufdrehzahl
- Erfassen der gemittelten Abregeldrehzahl
- Trübungsmessung: Auslösen von mindestens drei Gasstößen (freie Beschleunigung) zum Ermitteln der Trübung (Opazität). Wenn die Trübungswerte unterhalb des Grenzwertes und alle drei Messwerte in einer Brandbreite von $< 0,5 \mathrm{m}^{-1}$ liegen, ist die Abgasuntersuchung bestanden.

Ab 2005 ist in Deutschland außerdem eine On-Board-Diagnose im Rahmen der Abgasuntersuchung vorgeschrieben.

## Trübungsmessgerät (Absorptionsmethode)

Während der freien Beschleunigung wird ein Teil des Abgases aus dem Auspuffrohr des Fahrzeugs über eine Abgasentnahmesonde und einen Entnahmeschlauch der Messkammer zugeführt (ohne Saugunterstützung). Dieses Verfahren vermeidet insbesondere Einflüsse des Abgasgegendrucks und seiner Schwankungen auf das Messergebnis, da der Druck und die Temperatur geregelt werden (Hartridge-Gerät).

In der Messkammer durchläuft ein Lichtstrahl das Dieselabgas. Die Lichtschwächung wird fotoelektrisch gemessen und in Prozent Trübung $T$ oder als Absorptionskoeffizient $k$ angegeben. Eine definierte Messkammerlänge und das Freihalten der optischen Fenster von Ruß durch Luftvorhänge sind Voraussetzung für hohe Genauigkeit und gute Reproduzierbarkeit der Messergebnisse.

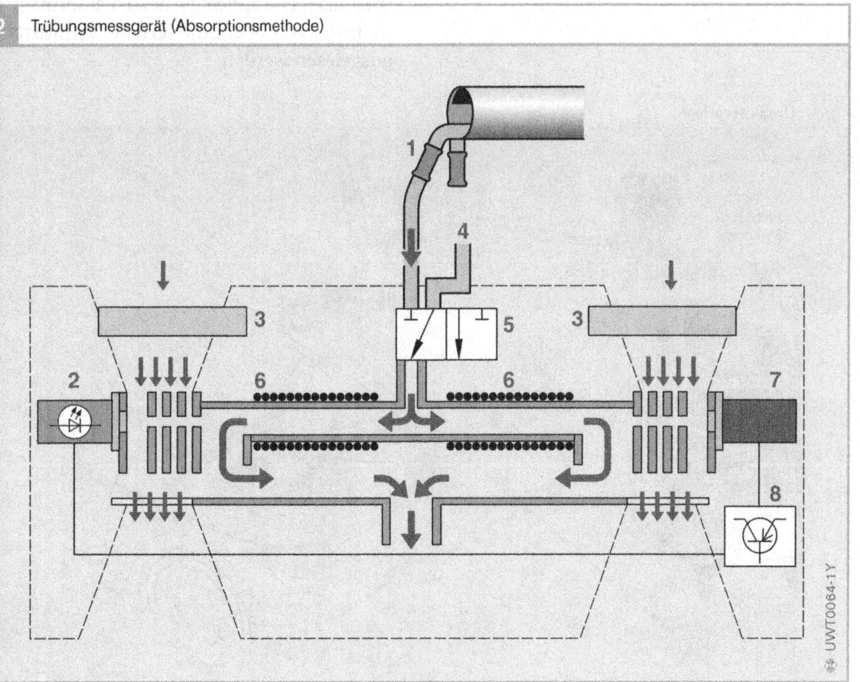

**2** Trübungsmessgerät (Absorptionsmethode)



Bild 2

1  Entnahmesonde
2  LED
3  Lüfter
4  Spülluft
5  Kalibrierventil
6  Heizung
7  Empfänger
8  Auswerteelektronik und Anzeige

# Diagnose

Die Zunahme der Elektronik im Kraftfahrzeug, die Nutzung von Software zur Steuerung des Fahrzeugs und die erhöhte Komplexität moderner Einspritzsysteme stellen hohe Anforderungen an das Diagnosekonzept, die Überwachung im Fahrbetrieb (On-Board-Diagnose) und die Werkstattdiagnose (Bild 1). Basis der Werkstattdiagnose ist die geführte Fehlersuche, die verschiedene Möglichkeiten von Onboard- und Offboard-Prüfmethoden und Prüfgeräten verknüpft. Im Zuge der Verschärfung der Abgasgesetzgebung und der Forderung nach laufender Überwachung hat auch der Gesetzgeber die On-Board-Diagnose als Hilfsmittel zur Abgasüberwachung erkannt und eine herstellerunabhängige Standardisierung geschaffen. Dieses zusätzlich installierte System wird *OBD-System* (On Board Diagnostic System) genannt.

## Überwachung im Fahrbetrieb (On-Board-Diagnose)

### Übersicht

Die im Steuergerät integrierte Diagnose gehört zum Grundumfang elektronischer Motorsteuerungssysteme. Neben der Selbstprüfung des Steuergeräts werden Ein- und Ausgangssignale sowie die Kommunikation der Steuergeräte untereinander überwacht.

Unter einer On-Board-Diagnose des elektronischen Systems ist die Fähigkeit des Steuergeräts zu verstehen, sich auch mithilfe der „Software-Intelligenz" ständig selbst zu überwachen, d. h. Fehler zu erkennen, abzuspeichern und diagnostisch auszuwerten. Die On-Board-Diagnose läuft ohne Zusatzgeräte ab.

Überwachungsalgorithmen überprüfen während des Betriebs die Eingangs- und Ausgangssignale sowie das Gesamtsystem mit allen Funktionen auf Fehlverhalten und Störungen. Die dabei erkannten Fehler werden im Fehlerspeicher des Steuergeräts abgespeichert. Die abgespeicherte Fehlerinformation kann über eine serielle Schnittstelle ausgelesen werden.

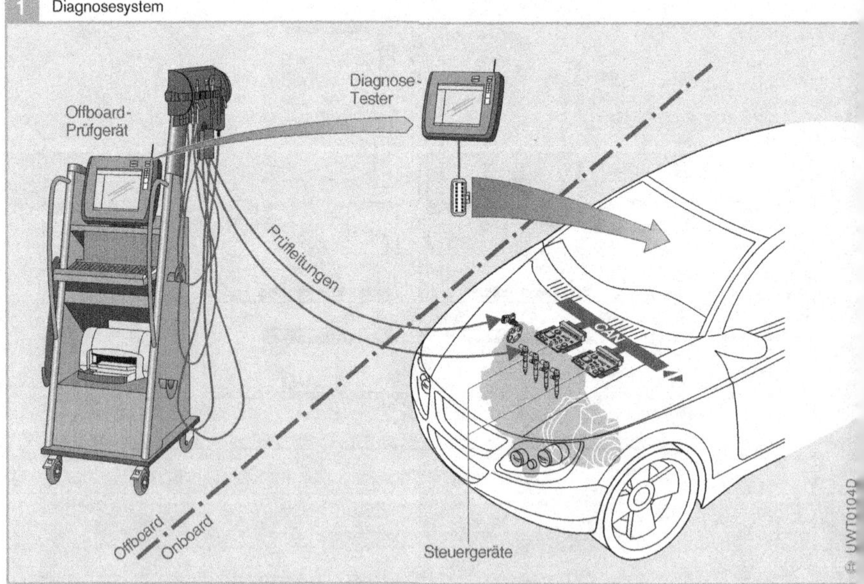

## Überwachung der Eingangssignale

Die Sensoren, Steckverbinder und Verbindungsleitungen (Signalpfad) zum Steuergerät (Bild 2) werden anhand der ausgewerteten Eingangssignale überwacht. Mit diesen Überprüfungen können neben Sensorfehlern auch Kurzschlüsse zur Batteriespannung $U_{Batt}$ und zur Masse sowie Leitungsunterbrechungen festgestellt werden. Hierzu werden folgende Verfahren angewandt:

- Überwachung der Versorgungsspannung des Sensors (falls vorhanden).
- Überprüfung des erfassten Wertes auf den zulässigen Wertebereich (z. B. 0,5…4,5 V).
- Bei Vorliegen von Zusatzinformationen wird eine Plausibilitätsprüfung mit dem erfassten Wert durchgeführt (z. B. Vergleich Kurbelwellen- und Nockenwellendrehzahl).
- Besonders wichtige Sensoren (z. B. Fahrpedalsensor) sind redundant ausgeführt. Ihre Signale können somit direkt miteinander verglichen werden.

## Überwachung der Ausgangssignale

Die vom Steuergerät über Endstufen angesteuerten Aktoren (Bild 2) werden überwacht. Mit den Überwachungsfunktionen werden neben Aktorfehlern auch Leitungsunterbrechungen und Kurzschlüsse erkannt. Hierzu werden folgende Verfahren angewandt:

- Überwachung des Stromkreises eines Ausgangssignals durch die Endstufe. Der Stromkreis wird auf Kurzschlüsse zur Batteriespannung $U_{Batt}$, zur Masse und auf Unterbrechung überwacht.
- Die Systemauswirkungen des Aktors werden direkt oder indirekt durch eine Funktions- oder Plausibilitätsüberwachung erfasst. Die Aktoren des Systems, z. B. Abgasrückführventil, Drosselklappe oder Drallklappe, werden indirekt über die Regelkreise (z. B. permanente Regelabweichung) und teilweise zusätzlich über Lagesensoren (z. B. die Stellung der Turbinengeometrie beim Turbolader) überwacht.

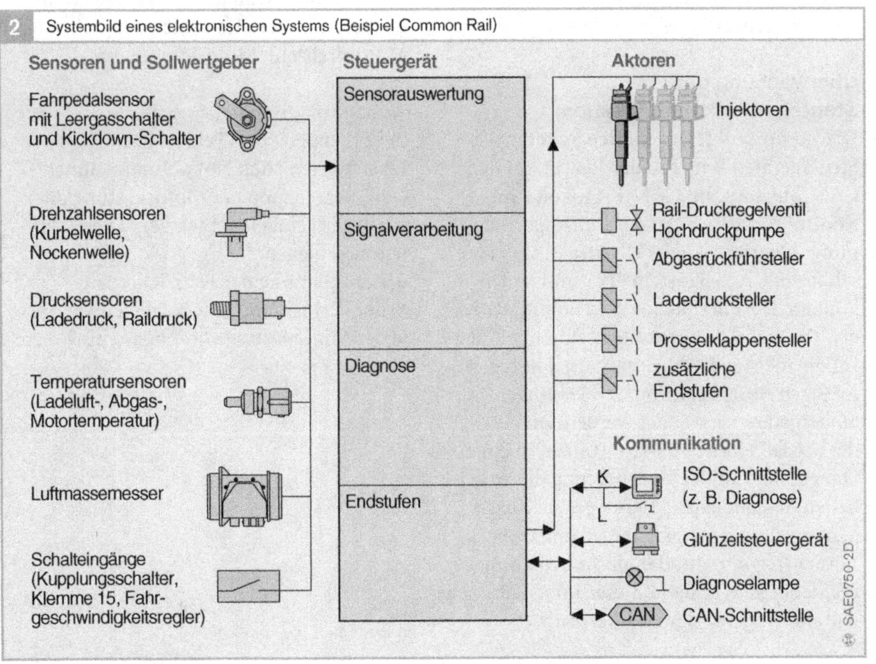

**2**    Systembild eines elektronischen Systems (Beispiel Common Rail)

### Überwachung der internen Steuergerätefunktionen

Damit die korrekte Funktionsweise des Steuergeräts jederzeit sichergestellt ist, sind im Steuergerät Überwachungsfunktionen in Hardware (z. B. „intelligente" Endstufenbausteine) und in Software realisiert. Die Überwachungsfunktionen überprüfen die einzelnen Bauteile des Steuergeräts (z. B. Mikrocontroller, Flash-EPROM, RAM). Viele Tests werden sofort nach dem Einschalten durchgeführt. Weitere Überwachungsfunktionen werden während des normalen Betriebs durchgeführt und in regelmäßigen Abständen wiederholt, damit der Ausfall eines Bauteils auch während des Betriebs erkannt wird. Testabläufe, die sehr viel Rechnerkapazität erfordern oder aus anderen Gründen nicht im Fahrbetrieb erfolgen können, werden im Nachlauf nach „Motor aus" durchgeführt. Auf diese Weise werden die anderen Funktionen nicht beeinträchtigt. Beim Common Rail System für Dieselmotoren werden im Hochlauf oder Nachlauf z. B. die Abschaltpfade der Injektoren getestet. Beim Ottomotor wird im Nachlauf z. B. das Flash-EPROM geprüft.

### Überwachung der Steuergerätekommunikation

Die Kommunikation mit den anderen Steuergeräten findet in der Regel über den CAN-Bus statt. Im CAN-Protokoll sind Kontrollmechanismen zur Störungserkennung integriert, sodass Übertragungsfehler schon im CAN-Baustein erkannt werden können. Darüber hinaus werden im Steuergerät weitere Überprüfungen durchgeführt. Da die meisten CAN-Botschaften in regelmäßigen Abständen von den jeweiligen Steuergeräten versendet werden, kann z. B. der Ausfall eines CAN-Controllers in einem Steuergerät mit der Überprüfung dieser zeitlichen Abstände detektiert werden. Zusätzlich werden die empfangenen Signale bei Vorliegen von redundanten Informationen im Steuergerät anhand dieser Informationen wie alle Eingangssignale überprüft.

### Fehlerbehandlung

Fehlererkennung

Ein Signalpfad wird als endgültig defekt eingestuft, wenn ein Fehler über eine definierte Zeit vorliegt. Bis zur Defekteinstufung wird der zuletzt als gültig erkannte Wert im System verwendet. Mit der Defekteinstufung wird in der Regel eine Ersatzfunktion eingeleitet (z. B. Motortemperatur-Ersatzwert $T = 90\,°C$).

Für die meisten Fehler ist eine Heilung bzw. Intakt-Erkennung während des Fahrzeugbetriebs möglich. Hierzu muss der Signalpfad für eine definierte Zeit als intakt erkannt werden.

Fehlerspeicherung

Jeder Fehler wird im nichtflüchtigen Bereich des Datenspeichers in Form eines Fehlercodes abgespeichert. Der Fehlercode beschreibt auch die Fehlerart (z. B. Kurzschluss, Leitungsunterbrechung, Plausibilität, Wertebereichsüberschreitung). Zu jedem Fehlereintrag werden zusätzliche Informationen gespeichert, z. B. die Betriebs- und Umweltbedingungen (Freeze Frame), die bei Auftreten des Fehlers herrschen (z. B. Motordrehzahl, Motortemperatur).

Notlauffunktionen (Limp home)

Bei Erkennen eines Fehlers können neben Ersatzwerten auch Notlaufmaßnahmen (z. B. Begrenzung der Motorleistung oder -drehzahl) eingeleitet werden. Diese Maßnahmen dienen
- der Erhaltung der Fahrsicherheit,
- der Vermeidung von Folgeschäden oder
- der Minimierung von Abgasemissionen.

# On Board Diagnostic System für Pkw und leichte Nkw

Damit die vom Gesetzgeber geforderten Emissionsgrenzwerte auch im Alltag eingehalten werden, müssen das Motorsystem und die Komponenten ständig überwacht werden. Deshalb wurden – beginnend in Kalifornien – Regelungen zur Überwachung der abgasrelevanten Systeme und Komponenten erlassen. Damit wird die herstellerspezifische On-Board-Diagnose hinsichtlich der Überwachung emissionsrelevanter Komponenten und Systeme standardisiert und weiter ausgebaut.

## Gesetzgebung

### OBD I (CARB)

1988 trat in Kalifornien mit OBD I die erste Stufe der CARB-Gesetzgebung (California Air Resources Board) in Kraft. Diese erste OBD-Stufe verlangt:

- Die Überwachung abgasrelevanter elektrischer Komponenten (Kurzschlüsse, Leitungsunterbrechungen) und Abspeicherung der Fehler im Fehlerspeicher des Steuergeräts.
- Eine Fehlerlampe (Malfunction Indicator Lamp, MIL), die dem Fahrer erkannte Fehler anzeigt.
- Mit Onboard-Mitteln (z. B. Blinkcode über eine Diagnoselampe) muss ausgelesen werden können, welche Komponente ausgefallen ist.

### OBD II (CARB)

1994 wurde mit OBD II die zweite Stufe der Diagnosegesetzgebung in Kalifornien eingeführt. Für Fahrzeuge mit Dieselmotoren wurde OBD II ab 1996 Pflicht. Zusätzlich zu dem Umfang OBD I wird nun auch die Funktionalität des Systems überwacht (z. B. Prüfung von Sensorsignalen auf Plausibilität).

OBD II verlangt, dass alle abgasrelevanten Systeme und Komponenten, die bei Fehlfunktion zu einer Erhöhung der schädlichen Abgasemissionen führen können (Überschreitung der OBD-Grenzwerte), überwacht werden. Zusätzlich sind auch alle Komponenten, die zur Überwachung emissionsrelevanter Komponenten eingesetzt werden bzw. die das Diagnoseergebnis beeinflussen können, zu überwachen.

Für alle zu überprüfenden Komponenten und Systeme müssen die Diagnosefunktionen in der Regel mindestens einmal im Abgas-Testzyklus (z. B. FTP 75) durchlaufen werden. Darüber hinaus wird gefordert, dass alle Diagnosefunktionen auch im täglichen Fahrbetrieb ausreichend häufig ablaufen. Für viele Überwachungsfunktionen wird ab Modelljahr 2005 eine im Gesetz definierte Überwachungshäufigkeit („In Use Monitor Performance Ratio") im täglichen Fahrbetrieb vorgeschrieben.

Seit Einführung der OBD II wurde das Gesetz in mehreren Stufen überarbeitet (updates). Die letzte Überarbeitung gilt ab Modelljahr 2004. Weitere Updates sind angekündigt.

### OBD (EPA)

In den übrigen US-Bundesstaaten gelten seit 1994 die Gesetze der Bundesbehörde EPA (Environmental Protection Agency). Der Umfang dieser Diagnose entspricht im Wesentlichen der CARB-Gesetzgebung (OBD II).

Die OBD-Vorschriften für CARB und EPA gelten für alle Pkw bis zu 12 Sitzplätzen sowie leichte Nkw bis 14000 lbs (6,35 t).

### EOBD (EU)

Die auf europäische Verhältnisse angepasste OBD wird als EOBD bezeichnet und lehnt sich an die EPA-OBD an.

Die EOBD gilt seit Januar 2000 für alle Pkw und leichte Nkw mit Ottomotoren bis zu 3,5 t und bis zu 9 Sitzplätzen. Seit Januar 2003 gilt die EOBD auch für Pkw und leichte Nkw mit Dieselmotoren.

### Andere Länder

Einige andere Länder haben EU- oder US-OBD bereits übernommen oder planen deren Einführung.

## Anforderungen an das OBD-System

Alle Systeme und Komponenten im Kraftfahrzeug, deren Ausfall zu einer Verschlechterung der im Gesetz festgelegten Abgasprüfwerte führt, müssen vom Motorsteuergerät durch geeignete Maßnahmen überwacht werden. Führt ein vorliegender Fehler zum Überschreiten der OBD-Emissionsgrenzwerte, so muss dem Fahrer das Fehlverhalten über die MIL angezeigt werden.

### Grenzwerte

Die US-OBD II (CARB und EPA) sieht Schwellen vor, die relativ zu den Emissionsgrenzwerten definiert sind. Damit ergeben sich für die verschiedenen Abgaskategorien, nach denen die Fahrzeuge zertifiziert sind (z. B. TIER, LEV, ULEV), unterschiedliche zulässige OBD-Grenzwerte. In Europa gelten absolute Grenzwerte (Tabelle 1).

### Fehlerlampe (MIL)

Die Malfunction Indicator Lamp (MIL) weist den Fahrer auf das fehlerhafte Verhalten einer Komponente hin. Bei einem erkannten Fehler wird im Geltungsbereich von CARB und EPA im zweiten Fahrzyklus mit diesem Fehler die MIL eingeschaltet. Im Geltungsbereich der EOBD wird die MIL spätestens im dritten Fahrzyklus mit erkanntem Fehler eingeschaltet.

Verschwindet ein Fehler wieder (z. B. Wackelkontakt), so bleibt der Fehler im Fehlerspeicher noch 40 Fahrten (warm up cycles) eingetragen. Die MIL wird nach drei fehlerfreien Fahrzyklen wieder ausgeschaltet.

### Kommunikation mit Scan-Tool

Die OBD-Gesetzgebung schreibt eine Standardisierung der Fehlerspeicherinformation und des Zugriffs darauf (Stecker, Kommunikationsschnittstelle) nach ISO 15031 und den entsprechenden SAE-Normen (Society of Automotive Engineers) vor. Dies ermöglicht das Auslesen des Fehlerspeichers über genormte, frei käufliche Tester (Scan-Tools, Bild 1).

Weltweit sind je nach Anwendung verschiedene Kommunikationsprotokolle verbreitet. Die wichtigsten sind:
- ISO 9141-2 für europäische Pkw,
- SAE J 1850 für amerikanische Pkw,
- ISO 14230-4 (KWP 2000) für europäische Pkw und Nkw sowie
- SAE J 1708 für US-Nkw.

Diese seriellen Schnittstellen arbeiten mit einer Übertragungsrate (Baudrate) zwischen 5 Baud und 10 kBaud. Sie sind als Eindraht-Schnittstelle mit gemeinsamer Sende- und Empfangsleitung oder als Zweidraht-Schnittstelle mit getrennter *Datenleitung* (K-Leitung) und *Reizleitung* (L-Leitung) aufgebaut. An einem Diagnosestecker können mehrere Steuergeräte (z. B. Motronic und ESP oder EDC und Getriebesteuerung usw.) zusammengefasst werden.

Der Kommunikationsaufbau zwischen Tester und Steuergerät erfolgt in drei Phasen:
- Reizen des Steuergeräts,
- Baudrate erkennen und generieren,
- Keybytes lesen, die zur Kennzeichnung des Übertragungsprotokolls dienen.

**1**   OBD-Grenzwerte für Pkw und leichte Nkw

| | Otto-Pkw | | Diesel-Pkw | |
|---|---|---|---|---|
| CARB | – relative Grenzwerte<br>– meist 1,5facher Grenzwert der<br>   jeweiligen Abgaskategorie | | – relative Grenzwerte<br>– meist 1,5facher Grenzwert der<br>   jeweiligen Abgaskategorie | |
| EPA<br>(US-Federal) | – relative Grenzwerte<br>– meist 1,5facher Grenzwert der<br>   jeweiligen Abgaskategorie | | – relative Grenzwerte<br>– meist 1,5facher Grenzwert der<br>   jeweiligen Abgaskategorie | |
| EOBD | 2000<br>CO: 3,2 g/km<br>HC: 0,4 g/km<br>$NO_X$: 0,6 g/km | 2005 (vorgeschlagen)<br>CO: 1,9 g/km<br>HC: 0,3 g/km<br>$NO_X$: 0,53 g/km | 2003<br>CO: 3,2 g/km<br>HC: 0,4 g/km<br>$NO_X$: 1,2 g/km<br>PM: 0,18 g/km | 2005 (vorgeschlagen)<br>CO: 3,2 g/km<br>HC: 0,4 g/km<br>$NO_X$: 1,2 g/km<br>PM: 0,18 g/km |

Tabelle 1

Danach kann die Auswertung erfolgen.
Folgende Funktionen sind möglich:
- Steuergerät identifizieren,
- Fehlerspeicher lesen,
- Fehlerspeicher löschen,
- Istwerte lesen.

Zukünftig wird die Kommunikation zwischen Steuergeräten und Testgerät zunehmend über den CAN-Bus erfolgen (ISO 15765-4). Ab 2008 ist in den USA die Diagnose nur noch über diese Schnittstelle erlaubt.

Um die Fehlerspeicherinformationen des Steuergeräts leicht auslesen zu können, ist in jedem Fahrzeug gut zugänglich (vom Fahrersitz aus erreichbar) eine einheitliche Diagnosesteckdose eingebaut, an der die Verbindung mit dem Scan-Tool hergestellt werden kann (Bild 2).

### Auslesen der Fehlerinformationen

Mit Hilfe des Scan-Tools können die emissionsrelevanten Fehlerinformationen von jeder Werkstatt aus dem Steuergerät ausgelesen werden (Bild 3). So werden auch herstellerunabhängige Werkstätten in die Lage versetzt, diese Informationen für eine Reparatur zu nutzen. Zur Sicherstellung dieser Möglichkeit werden die Hersteller verpflichtet, notwendige Werkzeuge und Informationen gegen angemessene Bezahlung zur Verfügung zu stellen (z. B. im Internet).

### Rückruf

Erfüllen Fahrzeuge die gesetzlichen OBD-Forderungen nicht, kann der Gesetzgeber auf Kosten der Fahrzeughersteller Rückrufaktionen anordnen.

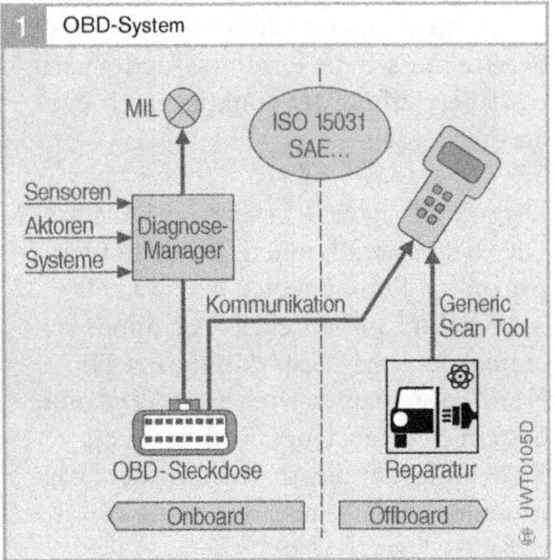

**1** OBD-System



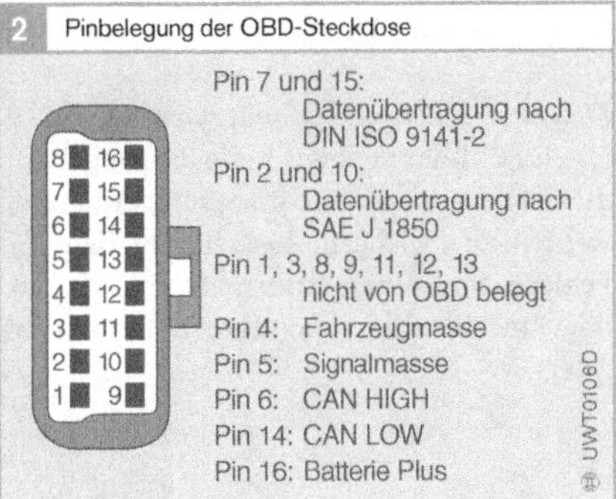

**2** Pinbelegung der OBD-Steckdose



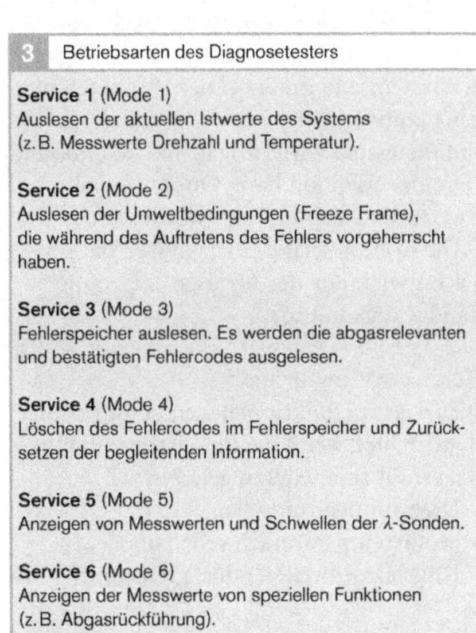

**3** Betriebsarten des Diagnosetesters

**Service 1** (Mode 1)
Auslesen der aktuellen Istwerte des Systems
(z. B. Messwerte Drehzahl und Temperatur).

**Service 2** (Mode 2)
Auslesen der Umweltbedingungen (Freeze Frame),
die während des Auftretens des Fehlers vorgeherrscht
haben.

**Service 3** (Mode 3)
Fehlerspeicher auslesen. Es werden die abgasrelevanten
und bestätigten Fehlercodes ausgelesen.

**Service 4** (Mode 4)
Löschen des Fehlercodes im Fehlerspeicher und Zurücksetzen der begleitenden Information.

**Service 5** (Mode 5)
Anzeigen von Messwerten und Schwellen der $\lambda$-Sonden.

**Service 6** (Mode 6)
Anzeigen der Messwerte von speziellen Funktionen
(z. B. Abgasrückführung).

**Service 7** (Mode 7)
Fehlerspeicher auslesen. Im Service 7 werden die noch
nicht bestätigten Fehlercodes ausgelesen.

**Service 8** (Mode 8)
Testfunktionen anstoßen (Fahrzeughersteller spezifisch).

**Service 9** (Mode 9)
Auslesen von Fahrzeuginformationen.

### Funktionale Anforderungen

Übersicht

Wie bei der On-Board-Diagnose müssen alle Eingangs- und Ausgangssignale des Steuergeräts sowie die Komponenten selbst überwacht werden.

Die Gesetzgebung fordert die elektrische Überwachung (Kurzschluss, Leitungsunterbrechung) sowie eine Plausibilitätsprüfung für Sensoren und eine Funktionsüberwachung für Aktoren.

Die Schadstoffkonzentration, die durch den Ausfall einer Komponente zu erwarten ist (Erfahrungswerte), sowie die teilweise im Gesetz geforderte Art der Überwachung bestimmt auch die Art der Diagnose. Ein einfacher Funktionstest (Schwarz-Weiß-Prüfung) prüft nur die Funktionsfähigkeit des Systems oder der Komponenten (z. B. Drallklappe öffnet und schließt). Die umfangreiche Funktionsprüfung macht eine genauere Aussage über die Funktionsfähigkeit des Systems. So muss bei der Überwachung der adaptiven Einspritzfunktionen (z. B. Nullmengenkalibrierung beim Dieselmotor, Lambda-Adaption beim Ottomotor) die Grenze der Adaption überwacht werden.

Die Komplexität der Diagnosen hat mit der Entwicklung der Abgasgesetzgebung ständig zugenommen.

Einschaltbedingungen

Die Diagnosefunktionen werden nur dann abgearbeitet, wenn die Einschaltbedingungen erfüllt sind. Hierzu gehören z. B.
- Drehmomentschwellen,
- Motortemperaturschwellen und
- Drehzahlschwellen oder -grenzen.

Sperrbedingungen

Diagnosefunktionen und Motorfunktionen können nicht immer gleichzeitig arbeiten. Es gibt Sperrbedingungen, die die Durchführung bestimmter Funktionen unterbinden. Beim Diesel-System kann z. B. der Luftmassenmesser (HFM) nur dann hinreichend überwacht werden, wenn das Abgasrückführventil geschlossen ist. Beim Otto-System kann die Tankentlüftung (Kraftstoffverduns-tungs-Rückhaltesystem) nicht arbeiten, wenn die Katalysatordiagnose in Betrieb ist.

Temporäres Abschalten von Diagnosefunktionen

Um Fehldiagnosen zu vermeiden, dürfen die Diagnosefunktionen unter bestimmten Voraussetzungen abgeschaltet werden. Beispiele hierfür sind:
- große Höhe,
- niedrige Umgebungstemperatur bei Motorstart oder
- niedrige Batteriespannung.

Readiness-Code

Für die Überprüfung des Fehlerspeichers ist es von Bedeutung zu wissen, dass die Diagnosefunktionen wenigstens ein Mal abgearbeitet wurden. Das kann durch Auslesen der Readiness-Codes (Bereitschaftscodes) über die Diagnoseschnittstelle überprüft werden. Nach einem Löschen des Fehlerspeichers im Service müssen die Readiness-Codes nach der Überprüfung der Funktionen erneut gesetzt werden.

Diagnose-System-Management DSM

Die Diagnosefunktionen für alle zu überprüfenden Komponenten und Systeme müssen im Fahrbetrieb, jedoch mindestens einmal im Abgas-Testzyklus (z. B. FTP 75, NEFZ) durchlaufen werden. Das **Diagnose-System-Management** (DSM) kann die Reihenfolge für die Abarbeitung der Diagnosefunktionen je nach Fahrzustand dynamisch verändern.

Das DSM besteht aus den folgenden drei Komponenten (Bild 4):

*Diagnose-Fehlerpfad-Management DFPM*

Das DFPM hat in erster Linie die Aufgabe, die Fehlerzustände, die im System erkannt werden, zu speichern. Zusätzlich zu den Fehlern sind weitere Informationen wie z. B. die Umweltbedingungen (Freeze Frame) abgelegt.

*Diagnose-Funktions-Scheduler DSCHED*
Der DSCHED ist für die Koordinierung der
zugewiesenen Motor- und Diagnosefunktionen zuständig. Hierfür bekommt er Informationen vom DVAL und DFPM. Weiterhin
melden die Funktionen, die eine Freigabe
durch den DSCHED benötigen, ihre Bereit-
schaft zur Durchführung, worauf der
aktuelle Systemzustand überprüft wird.

*Diagnose-Validator DVAL*
Aufgrund aktueller Fehlerspeichereinträge
sowie zusätzlich gespeicherter Informatio-
nen entscheidet der DVAL (bisher nur im
Otto-System eingesetzt) für jeden erkannten
Fehler, ob dieser die wirkliche Ursache des
Fehlverhaltens oder ein Folgefehler ist. Im
Ergebnis stellt die Validierung abgesicherte
Informationen für den Diagnosetester, mit
dem der Fehlerspeicher ausgelesen wird, zur
Verfügung.

Diagnosefunktionen können damit in
beliebiger Reihenfolge freigegeben werden.
Alle freigegebenen Diagnosen und ihre
Ergebnisse werden nachträglich bewertet.

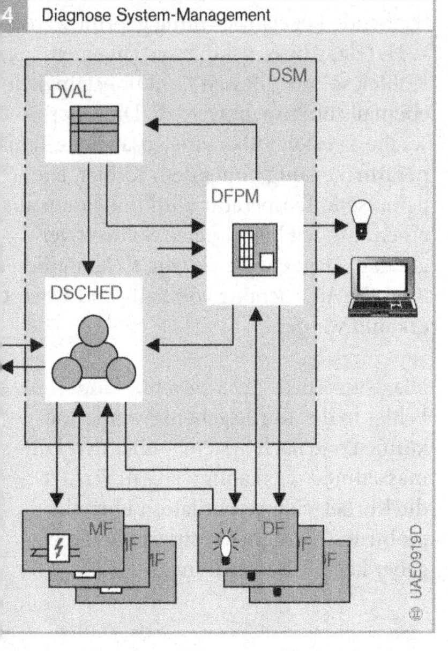


## OBD-Funktionen

### Übersicht

Während EOBD nur bei einzelnen Kompo-
nenten die Überwachung im Detail vor-
schreibt, sind die Anforderungen bei der
CARB-OBD II wesentlich detaillierter. Die
folgende Aufzählung stellt den derzeitigen
Stand der CARB-Anforderungen für Pkw-
Otto- und -Dieselmotoren dar. Mit (E) sind
Anforderungen markiert, die auch in der
EOBD-Gesetzgebung im Detail beschrieben
sind:
- Katalysator (E), beheizter Katalysator,
- Verbrennungs-(Zünd-)Aussetzer
  (E, beim Diesel-System nicht für EOBD),
- Verdunstungsminderungssystem
  (Tankleckdiagnose, nur bei Otto-System),
- Sekundärlufteinblasung,
- Kraftstoffsystem,
- Lambda-Sonden (E),
- Abgasrückführung,
- Kurbelgehäuseentlüftung,
- Motorkühlsystem,
- Kaltstartemissionsminderungssystem
  (derzeit nur bei Otto-System),
- Klimaanlage (Komponenten),
- Variabler Ventiltrieb (derzeit nur bei
  Otto-Systemen im Einsatz),
- Direktes Ozonminderungssystem (derzeit
  nur bei Otto-System im Einsatz),
- Partikelfilter (Rußfilter, nur bei Diesel-
  System) (E)
- Comprehensive Components (E),
- Sonstige emissionsrelevante
  Komponenten/Systeme (E).

„Sonstige emissionsrelevante Komponen-
ten/Systeme" sind die in dieser Aufzählung
nicht genannten Komponenten/Systeme,
deren Ausfall zur Überschreitung der OBD-
Grenzwerte führen kann und die bei Ausfall
andere Diagnosefunktionen sperren können.

### Katalysatordiagnose

Beim Diesel-System werden im Oxidationskatalysator Kohlenmonoxid (CO) und
unverbrannte Kohlenwasserstoffe (HC) oxidiert. An Diagnosefunktionen zur Funktionsüberwachung des Oxidationskatalysators auf

der Basis von Temperatur und Druckdifferenz wird derzeit gearbeitet. Ein Ansatz arbeitet auf der Basis einer aktiven Nacheinspritzung („intrusive operation"). Dabei wird Wärme durch eine exotherme HC-Reaktion im Oxidationskatalysator erzeugt. Die Temperatur wird gemessen und mit berechneten Modellwerten verglichen. Daraus kann die Funktionsfähigkeit des Katalysators abgeleitet werden.

Ebenso wird an Überwachungsfunktionen für die Speicher- und Regenerationsfähigkeit des $NO_X$-Speicherkatalysators gearbeitet, der auch beim Diesel-System in Zukunft eingesetzt werden wird. Die Überwachungsfunktionen arbeiten auf der Basis von Beladungs- und Entladungsmodellen sowie der gemessenen Regenerationsdauer. Dazu ist der Einsatz von Lambda- oder $NO_X$-Sensoren erforderlich.

### Verbrennungsaussetzererkennung

Fehlerhafte Einspritzungen oder Kompressionsverlust führen zur Verschlechterung der Verbrennung und damit zu Änderungen der Emissionswerte. Die Aussetzererkennung wertet für jeden Zylinder die von einer Verbrennung bis zur nächsten verstrichene Zeit (Segmentzeit) aus. Diese Zeit wird aus dem Signal des Drehzahlsensors abgeleitet. Eine im Vergleich zu den anderen Zylindern vergrößerte Segmentzeit deutet auf einen Aussetzer oder Kompressionsverlust hin.

Beim Diesel-System wird die Diagnose der Verbrennungsaussetzer nur im Leerlauf gefordert und durchgeführt.

### Diagnose Kraftstoffsystem

Beim Common Rail System gehören zur Diagnose des Kraftstoffsystems die elektrische Überwachung der Injektoren und der Raildruckregelung (Hochdruckregelung), beim Unit Injector System vor allem die Überwachung der Schaltzeit der Einspritzventile. Spezielle Funktionen des Einspritzsystems, die die Einspritzmengengenauigkeit erhöhen, werden ebenfalls überwacht. Beispiele hierzu sind die Nullmengenkalibrierung, die Mengen-Mittelwertadaption und

die Funktion AS-MOD-Observer (Luftsystembeobachter). Die beiden zuletzt genannten Funktionen benutzen die Informationen der Lambda-Sonde als Eingangssignale und berechnen daraus und aus Modellen die Abweichungen zwischen Soll- und Istmenge.

### Diagnose Lambda-Sonden

Bei Diesel-Systemen werden derzeit Breitband-Lambda-Sonden eingesetzt. Diese benötigen andere Diagnoseverfahren als Zweipunktsonden, da für sie auch von $\lambda =$ abweichende Vorgaben möglich sind. Sie werden elektrisch (Kurzschluss, Kabelunterbrechung) und auf Plausibilität überwacht. Das Heizelement der Sondenheizung wird elektrisch und auf bleibende Regelabweichung geprüft.

### Diagnose Abgasrückführsystem

Beim Abgasrückführsystem werden das AGR-Ventil und – falls vorhanden – der Abgaskühler überwacht.

Das Abgasrückführventil wird sowohl elektrisch als auch funktional überwacht. Die funktionale Überwachung erfolgt über Luftmassenregler und Lageregler, die auf bleibende Regelabweichung geprüft werden.

Hat das Abgasrückführsystem einen Kühler, so muss dessen Funktionsfähigkeit ebenfalls überwacht werden. Die Überwachung erfolgt über eine zusätzliche Temperaturmessung hinter dem Kühler. Die gemessene Temperatur wird mit einem aus einem Modell berechneten Sollwert verglichen. Liegt ein Defekt vor, so kann dieser über die Abweichung von Soll- und Istwert erkannt werden.

### Diagnose Kurbelgehäuseventilation

Fehler in der Kurbelgehäuseventilation können – je nach System – über den Luftmassenmesser erkannt werden. Verfügt die Kurbelgehäuseventilation über ein „robustes" Design, so fordert der Gesetzgeber keine Überwachung.

### Diagnose Motorkühlsystem

Das Motorkühlsystem besteht aus Thermostat und Kühlwassertemperatursensor. Ein defekter Thermostat kann z. B. zu einer nur langsam ansteigenden Motortemperatur und damit zu erhöhten Abgasemissionswerten führen. Die Diagnosefunktion für den Thermostat prüft anhand des Kühlwassertemperatursensors das Erreichen einer Nominaltemperatur. Darüber hinaus erfolgt die Überwachung mithilfe eines Temperaturmodells.

Der Kühlwassertemperatursensor wird neben der Überwachung auf elektrische Fehler durch eine dynamische Plausibilitätsfunktion auf das Erreichen einer Minimaltemperatur überwacht. Daneben erfolgt eine dynamische Plausibilisierung bei der Abkühlung des Motors. Durch diese Funktionen kann ein Hängenbleiben des Sensors sowohl im unteren als auch im oberen Temperaturbereich überwacht werden.

### Diagnose Klimaanlage

Um den Leistungsbedarf der Klimaanlage zu decken, kann der Motor unter Umständen in einem anderen Betriebspunkt betrieben werden. Die geforderte Diagnose muss deshalb alle elektronischen Komponenten der Klimaanlage überwachen, die bei einem Defekt möglicherweise zu einem Emissionsanstieg führen können.

### Diagnose Partikelfilter

Beim Partikelfilter wird derzeit auf einen gebrochenen, entfernten oder verstopften Filter überwacht. Dazu wird ein Differenzdrucksensor eingesetzt, der bei einem bestimmten Volumenstrom die Druckdifferenz (Abgasgegendruck vor und nach dem Filter) misst. Aus dem Messwert kann auf einen defekten Filter geschlossen werden.

### Comprehensive Components

Die OBD-Gesetzgebung fordert, dass sämtliche Sensoren (z. B. Luftmassenmesser, Drehzahlsensor, Temperatursensoren) und Aktoren (z. B. Drosselklappe, Hochdruckpumpe, Glühkerzen) überwacht werden müssen, die entweder Einfluss auf die Emissionen haben oder zur Überwachung anderer Komponenten oder Systeme benutzt werden (und dadurch gegebenenfalls andere Diagnosen sperren).

Sensoren werden auf folgende Fehler überwacht (Bild 5):
- Elektrische Fehler, d. h. Kurzschlüsse und Leitungsunterbrechungen *(Signal Range Check)*.
- Bereichsfehler *(Out of Range Check)*, d. h. Über- oder Unterschreitung der vom physikalischen Messbereich des Sensors festgelegten Spannungsgrenzen.
- Plausibilitätsfehler *(Rationality Check)*; dies sind Fehler, die in der Komponente selbst liegen (z. B. Drift) oder z. B. durch Nebenschlüsse hervorgerufen werden können. Zur Überwachung werden die Sensorsignale entweder mit einem Modell oder direkt mit anderen Sensoren plausibilisiert.

Aktoren müssen auf elektrische Fehler und – falls technisch machbar – auch funktional überwacht werden. Funktionale Überwachung bedeutet, dass die Umsetzung eines gegebenen Stellbefehls (Sollwert) überwacht wird, indem die Systemreaktion (Istwert) in geeigneter Weise durch Informationen aus dem System beobachtet oder gemessen wird (z. B. durch einen Lagesensor).

Zu den zu überwachenden Aktoren gehören neben sämtlichen Endstufen:
- die Drosselklappe,
- das Abgasrückführventil,
- die variable Turbinengeometrie des Abgasturboladers,
- die Drallklappe,
- die Glühkerzen.

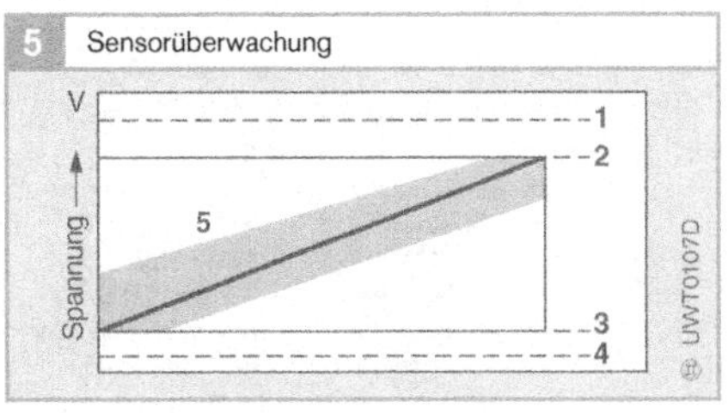



Bild 5
1 Obere Schwelle für *Signal Range Check*
2 obere Schwelle für *Out of Range Check*
3 untere Schwelle für *Out of Range Check*
4 untere Schwelle für *Signal Range Check*
5 Plausibilitätsbereich *Rationality Check*

# On Board Diagnostic System für schwere Nkw

In Europa und den USA liegen Gesetzentwürfe vor, die noch nicht verabschiedet sind; diese lehnen sich eng an die jeweilige Pkw-Gesetzgebung an.

## Gesetzgebung

In der EU ist mit einer Einführung für neue Typprüfungen ab 10/2005 zu rechnen (zusammen mit der Abgasgesetzgebung EU 4). Ab 10/2006 soll ein OBD-System für jedes Neufahrzeug Pflicht sein. Für die USA sieht der Entwurf der kalifornischen Behörde CARB die Einführung eines OBD-Systems für das Modelljahr (MJ) 2007 vor. Es ist damit zu rechnen, dass auch EPA (US-Federal) für MJ 2007 noch im Jahr 2004 einen Entwurf vorlegen wird. Darüber hinaus gibt es Bemühungen zu einer weltweiten Harmonisierung (World Wide Harmonized, WWH-OBD), mit der jedoch nicht vor 2012 zu rechnen ist. Japan wird voraussichtlich 2005 ein OBD-System einführen.

## EOBD für Nkw und Busse > 3,5 t

Die europäische OBD-Gesetzgebung sieht eine zweistufige Einführung vor. Stufe 1 (2005) verlangt die Überwachung

- des Einspritzsystems auf geschlossenen Stromkreis und Totalausfall,
- der emissionsrelevanten Motorkomponenten oder Systeme auf Einhaltung der OBD-Grenzwerte (Tabelle 1),
- des Abgasnachbehandlungssystems auf größere funktionale Fehler (z. B. schadhafter Katalysator, Harnstoffmangel bei SCR-System).

Für die Stufe 2 (2008) gilt:
- Auch das Abgasnachbehandlungssystem muss auf Emissionsgrenzwerte überwacht werden.
- Die OBD-Grenzwerte werden dem aktuellen Stand der Technik angepasst (Verfügbarkeit von Abgassensoren).

Als Protokoll für die Scan-Tool-Kommunikation über CAN ist alternativ ISO 15 765 oder SAE J1939 zugelassen.

## CARB-OBD für HD-Trucks > 14 000 lbs (6,35 t)

Der vorliegende Gesetzentwurf lehnt sich in den funktionalen Forderungen sehr eng an die Pkw-Gesetzgebung an und sieht ebenfalls eine zweistufige Einführung vor:
- MJ 2007 mit einer Überwachung auf funktionale Fehler,
- MJ 2010 mit Überwachung auf OBD-Grenzwerte (Tabelle 1).

Wesentliche Änderungen gegenüber aktueller Pkw-Gesetzgebung:
- Löschung des OBD-Fehlerspeichers nicht mehr über Scan-Tool möglich, sondern nur durch Selbstheilung (z. B. nach Reparatur).
- Neben der CAN-Diagnosekommunikation nach ISO 15 765 (wie bei Pkw) ist alternativ auch SAE J1939 zugelassen.

**1** OBD-Grenzwerte für schwere Nkw (vorgeschlagen)

| CARB | 2007 | 2010 |
|---|---|---|
| | – funktionaler Check ohne Grenzwerte | – relativer Grenzwert<br>– 1,5facher Wert der jeweiligen Abgaskategorie<br>– Ausnahme: Katalysator, Faktor 1,75 |
| EPA | – noch nicht festgelegt | – noch nicht festgelegt |
| EU | 2005 | 2008 |
| | – absoluter Grenzwert $NO_X$: 7,0 g/kWh PM: 0,1 g/kWh<br>– funktionaler Check für Abgasnachbehandlungssystem | – absoluter Grenzwert $NO_X$: 7,0 g/kWh PM: 0,1 g/kWh<br>– Vorbehalt der Überprüfung durch EU-Kommission |

Tabelle 1

„Wenn Du erst einmal im Motorwagen gefahren bist, dann wirst Du bald finden, dass es mit Pferden etwas unglaublich Langweiliges ist (…). Es gehört aber ein sorgfältiger Mechaniker an den Wagen (…)."

Robert Bosch schrieb im Jahr 1906 diese Zeilen an seinen Freund Paul Reusch. Damals konnten in der Tat auftretende Pannen durch den angestellten Chauffeur oder den Mechaniker daheim behoben werden. Doch mit der steigenden Zahl der selbstfahrenden „Automobilisten" nach dem Ersten Weltkrieg wuchs das Bedürfnis nach Werkstätten rasch an. In den 1920er-Jahren begann Robert Bosch mit dem systematischen Aufbau einer flächendeckenden Kundendienstorganisation. 1926 erhielten diese Werkstätten den einheitlichen, als Markenzeichen angemeldeten Namen „Bosch-Dienst".

Die Bosch-Dienste von heute haben die Bezeichnung „Bosch Car Service". Sie sind mit modernsten elektronischen Geräten ausgerüstet, um den Anforderungen der Kraftfahrzeugtechnik von heute und den Qualitätsansprüchen des Kunden gerecht zu werden.

1 Eine Reparaturhalle aus dem Jahr 1925 (Foto: Bosch)

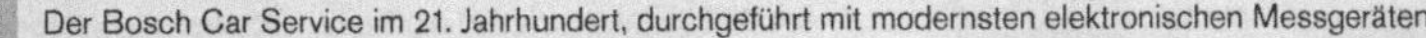

2 Der Bosch Car Service im 21. Jahrhundert, durchgeführt mit modernsten elektronischen Messgeräten

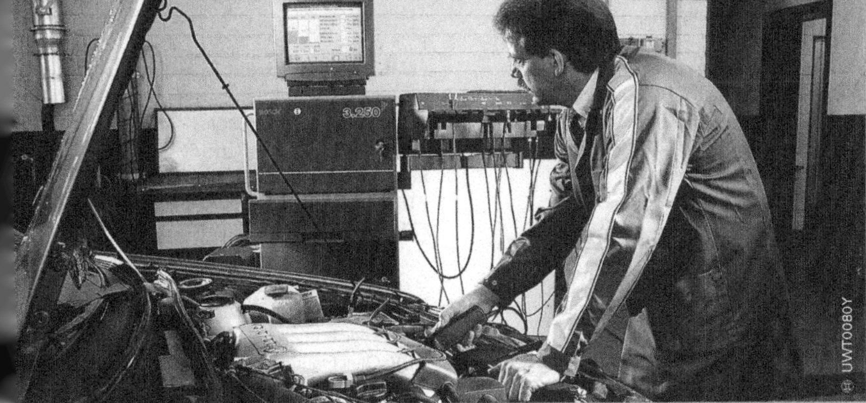

# Abkürzungen

**A**

**ACEA:** Association des Constructeurs Européens d'Automobiles (Verband der europäischen Automobilhersteller)
**ADC:** Analog/Digital-Converter (Analog/Digital-Wandler)
**AGR:** Abgasrückführung
**AHR:** Abgashubrückmelder
**ARD:** Aktive Ruckeldämpfung
**ASIC:** Application Specific Integrated Circuit (anwendungsbezogene integrierte Schaltung)
**ASR:** Antriebsschlupfregelung
**ASTM:** American Society for Testing and Materials
**ATL:** Abgasturbolader
**AU:** Abgasuntersuchung

**B**

**BDE:** Benzin-Direkteinspritzung
**BIP-Signal:** Begin of Injection Period-Signal (Signal der Förderbeginnerkennung)
**BMD:** Bag Mini Diluter (Verdünnungsanlage)

**C**

**CAFÉ:** Corporate Average Fuel Efficiency
**CAN:** Controller Area Network
**CARB:** California Air Resources Board
**CCRS:** current Controlled Rate Shaping (stromgeregelte Einspritzverlaufsformung)
**CDPF:** Catalyzed Diesel Particulate Filter (katalytisch beschichteter Partikelfilter)
**CFPP:** Cold Filter Plugging Point (Filterverstopfungspunkt bei Kälte)
**CFR:** Cooperative Fuel Research
**CFV:** Critical Flow Venturi
**CLD:** Chemielumineszenzdetektor
**COP:** Conformity of Production
**CPU:** Central Processing Unit
**CR:** Common Rail
**CRT:** Continuously Regenerating Trap (kontinuierlich regenerierendes Partikelfiltersystem)
**CSF:** Catalyzed Soot Filter (katalytisch beschichteter Partikelfilter)
**CVS:** Constant Volume Sampling
**CZ:** Cetanzahl

**D**

**DCU:** DENOXTRONIC Control Unit
**DFPM:** Diagnose-Fehlerpfad-Management
**DHK:** Düsenhalterkombination
**DI:** Direct Injection (Direkteinspritzung)
**DME:** Dimethylether
**DOC:** Diesel Oxidation Catalyst (Diesel-Oxidationskatalysator)
**DPF:** Dieselpartikelfilter
**DSCHED:** Diagnose-Funktions-Scheduler
**DSM:** Diagnose-System-Management
**DVAL:** Diagnose-Validator

**E**

**ECE:** Economic Comission for Europe (Europäische Wirtschaftskommission der Vereinten Nationen)
**EDC:** Elektronic Diesel Control (Elektronische Dieselregelung)
**EDR:** Enddrehzahlregelung
**EEPROM:** Electrically Erasable Programmable Read Only Memory
**EEV:** Enhanced Environmentally-Friendly Vehicle
**EGS:** Elektronische Getriebesteuerung
**EIR:** Emission Information Report
**EKP:** Elektrokraftstoffpumpe
**ELPI:** Electrical Low Pressure Impactor
**ELR:** Elektronische Leerlaufregelung
**ELR:** European Load Response
**EMI:** Einspritzmengenindikator
**EMV:** Elektromagnetische Verträglichkeit
**EOBD:** European OBD
**EOL-Programmierung:** End-Of-Line-Programmierung
**EPA:** Environmental Protection Agency (US-Umwelt-Bundesbehörde)
**EPROM:** Erasable Programmable Read Only Memory
**ESC:** European Steady-State Cycle
**ESP:** Elektronisches STabilitäts-Programm
**ETC:** European Transient Cycle
**euATL:** Elektrisch unterstützter Abgasturbolader
**EWIR:** Emissions Warranty Information Report

**F**

**FAME:** Fatty Acid Methyl Ester (Fettsäuremethylester)
**FID:** Flammenionisationsdetektor
**FIR:** Field Information Report
**FR:** First Registration (Erstzulassung)
**FTIR:** Fourier-Transfom-Infrarot (-Spektroskopie)
**FTP:** Federal Test Procedure

**G**

**GC:** Gaschromatographie
**GDV:** Gleichdruckventil
**GRV:** Gleichraumventil
**GLP:** Glow Plug (Glühstiftkerze)

**H**

**H-Pumpe:** Hubschieber-Reiheneinspritzpumpe
**HBA:** Hydraulisch betätigte Angleichung
**HCCI:** Homogeneous Compressed Combustion
    Ignition
**HD:** Hochdruck
**HDK:** Halb-Differenzial-Kurzschlussringsensor
**HDV:** Heavy-Duty Vehicle
**HFM:** Heißfilm-Luftmassenmesser
**HFRR-Methode:** High Frequency Reciprocating
    Rig
**HGB:** Höchstgeschwindigkeitsbegrenzung
**H-Kat:** Hydrolye-Katalysator
**HLDT:** Heavy-Light-Duty Truck
**HRR-Methode:** High Frequency Reciprocating
    Rig (Verschleißprüfung)
**HSV:** Hydraulische Startmengenverriegelung
**HWL:** Harnstoff-Wasser-Lösung

**I**

**IC:** Integrated Circuit (Integrierte Schaltung)
**IDI:** Indirect Injection (Indirekte Einspritzung,
    Kammermotor)
**IMA:** Injektormengenabgleich
**ISO:** International Organziation for
    Standardization
**IWZ-Signal:** Inkremental-Winkel-Zeit-Signal

**J**

**JAMA:** Japan Automobile Manufacturers
    Association

**K**

**KMA:** Kontinuierliche Mengenanalyse
**KSB:** Kaltstartbeschleuniger
**KW:** Kurbelwellenwinkel
**KWP:** Keyword Protocol

**L**

**LDA:** Ladedruckabhängiger Vollfastanschlag
**LDR:** Ladedruckregelung
**LDT:** Light-Duty Truck
**LDV:** Light-Duty Vehicle
**LED:** Light-Emitting Diode (Leuchtdiode)
**LEV:** Low-Emission Vehicle
**LFG:** Leerlauffeder gehäusefest
**LLDT:** Light Light-Duty Truck
**LLR:** Leerlaufregelung
**LRR:** Laufruheregelung
**LSF:** (Zweipunkt-)Finger-Lambda-Sonde
**LSU:** (Breitband-)Lambda-Sonde-Universal

**M**

**MAB:** Mengenabstellung
**MAR:** Mengenausgleichsregelung
**MBEG:** Mengenbegrenzung

**MC:** Microcomputer
**MDPV:** Medium Duty Passenger Vehicle
**MDV:** Medium-Duty Vehicle
**MI:** Main Injection
**MIL:** Malfunction Indicator Lamp (Diagnoselampe)
**MKL:** Mechanischer Kreisellader (mechanischer
    Strömungslader)
**MMA:** Mengenmittelwertadaption
**MNEFZ:** Modifizierter Neuer Europäischer
    Fahrzyklus
**MSG:** Motorsteuergerät
**MV:** Magnetventil
**MVL:** Mechanischer Verdrängerlader

**N**

**NBF:** Nadelbewegungsfühler
**NBS:** Nadelbewegungssensor
**ND:** Niederdruck
**NDIR-Analysator:** Nicht-dispersiver Infrarot-
    Analysator
**NEFZ:** Neuer Europäischer Fahrzyklus
**Nkw:** Nutzkraftwagen
**NLK:** Nachlaufkolben (-Spritzversteller)
**NMHC:** Nicht-methanhaltige Kohlenwasserstoffe
**NMOG:** Nicht-methanhaltige organische Gase
**NSC:** $NO_x$ Storage Catalyst ($NO_x$-Speicher-
    katalysator)
**NTC:** Negative Temperature Coefficient
**NW:** Nockenwellenwinkel

**O**

**OBD:** On-Board-Diagnose
**OHW:** Off-Highway
**OT:** Oberer Totpunkt (des Kolbens)
**Oxi-Kat:** Oxidationskatalysator

**P**

**PASS:** Photo-acoustic Soot Sensor
**PDE:** Pumpe-Düse-Einheit (Unit Injector System)
**PDP:** Positive Displacement Pump
**PF:** Partikelfilter
**pHCCI:** partly Homogeneous Compressed
    Combustion Ignition
**PI:** Pilot Injection (auch: Voreinspritzung, VE)
**Pkw:** Personenkraftwagen
**PLA:** Pneumatische Leerlaufanhebung
**PLD:** Pumpe-Leitung-Düse (Unit Pump System)
**PM:** Partikelmasse
**PMB:** Paramagnetischer Detektor
**PNAB:** Pneumatische Abstellvorrichtung
**PO:** Post Injection (auch: Nacheinspritzung, NE)
**PSG:** Pumpensteuergerät
**PTC:** Positive Temperature Coefficient
**PWG:** Pedalwertgeber
**PWM:** Pulsweitenmodulation
**PZEV:** Partial Zero-Emission Vehicle

**R**
**RAM:** Random Access Memory (Schreib-
Lesespeicher)
**RDV:** Rückstromdrosselventil
**RIV:** Regler-Impuls-Verfahren
**RME:** Rapsölmethylester
**ROM:** Read Only Memory (Nur-Lese-Speicher)
**RSD:** Rückströmdrosselventil
**RWG:** Regelweggeber
**RZP:** Rollenzellenpumpe

**S**
**SAE:** Society of Automotive Engineers
(Organisation der Automobilindustrie
in den USA)
**SCR:** Selective Catalytic Reduction (selective
katalytische Reduktion)
**SD:** Steuergeräte-Diagnose
**SFTP:** Supplement Federal Test Procedure
**SG:** Steuergerät
**SME:** Sojamethylester
**SMPS:** Scanning Mobility Particle Sizer
**SRC:** Smooth Running Control (Mengenaus-
gleichsregelung bei Nkw)
**SULEV:** Super Ultra-Low-Emission Vehicle
**SV:** Spritzverzug
**SZ:** Schwärzungszahl

**T**
**TA:** Type Approval (Typzertifizierung)
**THC:** Gesamt-Kohlenwasserstoffkonzentration

**TLEV:** Transitional Low-Emission Vehicle
**TME:** Tallow Methyl Ester (Rindertalgester)

**U**
**UDC:** Urban Driving Cycle
**UFOME:** Used Frying Oil Methyl Ester
(Altspeisefettester)
**UIS:** Unit Injector System
**ULEV:** Ultra-Low-Emission Vehicle
**UPS:** Unit Pump System
**UT:** Unterer Totpunkt (des Kolbens)

**V**
**VE:** Voreinspritzung
**VST-Lader:** Turbolader mit variabler
Schieberturbine
**VTG-Lader:** Turbolader mit variabler
Turbinengeometrie

**W**
**WSD:** Wear Scar Diameter („Verschleißkalotten"-
Durchmesser bei der HFRR-Methode)
**WWH-OBD:** World Wide Harmonized On Board
Diagnostics

**Z**
**ZEV:** Zero-Emission Vehicle
**O-EVAP:** zero evaporation

# Sachwortverzeichnis

Made in the USA
Monee, IL
07 July 2026